高等流体与气体动力学

刘宏升　主编
解茂昭　主审

科学出版社
北　京

内 容 简 介

本书内容涉及气体动力学与黏性流体力学的重点知识。全书分为基础篇、气体动力学和黏性流体力学三部分。其中基础篇包括场论、张量、热力学及流体力学的基本概念和原理；气体动力学阐述可压缩流体的一维定常流动、二维定常流动及一维非定常流动中的基本规律；黏性流体力学介绍不可压缩黏性流体的基本方程与求解以及湍流基础知识。本书涉及激波、膨胀波、壅塞、凝结突跃等特殊流动现象及其原理，书中使用的研究方法包括控制体分析法、特征线法、线性化法及演绎法等。

本书可以作为能源动力、环境化工、力学等专业研究生课程“高等流体力学”的教材，也可作为高年级本科专业课或选修课的教材和参考书，适合于中等学时（48～64 学时）。

图书在版编目(CIP)数据

高等流体与气体动力学/刘宏升主编. —北京：科学出版社，2021.5
ISBN 978-7-03-065942-2

Ⅰ. ①高… Ⅱ. ①刘… Ⅲ. ①流体动力学 Ⅳ. ①O351.2

中国版本图书馆 CIP 数据核字(2020)第 162121 号

责任编辑：狄源硕 / 责任校对：樊雅琼
责任印制：苏铁锁 / 封面设计：无极书装

科学出版社出版
北京东黄城根北街 16 号
邮政编码：100717
http://www.sciencep.com

北京凌奇印刷有限责任公司印刷
科学出版社发行 各地新华书店经销
*
2021 年 5 月第 一 版 开本：787×1092 1/16
2022 年 11 月第三次印刷 印张：18
字数：424 000

POD定价： 65.00元
（如有印装质量问题，我社负责调换）

前　言

流体力学课程是理工科高校重要的专业基础课程，涉及能源动力、运载力学、机械土木、环境化工等多个工程类专业。

本书是作者在多年讲授流体力学课程的教学讲义基础上编写而成，内容从场论、张量等基础知识，到气体动力学，再到黏性流体力学、湍流理论，逐渐深入，便于读者循序渐进地学习流体力学基本理论。本书采用现代观念和方法来叙述流体力学的概念、规律及方程等，以张量的表达形式描述流体运动学和动力学规律，该形式与流动数值模拟的基本表达方式相契合，为计算流体力学奠定了数学基础。为了使读者易于理解，面对复杂的流动问题，本书注重深刻剖析流体运动的本质规律，引导读者从基本物理概念入手，在掌握物理本质的基础上理清各纷繁复杂数学公式间的关系，进而引申出相应理论，实现数学与物理的有机结合。作者在多年的研究生教学中发现，在经历了本科的流体力学课程学习之后，大多数同学对流体力学的基本概念和定律掌握尚可，但对场论、张量知识了解甚少，尤其是对热力学中基本概念的理解不够深刻，这给后续的学习带来很大困难，因此本书用了较多章节介绍场论、张量及热力学基础知识，从而使知识体系相对完整、系统。

本书共三部分。第一部分为基础篇，包括第 1、2 章，介绍与流体力学相关的基础知识。其中第 1 章介绍场论和张量基础；第 2 章介绍热力学和流体力学的基本概念和理论。第二部分为气体动力学，包括第 3、4、5 章。其中第 3 章介绍一维定常可压缩流动，涵盖等熵流动、非等熵流动理论，涉及工程上的喷管、激波等特殊现象；第 4 章介绍可压缩流体二维定常流动，涉及小扰动理论和特征线理论及其应用；第 5 章介绍可压缩流体一维非定常流动，分析特征线法在非定常流动中的应用。第三部分为黏性流体力学，包括第 6、7 章。其中第 6 章介绍黏性流体动力学基本方程及其求解，并讨论黏性流体运动的基本特性；第 7 章介绍湍流基础知识，涉及湍流的基本特征、控制方程以及湍流半经验理论和湍流数值计算方法等。

本书由大连理工大学的解茂昭教授担任主审，书中多个章节借鉴了解茂昭教授的教学思想与建议。新加坡国立大学张黄伟老师对本书提出了诸多宝贵意见，大连理工大学能源与动力学院的多位老师和学生也对本书提出了很多建议，在此对他们表示衷心的感谢。本书由大连理工大学研究生教改基金资助，特此感谢。

限于编者水平，书中不足之处在所难免，恳请读者批评指正。

作　者

2020 年 8 月于大连理工大学

目　　录

第2篇　气体动力学

第 3 篇 黏性流体力学

主要符号表

英文符号

A	面积
$\boldsymbol{A}, \boldsymbol{a}$	反对称张量
a	当地声速
C	热容
$C_{\pm}$	物理平面特征线
c	比热容
C_f	摩擦系数
C_p	压强系数
c_p	比定压热容
c_v	比定容热容
CS	控制面
CS^*	系统的边界
CV	控制体的体积
CV^*	系统的体积
D	直径，当量直径
Eu	欧拉数
F	质量力，摩擦阻力，亥姆霍兹函数
f	单位质量力，比亥姆霍兹函数
G	密流，过滤函数，吉布斯函数
g	重力加速度，比吉布斯函数
H	总焓，高度
h	比焓
I	冲量函数
k	湍动能，波数
L	长度量纲，长度尺度
l	长度尺度，壁面切线方向应力参数
l_m	混合长度
M	气体摩尔质量
Ma	马赫数
m	质量
$\dot{m}$	质量流量
N	气体摩尔数
$\boldsymbol{n}$	作用面外法线方向
P	黎曼不变量

$\boldsymbol{P}$	张量，应力张量
p	压强
$\overline{p}$	特征压强比
$\boldsymbol{p}_n$	应力矢量
Q	总热量，流量，黎曼不变量
q	输入的总热量，流量函数
q_r	生成热
R	气体常数，雷诺应力
R_0	普适摩尔气体常数
Re	雷诺数
S	熵，面积，源项
$\boldsymbol{S}$	对称张量，变形率张量
s	比熵
T	温度，切线方向应力
T_{ve}	振动特征温度
t	时间
U	热力学能，时间平均速度，速度
u	比热力学能，单位质量流体的内能
V	体积
$\boldsymbol{V}$	速度矢量，实际速度矢量
$\boldsymbol{v}$	速度矢量，扰动速度矢量
W	体积膨胀功
w_t	技术功
y	气动函数
a,b,c	拉格朗日变数
u,v,w	速度分量
x,y,z	笛卡儿坐标，欧拉变数
Z	压缩因子

希腊文符号

α	攻角
β	激波角，普朗特-格劳特因子
$\Gamma_{\pm}$	速度平面特征线
Γ_{ϕ}	扩散系数
γ	绝热指数，角变形速度
Δ	拉普拉斯算子，差值
$\mathit{\Delta}$	分母行列式
δ	边界层厚度

δ	微小量
ε	湍动能耗散率，密度比，线变形速度，微小量
η	最小涡尺度
θ	倾角，壁面转折角，转角
κ	压缩系数，卡门系数
λ	速度系数，空间尺度，导热系数，特征线斜率
μ	动力黏度，马赫角
ν	运动黏度
π	静压总压之比，质量力势函数
ρ	密度
σ	总压恢复系数
τ	切线方向应力，切线方向分量，静温总温之比，时间尺度
υ	比容
φ	扰动势函数
χ	湿周，折算管长
ϕ	全速度势，黏性耗散功，通用变量
$\boldsymbol{\Omega}$	涡量，速度场旋度
$\boldsymbol{\omega}$	平均旋转角速度

其他

∇	哈密顿算子

字符上标

$-$	平均值，时间平均
$\sim$	无量纲数，大尺度分量
$'$	脉动参数
$''$	小尺度分量

字符下标

0	滞止状态
b	环境参数
cr	临界值
e	出口位置
i, j, k	张量指标
max	极限状态，最大
min	最小
n	法线方向分量
r	热源
rev	可逆过程

s	激波位置，等熵过程
t	湍流，喷管喉部
ϕ	通用变量
w	壁面
*	临界状态
∞	无穷远处，来流参数

绪　论

流体力学是研究流体宏观运动规律的一门学科，它是人类在与自然界作斗争和生产实践中逐步发展起来的。流体力学是一门既古老而又年轻的学科：一方面它涵盖了很多经典理论，例如理论流体力学建立至今已有 200 多年的历史；另一方面随着科学技术进步，它本身仍在不断发展完善，例如现代流体力学与其他学科相结合形成了很多新的分支学科或交叉学科。流体力学是一个很有生命力的学科，其发展经历了以下几个主要阶段。

1. 公元前 250 年～17 世纪——知识积累期

流体力学基本理论的最初萌芽可以追溯到公元前 3 世纪，大约在公元前 250 年，古希腊科学家阿基米德在其著作《论浮体》中提出了浮力定律，奠定了流体静力学的基础。此后千余年间，流体力学在系统理论上并未出现重大发展。直到 15 世纪，达·芬奇（D. Vinci）在其著作中才谈到水波、管流及鸟的飞翔原理等问题；1644 年，托里拆利（E. Torricelli）制成气压计并论证了孔口出流问题的基本规律；1650 年，帕斯卡阐述了密闭流体能够传递压强的原理，即帕斯卡原理。

2. 17～19 世纪——经典流体力学

17 世纪末期开始，流体力学进入了创立与发展阶段。作为力学的一个分支，流体力学随着经典力学中质量、动量、能量三个守恒定律的提出，逐渐成为一门独立的学科。

1686 年，力学奠基人牛顿提出了黏性流体运动时的内摩擦力公式，即牛顿内摩擦定律，为建立黏性流体运动方程组奠定了基础。但是牛顿并没有建立起流体力学的系统理论，他提出的许多力学模型和结论同实际情形还有较大差异。1738 年，丹尼尔·伯努利（D. Bernoulli）将经典力学中的能量守恒原理引入流体力学，通过实验方法建立了流体定常流动下的压强、高度和速度的关系式，即伯努利方程。1775 年，欧拉提出了连续介质模型概念，阐述了描述流体运动的欧拉方法，建立了理想流体的运动微分方程，即欧拉运动微分方程，奠定了连续介质力学基础，成为理论流体力学的奠基人。欧拉方程和伯努利方程的建立是流体力学作为一个分支学科建立的标志，从此流体力学进入了用微分方程和实验测量进行流动定量研究的阶段。在 18 世纪以后，经典流体力学在许多领域得到了不同程度的应用，但由于经典流体力学是建立在不考虑流体黏性的基础上的，其原理在很多工程问题中不能应用。

1752 年，达朗贝尔（d'Alembert）通对运河中船只所受阻力的实验研究，证实了阻力与物体运动速度之间的平方关系，他还提出了著名的"达朗贝尔悖论"，即理想流体中运动的物体既没有升力也没有阻力，这一论点从反面说明了理想流体假设的局限性。随着工程技术的快速发展，为了解决诸多工程实际问题，尤其是带有黏性影响的流动问题，工程师将流体力学理论与实验结果相结合建立了诸多半经验公式，逐渐形成了水力学学科。1732 年，皮托（H. Pitot）发明了测量流体流速的皮托管；1769 年，谢才（A. Chezyap）提出了计算明渠流动的流速和流量的谢才公式；1897 年，文丘里（R. Venturi）研制了测量有压管道流量的文丘里管。

从 19 世纪开始，随着工业革命的发展，流体力学进入了全面发展并日趋完善阶段。在这一时期，出现了一系列经典理论与方程，包括：1802 年，盖·吕萨克（J. L. G. Lussac）建立了完全气体的状态方程；1822 年，傅里叶（J. B. J. Fourier）建立了傅里叶导热定律；1827 年，拉普拉斯提出了拉普拉斯方程。

1822 年，纳维（C. L. M. H. Navier）建立了黏性流体的基本运动微分方程；1845 年，斯托克斯（G. G. Stokes）从流体微团运动分解的角度更简洁严谨地导出了这个方程，这组方程就是沿用至今的纳维-斯托克斯方程，从而奠定了黏性流体动力学的理论基础，欧拉方程正是纳维-斯托克斯方程在黏度为零时的特例。1839 年，哈根（G. H. L. Hagen）和泊肃叶（J. L. M. Poiseuille）研究圆管内的黏性流体流动，给出了哈根-泊肃叶公式；1845 年，亥姆霍兹（H. V. Helmholtz）建立了涡旋的基本概念，提出了旋涡运动定理，并于 1860 年提出将流体微团的运动分解为平动、旋转和变形三种形式，奠定了涡动力学基础，从而成为无黏性有旋流动研究的创始人。1851 年，斯托克斯研究小球在黏性流体中的运动，给出斯托克斯阻力公式；1855 年，菲克（A. Fick）提出了菲克第一扩散定律，为研究流体力学的传质、传热问题奠定了基础；1868 年，兰金（W. J. M. Rankin）指出理想不可压缩流体运动的势函数与流函数均满足拉普拉斯方程，并将直均流与源、汇等流动进行叠加；1878 年，兰姆（H. Lamb）出版流体力学经典著作《流体运动的数学理论》，1895 年增订再版时改名为《流体动力学》；1878 年，瑞利（L. Rayleigh）研究有环量的圆柱绕流问题时发现了升力，从理论上解释了马格努斯效应。

3. 19 世纪末期～20 世纪中期——现代流体力学

从 19 世纪末期开始，随着现代工业和新技术的发展，以纯理论分析为基础的经典流体力学和以实验研究为基础的水力学，都已不能适应生产发展的需求。在这一背景下，理论与实践的结合日趋紧密，流体力学得到了突破性进展，逐渐形成了理论与实验并重的现代流体力学。

1883 年，雷诺（O. Reynolds）完成著名的雷诺转捩实验，得到了判断流态的判据——雷诺数；1894 年他又提出了雷诺应力的概念，应用时间平均法建立了湍流运动基本方程，即雷诺平均方程，为湍流理论的建立奠定了基础。瑞利提出的量纲分析法和雷诺的相似理论，在一定程度上解决了流体力学研究中的理论分析与实验相结合的问题。

1904 年，普朗特（L. Prandtl）将纳维-斯托克斯方程作了简化，从推理、数学论证和实验测量等各个角度，提出了划时代的边界层理论。这一理论既明确了理想流体的适用范围，又能计算物体运动时遇到的摩擦阻力，为飞机制造和航空业的发展铺平了道路，标志着现代流体力学的建立。

在此阶段，飞机的出现极大地促进了空气动力学的发展。为了解决气体流动的可压缩性问题，1870 年兰金（P. H. Rankine）、1887 年于戈尼奥（W. J. M. Hugoniot）各自导出了激波前后气体参数间的关系式；1887 年，马赫（E. Mach）发现物体在超声速运动中产生的波，并得到了马赫角关系式；1891 年，兰彻斯特（F. W. Lanchester）提出速度环量概念，建立了升力理论，并发展了有限翼展理论；1905 年，普朗特建成超声速风洞；1910 年，卡门（T. V. Karman）建立卡门涡街理论；1921 年，泰勒（G. I. Taylor）提出湍流统计理论基本概念，随后他又研究了同心圆筒间旋转流动的稳定性，发现了泰勒涡；1926 年，普朗特提出湍流的混合长度理论；1929 年，阿克莱将气体流速与当地声速之比定义为马赫数；1940 年，周培源创建湍流模式理论；1941 年，钱学森和卡门导出机翼理论的卡门-钱学森公式。

4. 20 世纪中期至今——当代流体力学

20 世纪 40 年代以后，由于喷气推进和火箭技术的应用，飞行器速度超过声速，进而实现了航天飞行，使气体高速流动的研究进展迅速，形成了气体动力学、物理-化学流体动力学等分支学科。

从 20 世纪 60 年代起，高新技术工业的发展和电子计算的广泛应用，促使流体力学和其他学科的互相交叉渗透，形成许多新的交叉学科或边缘学科，如研究两相或三相共存的两相流和多相流，研究流动中有化学反应的化学流体力学，研究磁流体发电的磁流体力学，研究星云运动的天体流体力学，研究生物体内流体传输运动的生物流体力学等。流体力学这一古老的学科焕发出强大的生机与活力，发展成多个学科分支的学科体系。

第1篇　基　础　篇

第 1 章　场论与张量初步

本章主要介绍气体动力学与黏性流体力学的数学基础知识，包括场论基础、张量表示法。

1.1　场论基础

1.1.1　场的定义与几何表示

在自然科学中，常常要描述某种物理量在空间的分布和变化规律，为了揭示和探索这些规律，数学上提出了场的概念。

1. 场的定义

如果空间里的每个空间点，都对应某个物理量的一个确定的值，则称这个空间里确定了该物理量的**场**。

如果研究的物理量是数量，就称这个场为数量场或**标量场**，例如温度场、密度场、压强场等，可用函数 $\varphi=\varphi(x,y,z,t)$ 表示。如果研究的物理量是矢量，就称这个场为向量场或**矢量场**，例如速度场、力场、电磁场等，可用函数 $\boldsymbol{a}=\boldsymbol{a}(x,y,z,t)$ 表示。

若在同一时刻，场内各点的值都相等，则称此场为**均匀场**［可表示为 $\varphi(t),\boldsymbol{a}(t)$］，否则为非均匀场。若场中物理量在各点处的值不随时间而变化，则称该场为**定常场**或稳态场［可表示为 $\varphi(x,y,z),\boldsymbol{a}(x,y,z)$］，否则为非定常场或非稳态场。

场论是研究标量场和矢量场数学性质的一个数学分支。

2. 场的几何表示

采用几何方法即用图形表示一个场既直观又便于理解，是极为方便实用的。下面引入标量场和矢量场的几何表示。

1）标量场的等值面

对于某个标量场，物理量可以用一个函数来表示，我们假定这个函数具有一阶连续偏导数：

$$\varphi=\varphi(x,y,z,t) \tag{1-1}$$

为了直观地研究物理量 φ 在场中的分布情况，常常要考查场中具有相同物理量的点。任取一固定时刻 t_0，研究该时刻物理量数值相等的点，令

$$\varphi(x,y,z,t_0)=C \tag{1-2}$$

与这个方程相对应的曲面称为标量场的**等值面**（或等位面）。在等值面上 φ 值都相等，如果取一系列不同的 C 值，可得到空间中一族与之对应的等值面。这族等值面将整个标量场分成很多区域，如图 1-1 所示。

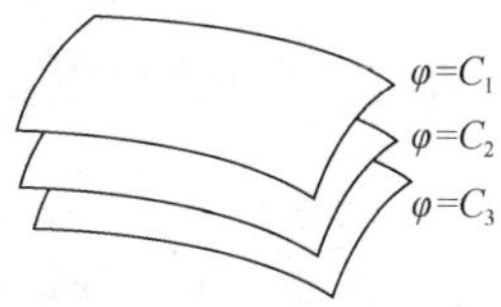

图 1-1　标量场的等值面

在标量场中，等值面的特点如下：①等值面连续充满整个标量场所在空间且互不相交；②通过标量场的每一点有一个等值面，但一个点只能在一个等值面上；③等值面的疏密可反映数量函数的变化状况，

例如等值面密集的地方函数变化得快，等值面稀疏的地方函数变化得慢。

2）矢量场的矢量线

矢量场中的矢量既有大小又有方向，需分别进行几何表示。矢量的大小也可以用上述等值面的概念来几何表示，而矢量的方向可以采用矢量线来表示。

所谓的**矢量线**是这样的曲线，线上每一点的切线方向都与该点的矢量方向重合。例如静电场中的电力线，磁场中的磁力线，流场中的流线。

下面我们来讨论确定矢量线的方程。

已知矢量场 $\boldsymbol{A}=\boldsymbol{A}(x,y,z)$，假设 $M(x,y,z)$ 为矢量线上任意一点，其对应的微元矢径 $\mathrm{d}\boldsymbol{r}=\boldsymbol{i}\mathrm{d}x+\boldsymbol{j}\mathrm{d}y+\boldsymbol{k}\mathrm{d}z$，在 M 点与矢量线相切，则 $\mathrm{d}\boldsymbol{r}$ 与矢量 $\boldsymbol{A}=A_x\boldsymbol{i}+A_y\boldsymbol{j}+A_z\boldsymbol{k}$ 必定共线，即 $\mathrm{d}\boldsymbol{r}\times\boldsymbol{A}=0$，于是，可得矢量线微分方程：

$$\frac{\mathrm{d}x}{A_x}=\frac{\mathrm{d}y}{A_y}=\frac{\mathrm{d}z}{A_z} \tag{1-3}$$

对微分方程（1-3）积分可得矢量线族，再以 M 点为边界条件即可确定过 M 点的矢量线。在确定矢量线之后，则可以用矢量线的切线方向确定场内每点的矢量方向。如果在场中取任一非矢量线的封闭曲线 C，通过 C 上每一点作矢量线，则这些矢量线所包围的区域称为**矢量管**。

【例 1-1】已知矢量 $\boldsymbol{v}=x\boldsymbol{i}+y\boldsymbol{j}-2z\boldsymbol{k}$，求通过点(1, 2, 1)的矢量线方程。

解 由于矢量线方程为 $\frac{\mathrm{d}x}{v_x}=\frac{\mathrm{d}y}{v_y}=\frac{\mathrm{d}z}{v_z}$，当 $\frac{\mathrm{d}x}{v_x}=\frac{\mathrm{d}y}{v_y}$ 时，$\frac{\mathrm{d}x}{x}=\frac{\mathrm{d}y}{y}$，积分得通解为 $\ln x+\ln c_1=\ln y$，则 $y=c_1x$，将 $x=1,y=2$ 代入可得 $c_1=2$，因此 $y=2x$。

当 $\frac{\mathrm{d}x}{v_x}=\frac{\mathrm{d}z}{v_z}$ 时，$\frac{\mathrm{d}x}{x}=\frac{\mathrm{d}z}{-2z}$，积分得 $\ln x=-\frac{1}{2}\ln z+\ln c_2$，则 $x=c_2/\sqrt{z}$，将 $x=1,z=1$ 代入可得 $c_2=1$，因此 $x=1/\sqrt{z}$。

所以通过点(1, 2, 1)的流线方程为 $\begin{cases}y=2x\\x=1/\sqrt{z}\end{cases}$。

【例 1-2】已知二维流场中的速度分布 $v_x=\frac{-ky}{x^2+y^2},v_y=\frac{kx}{x^2+y^2}$，求流线方程，并分析流动情况。

解 对二维流动问题，流线方程为 $\frac{\mathrm{d}x}{v_x}=\frac{\mathrm{d}y}{v_y}$；将速度表达式代入流线方程得 $\frac{(x^2+y^2)\mathrm{d}x}{-ky}=\frac{(x^2+y^2)\mathrm{d}y}{kx}$，整理得 $x\mathrm{d}x+\mathrm{d}y=0$。于是积分可得流线方程为 $x^2+y^2=C$。

在本例中，由流线方程可知，该流动的流线为一族以坐标原点为圆心的同心圆，流体绕坐标原点做圆周运动。

1.1.2 标量场的梯度

在标量场中，$\varphi(x,y,z)$ 可以表示标量 φ 在场中的总体分布情况，但无法描述标量 φ 在场中每点邻域内沿某一方向的变化情况，为此我们引入方向导数的概念。

1. 方向导数

如图 1-2 所示，在场中任取一点 M，过 M 点作曲线 $\boldsymbol{l}$，用极限 $\lim\limits_{MM'\to 0}\dfrac{\varphi(M')-\varphi(M)}{MM'}$ 表征标量函数 φ 在 M 点上沿曲线 $\boldsymbol{l}$ 方向的函数变化，称为 φ 在 M 点上沿 $\boldsymbol{l}$ 方向的**方向导数**，用 $\dfrac{\partial\varphi}{\partial\boldsymbol{l}}$ 表示。即

$$\frac{\partial\varphi}{\partial\boldsymbol{l}}=\lim_{MM'\to 0}\frac{\varphi(M')-\varphi(M)}{MM'} \tag{1-4}$$

式中，M' 是 $\boldsymbol{l}$ 上与 M 无限邻近的点；$\varphi(M')$ 是 M' 点上的函数值。由定义可知，$\dfrac{\partial\varphi}{\partial\boldsymbol{l}}>0$ 表示函数 φ 沿 $\boldsymbol{l}$ 方向是增加的，而 $\dfrac{\partial\varphi}{\partial\boldsymbol{l}}<0$ 表示函数 φ 沿 $\boldsymbol{l}$ 方向是减小的。

过 M 点可以作无数个方向，每个方向都有其对应的方向导数。研究表明，这些方向导数并非相互独立的。如图 1-3 所示，过 M 点作等值面 $\varphi=C$ 及等值面的法线方向 $\boldsymbol{n}$，$\boldsymbol{n}$ 指向 φ 增长的方向，在法线 $\boldsymbol{n}$ 上取一与 M 点无限接近的点 M_1，过点 M_1 作等值面 $\varphi=C_1$。现过 M 点取任意方向 $\boldsymbol{l}$，该方向与等值面 $\varphi=C_1$ 相交于 M' 点，则有 $\varphi(M_1)=\varphi(M')$。

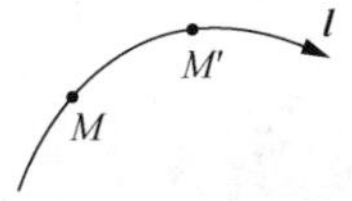

图 1-2　方向导数的定义

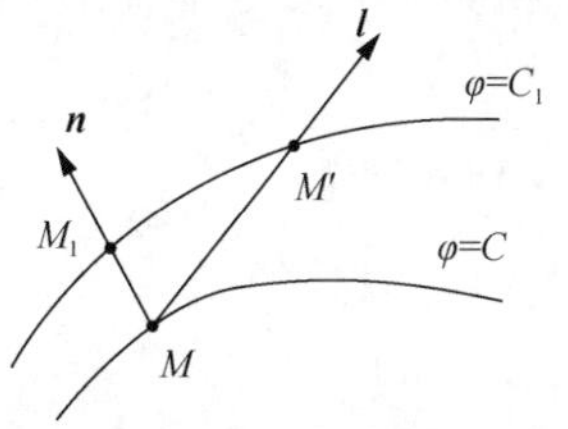

图 1-3　$\boldsymbol{n}$ 方向与 $\boldsymbol{l}$ 方向的方向导数之间的关系

根据方向导数的定义，可得 $\boldsymbol{n}$ 方向和 $\boldsymbol{l}$ 方向的方向导数分别为

$$\frac{\partial\varphi}{\partial\boldsymbol{n}}=\lim_{MM_1\to 0}\frac{\varphi(M_1)-\varphi(M)}{MM_1} \tag{1-5a}$$

$$\frac{\partial\varphi}{\partial\boldsymbol{l}}=\lim_{MM'\to 0}\frac{\varphi(M')-\varphi(M)}{MM'} \tag{1-5b}$$

由图 1-3 中的几何关系可知：

$$MM_1=MM'\cos(\boldsymbol{n},\boldsymbol{l}) \tag{1-6}$$

式中，$\cos(\boldsymbol{n},\boldsymbol{l})$ 是 $\boldsymbol{l}$ 与 $\boldsymbol{n}$ 两个方向间夹角的余弦。将式（1-6）代入式（1-5a），并考虑到 $\varphi(M_1)=\varphi(M')$，可得

$$\frac{\partial\varphi}{\partial\boldsymbol{l}}=\frac{\partial\varphi}{\partial\boldsymbol{n}}\cos(\boldsymbol{n},\boldsymbol{l}) \tag{1-7}$$

式（1-7）表明，$\boldsymbol{l}$ 方向上的方向导数 $\dfrac{\partial\varphi}{\partial\boldsymbol{l}}$ 可以用 $\boldsymbol{n}$ 方向上的方向导数 $\dfrac{\partial\varphi}{\partial\boldsymbol{n}}$ 以及 $\boldsymbol{n}$ 和 $\boldsymbol{l}$ 之间夹角的余弦来表示。事实上只要知道过 M 点的等值面（$\varphi=C$）法线方向 $\boldsymbol{n}$ 上的方向导数 $\dfrac{\partial\varphi}{\partial\boldsymbol{n}}$，则任意其他方向 $\boldsymbol{l}$ 的方向导数均可以用 $\dfrac{\partial\varphi}{\partial\boldsymbol{n}}$ 和方向 $\boldsymbol{n}$, $\boldsymbol{l}$ 来表示。

可以看出，函数 φ 在 $\boldsymbol{n}$ 方向的方向导数最大，φ 在 $\boldsymbol{n}$ 方向变化最快。由于 $\boldsymbol{n}$ 方向是函数 φ

等值面的法线方向，因此函数在等值面切线方向的方向导数为零。

在直角坐标系中，如果标量函数$\varphi(x,y,z)$在点M处可微，用$\cos\alpha,\cos\beta,\cos\gamma$表示$\boldsymbol{l}$方向的方向余弦，也就是该方向上的单位矢量$\boldsymbol{l}_0$的坐标，则函数$\varphi$在点$M$处沿$\boldsymbol{l}$方向的方向导数一定存在，且方向导数可以表示为

$$\frac{\partial\varphi}{\partial l}=\frac{\partial\varphi}{\partial x}\cos(\boldsymbol{l},x)+\frac{\partial\varphi}{\partial y}\cos(\boldsymbol{l},y)+\frac{\partial\varphi}{\partial z}\cos(\boldsymbol{l},z)=\frac{\partial\varphi}{\partial x}\cos\alpha+\frac{\partial\varphi}{\partial y}\cos\beta+\frac{\partial\varphi}{\partial z}\cos\gamma \tag{1-8}$$

式中，$\frac{\partial\varphi}{\partial x},\frac{\partial\varphi}{\partial y},\frac{\partial\varphi}{\partial z}$是函数$\varphi$在$x,y,z$轴上的偏导数，也可以表示一个矢量$\boldsymbol{G}$的三个分量，如果取$\boldsymbol{G}=\frac{\partial\varphi}{\partial x}\boldsymbol{i}+\frac{\partial\varphi}{\partial y}\boldsymbol{j}+\frac{\partial\varphi}{\partial z}\boldsymbol{k}$，则可得$\frac{\partial\varphi}{\partial\boldsymbol{l}}=\boldsymbol{l}_0\cdot\boldsymbol{G}$，也就是说函数$\varphi$在$\boldsymbol{l}$方向的方向导数等于矢量$\boldsymbol{G}$在$\boldsymbol{l}$方向的投影。

可以推出：当$\boldsymbol{l}$与矢量$\boldsymbol{G}$方向一致时，方向导数取最大值，其值为$\frac{\partial\varphi}{\partial\boldsymbol{l}}=|\boldsymbol{G}|$。由此可见矢量$\boldsymbol{G}$所在的方向就是函数$\varphi$变化率最大的方向，也就是函数$\varphi$等值面的法线方向，其模恰好是这个最大变化率的数值，于是引出标量场梯度的概念。

【例 1-3】求函数$r=\sqrt{x^2+y^2+z^2}$在点$M(1,0,1)$处沿$\boldsymbol{l}=\boldsymbol{i}+2\boldsymbol{j}+2\boldsymbol{k}$的方向导数。

解　$\frac{\partial r}{\partial x}=\frac{x}{\sqrt{x^2+y^2+z^2}}=\frac{x}{r},\frac{\partial r}{\partial y}=\frac{y}{\sqrt{x^2+y^2+z^2}}=\frac{y}{r},\frac{\partial r}{\partial z}=\frac{z}{\sqrt{x^2+y^2+z^2}}=\frac{z}{r}$。

在点$M(1,0,1)$处，有$\frac{\partial r}{\partial x}=\frac{1}{\sqrt{2}},\frac{\partial r}{\partial y}=0,\frac{\partial r}{\partial z}=\frac{1}{\sqrt{2}}$。

沿$\boldsymbol{l}$的方向余弦为$\cos\alpha=\frac{1}{3},\cos\beta=\frac{2}{3},\cos\gamma=\frac{2}{3}$。

由式（1-7）可得$\frac{\partial r}{\partial\boldsymbol{l}}=\frac{1}{\sqrt{2}}\times\frac{1}{3}+0\times\frac{2}{3}+\frac{1}{\sqrt{2}}\times\frac{2}{3}=\frac{1}{\sqrt{2}}$。

2. 梯度

现在给出梯度的定义：在标量场φ中取一点M，若存在一个矢量$\boldsymbol{G}$，其方向是函数$\varphi(M)$在M点处变化率最大的方向，其模恰好是这个最大变化率的数值，则称矢量$\boldsymbol{G}$是函数φ在M点处的**梯度**，用$\mathrm{grad}\varphi$表示，即$\boldsymbol{G}=\mathrm{grad}\varphi$。

梯度由标量场中函数φ的分布所决定，其定义是与坐标系无关的，当然函数的梯度在不同坐标系中，其分量的大小与所选取的坐标系相关，即梯度在不同坐标系中的具体表达式是不同的。在直角坐标系中，梯度的表达式为

$$\mathrm{grad}\varphi=\frac{\partial\varphi}{\partial x}\boldsymbol{i}+\frac{\partial\varphi}{\partial y}\boldsymbol{j}+\frac{\partial\varphi}{\partial z}\boldsymbol{k} \tag{1-9}$$

梯度$\mathrm{grad}\varphi$在x,y,z轴方向的投影分别等于标量场φ在x,y,z轴上的方向导数$\frac{\partial\varphi}{\partial x},\frac{\partial\varphi}{\partial y},\frac{\partial\varphi}{\partial z}$。总结起来，梯度具有以下主要性质：

（1）梯度矢量$\mathrm{grad}\,\varphi$描述了场内任一点M邻域内函数φ的变化状况，是标量场不均匀性的标志。

（2）梯度矢量$\mathrm{grad}\,\varphi$的方向与φ的等值面法线方向重合，是函数φ变化最快的方向，梯

度的大小是该方向上的方向导数。

（3）梯度矢量 $\mathrm{grad}\varphi$ 在任一方向 $\boldsymbol{l}$ 上的投影等于 φ 在该方向的方向导数。

梯度是标量场中的一个重要概念，如果给出标量场中每一点对应的梯度矢量，就可以得到由此标量场产生的梯度场。

下面给出梯度的两个重要定理（证明略）。

【定理 1-1】梯度 $\mathrm{grad}\,\varphi$ 满足关系式 $\mathrm{d}\varphi=\mathrm{d}\boldsymbol{r}\cdot\mathrm{grad}\varphi$，反之若 $\mathrm{d}\varphi=\mathrm{d}\boldsymbol{r}\cdot\boldsymbol{a}$，则 $\boldsymbol{a}$ 必为 $\mathrm{grad}\,\varphi$。

【定理 1-2】若 $\boldsymbol{a}=\mathrm{grad}\varphi$，且 φ 是矢径 $\boldsymbol{r}$ 的单值函数，则沿任意封闭曲线 L 的线积分 $\oint_L \boldsymbol{a}\cdot\mathrm{d}\boldsymbol{l}$ 等于零；反之，若矢量 $\boldsymbol{a}$ 沿任意封闭曲线 L 的线积分 $\oint_L \boldsymbol{a}\cdot\mathrm{d}\boldsymbol{l}=0$，则矢量 $\boldsymbol{a}$ 必为某一标量函数的梯度，即 $\boldsymbol{a}=\mathrm{grad}\,\varphi$。

以上两定理将单值函数 φ 的全微分、梯度及线积分联系起来了，在后续章节中还将提到。

假设 u,v 为标量函数，c 为常数，梯度满足以下运算式：① $\mathrm{grad}c=0$；② $\mathrm{grad}(cu)=c\mathrm{grad}u$；③ $\mathrm{grad}(u\pm v)=\mathrm{grad}u\pm\mathrm{grad}v$；④ $\mathrm{grad}(uv)=u\mathrm{grad}v+v\mathrm{grad}u$；⑤ $\mathrm{grad}\left(\dfrac{u}{v}\right)=\dfrac{1}{v^2}(v\mathrm{grad}u-u\mathrm{grad}v)$；⑥ $\mathrm{grad}f(u)=f'(u)\mathrm{grad}u$。

要点　方向导数与梯度关系：对于标量场中某一给定点，梯度矢量的方向是最大方向导数的方向，其模是最大方向导数的数值，且梯度在任一方向上的投影，就是该方向的方向导数。

【例 1-4】求函数 $u=xy^2+yz^3$ 在点 $M(2,-1,1)$ 处的梯度，以及在矢量 $\boldsymbol{l}=2\boldsymbol{i}+\boldsymbol{j}-2\boldsymbol{k}$ 方向的方向导数。

解　函数 u 的梯度为 $\mathrm{grad}u=y^2\boldsymbol{i}+(2xy+z^3)\boldsymbol{j}+3yz^2\boldsymbol{k}$，将 M 点坐标代入得 $\mathrm{grad}u|_M=\boldsymbol{i}-3\boldsymbol{j}-3\boldsymbol{k}$。

在 $\boldsymbol{l}=2\boldsymbol{i}+\boldsymbol{j}-2\boldsymbol{k}$ 方向的单位矢量是 $\boldsymbol{l}_0=\dfrac{\boldsymbol{l}}{|\boldsymbol{l}|}=\dfrac{2}{3}\boldsymbol{i}+\dfrac{1}{3}\boldsymbol{j}-\dfrac{2}{3}\boldsymbol{k}$。

于是得 u 沿 $\boldsymbol{l}$ 的方向导数：$\dfrac{\partial u}{\partial \boldsymbol{l}}=\mathrm{grad}u\cdot\boldsymbol{l}_0=1\times\dfrac{2}{3}+(-3)\times\dfrac{1}{3}+(-3)\times\left(-\dfrac{2}{3}\right)=\dfrac{5}{3}$。

1.1.3　矢量场的散度

在引入散度之前，首先介绍几个常用术语。在一空间区域内，具有连续转动切线的曲线称为**光滑曲线**，具有连续转动法线的曲面称为**光滑曲面**，由有限多段且不相交的不滑曲线连成的曲线称为**简单曲线**，由有限多块且不相交的光滑曲面连成的曲面称为**简单曲面**。为便于讨论，本书涉及的曲线皆为简单曲线，涉及的曲面皆为简单曲面。

为了区分曲面的两侧，规定曲面的法线方向 $\boldsymbol{n}$ 是指向正侧的，$\boldsymbol{n}$ 表示法线方向单位矢量。若曲面是封闭的，则习惯上取外侧为正侧。这种取定了正侧的曲面称为**有向曲面**。

1. 矢量通过曲面的通量

对给定的矢量场 $\boldsymbol{a}(x,y,z)$，场中有一曲面 s（s 可以封闭，也可以不封闭），如图 1-4 所示，在 s 上取微元面积 $\mathrm{d}s$，定义面积矢量 $\mathrm{d}\boldsymbol{s}$ 大小为 $\mathrm{d}s$，方向为微元面法线正方向 $\boldsymbol{n}$，则有 $\mathrm{d}\boldsymbol{s}=\boldsymbol{n}\mathrm{d}s$。

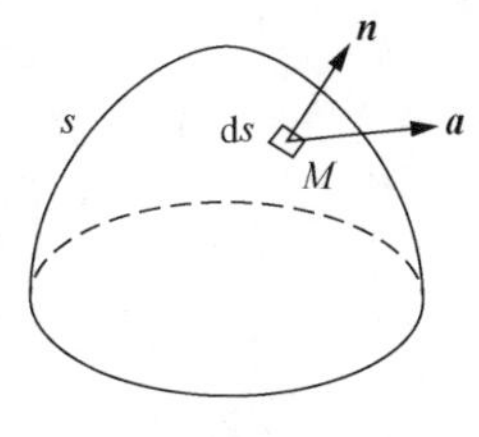

图 1-4　通量的定义

在 $\mathrm{d}s$ 上取一点 M，作 s 面在 M 点上矢量函数 $\boldsymbol{a}$，用 $a_n=\boldsymbol{a}\cdot\boldsymbol{n}$ 表示矢

量 $\boldsymbol{a}$ 在微元面法线方向 $\boldsymbol{n}$ 的投影，则定义 $\mathrm{d}\phi = a_n \mathrm{d}s$ 为矢量 $\boldsymbol{a}$ 通过微元面积 $\mathrm{d}s$ 的**通量**。沿曲面 s 积分以后得 $\phi = \iint_s a_n \mathrm{d}s$，称为矢量 $\boldsymbol{a}$ 通过 s 面的**通量**，也可用其他形式表示：

$$\iint_s a_n \mathrm{d}s = \iint_s \boldsymbol{a}\cdot\boldsymbol{n}\mathrm{d}s = \iint_s \boldsymbol{a}\cdot\mathrm{d}\boldsymbol{s} = \iint_s (a_x \mathrm{d}y\mathrm{d}z + a_y \mathrm{d}x\mathrm{d}z + a_z \mathrm{d}x\mathrm{d}y) \tag{1-10}$$

当 s 面是封闭曲面时，矢量 $\boldsymbol{a}$ 通过 s 面的通量表示为 $\oiint a_n \mathrm{d}s$。

2. 散度

在矢量场 $\boldsymbol{a}(x,y,z)$ 中取一点 M，作任一包围 M 点的闭曲面 s，该曲面包围的空间体积为 V。若体积 V 以任一方向无限缩向 M 点时，有极限 $\lim\limits_{V\to 0}\dfrac{\oiint a_n \mathrm{d}s}{V}$ 存在，则称此极限为矢量 $\boldsymbol{a}$ 在点 M 处的**散度**，记作 $\mathrm{div}\boldsymbol{a}$，即

$$\mathrm{div}\boldsymbol{a} = \lim_{V\to 0}\frac{\oiint a_n \mathrm{d}s}{V} \tag{1-11}$$

可以看出，矢量 $\boldsymbol{a}$ 的散度 $\mathrm{div}\boldsymbol{a}$ 是由积分 $\oiint a_n \mathrm{d}s$ 决定的，是一个标量，而积分的数值与采用何种坐标系无关，因此散度的定义与坐标系无关。它表征矢量场中某一点处的通量对体积的变化率，即对单位体积而言，矢量 $\boldsymbol{a}$ 通过体积元 V 的界面 s 的通量。

在直角坐标系中，矢量场 $\boldsymbol{a} = P(x,y,z)\boldsymbol{i} + Q(x,y,z)\boldsymbol{j} + R(x,y,z)\boldsymbol{k}$，在任意一点 $M(x,y,z)$ 处的散度的表达式为

$$\mathrm{div}\boldsymbol{a} = \frac{\partial P}{\partial x} + \frac{\partial Q}{\partial y} + \frac{\partial R}{\partial z} \tag{1-12}$$

3. 高斯公式

数学中的高斯公式可以用散度的形式表示为

$$\oiint_s \boldsymbol{a}\cdot\mathrm{d}\boldsymbol{s} = \iiint_V \mathrm{div}\boldsymbol{a}\mathrm{d}V \quad \text{或} \quad \oiint_s \boldsymbol{n}\cdot\boldsymbol{a}\mathrm{d}s = \iiint_V \nabla\cdot\boldsymbol{a}\mathrm{d}V \tag{1-13}$$

高斯公式的物理意义是：矢量在封闭曲面上的通量等于它的散度的体积分。

由式（1-13）可以得出推论：若在封闭曲面 s 内，处处存在 $\mathrm{div}\boldsymbol{a} = 0$，则通过封闭曲面的通量必为零，即 $\oiint_s \boldsymbol{a}\cdot\mathrm{d}\boldsymbol{s} = 0$。

假设 c 为标量常数，u 为标量函数，$\boldsymbol{a},\boldsymbol{b}$ 为矢量函数，散度的主要运算式包括：① $\mathrm{div}(c\boldsymbol{a}) = c\mathrm{div}\boldsymbol{a}$；② $\mathrm{div}(\boldsymbol{a}\pm\boldsymbol{b}) = \mathrm{div}\boldsymbol{a}\pm\mathrm{div}\boldsymbol{b}$；③ $\mathrm{div}(u\boldsymbol{a}) = u\mathrm{div}\boldsymbol{a} + \boldsymbol{a}\cdot\mathrm{grad}u$。

1.1.4　矢量场的旋度

1. 环量

如图 1-5 所示，设给定矢量场 $\boldsymbol{a}(x,y,z)$，在场中任取一条封闭有向曲线 L，作线积分 $\Gamma = \oint_L \boldsymbol{a}\cdot\mathrm{d}\boldsymbol{l}$，称为矢量 $\boldsymbol{a}$ 沿封闭曲线 L 的**环量**。

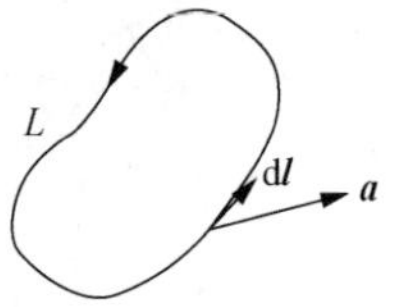

图 1-5　环量的定义

设 M 点为矢量场 $\boldsymbol{a}(x,y,z)$ 中的一点，如图 1-6 所示，在 M 点处取任意方向 $\boldsymbol{n}$，在 M 点附近以 $\boldsymbol{n}$ 方向为法线方向作一微小面积 Δs，设该面积的周线为 L，取周线 L 的正方向与 $\boldsymbol{n}$ 构成右手螺旋关系。在 M 点保持法线方向 $\boldsymbol{n}$ 不变的前提下，令面积 Δs 向 M 点收缩，可得到矢量 $\boldsymbol{a}$ 沿周线 L 正方

向的环量 Γ 与面积 Δs 之比的极限 $\lim\limits_{\Delta s\to 0}\dfrac{\oint_L \boldsymbol{a}\cdot \mathrm{d}\boldsymbol{l}}{\Delta s}$，若该极限存在，则称它为矢量场在 M 点处沿 $\boldsymbol{n}$ 方向的**环流面密度**，即环量对面积的变化率。

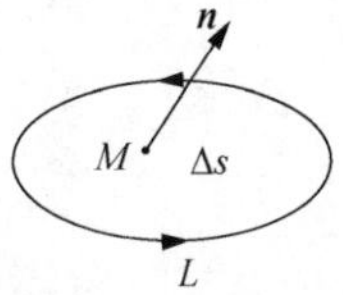

图 1-6　环流面密度

在直角坐标系中，若 $\boldsymbol{a}=a_x(x,y,z)\boldsymbol{i}+a_y(x,y,z)\boldsymbol{j}+a_z(x,y,z)\boldsymbol{k}$，$\mathrm{d}\boldsymbol{l}=\mathrm{d}x\boldsymbol{i}+\mathrm{d}y\boldsymbol{j}+\mathrm{d}z\boldsymbol{k}$，其中 a_x,a_y,a_z 为连续可微函数，则矢量 $\boldsymbol{a}$ 沿曲线 L 的环量可表示为

$$\Gamma=\oint_L \boldsymbol{a}\cdot\mathrm{d}\boldsymbol{l}=\oint_L(a_x\mathrm{d}x+a_y\mathrm{d}y+a_z\mathrm{d}z) \tag{1-14}$$

根据数学中的斯托克斯公式可得

$$\begin{aligned}\oint_L a_x\mathrm{d}x+a_y\mathrm{d}y+a_z\mathrm{d}z&=\iint_s\left[\left(\frac{\partial a_z}{\partial y}-\frac{\partial a_y}{\partial z}\right)\mathrm{d}y\mathrm{d}z+\left(\frac{\partial a_x}{\partial z}-\frac{\partial a_z}{\partial x}\right)\mathrm{d}x\mathrm{d}z+\left(\frac{\partial a_y}{\partial x}-\frac{\partial a_x}{\partial y}\right)\mathrm{d}x\mathrm{d}y\right]\\&=\iint_{\Delta s}\left[\left(\frac{\partial a_z}{\partial y}-\frac{\partial a_y}{\partial z}\right)\cos(\boldsymbol{n},x)+\left(\frac{\partial a_x}{\partial z}-\frac{\partial a_z}{\partial x}\right)\cos(\boldsymbol{n},y)\right.\\&\quad\left.+\left(\frac{\partial a_y}{\partial x}-\frac{\partial a_x}{\partial y}\right)\cos(\boldsymbol{n},z)\right]\mathrm{d}s\end{aligned} \tag{1-15}$$

利用积分中值定理进一步简化得

$$\Gamma=\left[\left(\frac{\partial a_z}{\partial y}-\frac{\partial a_y}{\partial z}\right)\cos(\boldsymbol{n},x)+\left(\frac{\partial a_x}{\partial z}-\frac{\partial a_z}{\partial x}\right)\cos(\boldsymbol{n},y)+\left(\frac{\partial a_y}{\partial x}-\frac{\partial a_x}{\partial y}\right)\cos(\boldsymbol{n},z)\right]_{M'}\Delta s \tag{1-16}$$

式中，M' 为 Δs 上的某一点，当 $\Delta s\to M$ 时 $M'\to M$，于是得到环流面密度在直角坐标系内的表达式为

$$\begin{aligned}\lim_{\Delta s\to M}\frac{\Gamma}{\Delta s}&=\left(\frac{\partial a_z}{\partial y}-\frac{\partial a_y}{\partial z}\right)\cos\alpha+\left(\frac{\partial a_x}{\partial z}-\frac{\partial a_z}{\partial x}\right)\cos\beta+\left(\frac{\partial a_y}{\partial x}-\frac{\partial a_x}{\partial y}\right)\cos\gamma\\&=\left[\left(\frac{\partial a_z}{\partial y}-\frac{\partial a_y}{\partial z}\right)\boldsymbol{i}+\left(\frac{\partial a_x}{\partial z}-\frac{\partial a_z}{\partial x}\right)\boldsymbol{j}+\left(\frac{\partial a_y}{\partial x}-\frac{\partial a_x}{\partial y}\right)\boldsymbol{k}\right]\cdot\boldsymbol{n}_0\end{aligned} \tag{1-17}$$

式中，$\boldsymbol{n}_0=\boldsymbol{i}\cos\alpha+\boldsymbol{j}\cos\beta+\boldsymbol{k}\cos\gamma$ 表示 M 处 $\boldsymbol{n}$ 的方向余弦。由式（1-17）可以看出，环流面密度是一个与方向有关的概念，如果定义矢量 $\boldsymbol{R}=\left(\dfrac{\partial a_z}{\partial y}-\dfrac{\partial a_y}{\partial z}\right)\boldsymbol{i}+\left(\dfrac{\partial a_x}{\partial z}-\dfrac{\partial a_z}{\partial x}\right)\boldsymbol{j}+\left(\dfrac{\partial a_y}{\partial x}-\dfrac{\partial a_x}{\partial y}\right)\boldsymbol{k}$，则矢量 $\boldsymbol{R}$ 在 $\boldsymbol{n}$ 方向的投影对应的就是该方向上的环流面密度。可以认为矢量 $\boldsymbol{R}$ 的方向为环流面密度最大的方向，其模对应最大环流面密度的数值，于是引出矢量场旋度的概念。

2. *旋度*

在矢量场 $\boldsymbol{a}(x,y,z)$ 中的一点 M 处存在一个矢量 $\boldsymbol{R}$，若矢量 $\boldsymbol{a}$ 在 M 点处沿 $\boldsymbol{R}$ 方向上的环流面密度最大，且该最大值恰好为 $\boldsymbol{R}$ 的模，则定义矢量 $\boldsymbol{R}$ 为矢量 $\boldsymbol{a}$ 在 M 点处的**旋度**，记作 $\mathrm{rot}\boldsymbol{a}$。与散度一样，旋度是由矢量 $\boldsymbol{a}$ 的线积分决定的，其大小和方向都是确定的，因此旋度的定义也与坐标系无关。

在直角坐标系中，旋度的公式为

$$\mathrm{rot}\boldsymbol{a}=\left(\frac{\partial a_z}{\partial y}-\frac{\partial a_y}{\partial z}\right)\boldsymbol{i}+\left(\frac{\partial a_x}{\partial z}-\frac{\partial a_z}{\partial x}\right)\boldsymbol{j}+\left(\frac{\partial a_y}{\partial x}-\frac{\partial a_x}{\partial y}\right)\boldsymbol{k} \tag{1-18}$$

写成行列式的形式为

$$\mathrm{rot}\boldsymbol{a}=\begin{vmatrix}\boldsymbol{i} & \boldsymbol{j} & \boldsymbol{k}\\ \dfrac{\partial}{\partial x} & \dfrac{\partial}{\partial y} & \dfrac{\partial}{\partial z}\\ a_x & a_y & a_z\end{vmatrix} \tag{1-19}$$

如果用 $\mathrm{rot}_n\boldsymbol{a}$ 表示旋度 $\mathrm{rot}\boldsymbol{a}$ 在 $\boldsymbol{n}$ 方向的投影，则由式（1-17）可得

$$\mathrm{rot}_n\boldsymbol{a}=\mathrm{rot}\boldsymbol{a}\cdot\boldsymbol{n}_0=\lim_{\Delta s\to 0}\frac{\oint\boldsymbol{a}\cdot\mathrm{d}\boldsymbol{l}}{\Delta s} \tag{1-20}$$

可见，矢量 $\boldsymbol{a}$ 的旋度矢量 $\mathrm{rot}\boldsymbol{a}$ 在任一方向的投影等于该方向的环流面密度。

3. 斯托克斯公式

数学中的斯托克斯公式也可以用旋度的形式表示：

$$\oint\boldsymbol{a}\cdot\mathrm{d}\boldsymbol{l}=\iint_s\left[\left(\frac{\partial a_z}{\partial y}-\frac{\partial a_y}{\partial z}\right)\cos(\boldsymbol{n},x)+\left(\frac{\partial a_x}{\partial z}-\frac{\partial a_z}{\partial x}\right)\cos(\boldsymbol{n},y)+\left(\frac{\partial a_y}{\partial x}-\frac{\partial a_x}{\partial y}\right)\cos(\boldsymbol{n},z)\right]\mathrm{d}s \tag{1-21a}$$

即

$$\oint\boldsymbol{a}\cdot\mathrm{d}\boldsymbol{l}=\oiint_s(\mathrm{rot}_n\boldsymbol{a})\mathrm{d}s=\oiint_s(\mathrm{rot}\boldsymbol{a})\cdot\mathrm{d}\boldsymbol{s} \tag{1-21b}$$

式（1-21b）的物理意义是矢量在封闭曲线上的环量等于该矢量旋度的曲面积分。假设 c 为常数，u 为标量函数，$\boldsymbol{a},\boldsymbol{b}$ 为矢量函数，常见的旋度运算式包括：①$\mathrm{rot}(c\boldsymbol{a})=c\mathrm{rot}\boldsymbol{a}$；②$\mathrm{rot}(\boldsymbol{a}\pm\boldsymbol{b})=\mathrm{rot}\boldsymbol{a}\pm\mathrm{rot}\boldsymbol{b}$；③$\mathrm{rot}(u\boldsymbol{a})=u\mathrm{rot}\boldsymbol{a}+\mathrm{grad}u\times\boldsymbol{a}$；④$\mathrm{div}(\boldsymbol{a}\times\boldsymbol{b})=\boldsymbol{b}\cdot\mathrm{rot}\boldsymbol{a}-\boldsymbol{a}\cdot\mathrm{rot}\boldsymbol{b}$；⑤$\mathrm{rot}(\mathrm{grad}u)=\boldsymbol{0}$；⑥$\mathrm{div}(\mathrm{rot}\boldsymbol{a})=0$。

要点　环量与旋度关系：对于矢量场中某一给定点，旋度的方向是环量面密度最大的方向，旋度的模就是最大环量面密度的数值。可以看出，旋度与环量面密度的关系正如梯度与方向导数之间的关系。

1.1.5　几种简单的矢量场

本节介绍场论中几个重要的矢量场，即无源场、无旋场和调和场。在此之前，先介绍单位空间内的单连域和复连域的概念。

在一个区域内的任何简单闭曲线 l，都可以做出一个以 l 为边界，且全部位于该区域内的曲面 s，则此区域为**线单连域**，否则为**线复连域**。若一个区域内任何简单闭曲面 s 所包围的全部点都在该区域内（即 s 内没有洞），则此区域为**面单连域**，否则为**面复连域**。举例：空心球体（图 1-7）是线单连域，同时是面复连域；环面体（图 1-8）是线复连域，同时是面单连域。

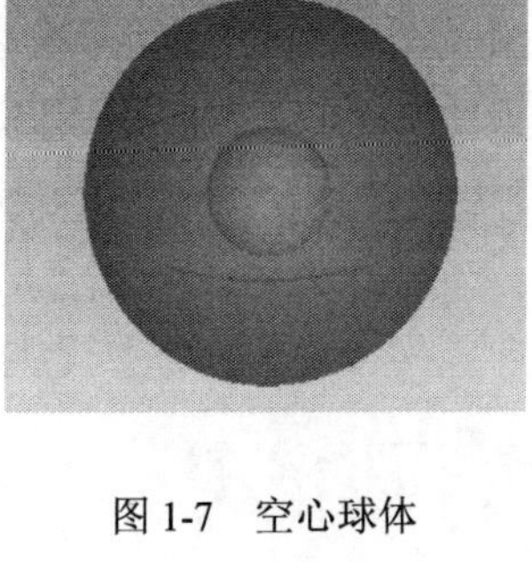

图 1-7　空心球体

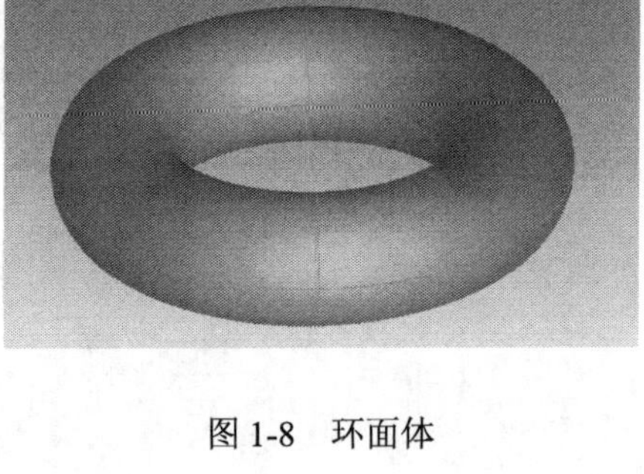

图 1-8　环面体

1. 无源场（管式场）

散度 $\mathrm{div}\boldsymbol{a}=0$ 的矢量场称为**无源场**。无源场具有如下重要性质：

【性质 1-1】无源场中，任取一矢量管（由矢量线组成的管状曲面），则无源矢量 $\boldsymbol{a}$ 经过矢量管任一截面上的通量保持同一数值。

该性质告诉我们，在无源场中，穿过同一矢量管所有断面上的通量都相等。例如在无源的速度场中，流入某矢量管的流量和从管中流出的流量是相等的，因此流体在矢量管中的流动宛如在真正管子内的流动，故无源场又称为**管式场**。

【性质 1-2】矢量管不能在场内发生或终止，一般来说它只可能延伸至无穷远处，或靠在区域的边界上或自成封闭管路。

2. 有势场（无旋场）

设矢量场 $\boldsymbol{a}(x,y,z)$，若存在单值函数 $u(x,y,z)$ 满足 $\boldsymbol{a}=\mathrm{grad}u$，则称矢量场为**有势场**，将 $u(x,y,z)$ 定义为矢量场 $\boldsymbol{a}(x,y,z)$ 的势函数，同时将旋度 $\mathrm{rot}\boldsymbol{a}=0$ 的矢量场，称为**无旋场**。

有势场最主要的性质就是：在线单连域内，矢量场 $\boldsymbol{a}(x,y,z)$ 为有势场的充分必要条件是其旋度在场内处处为零，也就是说矢量场 $\boldsymbol{a}(x,y,z)$ 为有势场（$\boldsymbol{a}=\mathrm{grad}u$）等价于矢量场 $\boldsymbol{a}(x,y,z)$ 必为无旋场（$\mathrm{rot}\boldsymbol{a}=0$）。现予以简要证明。

若矢量场 $\boldsymbol{a}(x,y,z)$ 为有势场，假设 $\boldsymbol{a}=\mathrm{grad}u$，直接对 $\boldsymbol{a}$ 进行微分可得

$$\mathrm{rot}\boldsymbol{a}=\mathrm{rot}(\mathrm{grad}u)=\boldsymbol{0} \tag{1-22}$$

于是，矢量沿任意封闭轴线 L 的线积分都为零；反之若 $\mathrm{rot}\boldsymbol{a}=\boldsymbol{0}$，由斯托克斯定理可知：

$$\oint_L \boldsymbol{a}\cdot\mathrm{d}\boldsymbol{l}=\oiint_s(\mathrm{rot}\boldsymbol{a})\cdot\mathrm{d}\boldsymbol{s}=0 \tag{1-23}$$

根据 1.1.2 节中的定理 1-2 可知：必然存在 $\boldsymbol{a}=\mathrm{grad}u$，于是得证。

有势场的势函数可以通过积分求得，即

$$u=\int\boldsymbol{a}\cdot\mathrm{d}\boldsymbol{l} \tag{1-24}$$

该积分与积分路径无关，我们将这种具有曲线积分 $\int_A^B\boldsymbol{a}\cdot\mathrm{d}\boldsymbol{l}$ 与路径无关性质的矢量场定义为**保守场**。例如，静电场、引力场、重力场等都是保守场。

要点　关于有势场 $\boldsymbol{a}=P\boldsymbol{i}+Q\boldsymbol{j}+R\boldsymbol{k}$ 存在四个相互等价的命题："场有势"（$\boldsymbol{a}=\mathrm{grad}u$）；"场无旋"（$\mathrm{rot}\boldsymbol{a}=0$）；"场保守"（$\int_A^B\boldsymbol{a}\cdot\mathrm{d}\boldsymbol{l}$ 与积分路径无关）；"$\boldsymbol{a}\cdot\mathrm{d}\boldsymbol{l}=P\mathrm{d}x+Q\mathrm{d}y+R\mathrm{d}z$ 是某个函数的全微分"。一般通过考查场 $\boldsymbol{a}(x,y,z)$ 是否无旋，即是否存在 $\mathrm{rot}\boldsymbol{a}=0$ 来判断其余三者是否成立。

3. 调和场

若矢量场 $\boldsymbol{a}(x,y,z)$ 中存在 $\mathrm{div}\boldsymbol{a}=0$ 且 $\mathrm{rot}\boldsymbol{a}=0$，则此矢量场称为**调和场**，也就是指既无源又无旋的场。如果矢量场 $\boldsymbol{a}(x,y,z)$ 为调和场，则 $\mathrm{rot}\boldsymbol{a}=0$。因此存在一个标量函数 u，满足 $\boldsymbol{a}=\mathrm{grad}u$，再根据 $\mathrm{div}\boldsymbol{a}=0$ 可得 $\mathrm{div}(\mathrm{grad}u)=0$，在直角坐标系中，将 $\mathrm{grad}\varphi=\frac{\partial\varphi}{\partial x}\boldsymbol{i}+\frac{\partial\varphi}{\partial y}\boldsymbol{j}+\frac{\partial\varphi}{\partial z}\boldsymbol{k}$ 代入该式得

$$\frac{\partial^2u}{\partial x^2}+\frac{\partial^2u}{\partial y^2}+\frac{\partial^2u}{\partial z^2}=0 \tag{1-25}$$

这是一个二阶偏微分方程，称为**拉普拉斯（Laplace）方程**，满足拉普拉斯方程的函数称为**调和函数**。拉普拉斯方程引入了一个数性微分算子：

$$\Delta=\frac{\partial^2}{\partial x^2}+\frac{\partial^2}{\partial y^2}+\frac{\partial^2}{\partial z^2} \tag{1-26}$$

将Δ称为拉普拉斯算子，于是拉普拉斯方程可表示为

$$\Delta u=0 \tag{1-27}$$

1.1.6　哈密顿算子及其运算

现在我们介绍矢量分析中的一个非常重要的微分算子，即**哈密顿算子**，其表达式为

$$\nabla=\boldsymbol{i}\frac{\partial}{\partial x}+\boldsymbol{j}\frac{\partial}{\partial y}+\boldsymbol{k}\frac{\partial}{\partial z} \tag{1-28}$$

由式（1-28）可知，哈密顿算子∇是在三个坐标方向上对某个量取偏导数计算，它是一个矢性的微分算子，具有矢量和微分的双重性质：首先它是一个矢量，可以利用矢量代数和矢量分析的各种法则进行运算；其次它又是一个微分算子，可以按照微分法则进行运算。需要注意的是：∇只对位于其右侧的量发生微分作用，计算时先作微分运算再进行矢量运算。

一般来讲，∇作用在一个标量函数或矢量函数上仅有三种形式，即 ∇u , $\nabla\cdot\boldsymbol{a}$ 和 $\nabla\times\boldsymbol{a}$，分别对应梯度、散度和旋度的表达式：

$$\nabla u=\left(\boldsymbol{i}\frac{\partial}{\partial x}+\boldsymbol{j}\frac{\partial}{\partial y}+\boldsymbol{k}\frac{\partial}{\partial z}\right)u=\frac{\partial u}{\partial x}\boldsymbol{i}+\frac{\partial u}{\partial y}\boldsymbol{j}+\frac{\partial u}{\partial z}\boldsymbol{k}=\mathrm{grad}u \tag{1-29}$$

$$\nabla\cdot\boldsymbol{a}=\left(\boldsymbol{i}\frac{\partial}{\partial x}+\boldsymbol{j}\frac{\partial}{\partial y}+\boldsymbol{k}\frac{\partial}{\partial z}\right)\cdot(a_x\boldsymbol{i}+a_y\boldsymbol{j}+a_z\boldsymbol{k})=\frac{\partial a_x}{\partial x}+\frac{\partial a_y}{\partial y}+\frac{\partial a_z}{\partial z}=\mathrm{div}\boldsymbol{a} \tag{1-30}$$

$$\begin{aligned}\nabla\times\boldsymbol{a}&=\left(\boldsymbol{i}\frac{\partial}{\partial x}+\boldsymbol{j}\frac{\partial}{\partial y}+\boldsymbol{k}\frac{\partial}{\partial z}\right)\times(\boldsymbol{i}a_x+\boldsymbol{j}a_y+\boldsymbol{k}a_z)\\&=\left(\frac{\partial a_z}{\partial y}-\frac{\partial a_y}{\partial z}\right)\boldsymbol{i}+\left(\frac{\partial a_x}{\partial z}-\frac{\partial a_z}{\partial x}\right)\boldsymbol{j}+\left(\frac{\partial a_y}{\partial x}-\frac{\partial a_x}{\partial y}\right)\boldsymbol{k}=\mathrm{rot}\boldsymbol{a}\end{aligned} \tag{1-31}$$

为了便于表达，给出哈密顿算子的一种常见表达形式：

$$\boldsymbol{a}\cdot\nabla=(a_x\boldsymbol{i}+a_y\boldsymbol{j}+a_z\boldsymbol{k})\cdot\left(\boldsymbol{i}\frac{\partial}{\partial x}+\boldsymbol{j}\frac{\partial}{\partial y}+\boldsymbol{k}\frac{\partial}{\partial z}\right)=a_x\frac{\partial}{\partial x}+a_y\frac{\partial}{\partial y}+a_z\frac{\partial}{\partial z} \tag{1-32}$$

例如：$(\boldsymbol{a}\cdot\nabla)B=a_x\frac{\partial B}{\partial x}+a_y\frac{\partial B}{\partial y}+a_z\frac{\partial B}{\partial z}$。

要点　实际上哈密顿算子是三个微分算子 $\frac{\partial}{\partial x},\frac{\partial}{\partial y},\frac{\partial}{\partial z}$ 的线性组合，而这些数性微分算子是服从乘积运算法则的，也就是说当∇作用在两个函数因子的乘积上时，每次只对其中一个因子运算，而把另一个因子当作常数。

下面给出一些物理场中经常遇到的恒等式，假设 $\boldsymbol{a},\boldsymbol{b}$ 为矢量函数，u,v 为标量函数，c 为标量常数，$\boldsymbol{c}$ 为矢量常数。

$$\nabla(cu)=c\nabla u\,,\ \nabla\cdot(c\boldsymbol{a})=c\nabla\cdot\boldsymbol{a}\,,\ \nabla\times(c\boldsymbol{a})=c\nabla\times\boldsymbol{a}\,,\ \nabla(c\pm v)=\nabla c\pm\nabla v\,,\ \nabla\cdot(\boldsymbol{a}\pm\boldsymbol{b})=\nabla\cdot\boldsymbol{a}\pm\nabla\cdot\boldsymbol{b}$$

$$\nabla\times(\boldsymbol{a}\pm\boldsymbol{b})=\nabla\times\boldsymbol{a}\pm\nabla\times\boldsymbol{b}\,,\ \nabla\cdot(u\boldsymbol{c})=\nabla u\cdot\boldsymbol{c}\,,\ \nabla\times(u\boldsymbol{c})=\nabla u\times\boldsymbol{c}\,,\ \nabla(uv)=u\nabla v+v\nabla u$$

$$\nabla\times(u\boldsymbol{a})=u\nabla\times\boldsymbol{a}+\nabla u\times\boldsymbol{a}\,,\ \nabla\cdot(u\boldsymbol{a})=u\nabla\cdot\boldsymbol{a}+\nabla u\cdot\boldsymbol{a}\,,\ \nabla\cdot(\boldsymbol{a}\times\boldsymbol{b})=\boldsymbol{b}\cdot(\nabla\times\boldsymbol{a})-\boldsymbol{a}\cdot(\nabla\times\boldsymbol{b})$$

$$\mathrm{rot}(\mathrm{grad}u)=\nabla\times(\nabla u)=0\,,\ \mathrm{div}(\mathrm{grad}u)=\nabla\cdot(\nabla u)=\nabla^2u=\Delta u\,,\ \mathrm{div}(\mathrm{rot}\boldsymbol{a})=\nabla\cdot(\nabla\times\boldsymbol{a})=0$$

$$\nabla\times(\boldsymbol{a}\times\boldsymbol{b})=(\boldsymbol{b}\cdot\nabla)\boldsymbol{a}-(\boldsymbol{a}\cdot\nabla)\boldsymbol{b}-\boldsymbol{b}(\nabla\cdot\boldsymbol{a})+\boldsymbol{a}(\nabla\cdot\boldsymbol{b})$$

高斯公式：$\oint\!\!\oint_{s} \boldsymbol{n}\cdot\boldsymbol{a}\mathrm{d}s=\iiint_{V}(\mathrm{div}\boldsymbol{a})\mathrm{d}V=\iiint_{V}(\nabla\cdot\boldsymbol{a})\mathrm{d}V$

斯托克斯公式：$\oint_{L}\boldsymbol{a}\cdot\mathrm{d}\boldsymbol{l}=\oint\!\!\oint_{s}(\mathrm{rot}\boldsymbol{a})\cdot\mathrm{d}\boldsymbol{s}=\oint\!\!\oint_{s}(\nabla\times\boldsymbol{a})\cdot\mathrm{d}\boldsymbol{s}$

1.2　张量初步

张量可看作是矢量的一种推广。在近代理论流体力学和计算流体力学中，人们已经越来越广泛地使用张量表示法，这是因为采用张量表示流体力学基本方程时，其书写高度简练、运算方便、物理意义鲜明，而且在连续介质力学中一些重要的物理量如应力、应变率等，其本身就是张量，因此将张量的共同特征抽象出来加以定义，并进行数学上的讨论对研究流体力学问题是十分必要的。

从直观上来讲，标量和矢量均可视为张量的特例，它们分别称为零阶张量和一阶张量。本节从坐标变换的角度来重新定义标量和矢量，进而引出张量表示法。

1.2.1　张量表示法和坐标变换

1. 张量的定义

在自然科学中，为了能在数量上表示出某物理量并对其进行计算，常常要选定参考的坐标系。由不同的坐标系会得到不同的数量表征，但由于它们描述了客观存在的同一个物理量，因此不同坐标下，不同数量表征之间必然存在确定的变换律。这种坐标变换的规律正是客观存在的物理量独立于坐标系的反映，我们将其作为标量和矢量的另一种形式的定义。

我们知道标量是一个纯数，它只有大小而没有方向，例如：质量、密度、温度、能量等。这些量只有一个基本特征量（或称为不变量），就是它们数值上的大小。于是我们把**标量**定义为：在选定单位下，只需要一个不依赖于坐标系的数字就可以表征其性质的量。与之相似，矢量既有大小又有方向，例如数学上的有向线段，物理上的位移、速度、加速度、力等，这些量有两个不变量（大小和方向），在三维坐标系里有三个方向的分量，构成一个矢量。因此，**矢量**是指在选定单位下，需要不依赖于坐标系的数字和方向表征其性质的量。

以上关于标量和矢量的定义，强调的是客观存在的物理量，具有不依赖于坐标系而存在的不变量。基于此，我们把标量定义为零阶张量，它只有一个不变量，每个标量只有 $3^0=1$ 个分量；把矢量定义为一阶张量，它有两个不变量，每个矢量包括 $3^1=3$ 个分量。进一步推广，定义二阶张量有三个不变量，每个二阶张量包括 $3^2=9$ 个分量，例如流体内部的应力就是一个二阶张量，它除了大小、方向以外，还有表示应力作用面方位的不变量。依此类推，n 阶张量就有 $n+1$ 个不变量，包括 3^n 个分量。

可以看出，张量是与坐标系有关系的定义。一般情况下，我们研究的是笛卡儿坐标系，故对应的张量称为**笛卡儿张量**。在坐标系变换时，物理量的表达形式会按照一定转换规律发生变化，即物理的数量表征会有所不同，但物理量表征的客观存在是保持不变的，也就是说不同的数量表征反映的是同一个事物本质，具有不变性。于是，我们将**张量**定义为：在坐标变换时，能够自身转化而保持不变的量。

2. 张量表示法

1）指标表示法

在笛卡儿坐标系中，一般取 x, y, z 为坐标，$\boldsymbol{i}, \boldsymbol{j}, \boldsymbol{k}$ 为单位坐标矢量。而在张量表示法中，常常引入数字作为指标，即变换为 $x \to x_1, y \to x_2, z \to x_3$；$\boldsymbol{i} \to \boldsymbol{e}_1, \boldsymbol{j} \to \boldsymbol{e}_2, \boldsymbol{k} \to \boldsymbol{e}_3$。

于是，任一矢量可表示为

$$\boldsymbol{a} = [a_1 \quad a_2 \quad a_3]' = a_1\boldsymbol{e}_1 + a_2\boldsymbol{e}_2 + a_3\boldsymbol{e}_3 = a_i\boldsymbol{e}_i \tag{1-33}$$

式中，i 为求和指标，可取 1,2,3。

同理，矢径 $\boldsymbol{r}$ 可表示为

$$\boldsymbol{r} = [x_1 \quad x_2 \quad x_3]' = x_i\boldsymbol{e}_i \tag{1-34}$$

2）约定求和法则——Einstein 求和法则

为了书写方便，Einstein 求和法则约定：在同一项中，若有两个指标相同，就表示要对这个指标从 1 到 3 求和。

以两组实数的线性求和为例：

$$S = a_1x_1 + a_2x_2 + a_3x_3\text{，即 } S = \sum_{i=1}^{3} a_ix_i = \sum_{j=1}^{3} a_jx_j \tag{1-35}$$

根据 Einstein 求和法则，可以略去求和符号，则式（1-35）简化为

$$S = a_ix_i = a_jx_j \tag{1-36}$$

这里重复出现的字母（i, j）称为**哑标**（或跑标）。

需要说明的是：求和约定与所用字母无关，哑标的符号可以任意更换。哑标在同一项中必须成对出现，哑标的默认值为 1,2,3，暗示存在隐含的求和运算，求和后哑标消失。在指标符号不变的情况下，指标式的代数运算规则与实数代数式运算规则类同，这就是指标式的**仿代数特性**。

这种求和法则不但对一般的乘积计算适用，对复杂的解析计算，如微积分也同样成立：①$a_ib_i = a_1b_1 + a_2b_2 + a_3b_3 = a_jb_j = (a_1\boldsymbol{e}_1 + a_2\boldsymbol{e}_2 + a_3\boldsymbol{e}_3)\cdot(b_1\boldsymbol{e}_1 + b_2\boldsymbol{e}_2 + b_3\boldsymbol{e}_3) = \boldsymbol{a}\cdot\boldsymbol{b}$；②$(\boldsymbol{a}\cdot\nabla)\boldsymbol{b} = a_j\dfrac{\partial b_i}{\partial x_j}$；

③$\dfrac{\partial a_i}{\partial x_i} = \dfrac{\partial a_1}{\partial x_1} + \dfrac{\partial a_2}{\partial x_2} + \dfrac{\partial a_3}{\partial x_3} = \mathrm{div}\boldsymbol{a} = \nabla\cdot\boldsymbol{a}$；④$\Delta\boldsymbol{a} = \nabla^2\boldsymbol{a} = \nabla\cdot\nabla\boldsymbol{a} = \dfrac{\partial}{\partial x_i}\left(\dfrac{\partial a_j}{\partial x_i}\right) = \dfrac{\partial^2 a_j}{\partial x_i\partial x_i}$。

如果同一项中出现两对或多对不同哑标，则表示多重求和，例如：二重求和可表示为 $\sum_{i=1}^{3}\sum_{j=1}^{3} a_{ij}x_ix_j = a_{ij}x_ix_j$；三重求和可表示为 $\sum_{i=1}^{3}\sum_{j=1}^{3}\sum_{k=1}^{3} b_{ijk}x_ix_jx_k = b_{ijk}x_ix_jx_k$。

3）指定指标和求和指标

以上求和法则也适用于方程的表示。对某一方程而言，如果方程某项中某一指标重复出现了两次，则表示要把该指标在取值范围内遍历求和，该重复指标称为**求和指标**，即哑标。如果某一指标在方程中每一项中都出现，但在一项中不会重复出现，则称该指标为**指定指标**。

例如：在方程 $a_{ij}x_j = b_i$ 中，i 为指定指标，j 为求和指标（哑标）；在方程 $C_{ij} = A_{ik}B_{jk}$ 中，i, j 为指定指标，k 为求和指标。关于指标特性，还需要注意的是：①指定指标仅表示依次取值，也可以更换指标，但必须所有项均更换；②指定指标在同一方程的所有项中都出现，且每项中只出现一次；③指定指标可以从最小数取到最大数，默认取 $1, 2, 3, \cdots, n$，每取一值代表

一个式子。

3. 笛卡儿坐标变换

在解析几何中，笛卡儿直角坐标系是指原点固定、坐标轴指向固定且相互正交的直线坐标系。笛卡儿坐标变换包括平移、反射和旋转三种类型。其中坐标平移相当于某一坐标值加或减一个常数；反射又叫镜像，是指有一个坐标轴的方向与原来相反，例如一个右手坐标系反射后会变成一个左手坐标系；旋转是指坐标系绕一点做旋转变化，每个坐标轴转过不同的角度，得到一个新的坐标系。

在坐标变换中，如果新旧坐标都是右手坐标系，那么就只有平动和旋转两种变换了。为简单起见，仅就旋转变换的情况加以讨论。假设原来坐标系中的某个矢量有三个分量，在坐标旋转以后，矢量的大小和方向是不变的，但是它的分量将会发生变化，下面我们要建立这一矢量的变化描述。

如图 1-9 所示，假设正交坐标系 $Ox_1x_2x_3$，其单位矢量分布为 $\boldsymbol{e}_1,\boldsymbol{e}_2,\boldsymbol{e}_3$。坐标系绕原点旋转以后，得到新坐标系 $O'x_1'x_2'x_3'$，其单位矢量分别是 $\boldsymbol{e}_1',\boldsymbol{e}_2',\boldsymbol{e}_3'$。

于是对一矢量而言，存在：

$$\boldsymbol{a}=a_1\boldsymbol{e}_1+a_2\boldsymbol{e}_2+a_3\boldsymbol{e}_3\ (=a_i\boldsymbol{e}_i) \tag{1-37a}$$

$$\boldsymbol{a}'=a_1'\boldsymbol{e}_1'+a_2'\boldsymbol{e}_2'+a_3'\boldsymbol{e}_3'(=a_i'\boldsymbol{e}_i') \tag{1-37b}$$

两坐标系的单位矢量之间存在如下关系：

$$\boldsymbol{e}_1'=\alpha_{11}\boldsymbol{e}_1+\alpha_{12}\boldsymbol{e}_2+\alpha_{13}\boldsymbol{e}_3(=\alpha_{1j}\boldsymbol{e}_j) \tag{1-38a}$$

$$\boldsymbol{e}_2'=\alpha_{21}\boldsymbol{e}_1+\alpha_{22}\boldsymbol{e}_2+\alpha_{23}\boldsymbol{e}_3(=\alpha_{2j}\boldsymbol{e}_j) \tag{1-38b}$$

$$\boldsymbol{e}_3'=\alpha_{31}\boldsymbol{e}_1+\alpha_{32}\boldsymbol{e}_2+\alpha_{33}\boldsymbol{e}_3(=\alpha_{3j}\boldsymbol{e}_j) \tag{1-38c}$$

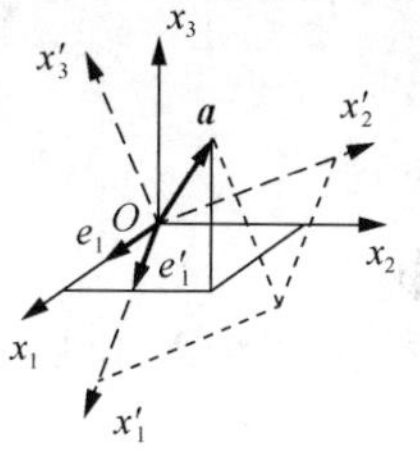

图 1-9　笛卡儿坐标变换

式中，α_{ij} 是两坐标系不同坐标轴之间夹角的余弦，$\alpha_{ij}=\boldsymbol{e}_i'\cdot\boldsymbol{e}_j(i,j=1,2,3)$。

也可以采用表格形式（表 1-1）更为直观地描述 α_{ij}。

表 1-1　两坐标系不同坐标轴之间夹角的余弦

	$\boldsymbol{e}_1$	$\boldsymbol{e}_2$	$\boldsymbol{e}_3$
$\boldsymbol{e}_1'$	α_{11}	α_{12}	α_{13}
$\boldsymbol{e}_2'$	α_{21}	α_{22}	α_{23}
$\boldsymbol{e}_3'$	α_{31}	α_{32}	α_{33}

表格中每个 α 表示其所在行的单位矢量与所在列的单位矢量之间的夹角的余弦。

根据 α 的含义，式（1-38）可表示为

$$\boldsymbol{e}_i'=\alpha_{ij}\boldsymbol{e}_j \tag{1-39a}$$

$$\alpha_{ij}=\boldsymbol{e}_i'\cdot\boldsymbol{e}_j=\cos(\boldsymbol{e}_i',\boldsymbol{e}_j) \tag{1-39b}$$

式（1-39b）可以表示 9 项分量的形式，即所谓的张量表示法，下面将从坐标变换的角度加以详细介绍。

4. 用坐标变换定义张量

下面我们来研究标量和矢量在坐标变换时的性质，进而引出张量的定义。

1）标量 φ

如果空间点 P 在旧坐标系 $Ox_1x_2x_3$ 内的坐标为 $P(x_1,x_2,x_3)$，在新坐标系 $Ox_1'x_2'x_3'$ 内的坐标

为 $P'(x_1',x_2',x_3')$，由于标量的数值不依赖于坐标系，则标量 φ 存在：

$$\varphi(x_1,x_2,x_3)=\varphi'(x_1',x_2',x_3') \tag{1-40}$$

式（1-40）给出了标量的另一定义形式：对于每一个直角坐标系 $Ox_1x_2x_3$ 都有一个量，它在坐标变换时满足式（1-40），即其值保持不变，则 φ 定义了一个标量。

2）矢量 $\boldsymbol{a}$

对于矢量 $\boldsymbol{a}$，如果其在旧坐标轴 x_1,x_2,x_3 上的投影分别为 a_1,a_2,a_3，而在新坐标轴 x_1',x_2',x_3' 上的投影分别为 a_1',a_2',a_3'，即在两个坐标系内分别有

$$\boldsymbol{a}=a_1\boldsymbol{e}_1+a_2\boldsymbol{e}_2+a_3\boldsymbol{e}_3 \tag{1-41a}$$

$$\boldsymbol{a}'=a_1'\boldsymbol{e}_1'+a_2'\boldsymbol{e}_2'+a_3'\boldsymbol{e}_3' \tag{1-41b}$$

式中，a_1' 表示 $\boldsymbol{a}$ 在新坐标轴 x_1' 上的投影，存在 $a_1'=\boldsymbol{a}\cdot\boldsymbol{e}_1'$，将式（1-38a）和式（1-41a）代入式（1-41b）可得

$$a_1'=\boldsymbol{a}\cdot\boldsymbol{e}_1'=(a_1\boldsymbol{e}_1+a_2\boldsymbol{e}_2+a_3\boldsymbol{e}_3)\cdot(\alpha_{11}\boldsymbol{e}_1+\alpha_{12}\boldsymbol{e}_2+\alpha_{13}\boldsymbol{e}_3)=\alpha_{11}a_1+\alpha_{12}a_2+\alpha_{13}a_3 \tag{1-42a}$$

用约定求和法则可表示为

$$a_1'=\alpha_{1j}a_j \tag{1-42b}$$

同理可得

$$a_2'=\alpha_{2j}a_j\,,\ a_3'=\alpha_{3j}a_j \tag{1-42c}$$

根据求和法则可以将式（1-42b）、式（1-42c）改写为

$$a_i'=\alpha_{ij}a_j \tag{1-43}$$

于是我们可以从坐标变化的角度定义一个矢量：对直角坐标系 $Ox_1x_2x_3$ 来讲，有三个量 a_1,a_2,a_3，它们由式（1-43）变换为另一个坐标系 $Ox_1'x_2'x_3'$ 中的三个量 a_1',a_2',a_3'，则此三个量定义一个新的量 $\boldsymbol{a}$，称为**矢量**。需要说明的是：在坐标变换条件下式（1-43）成立，表明在坐标变换时矢量的大小、方向都不变，但矢量的各个分量发生了变化，从而实现了各分量之间的转换而矢量本身保持不变。

3）二阶张量

将矢量基于坐标变化的定义式（1-43）加以推广，可以得到二阶张量的定义：对一个直角坐标系 $Ox_1x_2x_3$ 来说有 9 个分量 p_{lm}，它按照公式 $p_{ij}'=\alpha_{il}\alpha_{jm}p_{lm}$ 转换为另一个直角坐标系 $Ox_1'x_2'x_3'$ 中的 9 个分量 p_{ij}'，则此 9 个分量定义一个新的量 $\boldsymbol{P}$，称为笛卡儿二阶张量，简称**二阶张量**，通常可表示为

$$\boldsymbol{P}=[p_{ij}]=\begin{bmatrix}p_{11} & p_{12} & p_{13}\\ p_{21} & p_{22} & p_{23}\\ p_{31} & p_{32} & p_{33}\end{bmatrix} \tag{1-44}$$

通常用 $[p_{ij}]$ 表示张量，p_{ij} 表示二阶张量的分量，为了简单起见常常略去[ ]，这样张量及其分量都用符号 p_{ij} 表示，读者在应用过程中需要注意区分。

4）n 阶张量

二阶张量的定义可以继续推广到 n 阶张量中：若在坐标系中给出 3^n 个数 $p_{j_1j_2j_3\cdots j_n}$，当坐标变换时，这些数按公式 $p'_{i_1i_2i_3\cdots i_n}=\alpha_{i_1j_1}\alpha_{i_2j_2}\cdots\alpha_{i_nj_n}p_{j_1j_2\cdots j_n}$ 转换，则将 $p_{j_1j_2\cdots j_n}$ 定义为 n 阶张量。

当 $n=0$ 时，张量只有一个分量，满足 $p'=p$ 的关系，因此 p 是一个标量。由此可见，我们可以把标量视为 0 阶张量；当 $n=1$ 时，张量有三个分量，且满足 $p_{l_1}'=\alpha_{l_1m_1}p_{m_1}$ 的关系，它是

一个矢量，因此我们可以把矢量视为一阶张量。

5. 张量识别定理

【定理 1-3】 若 $p_{i_1i_2i_3\cdots i_mj_1j_2\cdots j_n}$ 和任意 n 阶张量 $q_{j_1j_2\cdots j_n}$ 的内积 $p_{i_1i_2i_3\cdots i_mj_1j_2\cdots j_n}q_{j_1j_2\cdots j_n}=t_{i_1i_2i_3\cdots i_m}$ 恒为 m 阶张量，则 $p_{i_1i_2i_3\cdots i_mj_1j_2\cdots j_n}$ 必为 $m+n$ 阶张量。

【定理 1-4】 若 $p_{i_1i_2i_3\cdots i_m}$ 和任意 n 阶张量 $q_{j_1j_2\cdots j_n}$ 的乘积 $p_{i_1i_2i_3\cdots i_m}q_{j_1j_2\cdots j_n}=t_{i_1i_2i_3\cdots i_mj_1j_2\cdots j_n}$ 恒为 $m+n$ 阶张量，则 $p_{i_1i_2i_3\cdots i_m}$ 必为 m 阶张量。

张量识别定理为识别张量提供了一种简单可行的方法，而不必通过坐标变化来定义张量。

1.2.2　单位张量

1. 二阶单位张量 δ_{ij}

在正交坐标系 $Ox_1x_2x_3$ 中，由于单位矢量 $\boldsymbol{e}_1,\boldsymbol{e}_2,\boldsymbol{e}_3$ 相互正交，而它们对自身来说却是相互平行的。任意两个正交坐标单位矢量的点积用 δ_{ij} 表示，称为**克罗内克（Kronecker）记号**。根据坐标关系可得

$$\boldsymbol{e}_i\cdot\boldsymbol{e}_j=\delta_{ij}=\begin{cases}1, & i=j\\ 0, & i\neq j\end{cases}\tag{1-45a}$$

式中，i,j 为指定指标。当 $i=j$ 时，结果为 1；当 $i\neq j$ 时，结果为 0，即 δ_{ij} 可写作：

$$\delta_{11}=\delta_{22}=\delta_{33}=1\,,\delta_{12}=\delta_{21}=\delta_{23}=\delta_{32}=\delta_{31}=\delta_{13}=0\tag{1-45b}$$

由式（1-45a）、式（1-45b）可知，δ_{ij} 可表示为张量形式：

$$\delta_{ij}=\begin{bmatrix}1&0&0\\0&1&0\\0&0&1\end{bmatrix}\tag{1-45c}$$

同理，在新坐标系 $Ox_1'x_2'x_3'$ 中存在 $\boldsymbol{e}_i'\cdot\boldsymbol{e}_j'=\delta_{ij}$。

δ_{ij} 最重要的特性是它的置换特性，这一特性可以描述为：δ_{ij} 与任意指标量作用（相乘）时，在自身消失的同时改变被作用量的指标符号。其置换规则是：如果 δ_{ij} 有一指标与被作用量的某一指标相同，则用 δ_{ij} 另一指标置换被作用量的相同指标，同时自身消失。利用 δ_{ij} 的置换特性，可简化指标表达式，例如：

$$A_{ij}\delta_{ik}=A_{kj}\tag{1-46a}$$

$$\delta_{ij}a_j=\delta_{i1}a_1+\delta_{i2}a_2+\delta_{i3}a_3=a_i\tag{1-46b}$$

式中，当 i=1,2,3 时，分别对应 a_1,a_2,a_3。

由于 $a_i=\delta_{ij}a_j$ 对任意矢量恒成立，根据张量识别定理可知：克罗内克记号 δ_{ij} 是二阶张量，并将其作为二阶单位张量。以下给出有关 δ_{ij} 的几个重要公式：

$$\delta_{im}a_{mj}=a_{ij}\,,\delta_{ii}=\delta_{11}+\delta_{22}+\delta_{33}=3\,,\delta_{ij}=\delta_{ji}\,,\delta_{ij}\delta_{ij}=\delta_{ii}=\delta_{jj}=3\,,\delta_{ij}\delta_{jk}\delta_{kl}=\delta_{il}\,,\delta_{ik}\delta_{kj}=\delta_{ij}$$

2. 三阶单位张量 ε_{ijk}

为了简化表达，张量表示法中引入置换符号 ε_{ijk}，它满足关系式：

$$\varepsilon_{ijk}=\boldsymbol{e}_i\times\boldsymbol{e}_j\cdot\boldsymbol{e}_k\tag{1-47}$$

式中，ε_{ijk} 称为**置换符号**，又称为 Ricci 符号，其数值可表示为

$$\varepsilon_{ijk}=\begin{cases}1, & i,j,k\text{按照正排列(或偶排列)}\\-1, & i,j,k\text{按照反排列(或奇排列)}\\0, & i,j,k\text{中有两个以上相同偶排列}\end{cases} \tag{1-48}$$

其中，正排列对应的 i,j,k 按照 123123…的顺序排列，包括 $\varepsilon_{123},\varepsilon_{231},\varepsilon_{312}$；反排列按照 132132…逆序排列，包括 $\varepsilon_{321},\varepsilon_{132},\varepsilon_{213}$。由此可知，将置换符号 ε_{ijk} 中任意两个指标交换一次位置，则相应的量相差一个负号。

克罗内克记号 δ_{ij} 和置换符号 ε_{ijk} 都是非常重要的量，它们经常出现在张量表示法中，二者之间存在如下恒等式：

$$\varepsilon_{ijk}\varepsilon_{ilm}=\delta_{jl}\delta_{km}-\delta_{jm}\delta_{kl}=\begin{vmatrix}\delta_{jl} & \delta_{jm}\\ \delta_{kl} & \delta_{km}\end{vmatrix} \tag{1-49}$$

式（1-49）通常被称为 ε-δ 恒等式，其结果为四阶张量，篇幅所限，此处不做证明。除此之外，还有一些重要的推论公式，如：

$\varepsilon_{ijk}\varepsilon_{ljk}=2\delta_{il}$；$\varepsilon_{ijk}\varepsilon_{ijk}=6$；$\delta_{ij}\varepsilon_{ijk}=[0\quad 0\quad 0]'$；$\varepsilon_{ijk}=\varepsilon_{jki}=\varepsilon_{kij}$；$\varepsilon_{ijk}=-\varepsilon_{jik}=-\varepsilon_{ikj}=\varepsilon_{kji}$

1.2.3　矢量运算的张量表示

下面介绍采用张量表示法来描述矢量运算。在三维空间内的任意矢量都可用三个单位矢量（即基矢量）$\boldsymbol{e}_1,\boldsymbol{e}_2,\boldsymbol{e}_3$ 的线性组合表示：

$$\boldsymbol{a}=a_1\boldsymbol{e}_1+a_2\boldsymbol{e}_2+a_3\boldsymbol{e}_3=a_i\boldsymbol{e}_i \tag{1-50}$$

式中，a_i 为矢量 $\boldsymbol{a}$ 在单位矢量 $\boldsymbol{e}_i$ 下的分解系数，称为**矢量的分量**。

由原点出发的矢径可表示为

$$\boldsymbol{r}=[x_1\quad x_2\quad x_3]'=x_1\boldsymbol{e}_1+x_2\boldsymbol{e}_2+x_3\boldsymbol{e}_3=x_i\boldsymbol{e}_i \tag{1-51}$$

需要注意的是矢径的模为

$$r=|\boldsymbol{r}|=\sqrt{x_1^2+x_2^2+x_3^2}=\sqrt{x_jx_j}=\sqrt{x_j^2}\neq x_j\boldsymbol{e}_j \tag{1-52}$$

1. 点积

根据两单位矢量的点积关系式（1-45a）以及矢量的张量表达式（1-50），两矢量的点积可表示为

$$\boldsymbol{a}\cdot\boldsymbol{b}=a_i\boldsymbol{e}_i\cdot b_j\boldsymbol{e}_j=a_ib_j\delta_{ij}=a_ib_i=a_jb_j=a_1b_1+a_2b_2+a_3b_3 \tag{1-53}$$

式（1-53）就是我们熟知的矢量点积的解析定义。

2. 叉积

由矢量定义可证，两单位矢量的叉积可表示为

$$\boldsymbol{e}_i\times\boldsymbol{e}_j=\varepsilon_{ijk}\boldsymbol{e}_k \tag{1-54}$$

如果 $\boldsymbol{e}_i=\delta_{ik}\boldsymbol{e}_k,\boldsymbol{e}_j=\delta_{jk}\boldsymbol{e}_k$，则

$$\boldsymbol{e}_i\times\boldsymbol{e}_j=\begin{vmatrix}\boldsymbol{e}_1 & \boldsymbol{e}_2 & \boldsymbol{e}_3\\ \delta_{i1} & \delta_{i2} & \delta_{i3}\\ \delta_{j1} & \delta_{j2} & \delta_{j3}\end{vmatrix}=\varepsilon_{rst}\delta_{ir}\delta_{js}\boldsymbol{e}_t=\varepsilon_{ijt}\boldsymbol{e}_t=\varepsilon_{ijk}\boldsymbol{e}_k \tag{1-55}$$

将其推广可得

$$\boldsymbol{a}\times\boldsymbol{b}=a_i\boldsymbol{e}_i\times b_j\boldsymbol{e}_j=\boldsymbol{e}_i\times\boldsymbol{e}_j a_i b_j=\varepsilon_{ijk}a_i b_j\boldsymbol{e}_k=\begin{vmatrix}\boldsymbol{e}_1 & \boldsymbol{e}_2 & \boldsymbol{e}_3\\ a_1 & a_2 & a_3\\ b_1 & b_2 & b_3\end{vmatrix} \tag{1-56}$$

如果假设 $\boldsymbol{c}=\boldsymbol{a}\times\boldsymbol{b}=c_k\boldsymbol{e}_k$，则

$$c_k=\varepsilon_{ijk}a_i b_j \tag{1-57}$$

3. 混合积

矢量的混合积是指三个矢量的点积与叉积的复合运算。由于点积与叉积指标式的运算与实数运算相类同，因此其混合积的运算规律也与实数运算规律相类同，在右手坐标系下有

$$\boldsymbol{e}_i\times\boldsymbol{e}_j\cdot\boldsymbol{e}_k=\varepsilon_{ijr}\boldsymbol{e}_r\cdot\boldsymbol{e}_k=\varepsilon_{ijr}\delta_{rk}=\varepsilon_{ijk} \tag{1-58a}$$

$$(\boldsymbol{a}\times\boldsymbol{b})\cdot\boldsymbol{c}=\varepsilon_{ijk}a_i b_j\boldsymbol{e}_k\cdot(c_r\boldsymbol{e}_r)=\varepsilon_{ijk}a_i b_j c_r\delta_{kr}=\varepsilon_{ijk}a_i b_j c_k=\begin{vmatrix}a_1 & a_2 & a_3\\ b_1 & b_2 & b_3\\ c_1 & c_2 & c_3\end{vmatrix} \tag{1-58b}$$

同理可证：$(\boldsymbol{a}\times\boldsymbol{b})\cdot\boldsymbol{c}=\boldsymbol{a}\cdot(\boldsymbol{b}\times\boldsymbol{c})=\boldsymbol{c}\cdot(\boldsymbol{a}\times\boldsymbol{b})=(\boldsymbol{c}\times\boldsymbol{a})\cdot\boldsymbol{b}$。

4. 并积（并矢）

下面我们引入一种新的矢量乘法运算——并积。将矢量 $\boldsymbol{a}=a_i\boldsymbol{e}_i$ 的每一个分量与矢量 $\boldsymbol{b}=b_j\boldsymbol{e}_j$ 的每一个分量相乘，得一个具有 9 个分量的数组，将该乘积运算定义为**并积**或并矢，用 $\boldsymbol{ab}$ 表示。

$$\boldsymbol{ab}=a_i\boldsymbol{e}_i b_j\boldsymbol{e}_j=a_i b_j\boldsymbol{e}_i\boldsymbol{e}_j \tag{1-59a}$$

即

$$\begin{aligned}\boldsymbol{ab}&=a_1b_1\boldsymbol{e}_1\boldsymbol{e}_1+a_1b_2\boldsymbol{e}_1\boldsymbol{e}_2+a_1b_3\boldsymbol{e}_1\boldsymbol{e}_3+a_2b_1\boldsymbol{e}_2\boldsymbol{e}_1+a_2b_2\boldsymbol{e}_2\boldsymbol{e}_2+a_2b_3\boldsymbol{e}_2\boldsymbol{e}_3\\&\quad+a_3b_1\boldsymbol{e}_3\boldsymbol{e}_1+a_3b_2\boldsymbol{e}_3\boldsymbol{e}_2+a_3b_3\boldsymbol{e}_3\boldsymbol{e}_3\\&=\begin{vmatrix}a_1b_1 & a_1b_2 & a_1b_3\\ a_2b_1 & a_2b_2 & a_2b_3\\ a_3b_1 & a_3b_2 & a_3b_3\end{vmatrix}\end{aligned} \tag{1-59b}$$

为了表示方便，张量运算时常将单位矢量省略，如：

$$\boldsymbol{ab}=a_i b_j,\boldsymbol{vv}=v_i v_j\boldsymbol{e}_i\boldsymbol{e}_j=v_i v_j \tag{1-60}$$

5. 算子的张量表示

1）哈密顿算子的张量表示

我们知道哈密顿算子 ∇ 是一个具有微分和矢量双重运算的算子，其在直角坐标系中的张量表达式为

$$\nabla=\frac{\partial}{\partial x_1}\boldsymbol{e}_1+\frac{\partial}{\partial x_2}\boldsymbol{e}_2+\frac{\partial}{\partial x_3}\boldsymbol{e}_3=\boldsymbol{e}_i\frac{\partial}{\partial x_i} \tag{1-61}$$

在直角坐标系中，散度、梯度及旋度均可以用哈密顿算子表示。假设 φ 为标量函数，$\boldsymbol{a},\boldsymbol{b}$ 为矢量函数，$\boldsymbol{B}$ 为二阶张量，一些常见的哈密顿算子的表达形式如下：

$$\begin{gathered}\mathrm{grad}\varphi=\nabla\varphi=\boldsymbol{e}_i\frac{\partial\varphi}{\partial x_i},\mathrm{grad}\boldsymbol{b}=\nabla\boldsymbol{b}=\boldsymbol{e}_i\boldsymbol{e}_j\frac{\partial b_j}{\partial x_i},\mathrm{div}\boldsymbol{a}=\nabla\cdot\boldsymbol{a}=\frac{\partial a_i}{\partial x_i},\mathrm{div}\boldsymbol{B}=\nabla\cdot\boldsymbol{B}=\boldsymbol{e}_j\frac{\partial b_{ij}}{\partial x_i}\\ \mathrm{rot}\boldsymbol{a}=\nabla\times\boldsymbol{a}=\varepsilon_{ijk}\boldsymbol{e}_i\frac{\partial a_k}{\partial x_j},(\boldsymbol{a}\cdot\nabla)\boldsymbol{b}=a_j\frac{\partial b_i}{\partial x_j},(\boldsymbol{b}\cdot\nabla)\boldsymbol{a}=b_i\frac{\partial a_j}{\partial x_i},\boldsymbol{v}\nabla=v_i\frac{\partial}{\partial x_j}\boldsymbol{e}_j\boldsymbol{e}_i\end{gathered} \tag{1-62}$$

2）拉普拉斯算子的张量表示

拉普拉斯算子是一个标量算子，记为

$$\Delta = \nabla \cdot \nabla = \boldsymbol{e}_i \frac{\partial}{\partial x_i} \cdot \boldsymbol{e}_j \frac{\partial}{\partial x_j} = \delta_{ij} \frac{\partial^2}{\partial x_i \partial x_j} = \frac{\partial^2}{\partial x_i^2} \tag{1-63}$$

【例 1-5】 试用张量方法推导哈密顿算子运算公式：$\nabla \cdot \boldsymbol{a}, \nabla \times \boldsymbol{a}, \nabla \cdot (\nabla \varphi)$。

推导 $\nabla \cdot \boldsymbol{a} = \left(\boldsymbol{e}_i \frac{\partial}{\partial x_i} \right) \cdot (a_j \boldsymbol{e}_j) = (\boldsymbol{e}_i \cdot \boldsymbol{e}_j) \frac{\partial a_j}{\partial x_i} = \delta_{ij} \frac{\partial a_j}{\partial x_i} = \frac{\partial a_i}{\partial x_i}$

$$\nabla \times \boldsymbol{a} = \left(\boldsymbol{e}_i \frac{\partial}{\partial x_i} \right) \times (a_j \boldsymbol{e}_j) = (\boldsymbol{e}_i \times \boldsymbol{e}_j) \frac{\partial a_j}{\partial x_i} = \varepsilon_{ijk} \boldsymbol{e}_k \frac{\partial a_j}{\partial x_i} = \varepsilon_{ijk} \boldsymbol{e}_i \frac{\partial a_k}{\partial x_j}$$

$$= \boldsymbol{e}_1 \left(\frac{\partial a_3}{\partial x_2} - \frac{\partial a_2}{\partial x_3} \right) + \boldsymbol{e}_2 \left(\frac{\partial a_1}{\partial x_3} - \frac{\partial a_3}{\partial x_1} \right) + \boldsymbol{e}_3 \left(\frac{\partial a_2}{\partial x_1} - \frac{\partial a_1}{\partial x_2} \right) = \begin{vmatrix} \boldsymbol{e}_1 & \boldsymbol{e}_2 & \boldsymbol{e}_3 \\ \frac{\partial}{\partial x_1} & \frac{\partial}{\partial x_2} & \frac{\partial}{\partial x_3} \\ a_1 & a_2 & a_3 \end{vmatrix}$$

$$\nabla \cdot (\nabla \varphi) = \left(\boldsymbol{e}_i \frac{\partial}{\partial x_i} \right) \cdot \left(\boldsymbol{e}_j \frac{\partial \varphi}{\partial x_j} \right) = \boldsymbol{e}_i \cdot \boldsymbol{e}_j \frac{\partial}{\partial x_i} \left(\frac{\partial \varphi}{\partial x_j} \right) = \delta_{ij} \frac{\partial}{\partial x_i} \left(\frac{\partial \varphi}{\partial x_j} \right) = \frac{\partial}{\partial x_i} \left(\frac{\partial \varphi}{\partial x_i} \right) = \Delta \varphi$$

【例 1-6】 求证：（1） $\mathrm{div}(\boldsymbol{a} \times \boldsymbol{b}) = \boldsymbol{b} \cdot \mathrm{rot}\boldsymbol{a} - \boldsymbol{a} \cdot \mathrm{rot}\boldsymbol{b}$；

（2） $\mathrm{rot}(\boldsymbol{a} \times \boldsymbol{b}) = \boldsymbol{a}\mathrm{div}\boldsymbol{b} - (\boldsymbol{b} \cdot \nabla)\boldsymbol{a} - (\boldsymbol{a} \cdot \nabla)\boldsymbol{b} - \boldsymbol{b}\mathrm{div}\boldsymbol{a}$。

证明

（1） $\mathrm{div}(\boldsymbol{a} \times \boldsymbol{b}) = \frac{\partial}{\partial x_i}(\varepsilon_{ijk} a_j b_k) = \varepsilon_{ijk} b_k \frac{\partial a_j}{\partial x_i} + \varepsilon_{ijk} a_j \frac{\partial b_k}{\partial x_i} = b_k \varepsilon_{kij} \frac{\partial a_j}{\partial x_i} - a_j \varepsilon_{jik} \frac{\partial b_k}{\partial x_i} = \boldsymbol{b} \cdot \mathrm{rot}\boldsymbol{a} - \boldsymbol{a} \cdot \mathrm{rot}\boldsymbol{b}$

（2） $\mathrm{rot}(\boldsymbol{a} \times \boldsymbol{b}) = \varepsilon_{ijk} \frac{\partial}{\partial x_j}(\varepsilon_{klm} a_l b_m) = \varepsilon_{kij} \varepsilon_{klm} \frac{\partial}{\partial x_j}(a_l b_m) = (\delta_{il}\delta_{jm} - \delta_{im}\delta_{jl}) \frac{\partial}{\partial x_j}(a_l b_m)$

$$= \frac{\partial}{\partial x_j}(a_i b_j - a_j b_i) = a_i \frac{\partial b_j}{\partial x_j} + b_j \frac{\partial a_i}{\partial x_j} - a_j \frac{\partial b_i}{\partial x_j} - b_i \frac{\partial a_j}{\partial x_j}$$

$$= \boldsymbol{a}\mathrm{div}\boldsymbol{b} + (\boldsymbol{b} \cdot \nabla)\boldsymbol{a} - (\boldsymbol{a} \cdot \nabla)\boldsymbol{b} - \boldsymbol{b}\mathrm{div}\boldsymbol{a}$$

【例 1-7】 求证：$\boldsymbol{u} \times (\boldsymbol{v} \times \boldsymbol{w}) = \boldsymbol{v}(\boldsymbol{u} \cdot \boldsymbol{w}) - \boldsymbol{w}(\boldsymbol{u} \cdot \boldsymbol{v})$。

证明 [方法一] $\boldsymbol{u} \times (\boldsymbol{v} \times \boldsymbol{w}) = \varepsilon_{ijk} \cdot u_j (\boldsymbol{v} \times \boldsymbol{w})_k = \varepsilon_{ijk} u_j \varepsilon_{klm} v_l w_m \boldsymbol{e}_i = \varepsilon_{kij} \varepsilon_{klm} u_j v_l w_m \boldsymbol{e}_i$

$$= (\delta_{il}\delta_{jm} - \delta_{im}\delta_{jl}) u_j v_l w_m = v_i u_j w_j - w_i u_j v_j = \boldsymbol{v}(\boldsymbol{u} \cdot \boldsymbol{w}) - \boldsymbol{w}(\boldsymbol{u} \cdot \boldsymbol{v})$$

[方法二] $\boldsymbol{u} \times (\boldsymbol{v} \times \boldsymbol{w}) = u_j \boldsymbol{e}_j \times (\varepsilon_{klm} v_l w_m \boldsymbol{e}_k) = u_j v_l w_m \cdot \varepsilon_{klm} (\boldsymbol{e}_j \times \boldsymbol{e}_k) = u_j v_l w_m \varepsilon_{klm} \varepsilon_{jki} \boldsymbol{e}_i$

结果实际上与方法一中的 $\varepsilon_{kij} \varepsilon_{klm} u_j v_l w_m \boldsymbol{e}_i$ 相同，结果可证。

【例 1-8】 求证：$(\boldsymbol{v} \cdot \nabla)\boldsymbol{v} = \frac{1}{2}\nabla(\boldsymbol{v} \cdot \boldsymbol{v}) - \boldsymbol{v} \times (\nabla \times \boldsymbol{v})$。

证明 $\frac{1}{2}\nabla(\boldsymbol{v} \cdot \boldsymbol{v}) - \boldsymbol{v} \times (\nabla \times \boldsymbol{v}) = \frac{1}{2} \frac{\partial(v_j v_j)}{\partial x_i} - \varepsilon_{ikl} v_k \left(\varepsilon_{lmn} \frac{\partial v_n}{x_m} \right) = \frac{1}{2} \frac{\partial(v_j v_j)}{\partial x_i} - (\delta_{im}\delta_{kn} - \delta_{in}\delta_{km}) v_k \frac{\partial v_n}{\partial x_m}$

$$= v_j \frac{\partial v_j}{\partial x_i} - \left(v_k \frac{\partial v_k}{\partial x_i} - v_m \frac{\partial v_i}{\partial x_m} \right) = v_m \frac{\partial v_i}{\partial x_m} = (\boldsymbol{v} \cdot \nabla)\boldsymbol{v}$$

1.2.4　张量运算

1. 张量的代数运算

1）张量的加减

同阶张量可以进行加减运算：设两个 n 阶张量 $\boldsymbol{P}=p_{i_1i_2\cdots i_n},\boldsymbol{Q}=q_{j_1j_2\cdots j_n}$，则

$$\boldsymbol{S}_{\pm}=\boldsymbol{P}\pm\boldsymbol{Q}=p_{i_1i_2\cdots i_n}\pm q_{j_1j_2\cdots j_n} \tag{1-64}$$

推论：若两同阶张量 $\boldsymbol{P}$ 和 $\boldsymbol{Q}$ 在某一直角坐标系内相等，即 $\boldsymbol{P}=\boldsymbol{Q}$，则它们将在任一直角坐标系中相等。

2）张量的并积（外积）

张量并积又称为外积，是矢量并积的推广。作并积的两张量阶数可不相同，如：一个 m 阶张量 $\boldsymbol{P}=p_{i_1i_2\cdots i_m}$ 和一个 n 阶张量 $\boldsymbol{Q}=q_{j_1j_2\cdots j_n}$（下标没有相同的）并积时，用第一个张量的每一个分量分别去乘另一个张量的所有下标所对应的分量，得到 $n+m$ 阶张量 $\boldsymbol{S}$，即

$$\boldsymbol{S}=\boldsymbol{PQ}=p_{i_1i_2\cdots i_m}q_{j_1j_2\cdots j_n}\quad（m+n\text{ 个下标}） \tag{1-65}$$

由两个张量的乘积很容易推广到多个张量的乘积。例如：

（1）n 阶张量与标量相乘仍是 n 阶张量。

（2）两个矢量的外积称为**并矢**，为二阶张量。

$$\boldsymbol{ab}=a_ib_j=\begin{bmatrix}a_1\\a_2\\a_3\end{bmatrix}\begin{bmatrix}b_1 & b_2 & b_3\end{bmatrix}=\begin{bmatrix}a_1b_1 & a_1b_2 & a_1b_3\\a_2b_1 & a_2b_2 & a_2b_3\\a_3b_1 & a_3b_2 & a_3b_3\end{bmatrix}=a_ib_j\boldsymbol{e}_i\boldsymbol{e}_j \tag{1-66}$$

（3）两个二阶张量的并积为四阶张量，即 $a_{ij}b_{km}=c_{ijkm}$（各下标均不相同）。

（4）n 阶张量可视为 n 个矢量的并矢。

3）张量的缩并

设 n 阶张量 $\boldsymbol{P}=p_{i_1i_2\cdots i_n}$ 中有两个下标相同，则根据求和法则，可以收缩成一个 $n-2$ 阶的新张量，若 $p_{i_1i_2\cdots i_n}$ 中有 l 对相同下标，则结果为 $n-2l$ 阶张量，这种运算称为**缩并**。缩并是把张量的某两个指定指标置换为哑标的运算，其实质上是求和运算。例如：

（1）并矢 $\boldsymbol{ab}=a_ib_j$ 缩并后，可得标量 a_ib_i，即矢量 $\boldsymbol{a}$ 和 $\boldsymbol{b}$ 的内积 $\boldsymbol{a}\cdot\boldsymbol{b}$。

（2）两个二阶张量的乘积收缩一次后，得到一个二阶张量为

$$a_{ij}b_{jm}=c_{i11m}+c_{i22m}+c_{i33m}=d_{im} \tag{1-67}$$

4）张量的内积（点积）

对张量乘积而言，如果 m 阶张量 $\boldsymbol{P}$ 和 n 阶张量 $\boldsymbol{Q}$ 中各取一个下标收缩一次，可以得到一个 $m+n-2$ 阶的张量，该运算称为 $\boldsymbol{P}$ 和 $\boldsymbol{Q}$ 的**内积**，也称为点积，用 $\boldsymbol{P}\cdot\boldsymbol{Q}$ 表示。

点积可看作是并积与收缩的复合运算，它先将两个张量作并积运算，然后将不同张量的两个指定标指置换为哑标。例如：

（1）矢量 $\boldsymbol{a}$ 与二阶张量 $\boldsymbol{P}$ 点积结果仍为张量，结果张量比原二阶张量降低一阶，即为矢量。张量与矢量的内积是具有方向性的，如二阶张量与矢量的左向内积为

$$\boldsymbol{a}\cdot\boldsymbol{P}=(a_i\boldsymbol{e}_i)\cdot p_{jk}\boldsymbol{e}_j\boldsymbol{e}_k=a_ip_{jk}\delta_{ij}\boldsymbol{e}_k=a_ip_{ik}\boldsymbol{e}_k=c_k\boldsymbol{e}_k \tag{1-68a}$$

二阶张量与矢量的右向内积为

$$\boldsymbol{P}\cdot\boldsymbol{a}=p_{ij}\boldsymbol{e}_i\boldsymbol{e}_j\cdot a_k\boldsymbol{e}_k=p_{ij}\boldsymbol{e}_i\delta_{jk}a_k=p_{ik}a_k\boldsymbol{e}_i=b_i\boldsymbol{e}_i \tag{1-68b}$$

一般来说 $\boldsymbol{a}\cdot\boldsymbol{P}\neq\boldsymbol{P}\cdot\boldsymbol{a}$，只有当 $\boldsymbol{P}$ 为二阶对称张量时两式才相等。

（2）二阶张量与二阶张量内积是两张量相邻两个单位矢量作内积，结果为二阶张量。

$$\boldsymbol{P}\cdot\boldsymbol{Q}=(p_{ij}\boldsymbol{e}_i\boldsymbol{e}_j)\cdot(q_{kl}\boldsymbol{e}_k\boldsymbol{e}_l)=p_{ij}q_{kl}\boldsymbol{e}_i\delta_{jk}\boldsymbol{e}_l=p_{ij}q_{jl}\boldsymbol{e}_i\boldsymbol{e}_l=s_{il}\boldsymbol{e}_i\boldsymbol{e}_l=s_{il} \quad (1\text{-}69\text{a})$$

（3）二阶张量与二阶张量的二次内积（双点积）用“:”表示，结果为标量。

$$\boldsymbol{P}:\boldsymbol{Q}=(p_{ij}\boldsymbol{e}_i\boldsymbol{e}_j):(q_{kl}\boldsymbol{e}_k\boldsymbol{e}_l)=p_{ij}q_{kl}\delta_{ik}\delta_{jl}=p_{ij}q_{ij}=\phi \quad (1\text{-}69\text{b})$$

（4）特殊情况：$\boldsymbol{P}\cdot\boldsymbol{P}=p_{ij}p_{jk}=a_{ik}=A=\boldsymbol{P}^2$

$$\boldsymbol{P}\cdot\boldsymbol{P}\cdot\boldsymbol{P}\cdots\cdots\boldsymbol{P}=\boldsymbol{P}^n$$

$$\boldsymbol{P}:\boldsymbol{P}=p_{ij}p_{ji}=p_{11}^2+p_{22}^2+p_{33}^2+2(p_{12}p_{21}+p_{13}p_{31}+p_{23}p_{32}) \quad (1\text{-}69\text{c})$$

5）矢量与张量的叉积

两张量在作叉积运算时，先作并积再将相邻单位矢量作叉积，叉积的阶等于两张量阶的和减 1。作叉积时，一般不可省略基矢量，以免出错。例如，

左向叉积：

$$\boldsymbol{a}\times\boldsymbol{P}=(a_i\boldsymbol{e}_i)\times(p_{jk}\boldsymbol{e}_j\boldsymbol{e}_k)=a_ip_{jk}\varepsilon_{ijr}\boldsymbol{e}_r\boldsymbol{e}_k=\varepsilon_{ijr}a_ip_{jk}\boldsymbol{e}_r\boldsymbol{e}_k=\boldsymbol{A} \quad (1\text{-}70\text{a})$$

右向叉积：

$$\boldsymbol{P}\times\boldsymbol{a}=(p_{ij}\boldsymbol{e}_i\boldsymbol{e}_j)\times(a_k\boldsymbol{e}_k)=p_{ij}a_k\boldsymbol{e}_i\varepsilon_{jkr}\boldsymbol{e}_r=\varepsilon_{jkr}p_{ij}a_k\boldsymbol{e}_i\boldsymbol{e}_r=\boldsymbol{B} \quad (1\text{-}70\text{b})$$

2. 张量的微分运算

1）张量的导数

张量场的偏导数是在其他坐标保持不变，只有一个坐标发生变化时的导数。张量对坐标 x_i 求导一次，则张量增加一阶。如果 φ 为标量，则其导数 $\dfrac{\partial\varphi}{\partial x_i}$ 为一阶张量，即矢量；如果 a_j 为矢量，则其导数 $\dfrac{\partial a_j}{\partial x_i}$ 为二阶张量。

若一阶张量为矢径 x_i，则其导数为

$$\frac{\partial x_i}{\partial x_j}=\begin{cases}1,\ i=j\\0,\ i\neq j\end{cases} \quad (1\text{-}71\text{a})$$

根据克罗内克记号 δ_{ij} 的定义可知：

$$\frac{\partial x_i}{\partial x_j}=\delta_{ij} \quad (1\text{-}71\text{b})$$

数学中的链式求导法则对张量同样适用，例如当我们讨论张量场 $F=F(x_j)$ 的导数时，可由链式求导法则得到

$$\frac{\partial F}{\partial x_i}=\frac{\partial F}{\partial x_j}\cdot\frac{\partial x_j}{\partial x_i}=\frac{\partial F}{\partial x_j}\delta_{ij} \quad (1\text{-}72)$$

上文提到矢径 $\boldsymbol{r}$ 的模可以用 $r=|\boldsymbol{r}|=\sqrt{x_jx_j}$ 来表示，这里 r 作为 x_j 的函数也是一种张量，它同样可以对坐标求导，即

$$\frac{\partial r}{\partial x_i}=\frac{\partial r}{\partial x_j}\cdot\frac{\partial x_j}{\partial x_i}=\frac{x_j}{r}\delta_{ij}=\frac{x_i}{r}=\begin{bmatrix}\cos\alpha\\\cos\beta\\\cos\gamma\end{bmatrix} \quad (1\text{-}73\text{a})$$

当 r 作为自变量时，函数 A 表示为 $A(r)$，则

$$\frac{\partial A(r)}{\partial x_i}=\frac{\partial A}{\partial r}\cdot\frac{\partial r}{\partial x_i}=\frac{x_i}{r}\frac{\partial A}{\partial r} \tag{1-73b}$$

2）张量的梯度——张量与 ∇ 的外积

一般来讲，n 阶张量 $\boldsymbol{P}=p_{i_1i_2\cdots i_n}$ 的梯度 $\nabla\boldsymbol{P}$ 定义为 $\mathrm{grad}\boldsymbol{P}=\nabla\boldsymbol{P}=\dfrac{\partial}{\partial x_k}p_{i_1i_2\cdots i_n}=p_{i_1i_2\cdots i_n,k}$，是一个 n+1 阶的张量。例如：$\mathrm{grad}\varphi=\nabla\varphi=\dfrac{\partial\varphi}{\partial x_j}=\varphi_j$ 为一阶张量，$\mathrm{grad}\boldsymbol{a}=\nabla a=\dfrac{\partial a_i}{\partial x_j}=a_{i,j}$ 为二阶张量。

3）张量的散度——张量与 ∇ 的内积

设 $\boldsymbol{P}=p_{i_1i_2\cdots i_n}$ 为 n 阶张量，其散度 $\nabla\cdot\boldsymbol{P}$ 定义为 $\mathrm{div}\boldsymbol{P}=\nabla\cdot\boldsymbol{P}=\dfrac{\partial}{\partial x_{i_1}}p_{i_1i_2\cdots i_n}=p_{i_1i_2\cdots i_n,i_1}$，它是由 $\nabla\boldsymbol{P}$ 收缩一次所得到的 n−1 阶张量。例如：$\mathrm{div}\boldsymbol{a}=\nabla\cdot\boldsymbol{a}=\dfrac{\partial a_i}{\partial x_i}=a_{i,i}$ 是由梯度 $\nabla\boldsymbol{a}=\dfrac{\partial a_i}{\partial x_j}=a_{i,j}$ 收缩而得到的标量。

【例 1-9】 计算：（1）$\mathrm{div}(\boldsymbol{r})$；

（2）$\mathrm{div}(r^4\boldsymbol{r})$。

解　（1）$\mathrm{div}(\boldsymbol{r})=\dfrac{\partial x_i}{\partial x_i}=\delta_{ii}=3$。

（2）$\mathrm{div}(r^4\boldsymbol{r})=\dfrac{\partial(r^4x_j)}{\partial x_j}=r^4\dfrac{\partial x_j}{\partial x_j}+x_j\dfrac{\partial r^4}{\partial x_j}=3r^4+x_j(4r^3)\dfrac{x_j}{r}=7r^4$。

4）高斯公式的张量应用

场论中的高斯公式 $\oiint_s\boldsymbol{n}\cdot\boldsymbol{a}\mathrm{d}s=\iiint_V\mathrm{div}\boldsymbol{a}\mathrm{d}V$ 可以推广到张量中。设 $\boldsymbol{P}$ 是 n 阶张量，则张量形式的高斯公式可写为

$$\oiint_s\boldsymbol{n}\cdot\boldsymbol{P}\mathrm{d}s=\iiint_V\mathrm{div}\boldsymbol{P}\mathrm{d}V\quad 或\quad \oiint_s n_{i_1}p_{i_1i_2\cdots i_n}\mathrm{d}s=\iiint_V\frac{\partial}{\partial x_{i_1}}p_{i_1i_2\cdots i_n}\mathrm{d}V \tag{1-74}$$

【例 1-10】 证明下列各等式：（1）$\nabla\cdot(\varphi\delta_{ij})=\nabla\varphi$；

（2）$\nabla\cdot(\varphi p_{ij})=\varphi\nabla\cdot p_{ij}+\nabla\varphi\cdot\boldsymbol{P}$；

（3）$\mathrm{div}(\boldsymbol{aa})=(\nabla\cdot\boldsymbol{a})\boldsymbol{a}+(\boldsymbol{a}\cdot\nabla)\boldsymbol{a}$。

证明　（1）$\nabla\cdot(\varphi\delta_{ij})=\dfrac{\partial(\varphi\delta_{ij})}{\partial x_i}=\delta_{ij}\dfrac{\partial(\varphi)}{\partial x_i}=\dfrac{\partial\varphi}{\partial x_j}=\nabla\varphi$。

（2）$\nabla\cdot(\varphi p_{ij})=\dfrac{\partial(\varphi p_{ij})}{\partial x_i}=\varphi\dfrac{\partial p_{ij}}{\partial x_j}+\dfrac{\partial\varphi}{\partial x_i}p_{ij}=\varphi\nabla\cdot p_{ij}+(\nabla\varphi)\cdot\boldsymbol{P}$。

（3）$\mathrm{div}(\boldsymbol{aa})=\dfrac{\partial(a_ia_j)}{\partial x_i}=a_i\dfrac{\partial a_j}{\partial x_i}+a_j\dfrac{\partial a_i}{\partial x_i}=(\nabla\cdot\boldsymbol{a})\boldsymbol{a}+(\boldsymbol{a}\cdot\nabla)\boldsymbol{a}$。

【例 1-11】 求证：$\oiint_s(\boldsymbol{a}\times\mathrm{grad}\varphi)_n\mathrm{d}s=\iiint_V(\mathrm{grad}\varphi\cdot\mathrm{rot}\boldsymbol{a})\mathrm{d}V$。

证明　左侧 $=\oiint_s \varepsilon_{ijk}a_j\dfrac{\partial\varphi}{\partial x_k}\cdot \boldsymbol{n}_i\mathrm{d}s=\iiint_V\dfrac{\partial}{x_i}\left(\varepsilon_{ijk}a_j\dfrac{\partial\varphi}{\partial x_k}\right)\mathrm{d}V=\iiint_V\varepsilon_{ijk}\left(\dfrac{\partial a_j}{\partial x_i}\dfrac{\partial\varphi}{\partial x_k}+a_j\dfrac{\partial^2\varphi}{\partial x_i\partial x_k}\right)\mathrm{d}V$，

式中最后一项为

$$a_j\varepsilon_{ijk}\frac{\partial}{\partial x_i}\left(\frac{\partial\varphi}{\partial x_k}\right)=-\boldsymbol{a}\cdot\mathrm{rot}(\mathrm{grad}\varphi)=0$$

因此

$$\text{左侧}=\iiint_V\varepsilon_{kij}\frac{\partial a_j}{\partial x_i}\frac{\partial\varphi}{\partial x_k}\mathrm{d}V=\iiint_V\varepsilon_{kij}(\mathrm{grad}\varphi\cdot\mathrm{rot}\boldsymbol{a})\mathrm{d}V$$

1.2.5　二阶张量

二阶张量是最常遇到的一种张量，在应用上具有特殊意义。流体力学中的应力张量、应变张量及变形速度张量都是二阶张量。二阶张量可以写成矩阵的形式，它同样符合矩阵的运算规律，本节主要介绍二阶张量的相关概念及其重要特性。

1. 共轭张量、对称张量与反对称张量

1）共轭张量

设 $\boldsymbol{P}$ 为二阶张量 $\boldsymbol{P}=p_{ij}$，则 $\boldsymbol{P}_c=p_{ji}$ 也是一个二阶张量，称为 $\boldsymbol{P}$ 的**共轭张量**。

如果用矩阵的形式表示，共轭张量相当于原张量的转置矩张量，即

$$\boldsymbol{P}_c=p_{ji}=\begin{bmatrix}p_{11}&p_{21}&p_{31}\\p_{12}&p_{22}&p_{32}\\p_{13}&p_{23}&p_{33}\end{bmatrix}\tag{1-75}$$

2）对称张量

设 $\boldsymbol{S}$ 为二阶张量 $\boldsymbol{S}=s_{ij}$，若各分量之间满足 $s_{ij}=s_{ji}$，即 $\boldsymbol{S}=\boldsymbol{S}_c$，则 $\boldsymbol{S}$ 为对称张量。根据矩阵变化规律可知，一个对称张量只有 6 个独立分量，其矩阵形式为

$$\boldsymbol{S}=s_{ij}=\begin{bmatrix}s_{11}&s_{12}&s_{13}\\s_{12}&s_{22}&s_{23}\\s_{13}&s_{23}&s_{33}\end{bmatrix}\tag{1-76}$$

3）反对称张量

设 $\boldsymbol{A}$ 为二阶张量 $\boldsymbol{A}=a_{ij}$，若各分量之间满足 $a_{ij}=-a_{ji}$，即 $\boldsymbol{A}=-\boldsymbol{A}_c$，则 A 为反对称张量。

一个反对称张量只有 3 个独立的分量，对角线各元素均为 0，其矩阵形式为

$$\boldsymbol{A}=a_{ij}=\begin{bmatrix}0&a_{12}&a_{13}\\-a_{12}&0&a_{23}\\-a_{13}&-a_{23}&0\end{bmatrix}\tag{1-77}$$

2. 二阶张量的主值、主轴和不变量

设 $\boldsymbol{P}$ 为二阶张量，对空间任意一非零矢量 $\boldsymbol{a}$，张量与该矢量的右向内积为

$$\boldsymbol{P}\cdot\boldsymbol{a}=\boldsymbol{b}\tag{1-78}$$

若 $\boldsymbol{b}$ 与 $\boldsymbol{a}$ 共线，即 $\boldsymbol{b}=\lambda\boldsymbol{a}$，则称矢量 $\boldsymbol{a}$ 的方向是张量 $\boldsymbol{P}$ 的主轴方向，$\boldsymbol{a}$ 为特征矢量，λ 称为张量的**主值**。

主值 λ 的求法：将 $\boldsymbol{P}\cdot\boldsymbol{a}=\lambda\boldsymbol{a}$ 展开得

$$\begin{cases} p_{11}a_1 + p_{12}a_2 + p_{13}a_3 = \lambda a_1 \\ p_{21}a_1 + p_{22}a_2 + p_{23}a_3 = \lambda a_2 \\ p_{31}a_1 + p_{32}a_2 + p_{33}a_3 = \lambda a_3 \end{cases} \tag{1-79a}$$

式（1-79a）用张量形式表示为 $p_{ij}a_j = \lambda a_i = \lambda\delta_{ij}a_j$，即

$$(p_{ij} - \lambda\delta_{ij})a_j = 0 \tag{1-79b}$$

式（1-79a）和式（1-79b）是确定 a_1, a_2, a_3 的线性齐次方程，此方程存在非零解的充分必要条件是系数行列式为 0，即

$$\begin{vmatrix} p_{11}-\lambda & p_{12} & p_{13} \\ p_{21} & p_{22}-\lambda & p_{23} \\ p_{31} & p_{32} & p_{33}-\lambda \end{vmatrix} = 0 \tag{1-79c}$$

将行列式展开可知式（1-79c）是以 λ 为未知数的一元三次代数方程，即

$$\lambda^3 - I_1\lambda^2 + I_2\lambda - I_3 = 0 \tag{1-80}$$

式中，λ 为一标量，有三个根 $\lambda_1, \lambda_2, \lambda_3$。通过 $\lambda_1, \lambda_2, \lambda_3$ 可求出 a_1, a_2, a_3，并得到 $\lambda_1, \lambda_2, \lambda_3$ 对应的三个主轴方向，以主轴为坐标轴的坐标系称为**主轴坐标系**。

方程（1-80）中的三个系数分别为

$$I_1 = p_{11} + p_{22} + p_{33} \tag{1-81}$$

$$I_2 = \begin{vmatrix} p_{11} & p_{12} \\ p_{21} & p_{22} \end{vmatrix} + \begin{vmatrix} p_{22} & p_{23} \\ p_{32} & p_{33} \end{vmatrix} + \begin{vmatrix} p_{33} & p_{31} \\ p_{13} & p_{11} \end{vmatrix} \tag{1-82}$$

$$I_3 = \begin{vmatrix} p_{11} & p_{12} & p_{13} \\ p_{21} & p_{22} & p_{23} \\ p_{31} & p_{32} & p_{33} \end{vmatrix} \tag{1-83}$$

系数 I_1, I_2, I_3 与方程的三个根 $\lambda_1, \lambda_2, \lambda_3$ 之间存在以下关系：

$$I_1 = \lambda_1 + \lambda_2 + \lambda_3 \tag{1-84a}$$

$$I_2 = \lambda_1\lambda_2 + \lambda_2\lambda_3 + \lambda_3\lambda_1 \tag{1-84b}$$

$$I_3 = \lambda_1\lambda_2\lambda_3 \tag{1-84c}$$

由于 λ_i 为标量，在坐标变化时保持不变，故 I_1, I_2, I_3 这三个系数也与坐标系的选择无关，把这种数值不随坐标变换而改变的量称为不变量。I_1, I_2, I_3 分别对应二阶张量 $\boldsymbol{P}$ 的第一、第二、第三不变量。同理，方程（1-84）在坐标变换时也保持不变，将其称为二阶张量 $\boldsymbol{P}$ 的特征方程。

3. 二阶张量的分解

1）二阶张量分解定理

二阶张量均满足张量分解定理：任意一个二阶张量都可以唯一地分解为一个对称张量和一个反对称张量之和。我们可以从存在性和唯一性两个角度加以证明。

存在性　二阶张量 $\boldsymbol{P} = p_{ij}$，可以分解为

$$\boldsymbol{P} = \frac{1}{2}(\boldsymbol{P} + \boldsymbol{P}_c) + \frac{1}{2}(\boldsymbol{P} - \boldsymbol{P}_c) = \boldsymbol{S} + \boldsymbol{A} \tag{1-85}$$

显然，$\boldsymbol{S} = s_{ij} = \frac{1}{2}(\boldsymbol{P} + \boldsymbol{P}_c) = \frac{1}{2}(p_{ij} + p_{ji})$ 为一对称张量，而 $\boldsymbol{A} = a_{ij} = \frac{1}{2}(\boldsymbol{P} - \boldsymbol{P}_c) = \frac{1}{2}(p_{ij} - p_{ji})$

为一反对称张量，这样在证明存在性的同时，也得到了对称张量和反对称张量的具体表达式。

唯一性 假设 $\boldsymbol{P}=\boldsymbol{S}+\boldsymbol{A}$，其中 $\boldsymbol{S}$ 为对称张量，$\boldsymbol{A}$ 为反对称张量，即 $\boldsymbol{P}=\boldsymbol{S}+\boldsymbol{A}$。对该式取共轭得 $\boldsymbol{P}_c=\boldsymbol{S}_c+\boldsymbol{A}_c=\boldsymbol{S}-\boldsymbol{A}$，将两式联立得 $\boldsymbol{S}=\frac{1}{2}(\boldsymbol{P}+\boldsymbol{P}_c)$，$\boldsymbol{A}=\frac{1}{2}(\boldsymbol{P}-\boldsymbol{P}_c)$，解是唯一的。

通过张量分解定理，我们可以将二阶张量的相关问题转化为与之对应的二阶对称张量和反对称张量的问题。

2）二阶对称张量的性质

【性质 1-3】二阶对称张量 $\boldsymbol{S}$ 的对称性具有守恒性，不因坐标转换而变换。

假设 p_{ij} 在坐标变换以后变化为 p'_{mn}，故有 $p'_{mn}=\alpha_{mi}\alpha_{nj}p_{ij}$，$p'_{nm}=\alpha_{nj}\alpha_{mi}p_{ji}$，若 $p_{ij}=p_{ji}$ 为对称张量，则 $p'_{mn}=p'_{nm}$，即 p'_{mn} 亦为对称张量。

【性质 1-4】二阶对称张量 $\boldsymbol{S}$ 必有三个主值都是实数，且一定存在三个互相正交的特征矢量，其方向称为**主方向**，沿着主方向的轴线称为**主轴**，以主轴为坐标轴的坐标系为**主坐标系**。

【性质 1-5】二阶对称张量在主轴坐标系中具有最简单的标准形式：

$$\boldsymbol{S}=\begin{vmatrix}\lambda_1 & 0 & 0\\ 0 & \lambda_2 & 0\\ 0 & 0 & \lambda_3\end{vmatrix} \tag{1-86}$$

可见二阶对称张量主坐标系的对角分量可以用三个主值 $\lambda_1,\lambda_2,\lambda_3$ 表征。

【性质 1-6】δ_{ij} 具有对称性。

3）二阶反对称张量的性质

（1）二阶反对称张量 $\boldsymbol{A}$ 的反对称性具有守恒性，即不因坐标变换而改变。

假设二阶张量 p_{ij} 经坐标变换后，在新坐标系中为 p'_{mn}，即有 $p'_{mn}=\alpha_{mi}\alpha_{nj}p_{ij}$，$p'_{nm}=\alpha_{nj}\alpha_{mi}p_{ji}$。若 p_{ij} 为反对称张量，存在 $p_{ij}=-p_{ji}$，则可得 $p'_{mn}=-p'_{nm}$，因此 p'_{mn} 也为反对称张量。

（2）二阶反对称张量有三个非零分量 $\omega_1,\omega_2,\omega_3$，可组成一矢量。

$$\boldsymbol{A}=a_{ij}=\begin{vmatrix}0 & a_{12} & a_{13}\\ -a_{12} & 0 & a_{23}\\ -a_{13} & -a_{23} & 0\end{vmatrix}=-\begin{vmatrix}0 & \omega_3 & -\omega_2\\ -\omega_3 & 0 & \omega_1\\ \omega_2 & -\omega_1 & 0\end{vmatrix} \tag{1-87}$$

取 $\omega_1=-a_{23},\omega_2=-a_{31},\omega_3=-a_{12}$，则根据置换符号 ε_{ijk} 的定义式可得

$$a_{ij}=-\varepsilon_{ijk}\omega_k \tag{1-88}$$

（3）二阶反对称张量 $\boldsymbol{A}$ 和矢量 $\boldsymbol{b}$ 的内积等于矢量 $\boldsymbol{\omega}$ 和 $\boldsymbol{b}$ 的叉积，即

$$\boldsymbol{A}\cdot\boldsymbol{b}=a_{ij}b_j=-\varepsilon_{ijk}b_j\omega_k=\boldsymbol{\omega}\times\boldsymbol{b} \tag{1-89}$$

思 考 题

1．列出梯度、散度、旋度的定义及表达式。

2．说明无旋场、无源场、调和场的特点。

3．分析通量和散度的关系，环量与旋度的关系。

4．用哈密顿算子表示梯度、散度、旋度。

5．列出高斯公式、斯托克斯公式的表达式，并说明其含义。

6．给出二阶单位张量的表示形式，分析其主要性质。

7．给出三阶单位张量的表示形式，分析其主要性质。

8．用张量形式表示：矢量、点积、叉积、∇算子、Δ算子、梯度、散度、旋度、高斯公式、斯托克斯公式。

9．说明共轭张量、对称张量、反对称张量的含义，分析其各自特点。

10．解释张量分解定理的含义。

11．解释二阶张量的主值、主轴和不变量的含义。

习　题

[1-1] 已知速度场为$\boldsymbol{u}=-x\boldsymbol{i}+2y\boldsymbol{j}+(5-z)\boldsymbol{k}$，求通过点(2, 1, 1)的流线方程。

[1-2] 已知二维流场$v_x=\dfrac{x}{1+t}, v_y=y$，求流线方程。

[1-3] 求标量场$\psi=3x^2y+y^3z^3$在$P(1,-2,1)$处的梯度，以及在矢量$\boldsymbol{l}=2\boldsymbol{i}+2\boldsymbol{j}-\boldsymbol{k}$方向的方向导数。

[1-4] 求标量场u的∇u：

（1）$u=x^2y+y^2z+z^2y+2xyz$；

（2）$u=2x^2y^3z^2$。

[1-5] 求div$\boldsymbol{A}$在给定点的值：

（1）$\boldsymbol{A}=x^3\boldsymbol{i}+y^3\boldsymbol{j}+z^3\boldsymbol{k}$ 在点$M(1,0,-1)$；

（2）$\boldsymbol{A}=4x\boldsymbol{i}-2y^3\boldsymbol{j}+z^2\boldsymbol{k}$ 在点$M(1,1,3)$。

[1-6] 假设质量为 m 的质点位于原点 O，质量为 1 的质点位于点 $M(x,y,z)$，取$r=|OM|=\sqrt{x^2+y^2+z^2}$，则两点间的引力场可用$\boldsymbol{F}=\nabla(m/r)$表示。（1）试求该引力场表达式；（2）求该引力场所产生的散度场div$\boldsymbol{F}$。

[1-7] 证明$\boldsymbol{a}=(y^2+2xz^2)\boldsymbol{i}+(2xy-z)\boldsymbol{j}+(2x^2z-y+2z)\boldsymbol{k}$为有势场。

[1-8] 证明$\boldsymbol{a}=(2xy+3)\boldsymbol{i}+(x^2-4z)\boldsymbol{j}-4y\boldsymbol{k}$为保守场，并计算曲线积分$\int_L \boldsymbol{a}\cdot\mathrm{d}\boldsymbol{l}$，其中$L$是从点$A(3,-1,2)$到点$B(2,1,-1)$的任意路径。

[1-9] 用求和约定改写下列各式：

（1）$\mathrm{d}\phi=\dfrac{\partial\phi}{\partial x^1}\mathrm{d}x^1+\dfrac{\partial\phi}{\partial x^2}\mathrm{d}x^2+\cdots+\dfrac{\partial\phi}{\partial x^n}\mathrm{d}x^n$；

（2）$a_1x^1x^3+a_2x^2x^3+\cdots+a_Nx^Nx^3$；

（3）$\dfrac{\mathrm{d}\tilde{x}^k}{\mathrm{d}t}=\dfrac{\partial\tilde{x}^k}{\partial x^1}\dfrac{\mathrm{d}\tilde{x}^1}{\mathrm{d}t}+\dfrac{\partial\tilde{x}^k}{\partial x^2}\dfrac{\mathrm{d}\tilde{x}^2}{\mathrm{d}t}+\cdots+\dfrac{\partial\tilde{x}^k}{\partial x^n}\dfrac{\mathrm{d}\tilde{x}^n}{\mathrm{d}t}$。

[1-10] 将下列求和约定表示式写成多项求和的形式：

（1）$a_{ik}x^k$；

（2）$S_{ij}S_{ij}$；

（3）$\dfrac{\partial}{\partial x^k}(\sqrt{g}A^k), N=3$；

（4）$\dfrac{\partial u_i}{\partial t}+v_j\dfrac{\partial u_i}{\partial x_j}=f_i+\dfrac{1}{\rho}\dfrac{\partial\tau_{ji}}{\partial x_j}$。

[1-11] 利用δ_{ij}特性简化下式：

（1）$\delta_{ij}\delta_{ij}$；

（2）$A_{ij}B_j\delta_{jk}$；

（3）$B_iC_jA_k\delta_{lj}\delta_{ki}$；

（4）$\delta_{ij}\delta_{ik}\delta_{jk}$。

[1-12] 利用哈密顿算子和张量表示法，证明下列关系式：

（1）$(\boldsymbol{v}\cdot\nabla)\varphi\boldsymbol{a}=\boldsymbol{a}(\boldsymbol{v}\cdot\mathrm{grad}\varphi)+\varphi(\boldsymbol{v}\cdot\nabla)\boldsymbol{a}$；

（2）$(\boldsymbol{c}\cdot\nabla)(\boldsymbol{a}\times\boldsymbol{b})=\boldsymbol{a}\times(\boldsymbol{c}\cdot\nabla)\boldsymbol{b}-\boldsymbol{b}\times(\boldsymbol{c}\cdot\nabla)\boldsymbol{a}$；

（3）$(\boldsymbol{a}\times\boldsymbol{b})\cdot\mathrm{rot}\boldsymbol{c}=\boldsymbol{b}\cdot(\boldsymbol{a}\cdot\nabla)\boldsymbol{c}-\boldsymbol{a}\cdot(\boldsymbol{b}\cdot\nabla)\boldsymbol{c}$；

（4）$(\boldsymbol{a}\times\nabla)\times\boldsymbol{b}=(\boldsymbol{a}\cdot\nabla)\boldsymbol{b}+\boldsymbol{a}\times\mathrm{rot}\boldsymbol{b}-\boldsymbol{a}\mathrm{div}\boldsymbol{b}$；

（5）$(\boldsymbol{a}\times\boldsymbol{b})\cdot(\boldsymbol{c}\times\boldsymbol{d})=(\boldsymbol{a}\cdot\boldsymbol{c})(\boldsymbol{b}\cdot\boldsymbol{d})-(\boldsymbol{b}\cdot\boldsymbol{c})(\boldsymbol{a}\cdot\boldsymbol{d})$。

第 2 章　热力学与流体力学基础

2.1　热力学基础

热力学是一门研究物质的能量、能量传递和转换及能量与物质性质之间普遍关系的学科。本节介绍经典热力学的一些基本概念和定律，作为气体动力学的预备知识。

2.1.1　基本概念

1. 热力学系统

为了便于分析问题，与力学系统中选取分离体相似，在热力学中通常把研究对象从周围物体中分离出来，这种被人为分割出的作为热力学分析对象的有限物质系统，称为**热力系统**。与所研究的热力学系统相邻接的物质或区域，称为**外界**。热力系统通常是研究的对象，外界则是用来区别系统的环境，热力系统与外界之间一般存在着相互作用，如传热、传质或做功等。热力系统与外界的分界面，称为**边界**。边界可以是实际存在的，也可以是假想的；边界可以是固定不动的，也可以有位移和变形。

按系统与外界之间的能量与物质交换情况，热力系统可以分为不同的类型。一个热力系统与外界既无能量交换也无物质交换，称为**孤立系统**。热力系统与外界只有能量交换而无物质交换，称为**闭口系统**。闭口系统的质量保持不变，又称为**控制质量**。热力系统与外界既有能量交换又有物质交换，称为**开口系统**。开口系统是某一划定的固定范围，又称为**控制容积或控制体**。当热力系统与外界无热量交换时，称为**绝热系统**。

2. 热力学状态及其特性参数

在热力设备中，工质的物理特性是随时间不断变化的。人们把工质在热力变化过程中的某一瞬间所呈现的宏观物理状况，称为工质的**热力学状态**，简称状态。用来描述工质所处状态的宏观物理量，称为**状态参数**，如温度、压力等。

状态参数一旦完全确定，则工质的状态也就确定了，因而状态参数是热力系统状态的单值函数，它的值取决于给定的状态，而与如何达到这一状态无关。这一特性在数学上的表现就是状态参数为点函数，其微元差是全微分，而全微分沿闭合路线的积分等于零，因此某个量经过任意过程后的变化只与初、末状态有关，而与过程、路径无关。

研究热力过程时，常用的状态参数有压强 p 、温度 T 、体积 V 、热力学能（内能） U 、焓 H 、熵 S ，其中 p,T,V 可直接用仪器测出，使用最多，称为**基本状态参数**。其余状态参数可根据基本状态参数间接算得。压力 p 和温度 T 与热力系统的质量无关，称为**强度量**。体积 V 、热力学能 U、焓 H、熵 S 与热力系统的质量成正比，具有可加性，称为**广延量**。

需要说明的是广延量的比参数，如比容 υ 、比热力学能 u 、比焓 h 、比熵 s ，即单位质量工质的体积、热力学能、焓、熵具有强度量的性质，不具有可加性。通常热力系统的广延量用大写字母表示，其比参数用小写字母表示。

1）温度

温度是物体冷热程度的标志。从微观上看，温度标志物质分子热运动的激烈程度，它是大量分子动能平均值的量度。当两个物体接触时，通过接触面上分子的碰撞进行动能交换，能量从平均动能大的一方，即温度高的物体，传向平均动能小的一方，即低温物体。这种微观的动能交换就是热能的交换，也就是两个温度不同的物体间进行的热量传递。

测量温度仪器称为温度计，为了给定温度的确定数值，还需要建立温标，即温度的数值表示法。采用任意一种温度标定规则所得到的温标称为**经验温标**，经验温标依赖于测温物质的性质，不能作为度量温度的标准。

国际上规定以热力学温标作为测量温度的最基本温标，它是根据热力学第二定律的基本原理制定的，与测温物质的特性无关。热力学温标的温度单位是开尔文，符号为 K。将水的三相点的温度（0.01℃），即固相、液相和气相平衡共存状态的温度作为单一基准点，并规定为 273.16K。因此，热力学温度单位“开尔文”是水的三相点温度的 1/273.16。

2）压强

单位面积上所受的垂直作用力称为**压强**。分子运动学说把气体压强看作是大量气体分子撞击器壁的平均结果。作为工质状态参数的压强是绝对压强，测量工质压强的仪器称为**压力计**。由于压力计的测压元件处于某种环境压力之下，因此压力计测得的压力是工质的真实压强（即绝对压强）与环境压强（即大气压强）之差，称为**表压**或**真空度**。

需要说明的是，作为工质状态参数的压强是绝对压强，因为大气压强是地面以上空气柱的重量所造成的，它随着各地的纬度、高度及气候条件而变化。因此，工质的绝对压强不变，但表压和真空度仍有可能变化。

3）平衡状态

如果在不受外界影响的条件下，热力系统的状态能够始终保持不变，则将热力系统的这种状态称为**平衡状态**。倘若组成热力系统的各部分之间没有热量的传递，则热力系统处于**热平衡状态**；如果组成热力系统的各部分之间没有相对位移，则热力系统处于**力平衡状态**。同时具备了热平衡和力平衡的热力系统就处于热力平衡状态。

对处在热力平衡状态的热力系统而言，只要不受外界影响，它的状态就不会随时间改变，其平衡不会自发的破坏；而对于处在不平衡状态的热力系统，在没有外界条件的影响下，总会自发地趋于平衡状态。相反，若热力系统受到外界影响，则不能再保持平衡状态，热力系统与外界相互作用的最终结果，必然是热力系统和外界共同达到一个新的平衡状态。

一个热力系统，若其两个状态相同，则其所有状态参数均一一对应相等。反之，只有所有状态参数均对应相等时，才可以说这两个状态是相同的。而对简单可压缩热力系统而言，只要两个独立的状态参数对应相等，即可判定该两个状态相同。这意味着，只要有两个独立的状态参数就可以确定一个状态，所有其他状态参数均可以表示为这两个独立状态参数的函数。

4）状态方程式

对简单可压缩热力系统而言，当它处于平衡状态时，各部分具有相同的压力、温度等参数，且这些参数服从一定关系式，这些关系式称为**状态方程式**。热力学中存在两类气体状态方程，即热状态方程和量热状态方程。

对均匀的热力系统而言，热状态方程的表达形式为

$$p = p(\upsilon,T) = p\left(\frac{1}{\rho},T\right) \text{或} F(p,\upsilon,T) = 0 \tag{2-1}$$

式中的各状态参数 p,υ,T 都是可以测量的。但由这些状态参数并不能确定平衡系统的全部热力性质，还需要补充不可测量的状态参数，如比内能 u 和比焓 h 的方程，这些方程称为**量热状态方程**。

对于均匀的热力系统，量热状态方程的函数形式为

$$u = u(\upsilon,T) = u(p,T) \tag{2-2a}$$

$$h = h(\upsilon,T) = h(p,T) \tag{2-2b}$$

这些函数可由热力学定律和热状态方程导出，由于状态参数之间存在一定的函数关系，可取其中任意两个状态参数作为自变量，而其余各量均为这两个量的函数。

5）状态参数坐标图

由于两个状态参数就可以确定简单可压缩热力系统的平衡状态，因此由任意两个独立的状态参数所组成的平面坐标图上的任意一点，都对应某一确定的平衡状态。这种由状态参数组成的坐标图叫作**热力状态坐标图**，常用的坐标图有压容（p-υ）图和温熵（T-S）图等。

3. 热力学过程

当描述热力系统热力学特性的一个或几个状态量发生变化时，该变化过程称为**热力学过程**。实际上，一切热力学过程都是平衡被破坏的结果，工质和外界有了热和力的不平衡，才会使工质向新的状态变化，故实际过程都是不平衡的。若过程进行得相对缓慢，工质在平衡被破坏后自动恢复到平衡所需的时间（弛豫时间）很短，这样工质就有足够的时间来恢复平衡，随时都不致显著偏离平衡状态，该过程称为**准平衡过程**。相对弛豫时间而言，准平衡过程是进行得无限缓慢的过程，因此准平衡过程又叫作**准静态过程**。

准平衡过程是实际过程的理想化，由于实际过程都是在压差和温差作用下进行流动，而只有工质与外界的压差和温度均为无限小时，该过程才是准平衡过程。如果实际过程中还有其他作用存在，则实现准平衡过程还必须加上其他相应条件。此外在坐标图中，只有准平衡过程才可以用连续曲线表示。当完成某一过程之后，如果有可能使工质沿相同的路径逆行而回到原来状态，并使外界亦回到原来的状态，而不留下任何改变，则这一过程为**可逆过程**，否则为不可逆过程。可逆过程的基本特征是：一个可逆过程首先应该是准平衡过程，满足热和力的平衡条件，同时在过程中不能存在任何耗散效应。

自然界中的任何自发过程都是不可逆过程，如黏性导致的动量输运过程，热传导导致的能量输运过程。当工质进行了一个不平衡过程后，必然会产生一些不可恢复的后遗效果，例如热能从高温热源转移到低温热源后，虽然也可使热能自低温热源返回到高温热源，但这种返回是需要付出一定代价的，或者说不可能使热能返回过程所牵涉到的整个热力系统全部恢复到原来的状态，因此不平衡过程必定是不可逆过程。此外，当过程中存在任何种类的耗散效应，如机械摩擦或工质摩擦时，因摩擦而消耗的机械功转化成为热量，而这部分热量不可能不花费任何代价又转变为功，因此有摩擦的过程也一定是不可逆过程。

要点　可逆过程与准平衡过程的区别在于：准平衡过程只着眼于工质内部的平衡，与是否存在外部的机械摩擦并无关系，准平衡过程进行时可以发生能量损耗；可逆过程则是要分析工质与外界作用所产生的总效果，不仅要求工质内部是平衡的，还要求工质与外界的作用

可以无条件逆复，过程进行时不存在任何能量耗散。可见，可逆过程必然是准平衡过程，准平衡过程只是可逆过程的必要条件。

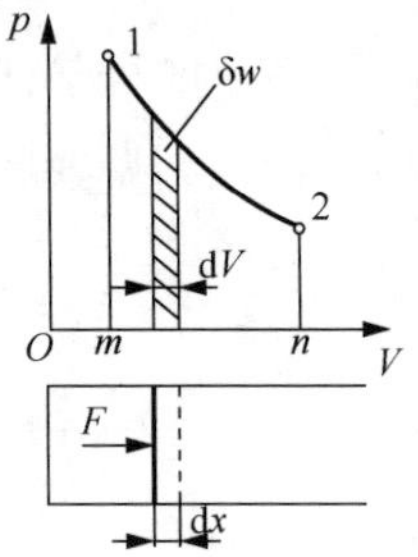

图 2-1　可逆过程的功

4. 体积变化功和热量

在热力学力中**功**的定义为：热力系统通过边界传递的能量，其全部效果可表现为举起重物。这里所谓的“举起重物”是指过程产生的效果相当于举起重物，而并不要求真的举起重物。下面讨论工质在可逆过程中所做的功。

如图 2-1 所示，设质量为 m 的气体工质在气缸中进行可逆膨胀，其变化过程用曲线 1-2 表示，由于过程是可逆的，所以工质施加在活塞上的力 F 与外界作用在活塞上的所有反力之和只相差一无穷小量。根据力学中对功的定义，工质推动活塞移动距离为 dx 时，反抗力所做的膨胀功为

$$\delta W = F\mathrm{d}x = pA\mathrm{d}x = p\mathrm{d}V \tag{2-3a}$$

式中，A 是活塞的总面积；dV 是工质体积微元变化；δW 是微小量，但不是全微分，因此用 δ 表示。在工质从状态 1 到状态 2 的膨胀过程中，所做的膨胀功为

$$W_{1\text{-}2} = \int_1^2 p\mathrm{d}V \tag{2-3b}$$

在 p-V 图上，膨胀功 $W_{1\text{-}2}$ 可以用过程线 1-2 下方的面积 1-2-n-m-1 来表示，因此 p-V 图又称为**示功图**。单位质量工质所做的功称为**比功**，可表示为

$$\delta w = \frac{1}{m}p\mathrm{d}V = p\mathrm{d}\upsilon \text{，即 } w_{1\text{-}2} = \int_1^2 p\mathrm{d}\upsilon \tag{2-4a}$$

如果过程按方向 2-1 进行，则同样得到

$$w_{2\text{-}1} = \int_2^1 p\mathrm{d}\upsilon \tag{2-4b}$$

此时 dυ 为负值，故所做的功也是负值。热力学中规定：气体膨胀对外界做功取为正，外界压缩气体所消耗的功为负。膨胀功和压缩功都是通过工质的体积变化而与外界交换的功，与热力系统的界面移动有关，因此统称为**体积变化功**。由此可见，功是与热力系统的状态变化过程相联系的，不仅与工质的初态和终态有关，还与过程的中间途径有关，因此功不是状态参数而是过程量，它不能表示为状态参数的函数。

热力学中把**热量**定义为：热力系统和外界之间仅由温度差引起的，并通过热力系统便捷传递的能量。由外界传入热力系统的热量为正，反之为负。用大写字母 Q 表示质量为 m 的工质传递的热量，用小写字母 q 表示单位质量工质传递的热量。

热力系统在可逆过程中与外界交换的热量可以表示为

$$\delta q = T\mathrm{d}s \tag{2-5a}$$

如图 2-2 所示，工质在从状态 1 到状态 2 的过程中，与外界交换的热量为

$$q_{1\text{-}2} = \int_1^2 T\mathrm{d}s \tag{2-5b}$$

可逆过程热量 $q_{1\text{-}2}$ 在 T-s 图上可以用过程线下方的面积 1-2-s_2-s_1-1 表示，如图 2-2 所示。

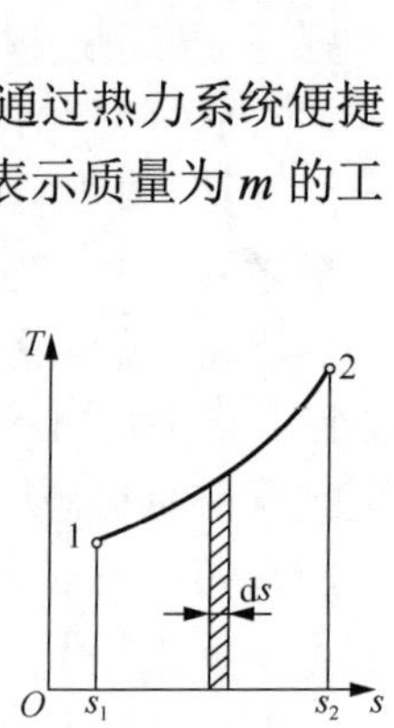

图 2-2　过程的热量

从功和热量的定义可以看出：功和热量都是过程量，只有在能量传递过程中才有所谓的功和热量；在某一状态下讨论功、热量是毫无意义的，因为功和热量都不是状态参数。功和热量又有很大的区别，主要体现在：①功是有规则的宏观运动能量的传递，做功过程常伴随能量形态的转化；②热量是大量微观粒子杂乱热运动的能量传递，传热过程不出现能量形式的转化；③功转变成热量是无条件的，而热转变成功是有条件的；④只有对工质压缩做功的热量转化过程才有可能是可逆的，故热量的可逆转换总是与压缩膨胀相关联。

5. *推动功和流动功*

功的形式除了膨胀功和压缩功这类与热力系统的界面移动有关的功以外，还包括因工质在开口系统中流动而传递的功，称为**推动功**。

对开口系统进行功的计算时需要考虑推动功，以工质经管道进入气缸的过程为例，如图 2-3 所示，假设工质的状态参数是 p,υ,T，用 p-υ 图中的 C 点表示，在工质移动过程中，其状态参数保持不变，则工质作用在面积为 A 的活塞上的力为 pA，当工质进入气缸、推动活塞移动距离为 Δl 时，其所做的功为 $pA\Delta l = pV = mp\upsilon$，将其定义为推动功。其中 m 表示进入气缸的工质质量，故单位质量工质的推动功等于 $p\upsilon$，可以用 p-υ 图中阴影部分的矩形面积表示。需要注意的是：推动功只有在工质移动位置时才起作用，在工质做推动功时其状态并没有改变，因此工质的热力学能也没有变化。

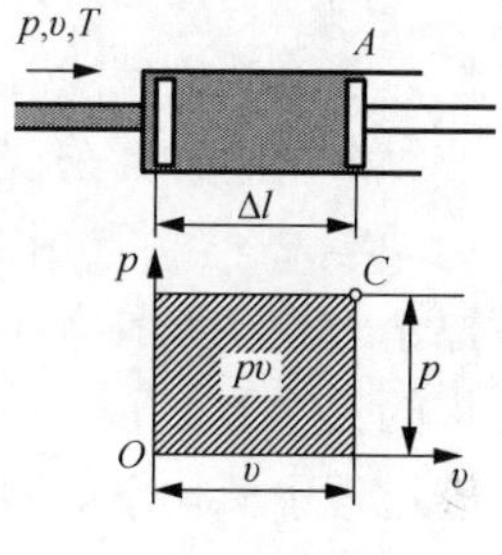

图 2-3　推动功的表示

对于如图 2-4 所示的开口系统，当单位质量工质从截面 1-1 流入热力系统时，工质带入系统的推动功为 $p_1\upsilon_1$，假设工质在热力系统中膨胀，由状态 1 膨胀到状态 2，所做的膨胀功为 w，然后从截面 2-2 流出热力系统，带出热力系统的推动功为 $p_2\upsilon_2$，则热力系统为了维持工质流动所需的功等于两截面上推动功之差，即 $\Delta(p\upsilon) = p_2\upsilon_2 - p_1\upsilon_1$，将其定义为**流动功**。

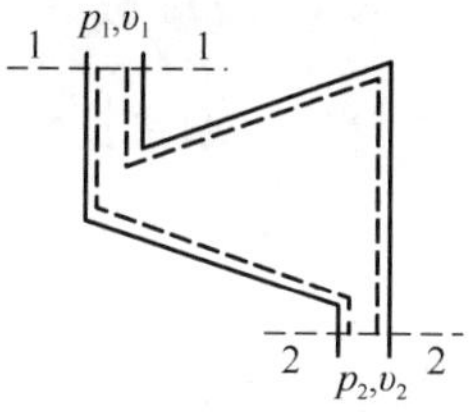

图 2-4　流动功的表示

此外，工质在热力设备中流动，若流动过程中在开口系统内部及其边界上，各点工质的热力参数及运动参数都不随时间而变化，这种流动过程称为**稳定流动过程**。反之，则为不稳定流动过程或瞬变流动过程。根据能量守恒与转换定律，在稳定流动过程中，工质机械能的变化与工质对机器做功之和是技术上可以利用的功，称之为**技术功**，用 w_t 表示。对微元可逆过程，技术功的表达式为

$$w_t = -\upsilon \mathrm{d}p \tag{2-6a}$$

如果流动过程中工质由状态 1 变化为状态 2，则工质所做的技术功为

$$w_t = -\int_1^2 \upsilon \mathrm{d}p \tag{2-6b}$$

如图 2-5 所示，$-\upsilon\mathrm{d}p$ 可用图中标斜线的微元面积表示，从状态 1 到状态 2 的技术功则可用面积 5-1-2-6-5 表示。可以看出，若 $\mathrm{d}p$ 为负，则过程中工质压力降低，技术功为正，此时工质对机器做功，例如在蒸汽轮机、燃气轮机的流动过程。反之，机器对工质做功，例如在活塞式压气机、叶轮式压气机内的流动过程。

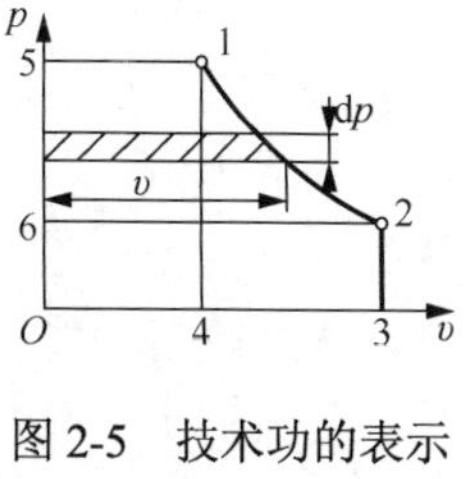

图 2-5　技术功的表示

2.1.2　热力学第一定律、焓

能量守恒与转换是自然界的基本规律之一。热力学第一定律就是能量守恒与转换定律在热现象中应用，它确定了热力过程中热力系统与外界进行能量交换时，各种形态能量在数量上的守恒关系。该定律是人类在实践中累积的经验总结，并不能用数学或其他理论来证明。下面我们先介绍几个与该定律相关的概念。

1. 热力学能

能量是物质运动的度量。我们在力学中学过物体的动能和位势能，前者决定于物体宏观运动的速度，后者取决于物体在外力场中所处的位置，二者都是物体做机械运动而具有的能量，都属于**机械能**。

众所周知，宏观静止的物体，其内部分子、原子等微粒仍不停地做着热运动。根据分子运动学说，热力学中将气体分子内部具有的能量定义为**热力学能**（即内能），该能量包括分子/原子热运动而具有的内动能，由于分子间存在相互作用力而形成的内位能，维持一定分子结构的化学能，原子核内部的原子能，在电磁场作用下的电磁能。在无化学反应及原子核反应的过程中，化学能和原子核能都不变化，可以不考虑，因此热力学能的变化只是内动能和内位能的变化。

热力学能用符号U表示，单位质量工质的热力学能称为**比热力学能**，用符号u表示。在一定热力学状态下，分子有一定的均方速度和平均距离就有一确定的热力学能，而与达到这一热力状态的路径无关，因此热力学能是热力状态的单值函数，是状态参数。由于气体的热力状态可由两个独立的状态参数决定，所以热力学能一定是两个独立状态参数的函数，如：$u=f(T,\upsilon),u=f(T,p),u=f(p,\upsilon)$等。

热力学能和机械能是不同形式的能量，但是二者可以同时存储在热力系统内，通常把热力学能和宏观运动的动能和位能的总和叫作工质的总存储能，简称**总能**。

2. 焓

在热力学的计算中经常出现$U+pV$，为了简化相关公式，引入焓的概念，用H表示，即

$$H=U+pV \tag{2-7a}$$

单位质量工质所具有的焓称为**比焓**，用h表示，即

$$h=u+p\upsilon \tag{2-7b}$$

从式(2-7)可以看出，焓的单位是J，比焓的单位是J/kg。由于在任意平衡状态下，u,p,υ都有一确定值，因而焓也有一定的值，故焓值与达到这一状态的路径无关，这符合状态参数的基本性质，满足状态参数的定义，因此焓也是一个状态参数。根据气体量热状态方程(2-2b)，h也可以表示成两个独立状态参数的函数，如：$h=u+p\upsilon=f(p,\upsilon)=f(\upsilon,T)=f(p,T)$。

在焓的定义中，u表示单位质量工质的热力学能，是存储于单位质量工质内部的能量，而$p\upsilon$是单位质量工质的推动功，即单位质量工质移动时所传递的能量。当单位质量工质通过一定的界面流入热力系统时，存储在其内部的热力学能自然也随之进入热力系统，同时还把从外部功源获得的推动功也带进热力系统，因此热力系统中引进单位质量工质而获得的总能量，就是热力学能和推动功之和$(u+p\upsilon)$，这对应的正是比焓。因此在热力装置中，工质总是从一处流向另一处，在此过程中，随着工质的移动而转移的能量不是工质的热力学能，而是

工质的焓。

3. 热力学第一定律

在自然界中的一切物质都是具有能量的，能量不可能被创造，也不可能被消灭，但能量可以从一种形态转变为另一种形态，而且在转化过程中，能量的总量保持不变，这就是自然界的**能量守恒与转换定律**。

热力学第一定律就是能量守恒与转换定律在热现象中的应用。热力学第一定律通常有两种表述形式。一种表述是：热是能的一种，机械能变热能或热能变机械能时，它们之间的比值是一定的。另一种表述是：热可以变为功，功也可变为热，一定量的热消失时必产生相应量的功，消耗一定量的功时必出现与之对应的一定量的热。将热力学第一定律的表述原则应用到热力系统中，则热力系统的能量变化可以写成以下形式：

进入热力系统的能量－离开热力系统的能量＝热力系统存储能的增加量　　(2-8)

对闭口系统来讲，进入和离开热力系统的能量只有热量和做功两项，但对于开口系统，因有物质进出分界面，除了以上两项之外，还包括随物质带进、带出热力系统的能量。鉴于这种差异，热力学第一定律应用于不同热力系统时，可以得到不同的能量方程式。下面从闭口系统的能量平衡入手，分析热力学第一定律的基本能量方程式，即闭口系统能量方程。

假设有一闭口系统，当工质从外界吸入热量 Q 以后，从状态 1 变化到状态 2，并对外界做功 W，若不考虑工质的宏观动能和位势能，则工质储存能的增加量即为热力学能的增加量 ΔU，于是根据式（2-8）可得

$$Q - W = \Delta U = U_2 - U_1 \quad \text{或} \quad Q = \Delta U + W \tag{2-9}$$

式中，U_2 和 U_1 分别表示系统在状态 2 和状态 1 下的热力学能。式（2-9）是热力学第一定律应用于闭口系统而得的能量方程式，称为**热力学第一定律的解析式**。它表明外界加给工质的热量，一部分用于增加工质的热力学能，存储于工质内部，余下部分以做功的形式传递至外界。

式（2-9）是从能量转化和守恒定律的普遍原理推出的，对闭口系统普遍适用。它既适用于可逆过程也适用于不可逆过程，既适用于理想气体也适用于实际气体。式中热量 Q、热力学能变量 ΔU 和功 W 都是代数值，可正可负。一般认为热力系统吸热时 Q 为正，反之为负；热力系统对外做功时 W 为正，反之为负；热力系统的热力学能增加时 ΔU 为正，反之为负。

对于一个微元过程，热力学第一定律解析式可用微分形式表示：

$$\delta Q = \mathrm{d}U + \delta W = \mathrm{d}U + p\mathrm{d}V \tag{2-10a}$$

对单位质量工质，则有

$$\delta q = \mathrm{d}u + p\mathrm{d}\upsilon = \mathrm{d}u + p\mathrm{d}(1/\rho) \tag{2-10b}$$

将焓 $H = U + pV$、比焓 $h = u + p\upsilon = u + \dfrac{p}{\rho}$ 代入式（2-10a）和式（2-10b），分别可得

$$\mathrm{d}H = \delta Q + V\mathrm{d}p \tag{2-11a}$$

$$\mathrm{d}h = \delta q + \frac{\mathrm{d}p}{\rho} = \delta q + \upsilon\mathrm{d}p \tag{2-11b}$$

式（2-11）是热力学第一定律的另一种表达形式。

4. 比热容

为了计算气体状态变化过程中的吸（或放）热量，引入热容的概念。物体温度升高 1K 所需要的热量称为**热容**，用 C 表示，单位为 J/K，其定义公式为

$$C = \frac{\delta Q}{\mathrm{d}T} \tag{2-12a}$$

单位质量物质温度升高 1K 所需要的热量称为质量热容，又称**比热容**，用 c 表示，单位为 J/(kg·K)，其公式为

$$c = \frac{\delta q}{\mathrm{d}T} \tag{2-12b}$$

由于热量是过程量，因此比热容也与过程特性有关，不同热力过程的比热容也不相同。在一般的热力设备中，工质往往是在接近压强不变或是体积不变的条件下吸热或放热，因此定压过程($\mathrm{d}p=0$)和定容过程($\mathrm{d}\upsilon=0$)的比热容最为常用，分别称为比定压热容 c_p 和比定容热容 c_υ。

由热力学第一定律解析式（2-10b）和式（2-11b），对可逆的定容过程与定压过程分别可得

$$c_\upsilon = \left(\frac{\delta q}{\mathrm{d}T}\right)_\upsilon = \left(\frac{\mathrm{d}u + p\mathrm{d}\upsilon}{\mathrm{d}T}\right)_\upsilon = \left(\frac{\mathrm{d}u}{\mathrm{d}T}\right)_\upsilon = \left(\frac{\partial u}{\partial T}\right)_\upsilon \tag{2-13a}$$

$$c_p = \left(\frac{\delta q}{\mathrm{d}T}\right)_p = \left(\frac{\mathrm{d}h - \upsilon\mathrm{d}p}{\mathrm{d}T}\right)_p = \left(\frac{\mathrm{d}h}{\mathrm{d}T}\right)_p = \left(\frac{\partial h}{\partial T}\right)_p \tag{2-13b}$$

式（2-13）表明工质的 c_p 和 c_υ 分别是状态参数 u 对 T、h 对 T 的偏导数，因此 c_p 和 c_υ 也是状态参数。式（2-13）适用于一切工质，并不限于理想气体。

此外，将热力学第一定律解析式 $\delta q = \mathrm{d}u + p\mathrm{d}\upsilon$，代入式（2-13b）还可以得到

$$c_p = \left(\frac{\partial h}{\partial T}\right)_p = \left(\frac{\partial u}{\partial T}\right)_p + p\left(\frac{\partial \upsilon}{\partial T}\right)_p \tag{2-13c}$$

根据量热状态方程 $u = u(\upsilon, T)$，再由复合函数求导法则可得

$$\left(\frac{\partial u}{\partial T}\right)_p = \left(\frac{\partial u}{\partial T}\right)_\upsilon \left(\frac{\partial T}{\partial T}\right)_p + \left(\frac{\partial u}{\partial \upsilon}\right)_T \left(\frac{\partial \upsilon}{\partial T}\right)_p = \left(\frac{\partial u}{\partial T}\right)_\upsilon + \left(\frac{\partial u}{\partial \upsilon}\right)_T \left(\frac{\partial \upsilon}{\partial T}\right)_p \tag{2-13d}$$

将式（2-13d）代入式（2-13c）可得

$$c_p = \left(\frac{\partial u}{\partial T}\right)_\upsilon + \left(\frac{\partial u}{\partial \upsilon}\right)_T \left(\frac{\partial \upsilon}{\partial T}\right)_p + p\left(\frac{\partial \upsilon}{\partial T}\right)_p \tag{2-13e}$$

则 c_p 和 c_υ 的关系可表示为

$$c_p - c_\upsilon = \left(\frac{\partial \upsilon}{\partial T}\right)_p \left[\left(\frac{\partial u}{\partial \upsilon}\right)_T + p\right] \tag{2-14}$$

2.1.3　热力学第二定律、熵

自然界中存在着大量各种形式的热过程，实际上能量的转化是有条件和方向性的，所有的热力过程都是不可逆的。例如功热转化、有限温差传热、自由膨胀、混合过程等都是不可逆的过程。造成过程不可逆的因素一般是耗散效应和有限势差推动下的非准平衡过程。这里的**耗散效应**指的是因摩擦使机械能转化为热能，或因电阻使电能转化为热能等的现象。而温差传热、自由膨胀和混合等过程是在温度差、压力差、浓度差作用下进行的自发过程，这种在有限势差作用下进行的过程是非准平衡过程，也是不可逆过程。而对无摩擦的理想情况而言，功是可以全部转化为机械能的，从这个意义上讲功和机械能是等价的。

热力学第一定律说明了能量在传递和转化时的数量关系，但并未说明热量转化和传递的方向、条件等。热力学第二定律就是解决与热现象有关的过程进行的方向、条件和限度等问

题的规律，其中最根本的是方向问题。

在工程实践中，热力学第二定律应用非常广泛，对各类具体问题，该定律有多种形式的表达，这里只介绍两种基本的、广为应用的表述形式，即克劳修斯说法和达尔文说法。1850 年，克劳修斯从热量传递方向性的角度提出：热不可能自发的、不付代价地从低温物体传至高温物体。1851 年，达尔文和普朗克等人从热能转化为机械能的角度先后提出了更为严密的表述，被称为热力学第二定律的达尔文说法，即不可能制造出从单一热源吸热，使之全部转化为功，而不留下其他任何变化的热力发动机。

为了判别能量转换的方向性，这里引入状态参数熵的概念，用 S 表示，是广延量。

1. 熵的定义

1865 年，克劳修斯提出：任意工质经过任一可逆循环都存在：

$$\oint \frac{\delta Q_{\mathrm{rev}}}{T_{\mathrm{r}}} = 0 \tag{2-15}$$

式（2-15）称为克劳修斯积分等式，其中，δQ_{rev} 表示可逆过程的换热量，T_{r} 表示热源温度。由于可逆过程可近似认为过程速度无限小，热力系统始终处于平衡态的热力学过程，环境与热力系统之间温差无限小，因此可认为热源温度 T_{r} 等于工质温度 T 。

根据数学中的积分与路径无关定理可知，被积函数 $\delta Q_{\mathrm{rev}} / T_{\mathrm{r}}$ 是某一个状态函数的全微分，克劳修斯将这个新的状态参数定名为**熵**，用符号 S 表示，即

$$\mathrm{d}S = \frac{\delta Q_{\mathrm{rev}}}{T_{\mathrm{r}}} = \frac{\delta Q_{\mathrm{rev}}}{T} \quad 或 \quad \Delta S = S_2 - S_1 = \int_1^2 \frac{\delta Q_{\mathrm{rev}}}{T} \tag{2-16a}$$

若 δq_{rev} 表示单位质量工质可逆过程的换热量，则单位质量工质的比熵变为

$$\mathrm{d}s = \frac{\delta q_{\mathrm{rev}}}{T_{\mathrm{r}}} \quad 或 \quad \Delta s = s_2 - s_2 = \int_1^2 \frac{\delta q_{\mathrm{rev}}}{T} \tag{2-16b}$$

在热力过程中的比熵变包括两部分：一部分是由环境对热力系统输入或吸收物质、能量引起的熵流变 $(\mathrm{d}s)_{\mathrm{ex}} = \delta q / T$ ，其中 δq 为该过程中环境对热力系统实际传递的热量增量，这里 $(\mathrm{d}s)_{\mathrm{ex}}$ 是可正可负的；另一部分是热力系统内部不可逆过程产生的熵增项 $(\mathrm{d}s)_{\mathrm{in}}$ ，如由摩擦、温度梯度、激波等引起的热传导或耗散所致的熵增，即存在

$$\mathrm{d}s = \frac{\delta q}{T} + (\mathrm{d}s)_{\mathrm{in}} \tag{2-16c}$$

热力系统内部的熵增项遵循判据：$(\mathrm{d}s)_{\mathrm{in}} = 0$ ，对应可逆过程、平衡态；$(\mathrm{d}s)_{\mathrm{in}} > 0$ 对应不可逆过程。

2. 热力学第二定律的表述

综上所述，热力学第二定律可以表述为：在绝热的孤立系统中，如果过程可逆则熵增为零，即 $\Delta s = 0$ ；如果过程不可逆则熵必增加，即 $\Delta s > 0$ 。用比熵变来表示，即

$$\mathrm{d}s \geqslant \frac{\delta q}{T} \tag{2-17a}$$

式（2-17a）是热力学第二定律的数学表达式，可用于判断微元过程是否为可逆过程，因此热力学第二定律又称为**熵增原理**。对绝热过程而言，无论是否可逆均有 $\delta q = 0$ ，则式（2-17a）变为

$$\mathrm{d}s = 0 \tag{2-17b}$$

可见，可逆绝热过程中熵不变，故为等熵过程，而不可逆绝热过程中，工质的熵必定增大。熵增原理指出，凡是使孤立系统总熵减小的过程都是不可能发生的，理想可逆情况下也只能实现总熵不变。但实际上，可逆过程也是很难做到的，因此实际的热力过程总是朝着热力系统总熵增大的方向进行，即 $\mathrm{d}s>0$，熵增原理阐明了热力过程进行的方向。

需要说明的是：熵增原理只适应于孤立系统。至于非孤立系统，或者孤立系统中的某个物体，它们在热力过程中可以吸热也可以放热，所以它们的熵可以增大、可以不变，也可以减小。在一个热力系统中，如果热力系统的熵增加了，就可以说经过该变化过程后，热力系统中可利用的能量减少了，或者说不可利用的能量增加了。

热力学第一、第二定律是从实践中得出的经验定律，经典热力学采用宏观的研究方法是无法解释第一、第二定律的，只有在统计热力学中，用微观及统计的方法才能阐明。

3. *热力学基本方程*

热力学第一定律解析式在简单可压缩系统的微元过程中可表述为 $\delta q=\mathrm{d}u+p\mathrm{d}\upsilon$，如果过程可逆则 $\delta q=T\mathrm{d}s$，于是可得

$$\mathrm{d}u=T\mathrm{d}s-p\mathrm{d}\upsilon \tag{2-18a}$$

将 $u=h-p\upsilon$ 代入式（2-18a）得

$$\mathrm{d}h=T\mathrm{d}s+\upsilon\mathrm{d}p \tag{2-18b}$$

式（2-18a）和式（2-18b）称为**热力学基本方程**。在经典热力学中，为了处理问题方便，还定义了两个新的状态函数，即亥姆霍兹函数 F 和吉布斯函数 G。

1）亥姆霍兹函数 F

$$F=U-TS \tag{2-19a}$$

由于 U,T,S 均为状态参数，因此 F 也是状态参数，称为**亥姆霍兹函数**。对单位质量气体可得比亥姆霍兹函数：

$$f=u-Ts \tag{2-19b}$$

对式（2-19b）取全微分得

$$\mathrm{d}f=\mathrm{d}u-T\mathrm{d}s-s\mathrm{d}T \tag{2-20a}$$

将式（2-18a）代入式（2-20a），得

$$\mathrm{d}f=-s\mathrm{d}T-p\mathrm{d}\upsilon \tag{2-20b}$$

对于可逆的定温过程，$\mathrm{d}T=0$，故 $\mathrm{d}f=-p\mathrm{d}\upsilon$。可见，亥姆霍兹函数的减少等于可逆定温过程对外所做的膨胀功；或者说在可逆定温条件下，亥姆霍兹函数是热力学能中可以自由释放而转变为功的部分，因此亥姆霍兹函数又被称为**亥姆霍兹自由能**。而式（2-19b）中的 Ts 是可逆定温条件下热力学能中无法转变为功的部分，称为**束缚能**。

2）吉布斯函数 G

$$G=H-TS \tag{2-21a}$$

函数 G 也是状态参数，其单位与焓相同，将其定义为**吉布斯函数**。对单位质量气体可得比吉布斯函数：

$$g=h-Ts \tag{2-21b}$$

对式（2-21b）取全微分得

$$\mathrm{d}g=\mathrm{d}h-T\mathrm{d}s-s\mathrm{d}T \tag{2-22a}$$

将式（2-18b）代入式（2-22a），得

$$dg = -sdT + \upsilon dp \tag{2-22b}$$

对于可逆的定温过程，$dT = 0$，故 $dg = \upsilon dp$。可见，吉布斯函数的减少量等于可逆定温过程对外所做的技术功，或者说吉布斯函数是可逆定温条件下焓中可以自由转变为功的部分，因此吉布斯函数又被称为吉布斯自由焓。

4. 特性函数

根据经典热力学理论可知，任意一个状态参数都可以表示成另外两个独立参数的函数。若其中某些状态函数可表示成特定的两个独立参数的函数，则只需要一个状态函数就可以确定热力系统的其他参数，这样的函数就称为**特性函数**。常用的特性函数包括：

$$u = u(\upsilon, s) \tag{2-23a}$$

$$h = h(p, s) \tag{2-23b}$$

$$f = f(T, \upsilon) \tag{2-23c}$$

$$g = g(T, p) \tag{2-23d}$$

根据特性函数的特点，如果已知状态函数 $u = u(\upsilon, s)$ 的具体形式，就可以确定其他全部热力学特性 T, p, h, f, g，例如对 $u = u(\upsilon, s)$ 取全微分得

$$du = \left(\frac{\partial u}{\partial s}\right)_\upsilon ds + \left(\frac{\partial u}{\partial \upsilon}\right)_s d\upsilon \tag{2-24a}$$

对比式（2-24a）与式（2-18a）可得 $T = \left(\frac{\partial u}{\partial s}\right)_\upsilon, p = -\left(\frac{\partial u}{\partial \upsilon}\right)_s$，于是有

$$h = u + p\upsilon = u - \upsilon\left(\frac{\partial u}{\partial \upsilon}\right)_s, f = u - Ts = u - s\left(\frac{\partial u}{\partial s}\right)_\upsilon, g = h - Ts = u - s\left(\frac{\partial u}{\partial s}\right)_\upsilon - \upsilon\left(\frac{\partial u}{\partial \upsilon}\right)_s \tag{2-24b}$$

需要说明的是，热力学能函数只有在表示成熵和比容的函数时才是特性函数，换成其他独立参数，如 $u = u(p, s)$ 时就不是特性函数了。对于其他特性参数也一样，焓只有表示成熵和压强的函数，亥姆霍兹函数只有表示成温度和比容的函数，吉布斯函数只有表示成温度和压强的函数时，才是特性函数。因此式（2-23）中的任何一个方程都称为**正则状态方程**。

5. 麦克斯韦关系式

如果状态参数 z 表示为另外两个独立状态参数 x,y 的函数，即 $z = z(x, y)$，则可用函数的全微分表示 z 的无穷小变化量，即 $dz = \left(\frac{\partial z}{\partial x}\right)_y dx + \left(\frac{\partial z}{\partial y}\right)_x dy$ 或 $dz = Mdx + Ndy$，这里假设 $M = \left(\frac{\partial z}{\partial x}\right)_y, N = \left(\frac{\partial z}{\partial y}\right)_x$，若 M,N 也是 x,y 的连续函数，则有 $\left(\frac{\partial M}{\partial y}\right)_x = \frac{\partial^2 z}{\partial x \partial y}, \left(\frac{\partial N}{\partial x}\right)_y = \frac{\partial^2 z}{\partial y \partial x}$。因二阶混合偏导数连续时，其混合偏导与求导顺序无关，故有 $\left(\frac{\partial M}{\partial y}\right)_x = \left(\frac{\partial N}{\partial x}\right)_y$，该式即为全微分的条件，也称为全微分的判据，简单的可压缩系统的每个状态参数都必须满足这一条件。

对式（2-23）中的四个特性函数取全微分，可分别得到

$$du = Tds - pd\upsilon, dh = Tds + \upsilon dp, df = -sdT - pd\upsilon, dg = -sdT + \upsilon dp \tag{2-25a}$$

结合特性函数的定义与全微分的条件，可导出联系 T, p, υ, s 的热力学关系式：

$$\left(\frac{\partial T}{\partial \upsilon}\right)_s = -\left(\frac{\partial p}{\partial s}\right)_\upsilon, \left(\frac{\partial T}{\partial p}\right)_s = \left(\frac{\partial \upsilon}{\partial s}\right)_p, \left(\frac{\partial p}{\partial T}\right)_\upsilon = \left(\frac{\partial s}{\partial \upsilon}\right)_T, \left(\frac{\partial \upsilon}{\partial T}\right)_p = -\left(\frac{\partial s}{\partial p}\right)_T \tag{2-25b}$$

式（2-25b）称为**麦克斯韦关系式**，它给出了热力学能、熵、焓等不可测参数与容易测得

的参数 p,υ,T 之间的微分关系。根据特性函数的定义和全微分条件，还可以得到如下重要的热力学关系式：

$$T=\left(\frac{\partial u}{\partial s}\right)_\upsilon=\left(\frac{\partial h}{\partial s}\right)_p,\ p=-\left(\frac{\partial u}{\partial \upsilon}\right)_s=-\left(\frac{\partial f}{\partial \upsilon}\right)_T,\ \upsilon=\left(\frac{\partial h}{\partial p}\right)_s=\left(\frac{\partial g}{\partial p}\right)_T,\ s=-\left(\frac{\partial g}{\partial T}\right)_p=-\left(\frac{\partial f}{\partial T}\right)_\upsilon \tag{2-26}$$

2.1.4　完全气体的热力学特性

自然界中的气体分子本身有一定的体积，分子相互间存在作用力，分子在两次碰撞之间进行的是非直线运动，很难精确描述其复杂的运动。为了方便分析、简化计算，引出了理想气体的概念。热力学中的理想气体即完全气体，可分为热完全气体、量热完全气体及有化学反应的完全气体三种，这里我们着重介绍热完全气体。

1. 热完全气体（$T \gg T_{cr}$）

完全气体是一种实际上不存在的理想化的气体，从微观上看，其分子是弹性的、不具体积的质点，分子间没有相互作用力（如分子间的内聚力），仅考虑分子的热运动。在这种假设条件下，气体分子两次碰撞之间为直线运动且弹性碰撞无动能损失。

根据分子运动论，对热完全气体分子运动物理模型应用统计方法，可建立热完全气体状态方程，即克拉珀龙方程：

$$pV=nR_0T \tag{2-27a}$$

$$p=\rho RT=\rho\frac{R_0}{M}T \tag{2-27b}$$

$$p\upsilon=RT=\frac{R_0}{M}T \tag{2-27c}$$

式中，R_0 是普适摩尔气体常数，它是与气体的种类、性质和状态都无关的普适恒量，在标准状态下 $R_0=8.314\text{J/(mol}\cdot\text{K)}$；$n$ 是气体的摩尔数；M 是气体的摩尔质量；R 是气体常数，取 $R=R_0/M$，对不同气体 R 取值不同，例如空气的摩尔质量 $M=0.02895\text{kg/mol}$，则空气的气体常数为 $R=287\text{J/(kg}\cdot\text{K)}$。

完全气体是真实气体在一定温度和压力范围内的近似。众所周知，高温、低压的气体密度小、比容大，若分子本身体积远远小于其活动空间，分子间平均距离远到作用力极其微弱的状态时，气体就接近于完全气体了。因此完全气体可认为是气体压力趋近于零（$p\to 0$）、比容趋近于无穷大（$\upsilon\to\infty$）的极限状态。

某真实气体可能液化的最高温度称为**临界温度**，通常用 T_{cr} 表示，与之对应的压力称为临界压力，用 p_{cr} 表示。例如在标准大气压下，空气于 81.7K（露点）开始冷凝，即其临界温度在 80K 左右，则热完全气体成立的条件是：$T \gg T_{cr}$ 且 $p \ll p_{cr}$。除了要考虑适用范围的下限以外，还要考虑其上限，例如在温度极高的情况下，气体分子发生离解、电离、化学反应等过程，此时气体不再是热完全气体。

2. 热完全气体的性质

（1）对于热完全气体，状态函数内能和焓都是温度的单值函数，与其他参量无关。

统计物理的研究结果表明，分子热运动的动能包括平移动能、转动能和振动能，这些能量都只与温度有关。对于完全气体，因其分子间无作用力，不存在内位能，因此热力学能只包括取决于温度的内动能，因而与比容无关，故其热力学能是温度的单值函数，即

$$u = u(T) \tag{2-28a}$$

将热完全气体状态方程 $p\upsilon = RT$ 代入 $h = u + p\upsilon$ 得 $h = u + RT$，可知焓值与压力无关，也只是温度的单值函数，即

$$h = h(T) \tag{2-28b}$$

（2）对于热完全气体，比热容 c_p 和 c_υ 都是温度的单值函数。

对于热完全气体，其比热容可由式（2-13a）和式（2-13b）确定，对定容过程有

$$c_\upsilon = \left(\frac{\delta q}{\mathrm{d}T}\right)_\upsilon = \left(\frac{\partial u}{\partial T}\right)_\upsilon = \frac{\mathrm{d}u}{\mathrm{d}T} \quad 或 \quad \mathrm{d}u = c_\upsilon \mathrm{d}T \tag{2-29a}$$

对定压过程有

$$c_p = \left(\frac{\delta q}{\mathrm{d}T}\right)_p = \left(\frac{\partial h}{\partial T}\right)_p = \frac{\mathrm{d}h}{\mathrm{d}T} \quad 或 \quad \mathrm{d}h = c_p \mathrm{d}T \tag{2-29b}$$

式（2-29a）和式（2-29b）意味着热完全气体的 c_p 和 c_υ 也仅仅是温度的单值函数。对上两式积分可得

$$u = \int_{T_0}^{T} c_\upsilon \mathrm{d}T + u_0 \tag{2-30a}$$

$$h = \int_{T_0}^{T} c_p \mathrm{d}T + h_0 \tag{2-30b}$$

式中，T_0, h_0, u_0 为参考状态的参考温度、焓和热力学能。

（3）热完全气体比定容热容 c_υ 和比定压热容 c_p 的关系。

由式（2-14）可知 c_p 和 c_υ 的关系可表示为 $c_p - c_\upsilon = \left(\frac{\partial \upsilon}{\partial T}\right)_p \left[p + \left(\frac{\partial u}{\partial \upsilon}\right)_T\right]$，由状态方程 $p\upsilon = RT$ 可知 $\left(\frac{\partial \upsilon}{\partial T}\right)_p = \frac{R}{p}$，再由 $u = u(T)$ 可知 $\left(\frac{\partial u}{\partial \upsilon}\right)_T = 0$，于是得

$$c_p - c_\upsilon = R \tag{2-31}$$

式（2-31）称为迈耶公式。因 c_υ 不易测准，通常实验测定 c_p，再由迈耶公式确定 c_υ。由于 R 是常数，恒大于零，所以同样温度下任意气体的 c_p 总是大于 c_υ。从能量守恒的观点来看，气体定容加热时，吸热量全部转变为分子的动能使温度升高，而定压加热时容积增大，吸热量中有一部分转变为机械能对外做膨胀功，所以温度同样升高 1K 所需要的热量更大，这正是 c_p 总是大于 c_υ 的原因。

工程实际中，在 600K 以下的常温条件下，当气体温度变化范围不大或者计算精确度要求不太高时，可将比热容近似作为定值处理，通常称为**定值比热容**。

若定义比热容比 $\gamma = c_p / c_\upsilon$，则可得 $c_\upsilon = \frac{R}{\gamma - 1}$ 和 $c_p = \frac{\gamma R}{\gamma - 1}$，对空气有 $\gamma = 1.4$，即 c_υ, c_p 和 γ 均为常数。工程中将这种比热容和比热容比为常数的热完全气体称为**量热完全气体**。

如果参考状态参数为零，即 $T_0 = 0, u_0 = 0, h_0 = 0$，则有

$$u = c_\upsilon T = \frac{RT}{\gamma - 1} = \frac{1}{\gamma - 1}\frac{p}{\rho} \tag{2-32a}$$

$$h = c_p T = \frac{\gamma}{\gamma - 1} RT = \frac{R}{\gamma - 1}\frac{p}{\rho} \tag{2-32b}$$

当空气温度在 600～2500K 时，氧分子和氮分子的振动自由能被激发，此时有 $c_\upsilon = c_\upsilon(T)$，$c_p = c_\upsilon + R = c_p(T)$，$\gamma = \gamma(T)$，即比热容和比热容比是温度的函数，空气仍属于热完全气体，但不是量热完全气体。当温度高于 2500K 时，分子发生离解反应，空气变成一种多组元、变成分、有化学反应的混合气体，尽管其中每一气体组元还满足克拉珀龙方程，但整体上空气已经不是热完全气体了，统计热力学中将这一温度定义为**振动特征温度**，用 T_{ve} 来表示。由此可见，热完全气体只有在某一温度范围内（$T_{\mathrm{cr}} \ll T \ll T_{\mathrm{ve}}$），比热容 c_υ 和 c_p 及比热容比 $\gamma = c_p / c_\upsilon$ 才保持恒定值不变。

要点　热完全气体与量热完全气体的界定小结：①在低温（$T < T_{\mathrm{cr}}$）、高压（$p > p_{\mathrm{cr}}$）时，气体分子间力和分子本身体积不能忽略，气体既不是热完全气体也不是量热完全气体；②当 $T_{\mathrm{cr}} \ll T \ll T_{\mathrm{ve}}$ 且 $p \ll p_{\mathrm{cr}}$ 时，气体既是热完全气体也是量热完全气体；③当气体温度与振动特征温度量级相当时，即 $T \sim T_{\mathrm{ve}}$，分子振动能被激发，但尚未产生离解，气体是热完全气体，但不是量热完全气体；④当气体温度更高时，发生离解和化学反应后形成的混合气体，既不是热完全气体也不是量热完全气体；⑤凡是量热完全气体一定是热完全气体，但反之则不然。

3. 实际气体

完全气体的状态方程、比热容等参数的各种关系式虽然形式简单，但与实际气体还是存在一定偏差。按照热完全气体状态方程 $p\upsilon = RT$ 可得 $\dfrac{p\upsilon}{RT} = 1$。实际气体的这种偏离常常采用压缩因子或压缩系数 Z 表示：

$$\frac{p\upsilon}{RT} = Z \tag{2-33a}$$

如果建立 p-Z 坐标图，如图 2-6 所示，则完全气体的比值 $Z=1$ 是一条水平线。大量实验结果表明，真实气体并不符合这样的规律，尤其是在高压低温下偏差更大。因此 Z 值的大小能够反映实际气体对完全气体的偏离程度。

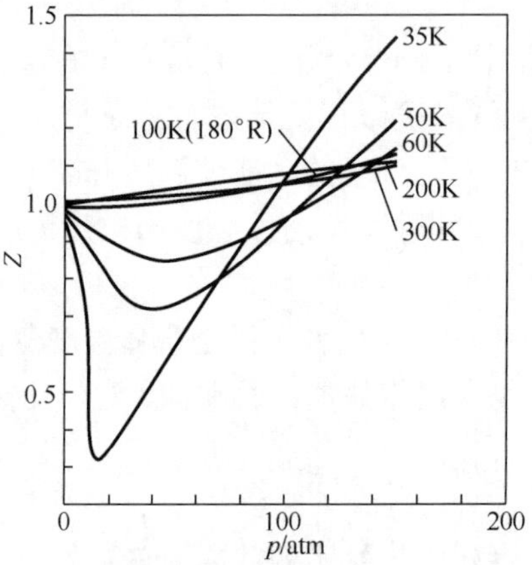

图 2-6　压缩因子的定义

$1\mathrm{atm} = 1.01325 \times 10^5\,\mathrm{Pa}$

为进一步理解压缩因子的物理意义，可将压缩因子改写为

$$Z = \frac{p\upsilon}{RT} = \frac{\upsilon}{\dfrac{RT}{p}} = \frac{\upsilon}{\upsilon_i} \tag{2-33b}$$

式中，υ 是实际气体的比容；υ_i 是相同温度、压力下把实际气体看成完全气体的比容。因此压缩因子表示相同压力温度下，实际气体与完全气体的比容比。当 $Z>1$ 时，说明实际气体比容大，即实际气体比完全气体更难压缩；当 $Z<1$ 时，说明实际气体可压缩大，更容易压缩；当 $Z=1$ 时，实际气体即为完全气体。

完全气体与实际气体之间存在差异，是因为完全气体不计分子体积与分子间作用力，但实际气体中存在分子引力，当气体被压缩后，分子间平均距离缩短，分子引力影响加大，气体的体积在引力作用下要比不计引力时更小。因此大多数实际气体在一定温度下 Z 值先随 p 增大而减小，当压力过大时，分子间距进一步缩小，分子间的作用力影响逐渐增大，使实际气体比容大于完全气体。同时分子自身体积也减少了分子自由活动空间，故压力极高时 Z 值将大于 1，且随压力增大而增大。

4. 等熵过程

我们知道等熵过程是既绝热又可逆的一种热力过程。对一般热状态方程中的熵函数来讲，熵可以写成两个独立的状态参数 υ 和 T 的函数，即 $s=s(T,\upsilon)$，熵的全微分可以表示为

$$\mathrm{d}s = \left(\frac{\partial s}{\partial T}\right)_\upsilon \mathrm{d}T + \left(\frac{\partial s}{\partial \upsilon}\right)_T \mathrm{d}\upsilon \tag{2-34}$$

将式（2-34）代入热力学基本方程（2-18a），可得

$$\mathrm{d}u = T\mathrm{d}s - p\mathrm{d}\upsilon = T\left(\frac{\partial s}{\partial T}\right)_\upsilon \mathrm{d}T + T\left(\frac{\partial s}{\partial \upsilon}\right)_T \mathrm{d}\upsilon - p\mathrm{d}\upsilon \tag{2-35a}$$

因 u 也是 υ 和 T 的函数，由全微分的定义可知：

$$\mathrm{d}u = \left(\frac{\partial u}{\partial T}\right)_\upsilon \mathrm{d}T + \left(\frac{\partial u}{\partial \upsilon}\right)_T \mathrm{d}\upsilon \tag{2-35b}$$

对比式（2-35a）与式（2-35b）可知 $\mathrm{d}T$ 项的系数应相等，则

$$\left(\frac{\partial s}{\partial T}\right)_\upsilon = \frac{1}{T}\left(\frac{\partial u}{\partial T}\right)_\upsilon = \frac{c_\upsilon}{T} \tag{2-36}$$

将式（2-36）代入式（2-34），并考虑到麦克斯韦关系式中存在 $\left(\dfrac{\partial p}{\partial T}\right)_\upsilon = \left(\dfrac{\partial s}{\partial \upsilon}\right)_T$，可得

$$\mathrm{d}s = c_\upsilon \frac{\mathrm{d}T}{T} + \left(\frac{\partial p}{\partial T}\right)_\upsilon \mathrm{d}\upsilon \tag{2-37a}$$

同理可导出

$$\mathrm{d}s = c_p \frac{\mathrm{d}T}{T} + \left(\frac{\partial \upsilon}{\partial T}\right)_p \mathrm{d}p \tag{2-37b}$$

因热完全气体满足状态方程 $p=\rho RT$，故式（2-37a）和式（2-37b）可改写为

$$\mathrm{d}s = c_\upsilon \frac{\mathrm{d}T}{T} + R\frac{\mathrm{d}\upsilon}{\upsilon} \tag{2-38a}$$

$$\mathrm{d}s = c_p \frac{\mathrm{d}T}{T} - R\frac{\mathrm{d}p}{p} \tag{2-38b}$$

对于热完全气体等熵过程，$ds=0$，可得

$$c_\upsilon \frac{dT}{T} = -R\frac{d\upsilon}{\upsilon} \tag{2-39a}$$

$$c_p \frac{dT}{T} = R\frac{dp}{p} \tag{2-39b}$$

对式（2-38a）和式（2-38b）积分可得

$$s = \int_{T_0}^{T_1} c_\upsilon \frac{dT}{T} + R\ln\upsilon + C \tag{2-40a}$$

$$s = \int_{T_0}^{T_1} c_p \frac{dT}{T} - R\ln p + C \tag{2-40b}$$

对于量热完全气体，因c_p, c_υ不变，故式（2-40a）和式（2-40b）可分别简化为

$$s = c_\upsilon \ln T + R\ln\left(\frac{1}{\rho}\right) + C \tag{2-41a}$$

$$s = c_p \ln T - R\ln p + C \tag{2-41b}$$

将$c_\upsilon = \dfrac{R}{\gamma-1}$代入式（2-41a）并整理可得

$$s = c_\upsilon \ln\frac{T}{\rho^{\gamma-1}} + C \tag{2-41c}$$

再将状态方程$p=\rho RT$变形为$\dfrac{p}{R}=\rho T$后，代入式（2-41c）得

$$s = c_\upsilon \ln\left(\frac{p}{R\rho^\gamma}\right) + C = c_\upsilon \ln\left(\frac{p}{\rho^\gamma}\right) + C' \tag{2-42a}$$

对于量热完全气体等熵过程，因c_υ为常数，所以存在

$$p/\rho^\gamma = p\upsilon^\gamma = 常数 \tag{2-42b}$$

再考虑热完全气体状态方程，则可推导出如下关系：

$$\frac{p_1}{p_0} = \left(\frac{\rho_1}{\rho_0}\right)^\gamma = \left(\frac{T_1}{T_0}\right)^{\frac{\gamma}{\gamma-1}} \tag{2-42c}$$

这就是热完全气体的等熵关系式。

2.2　流体力学基本原理

流体力学是一门研究流体宏观运动的学科，涵盖了流体静力学和流体动力学两方面的研究内容。我们知道，流体的运动虽千变万化，但也有其内在的规律，这些规律就是自然科学中通过大量实践和实验归纳出来的质量守恒定律、动量定理、能量守恒定律、热力学定理及流体的物理特性。它们在流体力学中有其独特的表达形式，形成了制约流体流动的基本方程组。

本节首先介绍流体流动的基本概念，在此基础上，以理想流体为对象，建立直角坐标系下的质量、动量及能量方程，并给出其张量表述形式。

2.2.1　流体的主要物理性质

1. 连续介质模型

在自然界中，固体、液体和气体是物质存在的主要形态，通常把液体和气体统称为流体，它具有易流动性、压缩性和黏性三大特征。作为宏观力学的一个分支，流体力学所研究对象的尺度要远远大于分子运动的尺度范围，因此可以不考虑个别流体分子的行为，用流体微团来代替分子作为研究流体运动的最小单元。把流体视为由无限多连续分布的流体微团所组成的连续介质，这就是所谓的**连续介质模型**。该模型由欧拉在 1753 年首先建立。

当把流体看作是连续介质以后，表征流体属性的各物理量，如温度、密度、速度等在空间也都是连续分布的，于是可以将这些物理量看作是空间点和时间的连续函数，从而可以采用连续函数、微分、求导等数学工具来研究流体的运动规律。流体微团的体积或它的表面积在宏观上都是无限小的，但发生在流体微团上的物理过程都属于宏观的力学和热力学过程。当不考虑流体微团的变形、旋转运动，只研究它的位移和物理状态时，可以把流体微团视作只有质量而没有体积的质点，这时流体微团也就是通常所说的流体质点。

连续介质模型是一个宏观意义下的概念，直观地说流体微团是宏观上无限小、微观上无限大的质量体。该模型适用于所考查的流体运动尺度远远大于流体分子运动的平均自由行程的情况。但是必须指出，该模型也有一定的适用范围。例如当所研究问题的最小特征尺度和分子的平均自由行程处于相同或相近的数量级时，如研究高空稀薄气体中的物体运动时，就不能将稀薄气体视为连续介质，而只能从微观角度着手进行研究，这也是连续介质模型应用的局限性。

2. 流动性

所谓**流体**是一种受任何微小剪切力作用都会连续变形的物质。例如风吹水面会使水面出现波动，水滴在玻璃板上会向四周摊开。流体的这一性质称为**流动性**或易变形性，它是流体区别于固体的最本质的属性。

我们知道，在静止状态下固体的作用面上能够同时承受剪切应力和法线方向应力，而流体只有在运动状态下才能够同时承受法线方向应力和切线方向应力的作用，静止流体是不能承受剪切力的。固体在剪切力作用下发生剪切变形后，能够达到新的静平衡状态，但对流体而言，任何微小的剪切力都会导致流体连续不断的变形，而且当剪切力撤掉以后，流体只能够停止变形而不能恢复到初始状态。

3. 压缩性

流体与其他物质一样具有质量和密度，流体的密度是单位体积流体所具有的质量。对于均质流体，密度可表示为

$$\rho = \frac{m}{V} \tag{2-43a}$$

式中，m 表示流体质量；V 表示流体体积；ρ 表示流体密度，单位为 kg/m^3。

对于非均质流体，流体空间各点的密度不同，可表示为

$$\rho = \lim_{\Delta V \to 0} \frac{\Delta m}{\Delta V} \tag{2-43b}$$

式中，ΔV 表示包含某点的微小体积，其中所包含的流体质量为 Δm。这里的 $\Delta V \to 0$ 从物理

上讲应理解为流体体积缩小到无穷小的流体微团，但微团里仍需包含足够多的分子，因而并不是数学上的体积趋于零，这样才能把流体当作连续介质来处理。

根据热力学知识，流体的密度是温度和压强的函数，因此流体的体积将随压强、温度的变化而变。在流体力学中，通常把受压时体积不缩小、受热时体积不膨胀，即密度为常数的流体称为**不可压缩流体**，反之密度不为常数的流体称为**可压缩流体**。由压强变化引起流体密度（或体积）的变化，称为流体的**压缩性**。

真实流体都是可以压缩的，但是气体和液体的压缩性有很大区别。液体在通常压力或温度下压缩性很小，例如水在 100 个大气压作用下，体积仅会缩小 0.5%，因此在工程中通常可以忽略液体的压缩性，将液体视为不可压缩流体，即认为液体的密度为常数；但在某些特殊问题中，如水下爆炸或水击现象中，则要考虑液体的可压缩性。气体的压缩性要远大于液体，因此一般将气体当作可压缩流体来处理。但是在实际问题中如果气体的运动速度较小，压强和温度变化不是很大，则气体的压缩程度也很小，此时可以近似地将气体视为不可压缩流体。

4. 黏性

流体在静止时是不能承受剪切力的，当流体层间出现相对运动时，会出现阻抗相对运动的黏性应力。流体所具有的这种抵抗两层流体相对滑动的性质称为**黏性**。流体黏性通常用动力黏度来反映，其大小依赖于流体的性质，并随温度而变化。

1687 年，牛顿通过两个很长的平行平板间的黏性流体剪切运动实验，提出了确定黏性应力的牛顿内摩擦定律。如图 2-7 所示，两块水平放置的平行平板，间距为 h，平板间充满某种液体，假设上板以速度 U 向右运动，下板保持静止，可认为流体与上板之间的内摩擦力等于作用在上板的作用力。

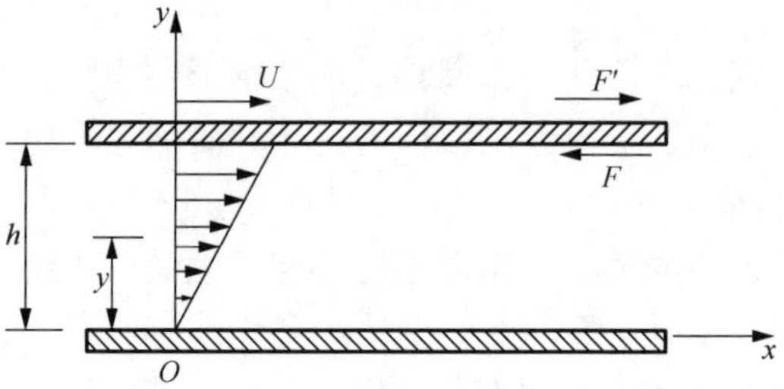

图 2-7　牛顿内摩擦定律

大量实验研究表明，黏性内摩擦力 F 与上板速度 U 成正比，与上板和流体的接触面积 A 成正比，与两板间距 h 成反比，其表达式为

$$F = \mu \frac{U}{h} A \tag{2-44a}$$

式中，μ 是与流体性质相关的比例系数，是反映流体抗拒变形能力的量度，称为**动力黏度**（简称黏度），其单位是 Pa·s；U/h 表示在垂直于速度方向上单位长度的速度增量，即流速在其法线方向的变化率，称为**速度梯度**。

在一般情况下，流体的速度分布并不按直线变化，式（2-44a）可推广为

$$\tau = \mu \frac{\mathrm{d}v_x}{\mathrm{d}y} \tag{2-44b}$$

式（2-44b）就是著名的黏性流动的**牛顿黏性应力公式**，又称为牛顿内摩擦定律。其中

$\tau = F / A$ 表示单位面积上黏性内摩擦力，称为切线方向应力；$\mathrm{d}v_x/\mathrm{d}y$ 为流体的速度梯度。工程中还常用动力黏度除以密度（μ/ρ）作为流体黏度的度量，称为**运动黏度**，用 ν 表示，单位是 m^2/s。

实验表明，当流体黏性较小、运动的速度梯度不大时，所产生的黏性应力要远低于惯性力等其他类型的力，可以忽略不计。此时，可以近似地把流体看作是无黏性的，这样的流体称为**理想流体**。于是从流体的黏度是否为零的角度，将流体分为理想流体和黏性流体。应该注意的是，真实流体都是具有黏性的，理想流体在客观实际中是不存在的，它只是实际流体在某种条件下的一种近似模型。

2.2.2　流体力学基本概念

1. 描述流体运动的两种方法

在流体力学中，为了建立能够精确描述流动过程中流体微团集合的运动状态，有两种描述流体运动的方法，即拉格朗日方法和欧拉方法。

拉格朗日方法又称为质点法，它着眼于流体质点，用初始时刻质点的坐标(a,b,c)来标记质点，并将流体质点的物理量表示为 a,b,c 和时间 t 的函数，然后跟踪每个质点，在质点的运动轨迹上考查质点的物理状态。质点的初始时刻坐标(a,b,c)和时间 t 是拉格朗日方法中的自变量，称为**拉格朗日变量**。

在拉格朗日方法中，流体质点的物理量，如位置 $\boldsymbol{r}$、速度 $\boldsymbol{v}$、压强 p、温度 T 等都是拉格朗日变量的函数，如：

$$\boldsymbol{r}=\boldsymbol{r}(a,b,c,t)\,,\ \boldsymbol{v}=\boldsymbol{v}(a,b,c,t)\,,\ p=p(a,b,c,t)\,,\ T=T(a,b,c,t) \tag{2-45a}$$

欧拉方法又称为场方法，它着眼于流场中的空间点，认为流体的物理量随空间点和时间而变化，将流体物理量表示为空间坐标(x, y, z)和时间 t 的函数。根据连续介质假设，流体所占据区域的空间点在某一时刻必被一流体质点所占据，因而在某一时刻空间点上的物理量，实际上就是占据该空间点的某一流体质点的物理量。

在欧拉方法中，空间点的坐标(x, y, z)和时间 t 是自变量，称为**欧拉变量**。当地的物理量，如速度 $\boldsymbol{v}$、压强 p、温度 T 等都是欧拉变量的函数，即

$$\boldsymbol{v}=\boldsymbol{v}(x,y,z,t)\,,\ p=p(x,y,z,t)\,,\ T=T(x,y,z,t) \tag{2-45b}$$

欧拉方法实际上描述的是各物理量的场，如速度场、压强场、温度场等，因此运用场论这一数学工具来研究流体的运动更为方便，在流体力学中，欧拉方法成为主要的描述方法。

需要说明的是：流动过程中物理量的变化规律可以用欧拉方法描述也可以用拉格朗日方法描述，既然它们可以描述同一物理量，因此二者之间可以相互转换。

2. 迹线和流线

迹线是流体质点在空间运动的轨迹，即某一流体质点在不同时刻位置的连线。显然，迹线是与拉格朗日方法相联系的概念。由于流体力学中通常采用欧拉方法来描述流动，因此常常需要在给定的欧拉坐标中描述迹线，一般采用迹线微分方程来表示，即

$$\frac{\mathrm{d}x}{v_x(x,y,z,t)}=\frac{\mathrm{d}y}{v_y(x,y,z,t)}=\frac{\mathrm{d}z}{v_z(x,y,z,t)}=\mathrm{d}t \tag{2-46a}$$

通常对方程（2-46a）积分可得到迹线方程，其积分常数由某时刻的质点位置确定。考虑

到一个流体质点的速度总是与该质点的迹线相切，因此迹线也可以被定义为始终与同一流体质点的速度矢量相切的曲线。

流线是某时刻流场中的一条矢量线，在该曲线上各点的速度矢量方向与该曲线在该点的切线方向相同。显然，流线是与欧拉方法相联系的概念。对于非定常流动，空间点上的速度大小和方向都随时间而变化，因此谈到流线总是指某一瞬时的流线。根据场论中矢量场的矢量线的定义，可知流线微分方程可表示为

$$\frac{dx}{v_x(x,y,z,t)}=\frac{dy}{v_y(x,y,z,t)}=\frac{dz}{v_z(x,y,z,t)} \tag{2-46b}$$

由于这里讨论的是某一时刻的流线，式（2-46b）中的 t 在积分过程中可视为常数，式中包含了两个常微分方程，分别积分后可得两个空间曲面的方程，两个曲面的交线即为流线。

需要注意的是，流线是某一时刻的，而迹线是某一质点的，但在定常流动中，流线形状保持不变，流线与迹线重合。

【例 2-1】 设速度场为 $u=t+1,\ v=1$，在 $t=0$ 时刻流体质点 A 位于原点。求：（1）质点 A 的迹线方程；（2）$t=0$ 时刻过原点的流线方程；（3）t=1 时刻质点 A 的运动方向。

解　（1）迹线方程组为 $\frac{dx}{dt}=t+1, \frac{dy}{dt}=1$，对两式分别积分得 $x=t^2/2+t+c_1,\ y=t+c_2$。在 $t=0$ 时，质点 A 位于 $x=y=0$，得 $c_1=c_2=0$。质点 A 迹线方程为

$$\begin{cases} x=t^2/2+t \\ y=t \end{cases} \tag{a}$$

消去参数 t 可得

$$x=y^2/2+y=(y+1)^2/2-1/2$$

质点 A 的迹线是以 $(-1/2,-1)$ 为顶点且过原点的抛物线，如图 2-8 所示。

（2）流线方程为 $\frac{dx}{t+1}=\frac{dy}{1}$，积分可得

$$\frac{x}{t+1}=y+c \tag{b}$$

在 $t=0$ 时，$x=y=0$，得 $c=0$，故流线方程为 $x=y$。

由图 2-8 可以看出，在 $t=0$ 时刻流线是斜率为 1 的直线，并与质点 A 的迹线在原点相切。

（3）由迹线方程（a）得 $t=1, x=3/2, y=1$，将其代入流线方程（b），可得 $c=-1/4$，故过质点 A 所在位置的流线方程为 $x=2y-1/2$。

在 $t=1$ 时刻，流线是与流体质点 A 的迹线相切于 $(3/2,1)$ 点的斜直线，运动方向为沿该直线朝 x, y 值增大的方向。由图 2-8 可以看出，在非定常流动中，迹线与流线不重合，不同时刻的流线也不重合。

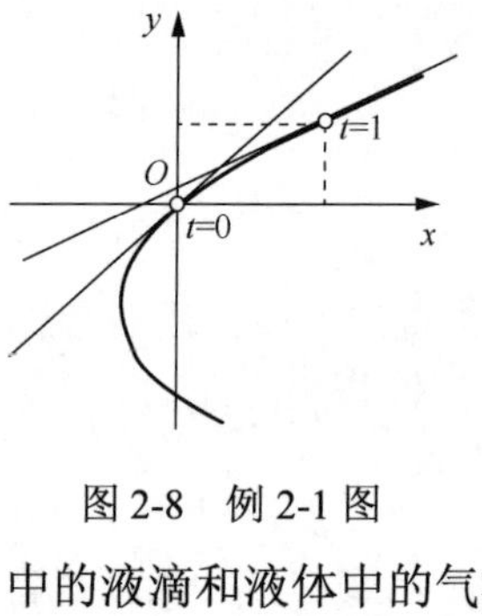

图 2-8　例 2-1 图

3. 系统和控制体

为了便于建立流体力学的基本方程，现引入系统和控制体的概念。

在流体力学中，**系统**是某一确定流体质点集合的总体，例如空气中的液滴和液体中的气泡都是系统。系统的特点是：①系统随流体质点一起运动，故系统边界的形状和体积都随时间不断变化；②系统内的质点始终在系统内，故系统与外界没有质量的交换，它相当于热力学中的闭口系统；③系统的边界面上有力的相互作用，有能量交换（如

热交换或外力做功）。由于系统是一个与流体质点相关的概念，因此属于拉格朗日方法的范畴。

控制体是指流场中某一确定的空间体积，例如管道流动中进出口所限定体积就是一控制体。包围控制体的边界面称为**控制面**。控制体的特点是：①一经选定，控制体的形状与大小不变；②流体可以通过控制面流入或流出控制体，故控制体内部所包含的流体质点一般是变化的，它相当于热力学中的开口系统；③控制体与外界有力的相互作用，控制面上有能量交换（如热交换或外力做功）。由于控制体是以空间变量进行描述的，因此属于欧拉方法的范畴。

众所周知，经典力学和热力学定律都是建立在质点或质点系上的，因此，如果研究对象是系统，那么力学中的基本定律可直接用于流体力学中，直接用原始的数学形式表达出来。但是由于系统是变形的，在实际应用时很不方便，而在流体力学中需要确定的往往是物理量的空间分布规律，这就需要用欧拉方法来描述。因此，需要有一种方法把建立在系统上的动力学方程变换到控制体上去。这里为了明确区分系统和控制体，用 $CV^*(t)$,$CS^*(t)$表示系统的体积及其边界，它们都是时间的函数，用 CV,CS 表示控制体的体积及其控制面，它们不随时间而变化。

4. 随体导数和输运公式

在流体力学中，经常要求流体质点的物理量随时间的变化率，例如：流体质点速度随时间的变化率就是质点的加速度。这种流体质点物理量随时间的变化率，称为**随体导数**或质点导数。显然，随体导数是跟随流体质点运动时观测到的质点物理量的时间变化率。

按照拉格朗日方法，某一流体质点的物理量 f 是初始时刻坐标(a,b,c)和时间 t 的函数，可表示为 $f(a,b,c,t)$，对某一确定的流体质点而言，其 a,b,c 是保持不变的，f 的随体导数就是质点 a,b,c 的物理量对时间的偏导，即 $\partial f/\partial t$ 。例如加速度是速度对时间的偏导：

$$\boldsymbol{a}(a,b,c,t)=\partial \boldsymbol{v}(a,b,c,t)/\partial t \tag{2-47}$$

按照欧拉方法，某一流体质点的物理量 F 是空间和时间的函数，可表示为$F(x,y,z,t)$，其中(x,y,z)是流体质点的空间坐标。由于该流体质点是运动的，坐标(x,y,z)是在不断变化的，故x,y,z均是时间的函数，存在 $x=x(t), y=y(t), z=(t)$ 。

因此依据复合函数的链式求导法则，物理量 F 的随体导数可表示为

$$\frac{\mathrm{d}F}{\mathrm{d}t}=\frac{\partial F}{\partial t}+\frac{\partial F}{\partial x}\frac{\mathrm{d}x}{\mathrm{d}t}+\frac{\partial F}{\partial y}\frac{\mathrm{d}y}{\mathrm{d}t}+\frac{\partial F}{\partial z}\frac{\mathrm{d}z}{\mathrm{d}t}=\frac{\partial F}{\partial t}+v_x\frac{\partial F}{\partial x}+v_y\frac{\partial F}{\partial y}+v_z\frac{\partial F}{\partial z}=\frac{\partial F}{\partial t}+\boldsymbol{v}\cdot\nabla F \tag{2-48}$$

式中，$\frac{\mathrm{d}F}{\mathrm{d}t}$表示物理量 F 的随体导数；$\frac{\partial F}{\partial t}$表示$x,y,z$不变时，该空间点上物理量随时间的变化率，称为局部导数，它是由流场的非定常性造成的；$\boldsymbol{v}\cdot\nabla F$ 称为迁移导数，它表示某一瞬时由空间位置变化引起的物理量的变化率。随体导数的概念也可用于流体质点其他的物理量，如动量等。

根据随体导数的定义，通常将局部导数为零的流动，即物理量不随时间而变化的流动，称为**定常流动**，与之相对的为非定常流动；将迁移导数为零的流动，即物理量不随空间而变化的流动，称为**均匀流动**，与之相对的为非均匀流动。

对于有限体积的控制体，局部导数反映的是控制体内某物理量的总和对时间的变化率，如控制体内的总质量可表示为$M=\iiint_{\mathrm{CV}}\rho\mathrm{d}V$，其局部导数为$\frac{\partial}{\partial t}\iiint_{\mathrm{CV}}\rho\mathrm{d}V$，由于控制体的体积 CV 与时间无关，因此局部导数运算和控制体上的积分运算可以互相交换，即

$\frac{\partial}{\partial t}\iiint_{CV}\rho dV=\iiint_{CV}\frac{\partial\rho}{\partial t}dV$。

对有限体积的系统而言，随体导数反映的是系统内某物理量的总和对时间的变化率，例如：系统内的总质量可表示为$M=\iiint_{CV^*(t)}\rho dV$，其随体导数为$\frac{d}{dt}\iiint_{CV^*(t)}\rho dV$，由于系统的体积 $CV^*(t)$是随时间不断变化的，因此随体导数运算不能和积分运算互相交换，但我们可以通过输运公式来计算系统的随体导数。

输运公式可表述为：任一瞬间，系统内物理量的随体导数等于该瞬间形状体积相同的控制体内物理量的局部导数与通过该控制体表面的输运量之和，即“随体导数=局部导数+控制体输出的输运量”，该表述的数学表达式为

$$\left(\frac{d}{dt}\iiint_{CV^*(t)}F dV\right)_{t=t_0}=\iiint_{CV}\frac{\partial F}{\partial t}dV+\oiint_{CS}F(\boldsymbol{v}\cdot\boldsymbol{n})dA \tag{2-49}$$

式中，$CV^*(t)$表示系统的体积，若$t=t_0$，则 $CV^*(t_0)$表示 t_0时刻的系统体积，它同时等于 t_0时刻所选取的控制体体积 CV；CS 表示控制体对应的控制面；F 表示任意物理量；$\oiint_{CS}F(\boldsymbol{v}\cdot\boldsymbol{n})dA$表示物理量 F 在 CS 面上的输运量，又称为**物理量的通量**。该公式的详细证明见《流体力学（第 3 版）》（丁祖荣，2018）。利用输运公式，可以根据系统上的动力学方程，建立控制体上的动力学方程。

2.2.3　作用在流体上的力

作用在流体上的力包括质量力和表面力两种。质量力和表面力都属于分布力，前者分布于体积上，而后者分布于面积上。

1. 质量力

质量力是某种力场作用在流体所有质点上的力，这种力通常是非接触力，其大小与流体的质量成正比。对于均质流体，质量力也可以用体积力来表示，如果用 $\boldsymbol{f}$ 表示单位质量力，则单位体积力可表示为$\rho\boldsymbol{f}$。常见的质量力有重力、电磁力及非惯性坐标系中的惯性力等。

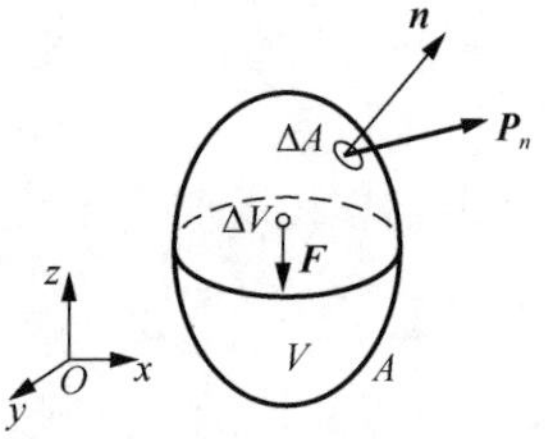

图 2-9　作用在流体上的力

为了定量地描述质量力，在流体内部取一体积元ΔV，如图 2-9 所示，假设其密度为ρ，则质量为$\Delta m=\rho\Delta V$，若某时刻作用在其上的质量力为$\boldsymbol{F}$，当体积元缩小到一点 M 时，比值 $\boldsymbol{F}/\Delta m$ 的极限值就表示该时刻作用在点 M 上的流体的单位质量力 $\boldsymbol{f}$，即

$$\boldsymbol{f}=\lim_{\Delta m\to 0}\frac{\Delta\boldsymbol{F}}{\Delta m}=\lim_{\Delta V\to 0}\frac{\Delta\boldsymbol{F}}{\rho\Delta V} \tag{2-50a}$$

单位质量力是一个矢量，其三个分量通常用 f_x,f_y,f_z 表示。单位质量力可以反映外力场的强度，一般是时间与空间的函数，在直角坐标系中可表示为

$$\boldsymbol{f}=\boldsymbol{f}(x,y,z,t) \tag{2-50b}$$

于是可得到作用在体积元 dV 上的质量力为$\rho\boldsymbol{f}dV$，而作用在整个流体体积 V 上的质量力为$\iiint_V\rho\boldsymbol{f}dV$，很容易看出对均质流体来讲，质量力和体积力成正比。

2. 表面力

表面力是指周围流体或固体作用在所研究流体表面上的力，表面力是一种接触力，其大小与表面积成正比。表面力一般可分解为与流体表面垂直的法线方向力和与流体表面相切的切线方向力。在计算表面力时，常用到表面应力的概念，它指的是单位面积上的表面力。

如图 2-9 所示，考虑流体体积 V 的表面 A 上的一面积元 ΔA，取 ΔA 的外法线方向为 $\boldsymbol{n}$，若某时刻作用在其上的表面力为 $\boldsymbol{P}_n$，于是当面积元缩小到一点 M 时，比值 $\boldsymbol{p}_n / \Delta A$ 的极限值就表示以 $\boldsymbol{n}$ 为法线方向的单位面积上的表面力，即表面应力，通常用 $\boldsymbol{p}_n$ 表示：

$$\boldsymbol{p}_n = \lim_{\Delta A \to 0} \frac{\boldsymbol{P}_n}{\Delta A} \tag{2-51}$$

于是作用在以 $\boldsymbol{n}$ 为法线方向的面积元 $\mathrm{d}A$ 上的表面力为 $\boldsymbol{p}_n \mathrm{d}A$，而作用在整个流体表面 A 上的表面力为 $\iint_A \boldsymbol{p}_n \mathrm{d}A$。

表面应力 $\boldsymbol{p}_n$ 的方向一般与作用面的外法线方向 $\boldsymbol{n}$ 并不重合，通常将应力矢量在作用面法向的分量 p_{nn} 称为正应力，在作用面切线方向的分量 $p_{n\tau}$ 称为切线方向应力。可以看出，应力分量的第一个下标代表应力作用面的法线方向，第二个下标代表应力分量本身的方向。此外，正应力为正值表示正应力指向作用面的外法线方向，对应拉力；而负值表示正应力指向作用面的内法线方向，对应压力。

对黏性流体而言，表面应力 $\boldsymbol{p}_n$ 不仅与面积元的空间位置和时间有关，而且与作用面的方位 $\boldsymbol{n}$ 有关，即黏性流体内部任意一点的应力状态取决于 $\boldsymbol{p}_n$ 和 $\boldsymbol{n}$ 两个矢量，可以写成两个矢量并矢的形式，这样一点的应力就会有 9 个分量。若用一个二阶张量 $\boldsymbol{P} = p_{ij}$ 表示应力，则有

$$\boldsymbol{P} = \boldsymbol{n}\boldsymbol{p}_n \quad 或 \quad p_{ij} = n_i p_j \tag{2-52a}$$

式中，p_j 表示应力矢量 $\boldsymbol{p}_n$；n_i 表示作用面的法线方向单位矢量 $\boldsymbol{n}$。

将式（2-52a）两侧同时点乘 n_i，可得应力矢量 $\boldsymbol{p}_n$ 与二阶张量 $\boldsymbol{P}$ 之间的关系为

$$\boldsymbol{p}_n = \boldsymbol{n} \cdot \boldsymbol{P} \quad 或 \quad p_j = n_i \cdot p_{ij} \tag{2-52b}$$

对于理想流体，由于忽略了流体黏性，故表面力只有正应力，没有切线方向应力，且可以证明应力大小与作用面所在的方位无关，任意作用面上的应力分量都是压强，即 $\boldsymbol{p}_n = -p\boldsymbol{n}$ 或 $p_{nn} = -p$，这里的负号表示正应力方向指向作用面的内法线方向。于是，理想流体内任意一点的应力张量可表示为 $p_{ij} = -p\delta_{ij}$。

关于应力张量的详细介绍见 6.1.3 节。

2.2.4 连续方程

连续方程是质量守恒定律在流体力学中的表现形式，下面从欧拉方法的角度推导控制体微分形式的连续方程。

在直角坐标系中，取流场中一个固定不动的微元六面体作为控制体，其边长分别为 $\mathrm{d}x, \mathrm{d}y, \mathrm{d}z$，如图 2-10 所示。对该控制体而言，质量守恒定律可以表示为“单位时间内流入控制体的净质量=单位时间内控制体内流体质量的增量”。

考虑到微元控制体的每个面只与一个坐标轴垂直，故每个面上只有一个速度分量使相应的质量流入或流出该六面体，现计算垂直于 x 轴的两个面上的质量流量。

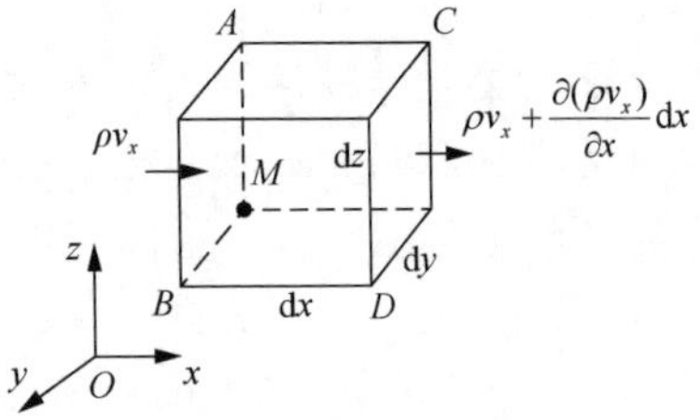

图 2-10　微元控制体

如图 2-10 所示，对于微元控制体，可认为各表面上的流速均匀分布，假设 M 点速度分量为 v_x, v_y, v_z，则通过 AB 面单位面积的质量流量为 ρv_x，将该流量利用泰勒级数展开并略去高阶小项，可得 CD 面单位面积的质量流量为 $\rho v_x+\frac{\partial(\rho v_x)}{\partial x}\mathrm{d}x$。在单位时间内，从 AB 面进入六面体的质量流量为 $\rho v_x \mathrm{d}y\mathrm{d}z$，从 CD 面流出六面体的质量流量为 $\rho v_x+\frac{\partial(\rho v_x)}{\partial x}\mathrm{d}x$，于是在 x 方向净流入控制体的质量为

$$\rho v_x \mathrm{d}y\mathrm{d}z-\left[\rho v_x+\frac{\partial(\rho v_x)}{\partial x}\mathrm{d}x\right]\mathrm{d}y\mathrm{d}z=-\frac{\partial(\rho v_x)}{\partial x}\mathrm{d}x\mathrm{d}y\mathrm{d}z \tag{2-53a}$$

同理可得 y,z 方向净流入的质量分别为

$$-\frac{\partial(\rho v_y)}{\partial y}\mathrm{d}x\mathrm{d}y\mathrm{d}z\,,-\frac{\partial(\rho v_z)}{\partial z}\mathrm{d}x\mathrm{d}y\mathrm{d}z \tag{2-53b}$$

因微元控制体质量为 $\rho\mathrm{d}x\mathrm{d}y\mathrm{d}z$，故单位时间控制体内质量的增量为 $\frac{\partial(\rho\mathrm{d}x\mathrm{d}y\mathrm{d}z)}{\partial t}$。依据单位时间内净流入控制体的质量等于控制体质量的增量，可得

$$-\frac{\partial(\rho v_x)}{\partial x}\mathrm{d}x\mathrm{d}y\mathrm{d}z-\frac{\partial(\rho v_y)}{\partial y}\mathrm{d}x\mathrm{d}y\mathrm{d}z-\frac{\partial(\rho v_z)}{\partial z}\mathrm{d}x\mathrm{d}y\mathrm{d}z=\frac{\partial(\rho\mathrm{d}x\mathrm{d}y\mathrm{d}z)}{\partial t} \tag{2-53c}$$

由于控制体的体积保持不变，上式两侧约去 $\mathrm{d}x\mathrm{d}y\mathrm{d}z$，可建立微分形式的连续方程：

$$\frac{\partial\rho}{\partial t}+\frac{\partial(\rho v_x)}{\partial x}+\frac{\partial(\rho v_y)}{\partial y}+\frac{\partial(\rho v_z)}{\partial z}=0 \tag{2-54a}$$

该方程即是理想流体的质量守恒方程，又称为连续方程，该方程的矢量形式与张量形式分别为

$$\frac{\partial\rho}{\partial t}+\nabla\cdot(\rho\boldsymbol{v})=0 \tag{2-54b}$$

$$\frac{\partial\rho}{\partial t}+\frac{\partial(\rho v_i)}{\partial x_i}=0 \tag{2-54c}$$

式中，$\nabla\cdot(\rho\boldsymbol{v})$ 表示微元控制体上单位体积的质量通量。

可考虑两种特殊情况：

（1）对于定常流动，$\frac{\partial\rho}{\partial t}=0$，连续方程为

$$\frac{\partial(\rho v_i)}{\partial x_i}=0 \quad 或 \quad \mathrm{div}(\rho\boldsymbol{v})=0 \tag{2-55a}$$

式（2-55a）表示从单位体积流体内净流出的质量为零，即流入、流出控制体的质量相等。

（2）对不可压缩流体，密度 ρ 为常数，连续方程简化为

$$\frac{\partial v_i}{\partial x_i}=0 \quad 或 \quad \mathrm{div}\boldsymbol{v}=0 \tag{2-55b}$$

式（2-55b）表明不可压缩流体在流动过程中，速度的散度处处为零。

对于体积为 $\mathrm{CV}^*(t)$的系统，其总质量不变，可给出积分形式的连续方程为

$$\frac{\mathrm{d}}{\mathrm{d}t}\iiint_{\mathrm{CV}^*(t)}\rho \mathrm{d}V=0 \tag{2-56a}$$

由输运公式（2-49）可以得到控制体上的积分形式的连续方程：

$$\iiint_{\mathrm{CV}}\frac{\partial \rho}{\partial t}\mathrm{d}V+\oiint_{\mathrm{CS}}\rho(\boldsymbol{v}\cdot\boldsymbol{n})\mathrm{d}A=0 \tag{2-56b}$$

2.2.5　理想流体运动微分方程

现在从动量定理推导理想流体的运动微分方程，即欧拉运动微分方程，它是牛顿第二定律在流体力学中的应用。

如图 2-11 所示，在理想流体内部选取一微元六面体进行分析，微元体的中心点 $M(x,y,z)$ 对应的流体速度为 $\boldsymbol{v}(v_x,v_y,v_z)$，微元体的平均密度为 ρ，则微元体的质量是 $\rho\mathrm{d}x\mathrm{d}y\mathrm{d}z$，设流体单位质量力为 $\boldsymbol{f}(f_x,f_y,f_z)$。下面以 x 方向受力分析为例，讨论理想流体在运动过程中力的平衡。

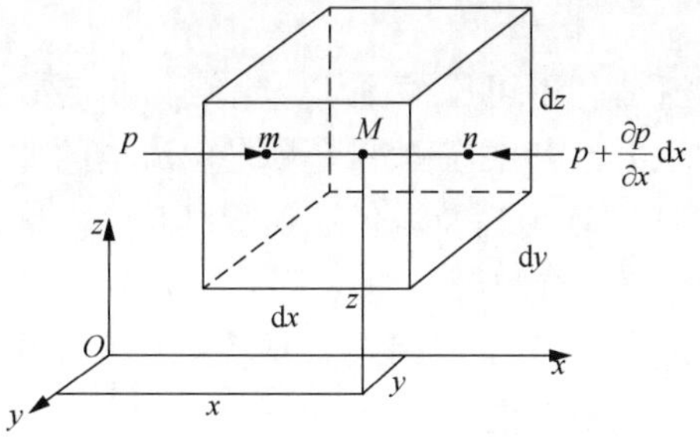

图 2-11　理想流体运动微分方程

由于流体是理想流体，不存在切线方向应力，因此作用在微元六面体表面上的应力只有正应力（即压强），其方向指向作用面内法线方向，如图 2-11 所示。由于所选的微元六面体很小，可认为同一表面上各点的压强均相等，取微元体左侧表面的压强为 p，则右侧表面的压强可以表示为 $p+\frac{\partial p}{\partial x}\mathrm{d}x$，于是微元体在 x 方向上表面力的合力为

$$P_x=\left[p-\left(p+\frac{\partial p}{\partial x}\mathrm{d}x\right)\right]\mathrm{d}y\mathrm{d}z=-\frac{\partial p}{\partial x}\mathrm{d}x\mathrm{d}y\mathrm{d}z \tag{2-57a}$$

微元六面体受到的质量力在 x 方向的分量为 $F_x=\rho f_x\mathrm{d}x\mathrm{d}y\mathrm{d}z$，根据牛顿第二定律 $F=ma$，在 x 方向上有

$$P_x+F_x=\rho f_x\mathrm{d}x\mathrm{d}y\mathrm{d}z-\frac{\partial p}{\partial x}\mathrm{d}x\mathrm{d}y\mathrm{d}z=\rho\mathrm{d}x\mathrm{d}y\mathrm{d}z\frac{\mathrm{d}v_x}{\mathrm{d}t} \tag{2-57b}$$

式（2-57b）化简后可得

$$a_x=\frac{\mathrm{d}v_x}{\mathrm{d}t}=f_x-\frac{1}{\rho}\frac{\partial p}{\partial x} \tag{2-58a}$$

同理可得 y、z 方向的关系式为

$$a_y=\frac{\mathrm{d}v_y}{\mathrm{d}t}=f_y-\frac{1}{\rho}\frac{\partial p}{\partial y} \tag{2-58b}$$

$$a_z=\frac{\mathrm{d}v_z}{\mathrm{d}t}=f_z-\frac{1}{\rho}\frac{\partial p}{\partial z} \tag{2-58c}$$

将式（2-58）中的加速度用随体导数的形式表示为

$$a_x=\frac{\partial v_x}{\partial t}+v_x\frac{\partial v_x}{\partial x}+v_y\frac{\partial v_x}{\partial y}+v_z\frac{\partial v_x}{\partial z}=f_x-\frac{1}{\rho}\frac{\partial p}{\partial x} \tag{2-59a}$$

$$a_y=\frac{\partial v_y}{\partial t}+v_x\frac{\partial v_y}{\partial x}+v_y\frac{\partial v_y}{\partial y}+v_z\frac{\partial v_y}{\partial z}=f_y-\frac{1}{\rho}\frac{\partial p}{\partial y} \tag{2-59b}$$

$$a_z=\frac{\partial v_z}{\partial t}+v_x\frac{\partial v_z}{\partial x}+v_y\frac{\partial v_z}{\partial y}+v_z\frac{\partial v_z}{\partial z}=f_z-\frac{1}{\rho}\frac{\partial p}{\partial z} \tag{2-59c}$$

式（2-59）就是理想流体的运动微分方程，它是欧拉在 1755 年提出来的，因此又称为**欧拉运动微分方程**，其矢量形式和张量形式分别为

$$\frac{\partial \boldsymbol{v}}{\partial t}+(\boldsymbol{v}\cdot\nabla)\boldsymbol{v}=\boldsymbol{f}-\frac{1}{\rho}\nabla p \tag{2-60a}$$

$$\frac{\partial v_i}{\partial t}+v_j\frac{\partial v_i}{\partial x_j}=f_i-\frac{1}{\rho}\frac{\partial p}{\partial x_i} \tag{2-60b}$$

方程（2-60）对可压缩流体和不可压缩流体、定常和非定常流动都是适用的。方程左侧代表单位质量流体所受的惯性力，其中左侧第 1 项是由流场的非定常所引起的，称为**局部惯性力**，左侧第 2 项是由流场的非均匀性及流体运动所引起的，称为**变位惯性力**。方程右侧第 1 项表示单位质量流体的质量力，右侧第 2 项表示压力梯度。通常方程中的质量力是已知的，而待求的未知数有五个，即 v_x,v_y,v_z,p,ρ，因此需要联立连续方程和状态方程才能使方程组封闭，封闭方程组在理论上是可以求解的。

对于体积为 $\mathrm{CV}^*(t)$的系统，也可以应用牛顿第二定律，即系统内动量的变化率等于该瞬间作用在系统上的合外力。系统内动量的变化率表示为 $\frac{\mathrm{d}}{\mathrm{d}t}\iiint_{\mathrm{CV}^*(t)}\rho\boldsymbol{v}\mathrm{d}V$，系统内质量力之和可表示为 $\iiint_{\mathrm{CV}^*(t)}\rho\boldsymbol{f}\mathrm{d}V$，表面力的之和可表示为 $\oiint_{\mathrm{CS}^*(t)}\boldsymbol{p}_n\mathrm{d}A$。

于是建立系统的积分形式的动量方程：

$$\frac{\mathrm{d}}{\mathrm{d}t}\iiint_{\mathrm{CV}^*(t)}\rho\boldsymbol{v}\mathrm{d}V=\iiint_{\mathrm{CV}^*(t)}\rho\boldsymbol{f}\mathrm{d}V+\oiint_{\mathrm{CS}^*(t)}\boldsymbol{p}_n\mathrm{d}A \tag{2-61a}$$

由输运公式（2-49）可以得到控制体上的积分形式的动量方程：

$$\iiint_{\mathrm{CV}}\frac{\partial(\rho\boldsymbol{v})}{\partial t}\mathrm{d}V+\oiint_{\mathrm{CS}}\rho\boldsymbol{v}(\boldsymbol{v}\cdot\boldsymbol{n})\mathrm{d}A=\iiint_{\mathrm{CV}}\rho\boldsymbol{v}\mathrm{d}V+\oiint_{\mathrm{CS}}\boldsymbol{p}_n\mathrm{d}A \tag{2-61b}$$

2.2.6　能量方程

根据热力学第一定律，系统内总能量的变化率等于单位时间内外力做功和输入系统的热量之和。考虑到系统的总能量等于动能和内能之和，故系统总能量的变化率为

$$\frac{\mathrm{d}}{\mathrm{d}t}\iiint_{\mathrm{CV}^*(t)}\rho\left(u+\frac{1}{2}v^2\right)\mathrm{d}V \tag{2-62a}$$

式中，u 表示单位质量流体的热力学能；v 表示速度矢量 $\boldsymbol{v}$ 的大小；$v^2/2$ 表示单位质量流体的动能；外力做功包括质量力做功功率 $\iiint_{\mathrm{CV}^*(t)}\rho\boldsymbol{f}\cdot\boldsymbol{v}\mathrm{d}V$ 和表面力做功功率 $\oiint_{\mathrm{CS}^*(t)}\boldsymbol{p}_n\cdot\boldsymbol{v}\mathrm{d}A$。输入系统的热量包括系统边界上因热传导而输入的热量 $\oiint_{\mathrm{CS}^*(t)}\lambda\boldsymbol{n}\cdot\nabla T\mathrm{d}A$，以及辐射或其他物理

化学原因贡献的能量 $\iiint_{\mathrm{CV}^*(t)}\rho\dot{q}_r\mathrm{d}V$，于是系统的能量守恒方程为

$$\frac{\mathrm{d}}{\mathrm{d}t}\iiint_{\mathrm{CV}^*(t)}\rho\left(u+\frac{1}{2}v^2\right)\mathrm{d}V=\iiint_{\mathrm{CV}^*(t)}\rho\boldsymbol{f}\cdot\boldsymbol{v}\mathrm{d}V+\oiint_{\mathrm{CS}^*(t)}\boldsymbol{p}_n\cdot\boldsymbol{v}\mathrm{d}A+\iiint_{\mathrm{CV}^*(t)}\rho\dot{q}_r\mathrm{d}V+\oiint_{\mathrm{CS}^*(t)}\lambda\boldsymbol{n}\cdot\nabla T\mathrm{d}A \tag{2-62b}$$

式中，λ 表示流体的导热系数；$\dot{q}_r$ 表示生成热，即系统内单位质量流体由于辐射或其他物理化学原因贡献的能量，如化学反应热等。

利用输运公式（2-49），可以把系统的能量方程转化为控制体的能量方程，即

$$\iiint_{\mathrm{CV}}\frac{\partial}{\partial t}\left[\rho\left(u+\frac{1}{2}v^2\right)\right]\mathrm{d}V+\oiint_{\mathrm{CS}}\rho\left(u+\frac{1}{2}v^2\right)(\boldsymbol{v}\cdot\boldsymbol{n})\mathrm{d}A=\iiint_{\mathrm{CV}}\rho\boldsymbol{f}\cdot\boldsymbol{v}\mathrm{d}V+\oiint_{\mathrm{CS}}\boldsymbol{p}_n\cdot\boldsymbol{v}\mathrm{d}A+\iiint_{\mathrm{CV}}\rho\dot{q}_r\mathrm{d}V+\oiint_{\mathrm{CS}}\lambda\nabla T\cdot\boldsymbol{n}\mathrm{d}A \tag{2-63}$$

这就是积分形式的能量方程。利用高斯公式，可以将式（2-63）中的面积分化为体积分，得

$$\oiint_{\mathrm{CS}}\rho\left(u+\frac{1}{2}v^2\right)(\boldsymbol{v}\cdot\boldsymbol{n})\mathrm{d}A=\iiint_{\mathrm{CV}}\nabla\cdot\left[\rho\left(u+\frac{1}{2}v^2\right)\boldsymbol{v}\right]\mathrm{d}V=\iiint_{\mathrm{CV}}\rho\boldsymbol{v}\cdot\nabla\left(u+\frac{1}{2}v^2\right)\mathrm{d}V+\iiint_{\mathrm{CV}}\left(u+\frac{1}{2}v^2\right)\nabla\cdot(\rho\boldsymbol{v})\mathrm{d}V \tag{2-64a}$$

$$\oiint_{\mathrm{CS}}\boldsymbol{p}_n\cdot\boldsymbol{v}\mathrm{d}A=\oiint_{\mathrm{CS}}\boldsymbol{n}\cdot\boldsymbol{P}\cdot\boldsymbol{v}\mathrm{d}A=\iiint_{\mathrm{CV}}\nabla\cdot(\boldsymbol{P}\cdot\boldsymbol{v})\mathrm{d}V \tag{2-64b}$$

$$\oiint_{\mathrm{CS}}(\lambda\nabla T)\cdot\boldsymbol{n}\mathrm{d}A=\iiint_{\mathrm{CV}}\nabla\cdot(\lambda\nabla T)\mathrm{d}V \tag{2-64c}$$

将式（2-64）代入能量方程（2-63），合并后积分得

$$\iiint_{\mathrm{CV}}\left\{\frac{\partial}{\partial t}\left[\rho\left(u+\frac{1}{2}v^2\right)\right]+\rho\boldsymbol{v}\cdot\nabla\left(u+\frac{1}{2}v^2\right)+\left(u+\frac{1}{2}v^2\right)\nabla\cdot(\rho\boldsymbol{v})-\rho\boldsymbol{f}\cdot\boldsymbol{v}-\nabla\cdot(\boldsymbol{P}\cdot\boldsymbol{v})-\rho\dot{q}_r-\nabla\cdot(\lambda\nabla T)\right\}\mathrm{d}V=0 \tag{2-65}$$

由于式（2-65）对任意控制体都是成立的，因此方程在连续的流场内应处处满足，所以积分号内的各项之和应为零，即

$$\frac{\partial}{\partial t}\left[\rho\left(u+\frac{1}{2}v^2\right)\right]+\rho\boldsymbol{v}\cdot\nabla\left(u+\frac{1}{2}v^2\right)+\left(u+\frac{1}{2}v^2\right)\nabla\cdot(\rho\boldsymbol{v})-\rho\boldsymbol{f}\cdot\boldsymbol{v}-\nabla\cdot(\boldsymbol{P}\cdot\boldsymbol{v})-\rho\dot{q}_r-\nabla\cdot(\lambda\nabla T)=0 \tag{2-66}$$

方程（2-66）中的第 1 项可以整理为

$$\frac{\partial}{\partial t}\left[\rho\left(u+\frac{1}{2}v^2\right)\right]=\frac{\partial\rho}{\partial t}\left(u+\frac{1}{2}v^2\right)+\rho\frac{\partial}{\partial t}\left(u+\frac{1}{2}v^2\right) \tag{2-67}$$

由连续方程 $\frac{\partial\rho}{\partial t}+\nabla\cdot(\rho\boldsymbol{v})=0$，可知式（2-67）中右侧第 1 项与式（2-66）中的第 3 项之和为零，于是可简化式（2-66），整理后可得

$$\frac{\partial}{\partial t}\left(u+\frac{1}{2}v^2\right)+\boldsymbol{v}\cdot\nabla\left(u+\frac{1}{2}v^2\right)=\boldsymbol{f}\cdot\boldsymbol{v}+\frac{1}{\rho}\nabla\cdot(\boldsymbol{P}\cdot\boldsymbol{v})+\dot{q}_r+\frac{1}{\rho}\nabla\cdot(\lambda\nabla T) \tag{2-68a}$$

这就是控制体的微分形式能量方程，其张量形式为

$$\frac{\partial}{\partial t}\left(u+\frac{1}{2}v_i v_i\right)+v_j\frac{\partial}{\partial x_j}\left(u+\frac{1}{2}v_i v_i\right)=f_i v_i+\frac{1}{\rho}\frac{\partial}{\partial x_j}(p_{ij}v_i)+\dot{q}_r+\frac{1}{\rho}\frac{\partial}{\partial x_j}\left(\lambda\frac{\partial T}{\partial x_j}\right) \tag{2-68b}$$

由于理想流体的表面力只有法线方向应力，可用 $-p\delta_{ij}$ 代替应力张量 p_{ij}，从而得到理想流体微分形式的能量方程：

$$\frac{\partial}{\partial t}\left(u+\frac{1}{2}v^2\right)+\boldsymbol{v}\cdot\nabla\left(u+\frac{1}{2}v^2\right)=\boldsymbol{f}\cdot\boldsymbol{v}-\frac{1}{\rho}\nabla\cdot(p\boldsymbol{v})+\dot{q}_r+\frac{1}{\rho}\nabla\cdot(\lambda\nabla T) \tag{2-69}$$

综上所述，各种方程都有积分和微分两种形式，用理论方法解决流体力学问题往往采用微分形式的基本方程，这些方程成立的条件是流体力学元素具有连续的一阶偏导数。如果在流体中某局部面上出现流体力学元素发生间断的现象，那么在间断面上就不能采用微分形式的基本方程了，但是在间断面上积分形式的方程仍然成立。此外，我们可以分别针对系统和控制体建立控制方程，并利用输运公式进行转换。

思　考　题

1．闭口系统与外界无物质交换，系统内质量保持恒定，那么系统内质量保持恒定的热力系统一定是闭口系统吗？

2．有人认为，开口系统中系统与外界有物质交换，而物质又与能量不可分割，所以开口系统不可能是绝热系统，这种观点正确吗？为什么？

3．经历一个不可逆过程后，系统能否恢复到原来的状态？包括系统和外界的整个系统能否恢复到原来的状态？

4．热力学第一定律的能量方程式是否可以写成 $Q_2-Q_1=(U_2-U_1)+(W_2-W_1)$ 的形式，为什么？

5．刚性绝热容器中间用隔板分为两部分，A 中存有高压空气，B 中保持真空，如图 2-12 所示，若将隔板抽去，分析容器中空气的热力学能如何变化？若隔板上有一小孔，气体泄漏进入 B 中，分析 A、B 两部分压力相同时，A、B 两部分气体的热力学能如何变化？（考虑隔板绝热和不绝热两种情况。）

6．从 a 点开始有两个可逆过程，定容过程 a-b 和定压过程 a-c，其中 b,c 两点在同一条绝热线上，如图 2-13 所示，问 $q_{a\text{-}b}$ 和 $q_{a\text{-}c}$ 哪一个大？并在 T-S 图上表示过程 a-b，a-c 及 $q_{a\text{-}b}$ 和 $q_{a\text{-}c}$。

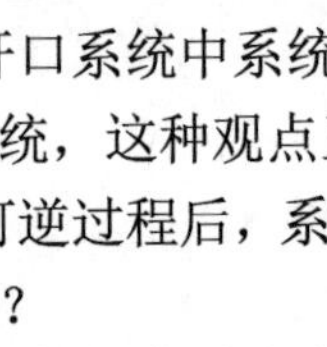

图 2-12　自由膨胀

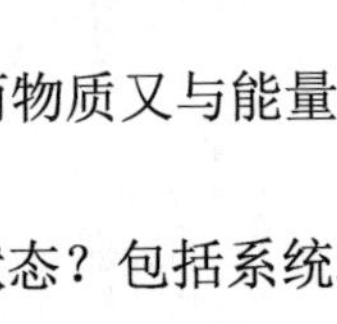

图 2-13　定容过程与定压过程

7．请给不可逆过程一个恰当的定义，热力过程中有哪几种不可逆因素？

8．怎样理解理想气体这一概念？实际气体在怎样的情况下可以近似看作理想气体？

9．对于一种确定的理想气体，c_p-c_v 是否等于定值？c_p/c_v 是否为定值？c_p-c_v 和 c_p/c_v 在不同温度下，是否总是同一定值？

10．什么是连续介质模型？在流体力学中建立该模型有何意义？说明其适用范围。
11．什么是不可压缩流体？在什么情况下可以忽略流体的压缩性？
12．流体的黏性指的是什么？流体黏性的大小一般用什么参数度量？
13．何为理想流体？理想流体与理想气体是同一概念吗？
14．牛顿内摩擦定律用公式如何表述，指出各项所表示的含义。
15．研究流体流动有哪两种方法？试分别说明其基本思想。
16．随体导数是如何定义的，可分为哪两部分，各是由什么原因引起的？
17．在欧拉方法中，给出流体质点的加速度表达式。
18．作用在流体上的力有哪些，各有什么特点，试举例说明。
19．列出输运公式，说明其物理含义。
20．列出理想流体的质量方程、动量方程、能量方程的张量表示形式。

习　题

[2-1] 某种理想气体在其状态变化过程中服从 $p\upsilon^n = C$ 的规律，其中 n 是定值，p 是压强；υ 是比容。试根据 $w=\int_1^2 p\mathrm{d}\upsilon$ 导出气体在该过程中做功为 $w=\dfrac{p_1\upsilon_1}{\gamma-1}\left[1-\left(\dfrac{p_2}{p_1}\right)^{\frac{\gamma-1}{\gamma}}\right]$。

[2-2] 某种气体在气缸中进行一缓慢膨胀过程。其体积由 $0.1\mathrm{m}^3$ 增加到 $0.25\mathrm{m}^3$。过程中气体压强按照 $p(\mathrm{MPa})=0.24-0.4V$ 的规律变化。若过程中气缸与活塞的摩擦保持为 1200N；当地大气压力为 0.1MPa；气缸截面积为 $0.1\mathrm{m}^2$，试求：（1）气体所做的膨胀功 W；（2）系统输出的有用功 W_u；（3）若活塞与气缸无摩擦，系统输出的有用功 $W_{u,e}$。

[2-3] 气缸中密封有空气，初态为 $p_1=0.2\mathrm{MPa}$, $V_1=0.4\mathrm{m}^3$ 缓慢胀到 $V_2=0.8\mathrm{m}^3$ 。（1）过程中 pV 保持不变；（2）过程中气体先按照 $p(\mathrm{MPa})=0.4-0.5V$ 规律膨胀到 $V_3=0.6\mathrm{m}^3$，再维持压强不变，膨胀到 $V_4=0.8\mathrm{m}^3$ 。分别求出两过程中气体做出的膨胀功。

[2-4] 质量为 1275kg 的汽车在以 60km/h 速度行驶时被踩刹车止动，速度降至 20km/h，假定刹车过程中 0.5kg 的刹车带和 4kg 钢刹车鼓均匀加热，但与外界没有传热，已知刹车带和钢刹车鼓的比热容分别是 1.1kJ/(kg·K)和 0.46kJ/(kg·K)，求刹车带和刹车鼓的温升。

[2-5] 有一飞机的弹射装置，如图 2-14 所示，在气缸内装有压缩空气，初始体积为 $V_1=0.28\mathrm{m}^3$，终了体积为 $V_2=0.99\mathrm{m}^3$，飞机的发射速度为 $v_1=61\mathrm{m/s}$，活塞、连杆和飞机的总质量为 2722kg。设发射过程进行很快，压缩空气和外界间无传热现象，若不计摩擦力，求发射过程中压缩空气的热力学能变化。

图 2-14　习题[2-5]图

[2-6] 一间教室通过门窗散发热量 25000kJ/h，教室内有 30 名师生，15 套电子计算机，若每人散发的热量是 100W，每台计算机功率 120W，为了保持室内温度，是否有必要打开取暖器？

[2-7] 根据熵增与热量的关系来讨论对于气体，定容加热、定压加热、定温加热，哪一种

加热方式较为有利？比较的基础分两种情况：（1）从相同的初温出发；（2）达到相同的终温（比较时取同样的热量 Q_1）。

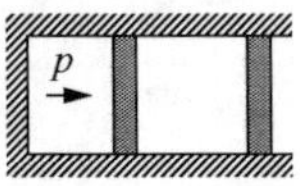

图 2-15　习题[2-8]图

[2-8] 如图 2-15 所示，一定质量的气体在气缸内体积由 $0.9\,\mathrm{m}^3$ 可逆地膨胀到 $1.4\mathrm{m}^3$，过程中气体压力保持定值，且 $p = 0.2\mathrm{MPa}$，若在此过程中气体的热力学能增加 12000J，试求：（1）此过程中气体吸入或放出的热量。（2）若活塞质量为 20kg，且初始时刻活塞静止，环境压力为 $p_0 = 0.1\mathrm{MPa}$，求终态时活塞的速度。

[2-9] 与一固定平板相距 0.5mm 的平行平板，需对其作用切线方向推力才能维持 0.25m/s 的匀速运动，若此推力对应的切线方向应力为 2Pa，求两板之间流体的动力黏度 μ。

[2-10] 倾角 $\theta = 25^\circ$ 的斜面涂有厚度 $\delta = 0.5\mathrm{mm}$ 的润滑油，如图 2-16 所示，一重量未知、底面积 $A = 0.02\mathrm{m}^2$ 的木板沿此斜面以等速度 $U = 0.2\mathrm{m/s}$ 下滑，如果在木板上加一个重量 $G = 5\mathrm{N}$ 的重物，则下滑速度为 $U_1 = 0.6\mathrm{m/s}$，试求润滑油的动力黏度 μ。

[2-11] 旋转圆筒黏度计、外筒固定，内筒由同步电机带动旋转。内外筒间充入实验液体，如图 2-17 所示。已知内筒半径 r_1=1.93cm，外筒半径 r_2=2cm，内筒高 h=7cm，实验测得内筒转速 n=10r/min，转轴上扭矩 M=0.0045N·m。试求该实验液体的动力黏度 μ。

[2-12] 上下两平行圆盘，直径均为 d，间隙厚度为 δ，间隙中液体的动力黏度为 μ，若下盘固定不动，上盘以角速度 ω 旋转，如图 2-18 所示，求所需力矩 M 的表达式。

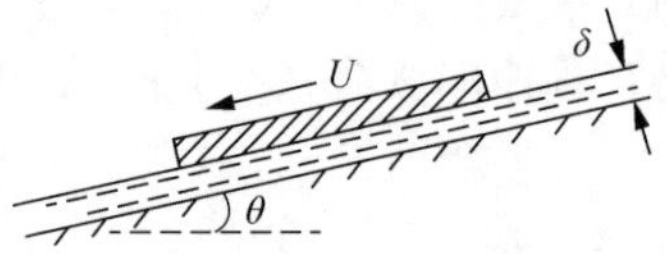

图 2-16　习题[2-10]图

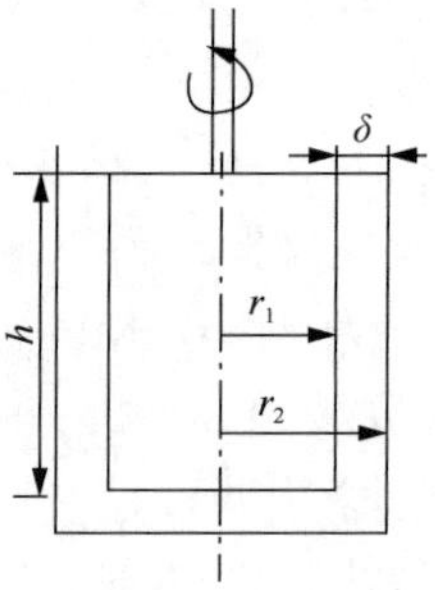

图 2-17　习题[2-11]图

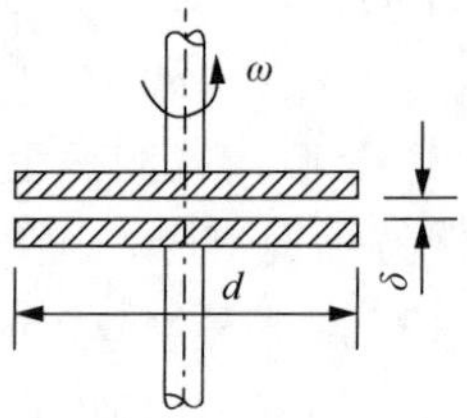

图 2-18　习题[2-12]图

[2-13] 已知动力滑动轴承的轴直径 $d = 0.2\mathrm{m}$，转速 $n = 2830\mathrm{r/min}$，轴承内径 $D = 0.2016\mathrm{m}$，宽度 $l = 0.3\mathrm{m}$，润滑油的动力黏度 $\mu = 0.245\mathrm{Pa\cdot s}$，试求克服摩擦阻力所消耗的功率 P。

第 2 篇　气体动力学

第 3 章　可压缩流体一维定常流动

气体动力学是流体力学的一个重要分支，是研究可压缩流体运动规律的学科。流体在运动过程中，当密度发生较大变化时，需要考虑流体压缩性的影响，如气体就是典型的可压缩流体。在工程中，流体流动状态的变化总是由一定原因引起的，常见的制约管道中气体流动状态变化的因素主要包括：①管道截面积变化，例如航空航天动力装置中的尾喷管、飞机进气道及实验风洞中的流动；②管壁的摩擦作用，例如天然气在输运管道内的流动问题；③外部的加热（或冷却）作用，例如发动机中气体通过燃烧获得热量；④质量添加（减少）的影响，例如发动机燃烧室内燃油的喷入就是一种质量添加。除此以外，还包括管内气体与外界的热量及功的交换等因素。

在一般情况下，影响管道中气流流动的因素往往是同时存在且共同起作用的，但同时考虑所有因素的影响是极为困难的。因此工程中常常针对具体流动问题，先单独考虑主要影响因素，然后再考虑其他次要因素的作用，并加以修正，从而使问题得以简化。本章介绍一种简化的流动模型，讨论气体在做一维定常流动时，热力学过程与力学过程相耦合情况下的流动规律，重点研究管道截面积变化、等截面摩擦、等截面加热和质量添加情况下的管道流动问题。

3.1　气体动力学基本方程

本节介绍气体动力学的基础知识，首先假设流体是一种理想的完全气体，在此假设基础上给出气体动力学的基本方程。

3.1.1　理想完全气体模型

第 2 章中介绍了完全气体模型，它满足热完全气体状态方程，在一定温度范围内，热完全气体同时满足量热完全气体状态方程，可认为气体的比定压热容 c_p 和比定容热容 c_v 为常数，取气体常数 $R=c_p-c_v$，比热容比 $\gamma=c_p/c_v$，则比热容满足关系 $c_v=R/(\gamma-1)$ 和 $c_p=\gamma R/(\gamma-1)$；内能 u、比焓 h 及比熵 s 满足关系式：$u=c_vT$, $h=c_pT$, $s=c_v\ln(p/\rho^r)$ 。常温常压下的一般气体，如空气、氧气、氢气均可近似为完全气体。对空气有 $R=287\text{J/(kg}\cdot\text{K)}$, $\gamma=1.4$ 。

我们知道，实际流体都是具有黏性的，黏性的存在使流体运动规律变得极为复杂，也给流体力学的理论分析带来极大的困难。为了简化理论分析，流体力学中引入了理想流体的概念，它指的是黏性为零的流体，这是客观世界并不存在的一种假想流体，其本质特点是动力黏度 $\mu=0$（或运动黏度 $\nu=0$），此外由于没有黏性内摩擦力，理想流体的应力张量满足 $p_{ij}=-p\delta_{ij}$（详见第 6 章）。流体力学中理想流体的概念与完全气体（即热力学中的理想气体）是不同的。

我们把既符合理想流体模型又满足完全气体条件的气体定义为理想完全气体，并将其作为气体动力学最初的研究对象。

3.1.2　可压缩流的特点

在流体力学中，气体的密度通常随压强的增大而增大，具有明显的压缩性，因此常常将气体视为可压缩流体。值得注意的是，气体动力学中所谓的压缩性效应指的并不是由外界因素造成的强制性的体积压缩，而是在高速流动中气体状态随速度变化而变化，其动能的变化量和气体的内能在量级上相当，从而导致密度自动发生变化的结果。压缩性效应的重要特征是气体热力状态的变化，如压力、温度、内能、比焓、比熵等状态参数的变化，所以可压缩流体流动问题除了要满足连续方程和动量方程以外，还需满足能量方程和状态方程。

气体动力学中通常以 Ma 作为流体可压缩性大小的标志，将气体的流速（v）与当地声速（a）之比定义为**马赫数**（Mach 数），即 $Ma = v/a$，其中当地声速 $a=\sqrt{\gamma RT}$（详见 3.3.1 节）。例如当气体低速运动时（$Ma \leqslant 0.3$），气体速度的相对变化所引起的密度相对变化率十分微小，几乎可以忽略不计，即可认为气体是不可压缩流体。马赫数是气体动力学中一个极为重要的无量纲参数，它同时也是气体流动类型划分的判据：当 $Ma<1$ 时，流动为亚声速流；当 $Ma=1$ 时，流动为声速流；当 $Ma>1$ 时，流动为超声速流。

3.1.3　气体动力学基本方程组

气体动力学中的流动问题其特点是气流速度大，气体密度与压强都是变量。此时，压强和密度既是描述气体宏观流动的变量，又是描述气体热力学状态的变量，它们将气体的动力学和热力学耦合在一起，于是可压缩流体的控制方程应包括以下四个方面：①运动学方面，质量守恒定律；②动力学方面，动量定理；③热力学方面，能量守恒定律；④物理化学属性方面，如气体状态方程、化学反应速率方程、气体输运性质等。以上四个方面的方程所构成的控制方程组被称为**气体动力学基本方程组**。该方程组是非线性且互相耦合的，目前还无法确定该方程组的解析解。

气体动力学基本方程组的数学表达式包括积分形式和微分形式两种，它们在本质上是一样的，二者的区别主要是：积分形式方程组所描述的是系统或控制体内气体运动的整体性质，以及气体和固体之间的相互作用；而微分形式方程组可给出流场中每一个流体微团的各个物理量之间的关系，用于了解流动细节。下面我们从欧拉方法的角度，给出微分形式的气体动力学基本方程组。

1. 连续方程

由 2.2.4 节的连续方程可知，理想完全气体的连续方程为 $\dfrac{\partial \rho}{\partial t}+\nabla\cdot(\rho \boldsymbol{v})=0$，其中 $\nabla\cdot(\rho \boldsymbol{v})$ 表示微元控制体上单位体积的质量通量。

2. 运动微分方程

在 2.2.5 节中提到将自然界中的动量守恒定律应用于流场中微元体，可以得到流体微团的微分形式动量方程，即欧拉运动微分方程 $\dfrac{\partial \boldsymbol{v}}{\partial t}+(\boldsymbol{v}\cdot\nabla)\boldsymbol{v}=\boldsymbol{f}-\dfrac{1}{\rho}\nabla p$。其中 $\boldsymbol{f}$ 表示单位质量力，一般为重力。

根据矢量导数的运算公式 $(\boldsymbol{v}\cdot\nabla)\boldsymbol{v}=\dfrac{1}{2}\nabla(\boldsymbol{v}\cdot\boldsymbol{v})-\boldsymbol{v}\times(\nabla\times\boldsymbol{v})$（见例 1-8），欧拉运动微分方程

可整理为用速度场旋度表示的形式，即

$$\frac{\partial \boldsymbol{v}}{\partial t}-\boldsymbol{v}\times\boldsymbol{\Omega}+\frac{1}{2}\nabla(\boldsymbol{v}\cdot\boldsymbol{v})=-\frac{1}{\rho}\nabla p+\boldsymbol{f} \tag{3-1}$$

式中，$\boldsymbol{\Omega}=\mathrm{rot}\boldsymbol{v}$ 为速度场的旋度，式（3-1）称为兰姆（Lamb）运动微分方程。

3. 能量方程

根据 2.2.6 节介绍的理想流体能量方程可知，在流体中任取微元控制体，外界对控制体做功、传热、流体流进和流出控制体，都将引起控制体内能量的变化，于是可得能量方程的数学表达式为

$$\frac{\partial}{\partial t}\left(u+\frac{1}{2}v^2\right)+\boldsymbol{v}\cdot\nabla\left(u+\frac{1}{2}v^2\right)=\boldsymbol{f}\cdot\boldsymbol{v}-\frac{1}{\rho}\nabla\cdot(p\boldsymbol{v})+\dot{q} \tag{3-2}$$

式中，单位质量流体内存储的总能量$\left(u+\frac{1}{2}v^2\right)$等于热力学能 u 与流体的宏观动能$\frac{1}{2}v^2$之和；$\dot{q}=\frac{\mathrm{d}q}{\mathrm{d}t}$为单位质量流体从外界吸入的总热量，该项包括导热热量、辐射热或因其他物理化学原因贡献的热量；$\boldsymbol{v}\cdot\nabla\left(u+\frac{1}{2}v^2\right)$为随流体流动净流入控制体的能量；$\boldsymbol{f}\cdot\boldsymbol{v}$ 为质量力做功功率；$\frac{1}{\rho}\nabla\cdot(p\boldsymbol{v})$为表面力做功功率。

将$\nabla\cdot(p\boldsymbol{v})=p\nabla\cdot\boldsymbol{v}+\boldsymbol{v}\cdot\nabla p$ 与 $u=h-\frac{p}{\rho}$代入式（3-2），并引入随体导数的公式，经过代数运算后，可以得到以下形式的能量方程：

$$\frac{\partial}{\partial t}\left(h+\frac{v^2}{2}\right)+\boldsymbol{v}\cdot\nabla\left(h+\frac{v^2}{2}\right)=\boldsymbol{f}\cdot\boldsymbol{v}+\frac{1}{\rho}\frac{\partial p}{\partial t}+\dot{q} \tag{3-3}$$

对完全气体来讲，质量力可以忽略不计，方程（3-3）简化为

$$\frac{\partial}{\partial t}\left(h+\frac{v^2}{2}\right)+\boldsymbol{v}\cdot\nabla\left(h+\frac{v^2}{2}\right)=\frac{1}{\rho}\frac{\partial p}{\partial t}+\dot{q} \tag{3-4}$$

3.2　一维定常等熵流动

3.2.1　等熵流动的主要性质

1. 等熵过程二要素：绝热、可逆

根据第 2 章中熵的定义，若微元换热过程为可逆过程，1kg 工质的比熵变可定义为 $\mathrm{d}s=\delta q_{\mathrm{rev}}/T_{\mathrm{r}}=\delta q/T$ 。式中，δq 是可逆过程中 1kg 工质与热源之间的换热量；T_{r} 是热源温度；T 是工质温度。对可逆过程 $T_{\mathrm{r}}=T$ 。对绝热过程，单位质量气体吸入的热流率 $\dot{q}=\mathrm{d}q/\mathrm{d}t=0$，则存在$\frac{\mathrm{d}s}{\mathrm{d}t}=\frac{\mathrm{d}q}{\mathrm{d}t}\frac{1}{T}=\frac{\dot{q}}{T}=0$，于是得 $s=$ 常数，也就是说绝热可逆过程是等熵过程。

2. 完全气体流动的基本性质

在绝热可逆流动条件下，因完全气体沿迹线熵保持不变，而定常流动中的迹线和流线相

重合，因此，在完全气体定常绝热可逆流动中，沿流线熵不变，每一条流线上的熵值是常数。将定常与绝热的条件代入完全气体能量方程（3-4）易证明：完全气体绝热定常流动，沿流线总焓相等，即

$$h_0 = h + \frac{1}{2}v^2 = 常数 \tag{3-5}$$

这里将单位质量的焓与动能之和定义为**总焓**，或称为滞止焓。

3. 克罗科定理（Crocco 定理）

完全气体的绝热定常流动中，若质量力可忽略不计，则在全流场存在

$$\boldsymbol{v} \times \boldsymbol{\Omega} = \nabla h_0 - T\nabla s \tag{3-6}$$

式（3-6）称为克罗科定理，该定理证明过程如下。

对于欧拉运动微分方程 $\frac{\partial v_i}{\partial t} + v_j\frac{\partial v_i}{\partial x_j} = f_i - \frac{1}{\rho}\frac{\partial p}{\partial x_i}$，在流动为定常流动时，有 $\frac{\partial v_i}{\partial t} = 0$；若不考虑气体的质量力，则该方程可简化为 $v_j\frac{\partial v_i}{\partial x_j} = -\frac{1}{\rho}\frac{\partial p}{\partial x_i}$ 或整理为

$$v_j\frac{\partial v_j}{\partial x_i} - v_j\frac{\partial v_i}{\partial x_j} = \frac{1}{\rho}\frac{\partial p}{\partial x_i} + v_j\frac{\partial v_j}{\partial x_i} \tag{3-7}$$

根据速度场旋度的定义及张量运算法则有

$$\boldsymbol{v} \times \boldsymbol{\Omega} = \boldsymbol{v} \times (\nabla \times \boldsymbol{v}) = \varepsilon_{ijk}v_j\left(\varepsilon_{klm}\frac{\partial v_m}{\partial x_j}\right) = (\delta_{il}\delta_{jm} - \delta_{im}\delta_{jl})v_j\frac{\partial v_m}{\partial x_l} = v_j\frac{\partial v_j}{\partial x_i} - v_j\frac{\partial v_i}{\partial x_j} \tag{3-8}$$

对比式（3-7）和式（3-8），可将欧拉运动微分方程变形为葛罗米柯-兰姆型运动方程，即

$$\boldsymbol{v} \times \boldsymbol{\Omega} = \frac{1}{\rho}\frac{\partial p}{\partial x_i} + v_j\frac{\partial v_j}{\partial x_i} \tag{3-9}$$

再根据热力学关系 $\delta q = T\mathrm{d}s = \mathrm{d}h - \frac{1}{\rho}\mathrm{d}p$，对于定常流动可整理为

$$T\frac{\partial s}{\partial x_i} = \frac{\partial h}{\partial x_i} - \frac{1}{\rho}\frac{\partial p}{\partial x_i} \tag{3-10a}$$

将完全气体能量方程（3-5）代入式（3-10a）得

$$T\frac{\partial s}{\partial x_i} = \frac{\partial h_0}{\partial x_i} - v_j\frac{\partial v_j}{\partial x_i} - \frac{1}{\rho}\frac{\partial p}{\partial x_i} \tag{3-10b}$$

再将式（3-10b）代入葛罗米柯-兰姆型运动方程（3-9），可得

$$\boldsymbol{v} \times \boldsymbol{\Omega} = \frac{\partial h_0}{\partial x_i} - T\frac{\partial s}{\partial x_i} \tag{3-11}$$

方程（3-11）与方程（3-6）是等价的，故克罗科定理得证。

由克罗科定理可以得到以下推论：

（1）总焓 h_0 处处相等的流场称为**均焓流场**，又称为均能或绝能流场，即 $\nabla h_0 = 0$。

（2）熵值处处相等的流场称为**均熵流场**，即 $\nabla s = 0$。

（3）沿流线熵值（总焓）保持不变的流场称为**等熵（等焓）流场**，即 $\mathrm{d}s/\mathrm{d}t = 0$（$\mathrm{d}h_0/\mathrm{d}t = 0$），需要注意不同流线上具有不同的熵值（总焓）。

（4）在均焓均熵流时，$\boldsymbol{v} \times \boldsymbol{\Omega} = 0$ 有三种情况：① $\boldsymbol{v} = 0$ 时，静止流场，无研究意义；② $\boldsymbol{v} \perp \boldsymbol{\Omega}$

时，在二维均熵均焓流场中，因 $\boldsymbol{v} \neq 0$，故而必有 $\boldsymbol{\Omega}=0$，流场必为无旋；③ $\boldsymbol{v} // (\nabla \times \boldsymbol{v})$ 时，即 $\boldsymbol{v} // \boldsymbol{\Omega}$，速度平行于速度旋度的流动，称为螺旋运动。螺旋运动仅存在于三维流场，如通过机翼从翼点拖出去的涡。

克罗科定理在理想完全气体的定常流动中具有重要意义，利用它可以判断流场是否有旋。例如在二维完全气体绕流问题中，如果流动为绝热定常可逆流动，来流速度、总焓和熵若处处相等，则流场处处总焓和熵相等，即全场是均熵均焓的，流场为无旋场。这里所提到的均焓、均熵与等焓、等熵的概念是不同的，前者指的是流场各处的总焓和熵值均相等，后者指的是总焓和熵沿流体迹线（定常流动中也是流线）相等。

3.2.2　一维定常等熵流动基本方程

所谓的一维流动是指流体的流动参数仅是一个空间坐标的函数，而定常流动指的是气流参数不随时间变化的流动。对于实际工程问题，三维管道内的流动，若垂直于流动方向的各截面上的流动参数（如速度、压强、温度等）保持均匀一致，且不随时间变化，则可近似看成一维定常流动。

1. 连续方程

气体在管道中做一维定常流动时，由于垂直于流动方向的各截面上的流动参数保持均匀一致，各截面上的质量流量相等，可以用平均参数作为截面参数，即 $q_m=\rho vA=$ 常数，对该式两侧同时取微分，整理后可得连续方程的微分形式：

$$\frac{\mathrm{d}\rho}{\rho}+\frac{\mathrm{d}A}{A}+\frac{\mathrm{d}v}{v}=0 \tag{3-12}$$

2. 动量方程

一维定常流动动量方程可通过理想流体的欧拉运动微分方程（2-60）简化得到。在定常流动中，有 $\dfrac{\partial \boldsymbol{v}}{\partial t}=0$；而对气体而言，又可以不考虑质量力，于是得到简化后的一维定常流动的动量方程为 $v\dfrac{\mathrm{d}v}{\mathrm{d}x}=-\dfrac{1}{\rho}\dfrac{\mathrm{d}p}{\mathrm{d}x}$，经整理可得

$$\rho v\mathrm{d}v+\mathrm{d}p=0 \tag{3-13}$$

3. 能量方程

一维定常等熵流动的能量方程可以通过以下两种方法获得。

[方法一] 对等熵过程 $p/\rho^{\gamma}=C$，两侧取全微分可得 $\mathrm{d}p=\gamma\rho^{\gamma-1}\mathrm{d}\rho$，将其代入动量方程（3-13）并积分得

$$\int v\mathrm{d}v+\int \gamma\rho^{\gamma-2}\mathrm{d}\rho=0 \quad 或 \quad \frac{1}{2}v^2+\frac{\gamma}{\gamma-1}\rho^{\gamma-1}=C \tag{3-14}$$

将气体状态方程 $p=\rho RT$ 代入式（3-14）可得能量方程，即伯努利积分方程：

$$\frac{1}{2}v^2+\frac{\gamma}{\gamma-1}\frac{p}{\rho}=C \tag{3-15a}$$

因此可以认为在定常等熵流动中，等熵关系式等同于能量方程。

[方法二] 在一维定常等熵流动中，总焓等于气体宏观动能与静焓之和，即 $h_0=h+\dfrac{1}{2}v^2$，

将状态方程 $p=\rho RT$,$h=c_pT$ 及 $c_p=\dfrac{\gamma}{\gamma-1}R$ 代入该式，可得能量方程的其他表述形式：

$$h_0=\frac{1}{2}v^2+c_pT=\frac{1}{2}v^2+c_p\frac{p}{\rho R}=\frac{1}{2}v^2+\frac{\gamma}{\gamma-1}\frac{p}{\rho} \tag{3-15b}$$

由此可知，一维定常等熵流动的能量方程具有多种表述形式。对比式（3-14）和式（3-15b）可知伯努利积分方程中的常数 C 即是总焓 h_0。

4. 气体状态方程

在一维定常等熵流动中，气体既满足热完全气体状态方程，又满足量热完全气体状态方程，其中热完全气体状态方程可表示为

$$\frac{\mathrm{d}p}{p}-\frac{\mathrm{d}\rho}{\rho}-\frac{\mathrm{d}T}{T}=0 \tag{3-16}$$

量热完全气体状态方程为

$$u=u(\upsilon,T)=u(p,T) \quad 或 \quad h=h(\upsilon,T)=h(p,T) \tag{3-17}$$

因状态参数之间彼此并不相互独立，故状态方程中只有两式是独立的。

由式（3-12）～式（3-14），以及式（3-16）、式（3-17）中的任意两式，构成五个方程，可解出 v,ρ,T,p,h 五个参数。

3.2.3 参考状态与特征参数

将状态方程 $p/\rho=RT$ 代入能量方程（3-15b）得 $\dfrac{1}{2}v^2+\dfrac{\gamma RT}{\gamma-1}=h_0$。若取 $h_0=c_pT_0=\dfrac{\gamma RT_0}{\gamma-1}$，再引入 $a=\sqrt{\gamma RT}$（详见 3.3.1 节）并整理得

$$\frac{1}{2}v^2+\frac{a^2}{\gamma-1}=\frac{a_0^2}{\gamma-1} \tag{3-18}$$

式中，a_0 为滞止声速，存在 $a_0=\sqrt{\gamma RT_0}$；T_0 为滞止温度（或总温）。

若取 v,a 为坐标轴建立坐标系，如图 3-1 所示，可得位于第一象限内的等熵椭圆，该等熵椭圆可反映等熵条件下的气体能量变化规律。从图 3-1 可以看出，气流速度 v 从 0 增加到 $v_{\max}$ 的过程中，出现了三种特殊状态：①滞止状态（驻点），$v=0$，$a=a_0$；②极限状态，$v=v_{\max}$，$a=0$；③临界状态，$v_*=a_*$。

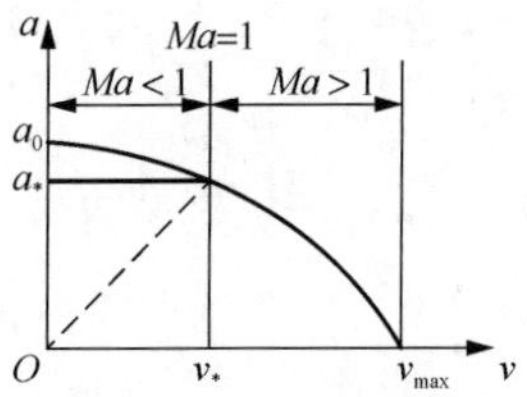

图 3-1 声速与速度的变化关系

1. 滞止状态

气体从某一状态经过等熵过程或是假想的等熵过程，速度减小至零的状态，称为**滞止状态**。该状态对应的气流参数称为**滞止参数**，又称为总参数，用下标“0”表示。例如：滞止密度 ρ_0，滞止压强 p_0，滞止温度 T_0，滞止焓 h_0，滞止声速 a_0。

在滞止状态下 $v_0=0$，因此由能量方程（3-15b）可以得到滞止焓和滞止温度的公式：

$$h_0=\frac{1}{2}v^2+h=\frac{1}{2}v^2+c_pT=c_pT_0=\frac{\gamma R}{\gamma-1}T_0=\frac{a_0^2}{\gamma-1}=\frac{\gamma}{\gamma-1}\frac{p_0}{\rho_0} \tag{3-19a}$$

$$T_0=T+\frac{v^2}{2c_p} \quad 或 \quad \frac{T_0}{T}=1+\frac{v^2}{2c_pT}=1+\frac{(\gamma-1)v^2}{2\gamma RT}=1+\frac{(\gamma-1)v^2}{2a^2} \tag{3-19b}$$

将 $Ma=\dfrac{v}{a}$ 代入式（3-19b）得

$$\frac{T_0}{T}=1+\frac{\gamma-1}{2}Ma^2 \tag{3-20a}$$

根据等熵关系式（2-42c）可得

$$\frac{p_0}{p}=\left(\frac{T_0}{T}\right)^{\frac{\gamma}{\gamma-1}}=\left(1+\frac{\gamma-1}{2}Ma^2\right)^{\frac{\gamma}{\gamma-1}} \tag{3-20b}$$

$$\frac{\rho_0}{\rho}=\left(\frac{T_0}{T}\right)^{\frac{1}{\gamma-1}}=\left(1+\frac{\gamma-1}{2}Ma^2\right)^{\frac{1}{\gamma-1}} \tag{3-20c}$$

气体的实际流动过程往往存在摩擦，是非等熵流动。在非等熵流动中，流场中的每一点都有一个当地的滞止状态，它是一个点函数，是假想把任意一点的气流等熵地引入一个容积很大的储气箱内，使其速度滞止到零时的状态，因此滞止状态与所研究气体的实际流动无关。

2. 极限状态

气流速度达到最大（$v=v_{max}$），而静焓或静温为零时的状态，称为**极限状态**。在极限状态下，焓值完全转化为动能，存在 $h=0, T=0, p=0$，于是由能量方程可得

$$\frac{1}{2}v_{max}^2=h_0=\frac{a_0^2}{\gamma-1} \tag{3-21a}$$

由式（3-21a）可得极限速度为

$$v_{max}=\sqrt{\frac{2}{\gamma-1}}a_0 \tag{3-21b}$$

可以看出极限速度仅取决于气体的物性和滞止温度，极限状态也是一种参考状态，但由于任何气体在达到绝对零度之前就已经液化了，因此在实际中是无法达到极限状态的。

3. 临界状态

图 3-1 表明气流速度在从零等熵增加到 v_{max} 的过程中，必然会存在气流速度与当地声速恰好相等的状态，称为**临界状态**。临界状态对应的气流参数称为**临界参数**，用下标“*”表示，如临界温度 T_*、临界压强 p_*、临界速度 v_*、临界声速 a_* 等。

在临界状态下，有 $v=a=v_*=a_*$，可得 $Ma=1$，将其代入式（3-18），并整理得

$$\left(\frac{1}{2}+\frac{1}{\gamma-1}\right)a_*^2=\frac{a_0^2}{\gamma-1}\quad \text{或}\quad a_*^2=\frac{2}{\gamma+1}a_0^2 \tag{3-22a}$$

结合式（3-21b）可得极限速度、滞止声速及临界声速之间的关系：

$$v_{max}=\sqrt{\frac{2}{\gamma-1}}a_0=\sqrt{\frac{\gamma+1}{\gamma-1}}a_* \tag{3-22b}$$

由式（3-22a）可得临界温度与滞止温度之间的关系：

$$\frac{T_*}{T_0}=\frac{a_*^2}{a_0^2}=\frac{2}{\gamma+1} \tag{3-23a}$$

将临界温度与滞止温度之间的关系式（3-23a）代入等熵关系式（2-42c），可得

$$\frac{p_*}{p_0}=\left(\frac{T_*}{T_0}\right)^{\frac{\gamma}{\gamma-1}}=\left(\frac{2}{\gamma+1}\right)^{\frac{\gamma}{\gamma-1}} \tag{3-23b}$$

$$\frac{\rho_*}{\rho_0}=\left(\frac{T_*}{T_0}\right)^{\frac{1}{\gamma-1}}=\left(\frac{2}{\gamma+1}\right)^{\frac{1}{\gamma-1}} \tag{3-23c}$$

应该指出，临界参数也是空间的点函数，在任意流动过程中的任何一点上都有确定的临界参数，临界状态同样也是一种参考状态。在实际流动中，如果气流在某一截面处 $Ma=1$，则此截面称为**临界截面**，截面上的参数即为临界参数。

需要注意的是，当地声速和临界声速是两个不同的概念。当地声速是在气体所处状态下实际存在的，其大小由当地静温决定。而临界声速是由该处的滞止温度决定，只有当气流的马赫数等于 1 时，临界声速才实际存在。

4. 速度系数

在气体动力学中，除了用马赫数划分气流的流动状态以外，还常常用气流速度与临界声速之比作为无量纲速度，将其定义为速度系数：

$$\lambda=\frac{v}{a_*} \tag{3-24}$$

速度系数与马赫数相比其优势在于：

（1）在给定滞止参数条件下，临界声度 a_* 是常数，这样由 λ 的值可以直接计算某一点的速度的大小，而由马赫数计算速度时，定义中的当地声速 a 是静温 T 的函数，属于局部量，因此无法直接由 Ma 确定速度的大小。

（2）当气流达到极限状态时，因静温为零使得 $Ma\to\infty$，这样就无法确定 $v\to v_{\max}$ 附近的参数变化情况，而此时的速度系数仍为有限值，即 $\lambda_{\max}=\frac{v_{\max}}{a_*}=\sqrt{\frac{\gamma+1}{\gamma-1}}$。例如：对于空气 $\gamma=1.4$，$\lambda_{\max}=2.4$。因此有时采用速度系数比马赫数更加方便。应用马赫数和速度系数的定义，以及声速和临界温度的关系，可以推导出 Ma 和 λ 之间的关系：

$$\lambda^2=\frac{Ma^2}{1+\frac{\gamma-1}{\gamma+1}(Ma^2-1)} \quad \text{或} \quad Ma^2=\frac{\lambda^2}{1-\frac{\gamma-1}{2}(\lambda^2-1)} \tag{3-25}$$

根据式（3-25）可绘制成 Ma-λ 曲线图，如图 3-2 所示。从图中可以看出，Ma 与 λ 呈单调递增函数关系，当 $Ma=1$ 时，必有 $\lambda=1$；当 $Ma>1$ 时，$\lambda>1$；当 $Ma<1$ 时，$\lambda<1$；因此与马赫数一样，速度系数 λ 也可以作为气体流动类型的判据。此外，将式（3-25）代入式（3-20a）～式（3-20c），可以得到用 λ 表示的滞止参数与静参数之比。

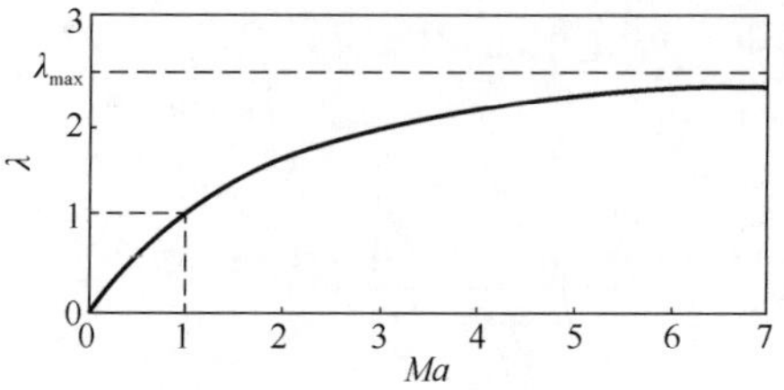

图 3-2　Ma 与 λ 关系图

5. 指定状态

某一具体流动下的状态用下标“1”表示，则该状态的能量方程为 $\frac{1}{2}v_1^2+h_1=h_0$。如绕流

问题中有 $\frac{1}{2}v_\infty^2+h_\infty=h_0$。其中 v_∞ 和 h_∞ 分别表示来流速度和静焓。

综上所述，各参考状态只作为一种参考标准，在具体流场中可能并不存在。能量方程中的总焓 h_0 即伯努利常数，一般依赖于某一条流线成立，只有在均焓流场中，伯努利常数才全场相等。相关状态参数符号可以用表 3-1 描述。

表 3-1　气流的参考状态

状态	参数							
	v	Ma	p	ρ	T	a	h	伯努利常数（h_0）
驻点	0	0	p_0	ρ_0	T	a	h_0	$h_0=a_0^2/(\gamma-1)$
临界	v_*	1	p_*	ρ_*	T_*	a_*	h_*	$h_0=\frac{\gamma+1}{2(\gamma-1)}a_*^2$
极限	v_{max}	∞	0	0	0	0	0	$h_0=\frac{1}{2}v_{max}^2$
指定	v_1	Ma_1	p_1	ρ_1	T_1	a_1	h_1	$h_0=\frac{1}{2}v_1^2+c_pT_1$

3.2.4　气体动力学函数

气流的静参数与总参数之比，可以表示为气流马赫数 Ma 或速度系数 λ 的函数，同样连续方程、动量方程等也可以用 Ma 或 λ 的函数来表示，气体动力学将这些以 Ma 或 λ 为自变量的函数称为**气体动力学函数**，简称气动函数。

1. *静参数、总参数之比*

静温、总温之比 τ：

$$\tau(\lambda)=\frac{T}{T_0}=1-\frac{\gamma-1}{\gamma+1}\lambda^2 \quad 或 \quad \tau(Ma)=\frac{T}{T_0}=\frac{1}{1+\frac{\gamma-1}{2}Ma^2} \tag{3-26}$$

静压、总压之比 π：

$$\pi(\lambda)=\frac{p}{p_0}=\left(1-\frac{\gamma-1}{\gamma+1}\lambda^2\right)^{\frac{\gamma}{\gamma-1}} \quad 或 \quad \pi(Ma)=\frac{p}{p_0}=\frac{1}{\left(1+\frac{\gamma-1}{2}Ma^2\right)^{\frac{\gamma}{\gamma-1}}} \tag{3-27}$$

静密度、总密度之比 ε：

$$\varepsilon(\lambda)=\frac{\rho}{\rho_0}=\left(1-\frac{\gamma-1}{\gamma+1}\lambda^2\right)^{\frac{1}{\gamma-1}} \quad 或 \quad \varepsilon(Ma)=\frac{\rho}{\rho_0}=\frac{1}{\left(1+\frac{\gamma-1}{2}Ma^2\right)^{\frac{1}{\gamma-1}}} \tag{3-28}$$

对于确定气体，如空气 $\gamma=1.4$，可由式（3-26）～式（3-28）绘制出各气动函数随 λ 的变化规律图，如图 3-3 所示。可以看出，当 $\lambda=0$ 时，$\tau(\lambda),\pi(\lambda),\varepsilon(\lambda)$ 均为 1；随 λ 增加，三种气动函数均呈下降趋势；当 $\lambda=\lambda_{max}=2.4$ 时，它们都为零。计算时由静参数、总参数、λ（或 Ma）中的任意两项，可求得第三个量。工程中通常编制出以 λ（或 Ma）为自变量的各种气动函数表，供计算时查用。

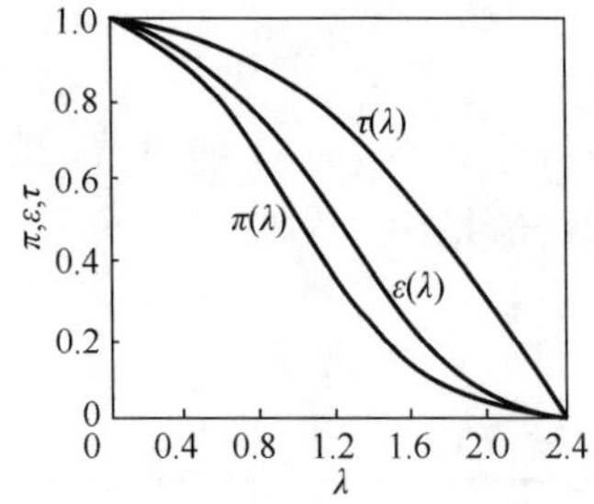

图 3-3　气动函数与 λ 的关系

2. 流量函数——$q(\lambda)$ 或 $q(Ma)$

对一维定常流动，计算某截面上的质量流量时，需要知道该截面上的密度、流速和截面面积，由公式 $\dot{m}=\rho vA$ 确定。在一般的气动计算中，用某截面处的气流总参数与 λ（或 Ma）来表示流量，往往会简化计算，流量公式可整理为

$$\dot{m}=\rho vA=\frac{\rho v}{\rho_* v_*}\rho_* v_* A \tag{3-29a}$$

将 $\lambda=v/v_*$ 及式（3-23c）和式（3-28）代入式（3-29a），可得

$$\frac{\rho v}{\rho_* v_*}=\frac{\rho/\rho_0}{\rho_*/\rho_0}\lambda=\lambda\cdot\left(1-\frac{\gamma-1}{\gamma+1}\lambda^2\right)^{\frac{1}{\gamma-1}}\cdot\left(\frac{\gamma+1}{2}\right)^{\frac{1}{\gamma-1}} \tag{3-29b}$$

定义**流量函数**为

$$q(\lambda)=\frac{\rho v}{\rho_* v_*}=\lambda\cdot\left(1-\frac{\gamma-1}{\gamma+1}\lambda^2\right)^{\frac{1}{\gamma-1}}\cdot\left(\frac{\gamma+1}{2}\right)^{\frac{1}{\gamma-1}} \tag{3-30}$$

如果将单位时间通过单位面积的气体质量定义为**密流**，即 $G=\rho v$，则由流量函数定义可知，它表示的是无量纲的密流。

对于空气，当 $\gamma=1.4$ 时，流量函数 $q(\lambda)$ 随 λ 的变化规律如图 3-4 所示。

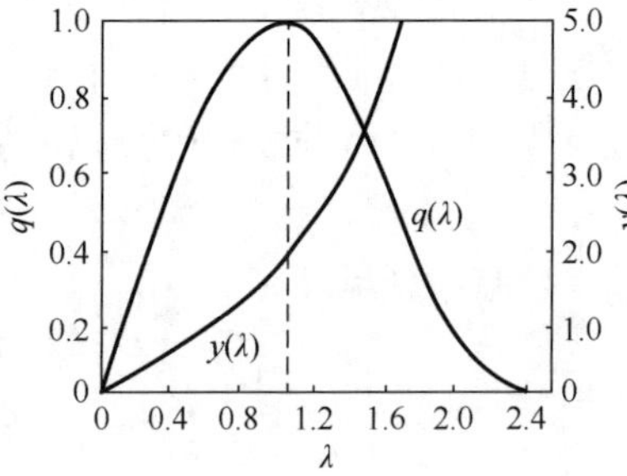

图 3-4　流量函数与 λ 的关系

可以看出，当 $\lambda=0$ 时，$q(\lambda)=0$；当 $\lambda=\lambda_{\max}=2.4$ 时，$q(\lambda)=0$；当 $\lambda=1$ 时，$q(\lambda)=1$ 最大，这表明在 $\lambda=1$ 的截面处，即在临界截面上，密流值最大。因此，对于一维定常流动，用临界截面处的参数计算流量更为方便。此外，由图 3-4 可以看出，每一个流量函数值都对应两个 λ，一个为亚声速，另一个为超声速，该结论在缩放喷嘴一节还将进行深入探讨。

下面进一步整理流量的公式，由式（3-22b）和式（3-23c）可知：

$$v_*=a_*=\sqrt{\frac{2}{\gamma+1}\gamma RT_0} \tag{3-31a}$$

$$\rho_*=\rho_0\left(\frac{2}{\gamma+1}\right)^{\frac{1}{\gamma-1}}=\frac{p_0}{RT_0}\left(\frac{2}{\gamma+1}\right)^{\frac{1}{\gamma-1}} \tag{3-31b}$$

将式（3-31）中的参数关系代入质量流量公式（3-29a），并结合流量函数定义整理得

$$\dot{m}=K\frac{p_0}{\sqrt{T_0}}q(\lambda)A \tag{3-32a}$$

式中，$K=\sqrt{\frac{\gamma}{R}\left(\frac{2}{\gamma+1}\right)^{\frac{\gamma+1}{\gamma-1}}}$，对于给定气体，因 γ,R 为常数，则 K 为常数。例如，对于空气，$s\gamma=1.4$，$R=287\text{J/(kg}\cdot\text{K)}$，则 $K=0.0404\text{s}\cdot\text{K}^{\frac{1}{2}}/\text{m}$；对于燃气，$\gamma=1.33, R=287.4\text{J/(kg}\cdot\text{K)}$，则 $K=$

$0.0397\text{s}\cdot\text{K}^{\frac{1}{2}}/\text{m}$。

在计算中，如果已知条件不是气流的总压，而是静压，则可引入另一个气动函数 $y(\lambda)=q(\lambda)/\pi(\lambda)$，将 $\pi(\lambda)=p/p_0$ 的具体公式代入即可得 $y(\lambda)$ 随 λ 的变化规律（图 3-4），于是流量公式（3-32a）可表示为

$$\dot{m}=K\frac{p_0}{\sqrt{T_0}}q(\lambda)A=K\frac{p}{\sqrt{T_0}}\frac{p_0}{p}q(\lambda)A=K\frac{p}{\sqrt{T_0}}\frac{q(\lambda)}{\pi(\lambda)}A=K\frac{p}{\sqrt{T_0}}y(\lambda)A \tag{3-32b}$$

此外，根据 Ma 与 λ 的关系式（3-25），流量函数也可以用 Ma 表示为

$$q(Ma)=Ma\left[\frac{2}{\gamma+1}\left(1+\frac{\gamma-1}{2}Ma^2\right)\right]^{-\frac{\gamma+1}{2(\gamma-1)}} \tag{3-33a}$$

于是流量公式（3-32a）的另一种表述方式为

$$\dot{m}=K\frac{p_0}{\sqrt{T_0}}q(Ma)A \tag{3-33b}$$

【例 3-1】某扩压管道，进口空气总压 $p_{01}=2.942\times10^5\text{Pa}$，进口速度系数 $\lambda_1=0.85$，进出口截面面积比 $A_2/A_1=2.5$，总压比 $p_{02}/p_{01}=0.94$，求出口截面处的 λ_2 和静压 p_2。

解　设扩压器管为绝能流动，有 $T_{02}=T_{01}$，由流量公式（3-32a）得

$$\dot{m}=K\frac{p_{01}}{\sqrt{T_{01}}}q(\lambda_1)A_1=K\frac{p_{02}}{\sqrt{T_{02}}}q(\lambda_2)A$$

整理可得 $q(\lambda_2)=K\dfrac{p_{01}}{p_{02}}\dfrac{A_1}{A_2}q(\lambda_1)=0.4225\ q(\lambda_1)$。

由流量函数公式(3-30)可得，当 $\lambda_1=0.85$ 时，$q(\lambda_1)=0.9729$，则 $q(\lambda_2)=0.4140$。再将 $q(\lambda_2)$ 代入式（3-30），可解出 $\lambda_2=0.27$ 和 $\lambda_2'=1.79$。

由于亚声速流在渐扩流道内的流动为减速增压流动，故只有当 $\lambda_2=0.27$ 时成立。计算可得 $\pi(\lambda_2)=0.9579$，再由 $p_2/p_{02}=\pi(\lambda_2)$ 可得 $p_2=p_{02}\ \pi(\lambda_2)=2.649\times10^5\text{Pa}$。

【例 3-2】液体火箭发动机地面试车时，高速喷气所产生的推力 $F=4.905\times10^5\text{N}$，喷管进口燃气总温 $T_{01}=2700\text{K}$，总压 $p_{01}=30.99\times10^5\text{Pa}$，喷管出口燃气压强等于大气压，$p_2=p_a=1.013\times10^5\text{Pa}$，若流动为绝能等熵流动，求出口速度 v_2、质量流量 $\dot{m}$、喷管最小截面面积 A_t、喷管出口截面面积 A_2。

解　地面试车时，有 $v_1=0$，对绝能等熵流动 $T_{02}=T_{01}, p_{02}=p_{01}$，则有

$$\pi(\lambda_2)=\frac{p_2}{p_{02}}=\frac{p_a}{p_{02}}=0.0327<\frac{p_*}{p_{02}}=0.528$$

因此喷管出口处必为超声速，查表 A-1 或由式（3-27）计算得 $\lambda_2=2.01$，于是得出口速度：

$$v_2=\lambda_2 a_*=\lambda_2\sqrt{\frac{2}{\gamma+1}\gamma RT_{01}}=1891.8\text{m/s}$$

由动量方程可得到推力计算公式：

$$F=\dot{m}(v_2-v_1)+A_2(p_2-p_a)=\dot{m}v_2$$

故喷管内流量为

$$\dot{m}=F/v_2=259.27\text{kg/s}$$

再由流量公式 $\dot{m}=K\dfrac{p_{01}}{\sqrt{T_{01}}}q(1)A_t$，其中 $q(1)=1$，得

$$A_t=\frac{\dot{m}}{K}\frac{\sqrt{T_{01}}}{p_{01}}=0.1096\text{m}^2$$

对出口截面有 $Kq(1)A_t=Kq(\lambda_2)A_2$，于是可得 $A_2=A_t/q(\lambda_2)=0.4498\text{m}^2$。

3. 气流做功能力的标志——总压

在气体动力学中，总压代表了气流的做功能力。假设有两股气流在两个相同的收缩喷管内做等熵流动，入口处总温相同 $T_{01}=T_{01}'$，但入口总压不同 $p_{01}>p_{01}'$。若出口 $p_2=p_2'$，则 $p_{01}/p_2>p_{01}'/p_2'$，由等熵关系可知 $p_{01}/p_2=(T_{01}/T_2)^{\frac{\gamma}{\gamma-1}}$，$p_{01}'/p_2'=(T_{01}'/T_2')^{\frac{\gamma}{\gamma-1}}$，因此可得静温 $T_2<T_2'$，又因为两喷管内气流的总温相等，故两股气流的总焓相等（$h_{01}=h_{01}'$），再根据能量方程可得 $v_2>v_2'$。这表明总压较高的气流在管道出口处具有更高的速度或动能，这种动能可以用来做功。也就是说，尽管两股气流的总能量是相同的（$T_{01}=T_{01}'$），但二者的做功能力却不相同，总压越高则做功能力越强。因此气流的总压可以看作是气流总能量中可利用程度的度量。

3.3　气体中的波运动

在气体动力学中，若流场内某点的压强、密度和温度等参数发生了变化，则称气体受到了**扰动**，并将造成扰动的根源称为**扰动源**。这种扰动是以波的形式向四周传播的，而且扰动有强弱之分。如果扰动造成的气体参数变化量与未扰动时的数值相比极小，称其为**微弱扰动**，例如声带振动引起的扰动；如果扰动造成气体参数发生有限大小的变化，则称其为**强扰动**，例如炮弹爆炸引起的扰动。

将流场中受扰动气体与未受扰动气体的分界面称为**扰动波**，即由扰动引起的参数变化的传播界面。由于扰动的存在，流场中会出现以下三种情况：①无任何间断面，气体的各个参数连续分布，且其导数亦连续分布，不存在扰动波，如一维等熵流动；②出现弱间断面，气体各参数连续，但其导数不连续，存在微弱扰动波，如声波；③出现强间断面，气体参数不连续，且其导数亦不连续，存在强扰动波（或有限振幅波），如激波。本节介绍扰动波在空间的传播规律。

3.3.1　微弱扰动波

下面以微弱扰动波在圆管内的传播为例，介绍微弱扰动在可压缩流体内的传播情况。

1. 微弱扰动波的一维传播

如图 3-5（a）所示，半无限长圆管内充满压强为 p、温度为 T、密度为 ρ 的静止气体。若圆管左侧活塞向右的速度突然从零增加至 $\mathrm{d}v$，而后保持 $\mathrm{d}v$ 向右运动，此时活塞将压缩紧靠活塞右侧的那一层气体，这层气体受压缩后，又会接着压缩下一层气体，这样一层一层依次传下去，便在管道内形成一道以速度 a 相对于当地气体向右传播的微弱扰动压缩波。该压缩波扫过的气体，其参数较波前有一微小增量，波后气体以微小速度 $\mathrm{d}v$ 向右运动，可假设波后压强、温度和密度分别为 $p+\mathrm{d}p$，$T+\mathrm{d}T$ 和 $\rho+\mathrm{d}\rho$。

反之，如果活塞突然以速度 $\mathrm{d}v$ 向左运动，它将使紧靠活塞右侧的气体发生微弱膨胀，而

后一层一层向右传播，形成一道以速度 a 向右传播的微弱扰动膨胀波，波后气体参数发生微小降低，且波后气体和活塞一样以速度 $\mathrm{d}v$ 向左运动。

可以看出，产生波的原因是介质受到了扰动，该扰动依赖于介质的弹性并以扰动波的形式传播到介质的其他部分，这里应注意区分扰动波传播的速度 a 和气体质点本身的运动速度 $\mathrm{d}v$，对图 3-5（a）中微弱扰动压缩波而言，扰动传播方向与气体质点的运动方向是一致的，但 $a \gg \mathrm{d}v$。

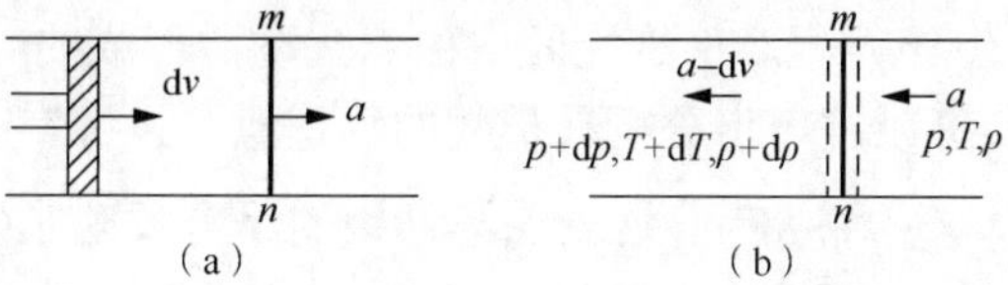

图 3-5　微弱扰动在直管中的传播

研究表明，不论是微弱扰动压缩波还是膨胀波，其传播速度都是一样的，均属于纵波。例如击鼓时，鼓膜振动引起的扰动向四周传播，当膜外凸时，会压缩周围气体，形成微弱扰动压缩波，当膜内凹时，形成微弱扰动膨胀波，故可以将声波看成一种微弱扰动压缩膨胀波。

人们将微弱扰动波的传播速度统称为**声速**，用 a 来表示。也就是说，气体动力学中的声速 a 不仅是指声波的传播速度，而且是所有微弱扰动波的传播速度，下面我们来推导声速的表达式。

2. 微弱扰动波的传播速度——声速

微弱扰动在管内的传播实际上是一个非定常过程，为了简化问题，可以将坐标系取在波面 mn 上，在波面附近取控制体，如图 3-5（b）所示，于是参考坐标系同样以声速 a 向右运动，这样就把非定常流动转变为定常流动。相当于气体自右向左运动，经过波面时，气流速度从 a 降为 $a-\mathrm{d}v$，同时压强从 p 增至 $p+\mathrm{d}p$、温度从 T 增至 $T+\mathrm{d}T$、密度从 ρ 增至 $\rho+\mathrm{d}\rho$。

设管道截面积为 A，列连续方程为 $\rho aA=(\rho+\mathrm{d}\rho)(a-\mathrm{d}v)A$，整理后略去二阶项得

$$\rho\mathrm{d}v = a\mathrm{d}\rho \tag{3-34a}$$

对控制体列动量方程得 $\rho aA[(a-\mathrm{d}v)-a]=[p-(p+\mathrm{d}p)]A$，整理得

$$\mathrm{d}p = \rho a\mathrm{d}v \tag{3-34b}$$

联立式（3-34a）和式（3-34b），消去 $\mathrm{d}v$，可得声速方程为

$$a^2 = \frac{\mathrm{d}p}{\mathrm{d}\rho} \quad \text{或} \quad a = \sqrt{\frac{\mathrm{d}p}{\mathrm{d}\rho}} \tag{3-35a}$$

由于气体受到的是微弱扰动，气体的压强、密度、温度和速度的变化皆为无穷小量，即 $\mathrm{d}p \to 0, \mathrm{d}\rho \to 0, \mathrm{d}T \to 0$，故可忽略黏性作用，将整个过程视为可逆过程。此外，由于扰动传播过程进行得极为迅速，与外界来不及进行热量交换，可视其为绝热过程。因此微弱扰动的传播可以近似看作是可逆绝热过程，即等熵过程。于是声速方程（3-35a）可以写成

$$a^2 = \left(\frac{\partial p}{\partial \rho}\right)_s \tag{3-35b}$$

利用完全气体状态方程 $p=\rho RT$ 和等熵关系式 $\frac{p}{\rho^\gamma}=$常数，可得 $\left(\frac{\partial p}{\partial \rho}\right)_s = \gamma\frac{p}{\rho} = \gamma RT$，于是声速方程又可以写成

$$a = \sqrt{\gamma RT} \tag{3-35c}$$

式（3-35c）表明流体中声速的大小取决于流体的物理性质（γ, R）和温度（T），并与热力学温度的平方根成正比，是一个状态函数或点函数。因此，通常所说的声速是指在某种介质中某点某时的声速，即当地声速。

对于空气，$\gamma = 1.4$, $R = 287\text{J}/(\text{kg}\cdot\text{K})$，则有 $a = 20.04\sqrt{T}$。例如，若取海平面上的空气温度为 288.2K，则其对应的声速大小为 340m/s。应当指出声速方程虽然是从等截面直管中微弱扰动波的传播推导而来，但该方程对三维空间内由点扰动源形成的球面波也同样适用。

根据 $a = \sqrt{\gamma RT}$，我们可以进一步分析马赫数的物理意义。将声速方程引入马赫数的定义公式 $Ma = v/a$，可得 $Ma^2 = v^2/(\gamma RT)$，这表明马赫数的平方反映了气体宏观运动动能与分子不规则热运动动能（即内能）之比。当 $v \ll a$ 时，即 $Ma \to 0$ 时，气体宏观流动动能远远小于内能，因此流速对热力学状态的影响可以忽略不计；但是随马赫数增大，宏观运动动能对热力学状态的影响会越来越大，热力学定律就成为气体动力学中不可分割的基本定律。

3. 微弱扰动波在空间的传播

微弱扰动相对于气体是以当地声速向周围传播的。在圆管流动中受管壁限制，扰动只沿管道做一维传播，如果在空间流场中的某一点上有一个扰动源，每隔 1s 发出一次微弱扰动，则扰动将以球面波的形式向四周传播，如图 3-6 所示。

如果扰动源固定在静止气体内，则其产生的每个微弱扰动都将以声速 a 向四周传播，因此不同时刻的微弱扰动传播的波面将会构成一组同心球面，如图 3-6（a）所示。如果气流是运动的，如图 3-6（b）～（d）所示，则相当于把微弱扰动的流场与一个自左向右的均匀来流相叠加。假设来流速度是 $\boldsymbol{v}$，那么微弱扰动的绝对速度为 $\boldsymbol{v} + a\boldsymbol{e}_r$，其中 $\boldsymbol{e}_r$ 是扰动源径向的单位矢量，于是扰动源在不同时刻形成的波面已不再是同心球面了，其形状取决于 Ma 的大小。

1）静止流场（$v = 0$）

图 3-6（a）给出了来流速度 $v = 0$ 时，微弱扰动波在不同时刻的位置。可以看出，扰动波面是以扰动源为球心的同心球面，这三个球面分别表示 0s,1s,2s 时刻发出的扰动波波面位置。显然只要时间足够长，扰动将会传遍整个流场，也就是说微弱扰动能够影响到的区域是全部空间。

2）亚声速流场（$v < a$）

如图 3-6（b）所示，在亚声速流场中，在 t=0 时刻由 O 点发出的微弱扰动，经过 1s 后，其波面将达到以 O_1 为球心、以 a 为半径的球面上；在 2s 后，扰动波波面传到以 O_2 为球心、以 $2a$ 为半径的球面上，并依此类推。可以看出，由于 $v < a$，扰动波波面是一系列偏心球面，微弱扰动仍然能够传遍全场，只是在顺流方向传得快，在逆流方向传得慢。

3）声速流场（$v = a$）

如图 3-6（c）所示，在声速流场中，由于 $v = a$，故不同时刻的波面构成一组在扰动源 O 点具有公切面的球面。由此可见，从 O 点发出的微弱扰动在任何时刻都不能越过公切面，公切面上游为未扰动区，下游为受扰动区，微弱扰动只能在下游半个空间中传播。

4）超声速流场（$v > a$）

如图 3-6（d）所示，在超声速流场中，在 t=0 时刻由 O 点发出的微弱扰动经过 1s 后，扰动波波面位于以 O_1 为球心、以 a 为半径的球面上，但因 $v > a$，则 $OO_1 > a$，因此扰动源在球面之外；依此类推，不同时刻的扰动波波面形成了一个圆锥状包络面，其顶点在扰动源，且其半顶角 μ 满足：$\sin\mu = a/v = 1/Ma$。通常将这个圆锥状的包络面定义为马赫锥，其半顶角称为马赫角。由此可见，在超声速气流中，马赫锥以内是受扰动区，马赫锥以外是未扰动区，微弱扰动只能在马赫锥以内传播。

综上所述，微弱扰动在亚声速流场中能够传遍整个流场，而在超声速流场中却只能在马赫锥内传播，这就导致亚声速流、超声速流在数学形式和流动规律上都具有不同的本质，下面将详细加以叙述。

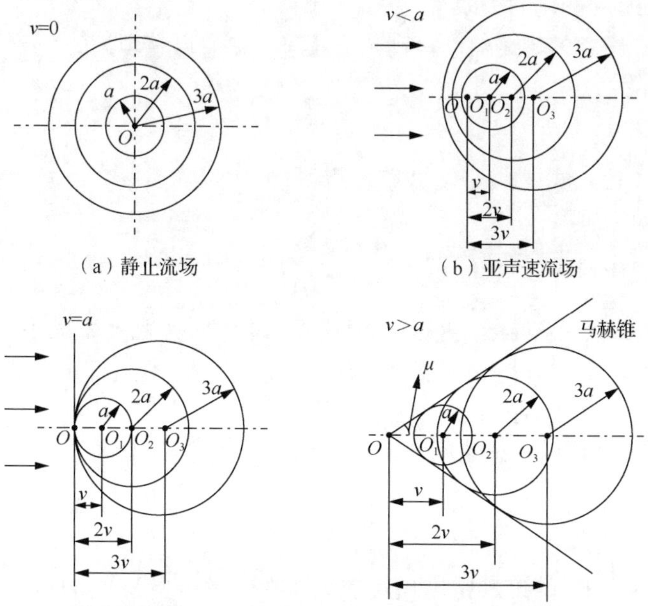

（a）静止流场　（b）亚声速流场　（c）声速流场　（d）超声速流场

图 3-6　微弱扰动在空间的传播

4. 亚声速流与超声速流的本质区别

1）扰动传播特性的差别

为了分析亚声速流与超声速流在扰动传播特性上的差别，将微弱扰动源能够传播到的空间区域称为扰动的**影响区**，将空间某固定点能够接收到气流扰动信号的区域称为该点的**依赖区**。在静止流场和亚声速流场中，微弱扰动能传遍整个流场，任意点的影响区和依赖区都是整个流场，即流场中任何一点都能感受到所有边界的影响。这是因为无论是在指定点上游或是下游的扰动，只要时间足够长，这些扰动总能传到该点。

但是在超声速流场中则完全不同，如图 3-7 所示，空间有一点 P，它的影响区是其马赫锥。如果以 P 点为顶点、以马赫角为半顶角，向 P 点上游做马赫锥，并将其定义为**前马赫锥**，那么只有在前马赫锥内的扰动才能传到 P 点，而在前马赫锥之外的扰动，无论多长时间都不可能传到 P 点，因此 P 点的依赖域仅是其前马赫锥所在区域。

以上分析也可以推广到绕流问题中，例如在求解亚声速绕流问题时，因为上下游的边界条件都将对绕流产生影响，所以必须要给出全部的边界条件；而对于理想流体超声速绕流问题，因为下游边界流动参数的任何变化（扰动）都不影响上游气体流动，所以下游边界条件是不必要的。

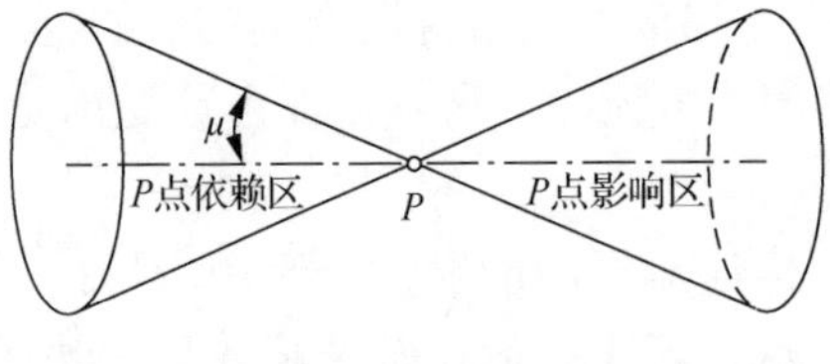

图 3-7　超声速气流的依赖区和影响区

2）速度变化与密度变化的关系

对于完全气体一维定常等熵流动，动量方程（3-13）可整理为

$$v\mathrm{d}v=-\frac{\mathrm{d}p}{\rho}=-\frac{\mathrm{d}p}{\mathrm{d}\rho}\frac{\mathrm{d}\rho}{\rho} \tag{3-36a}$$

将 $a^2=\dfrac{\mathrm{d}p}{\mathrm{d}\rho}$ 和 $Ma=\dfrac{v}{a}$ 代入式（3-36a）并整理可得

$$v\mathrm{d}v=-a^2\frac{\mathrm{d}\rho}{\rho}，即\quad \frac{\mathrm{d}\rho}{\rho}=-\frac{v}{a^2}\mathrm{d}v=-\frac{v^2}{a^2}\frac{\mathrm{d}v}{v}=-Ma^2\frac{\mathrm{d}v}{v} \tag{3-36b}$$

由 $Ma^2>0$ 可知 $\mathrm{d}v$ 和 $\mathrm{d}\rho$ 异号，即当气流速度 v 增大时，密度 ρ 减小，流动为膨胀过程；当气流速度 v 减小时，密度 ρ 增大，流动为压缩过程。也就是说速度与密度的变化趋势总是相反，这也反映了气体动能与内能之间的转化关系。

此外，由式(3-36b)可以看出速度与密度的相对变化率与 Ma 有关：当 $Ma=0$ 时，$\mathrm{d}\rho=0$，气体的密度不变化，为不可压缩流体；当 $Ma<1$ 时，$\left|\dfrac{\mathrm{d}\rho}{\rho}\right|<\left|\dfrac{\mathrm{d}v}{v}\right|$，气体的密度相对变化得慢；当 $Ma=1$ 时，$\left|\dfrac{\mathrm{d}\rho}{\rho}\right|=\left|\dfrac{\mathrm{d}v}{v}\right|$，速度和密度相对变化速率一样；当 $Ma>1$ 时，$\left|\dfrac{\mathrm{d}\rho}{\rho}\right|>\left|\dfrac{\mathrm{d}v}{v}\right|$，密度相对变化得快。

3）速度变化与流道截面积变化的关系

对气体一维定常等熵流动，将连续方程 $\dfrac{\mathrm{d}\rho}{\rho}+\dfrac{\mathrm{d}v}{v}+\dfrac{\mathrm{d}A}{A}=0$ 代入式（3-36b）得

$$\frac{\mathrm{d}v}{v}=\frac{1}{1-Ma^2}\frac{\mathrm{d}A}{A} \tag{3-37}$$

由式（3-37）可以看出气体速度随管道截面积的变化规律：

在亚声速流中（$Ma<1$），$\mathrm{d}v$ 和 $\mathrm{d}A$ 异号，截面面积增大($A\uparrow$)，速度降低($v\downarrow$)，流动为压缩过程，气流的压强、温度、密度相应增大，反之亦然。

在超声速流中（$Ma>1$），$\mathrm{d}v$ 和 $\mathrm{d}A$ 同号，截面面积增大($A\uparrow$)，速度亦增大($v\uparrow$)，流动为膨胀过程，气流的压强、温度、密度相应减小，反之亦然。

当 $Ma=1$ 时，$\mathrm{d}A=0$，截面变化率为零，必然发生在管道最大或最小截面处。由于亚声速气流趋近最大截面时将减速，而超声速气流趋近最大截面时将加速，二者均是向远离声速的方向发展，故均不会在最大截面处达到声速。因此可以推断，声速必定出现在最小截面处，此时管道最小截面对应临界截面。需要注意的是，最小截面是针对管道几何形状而言的，最小截面不一定是临界截面，只有当最小截面处的流速达到 $Ma=1$ 时，最小截面才对应临界截面。

综上所述，在不同马赫数下由式（3-36b）和式（3-37）的计算结果，可以列表分析 ρ, v, A

之间的具体关系。表 3-2 给出了在速度相对变化率增大 1%时，不同 Ma 下密度 ρ 与截面面积 A 的相对变化率。

表 3-2　ρ, v 与 A 的相对变化率与 Ma 的关系

Ma	$\mathrm{d}v/v$	$\mathrm{d}\rho/\rho$	$\mathrm{d}A/A$
0.2	1%	−0.04%	−0.96%
0.4	1%	−0.16%	−0.84%
0.8	1%	−0.64%	−0.36%
1.0	1%	−1%	0%
1.2	1%	−1.44%	−0.44%
1.4	1%	−1.96%	0.96%
1.6	1%	−2.56%	1.56%

4）密流变化与面积变化的关系

由式（3-37）可知，在亚声速流与超声速流中，速度随截面面积变化的规律是相反的，为了分析其原因，引入密流公式 $G=\rho v$。

由一维定常等熵流动的连续方程 $\rho vA = GA =$ 常数 可得

$$\frac{\mathrm{d}G}{G}=-\frac{\mathrm{d}A}{A} \quad 或 \quad \frac{\mathrm{d}G}{G}=\frac{\mathrm{d}\rho}{\rho}+\frac{\mathrm{d}v}{v} \tag{3-38}$$

可以看出，密流 G 与截面面积 A 总是呈相反的变化趋势，结合上文结论可以分析密流与速度、密度之间的变化规律：

当 $Ma<1$ 时，由于亚声速流中的 ρ 相对变化较慢，故 v 对 G 起主导作用，故有面积扩大（$A\uparrow$）、密流减小（$G\downarrow$）、速度降低（$v\downarrow$），再根据速度与密度相对关系可知密度增大（$\rho\uparrow$）；反之，则 $A\downarrow, G\uparrow, v\uparrow, \rho\downarrow$。

当 $Ma>1$ 时，由于超声速流中的 ρ 相对变化较快，ρ 对 G 起主导作用，故存在面积扩大 $A\uparrow$，密流减小 $G\downarrow$，密度减小 $\rho\downarrow$，而速度增大 $v\uparrow$；反之则 $A\downarrow, G\uparrow, \rho\uparrow, v\downarrow$。

当 $Ma=1$ 时，在 $\mathrm{d}A=0$ 截面处，$\mathrm{d}G=0$，密流达到最大值：$G=G_{\max}=\rho_* a_*$。

为了确定密流与 Ma 之间的关系，由式（3-37）、式（3-38）可得 $\frac{\mathrm{d}G}{G}=-\frac{\mathrm{d}A}{A}=(1-Ma^2)\frac{\mathrm{d}v}{v}$，整理得

$$\frac{\mathrm{d}G}{\mathrm{d}v}=(1-Ma^2)\frac{G}{v}=(1-Ma^2)\rho \tag{3-39}$$

式（3-39）说明密流对速度的变化率取决于 ρ 和 Ma，而且在亚声速流与超声速流中的变化趋势是相反的。当 $Ma=1$ 时，密流 G 最大，即流量达到最大值。通常用无量纲密流来反映流动截面上的流量，定义为某截面的密流与其对应的临界截面的密流之比。对于给定的气体，无量纲密流仅是马赫数（或速度系数）的函数，如图 3-8 给出了马赫数与无量纲密流的关系，很明显在 $Ma=1$ 的截面，即临界截面上的无量纲密流值最大，也就是单位面积上通过的流量最大。需要说明的是，密流 G 达到最大值的前提是管道面积确定，而且上游的条件（总压、总温等）也确定，如果上游的条件发生了改变，则 G 的最大值也会随之变化。

5. 超声速气流绕外凸壁面流动

根据气流速度与截面面积变化关系式（3-37）可知，在超声速气流中截面面积扩大时，

会发生加速现象，现在讨论超声速气流绕外凸壁面的平面流动问题。

1）超声速气流绕微小外凸壁面流动

当超声速气流绕过物体时，受扰动气体和未受扰动气体之间的分界面又称为**马赫波**。

如图 3-9 所示，设超声速来流以马赫数 Ma 平行于壁面 AO 流动，壁面在 O 点向外折转一个无限小角度 $\mathrm{d}\theta$，这相当于截面面积在 O 点突然变大，从而产生微弱扰动，于是在壁面折转处产生一道马赫波 OL，其马赫角 $\mu = \arcsin(1/Ma)$。气流通过马赫波以后，参数值发生微小变化，气流将平行于波后壁面 OB 流动，即气流流动方向折转了一个角度 $\mathrm{d}\theta$，将其称为**气流转折角**。

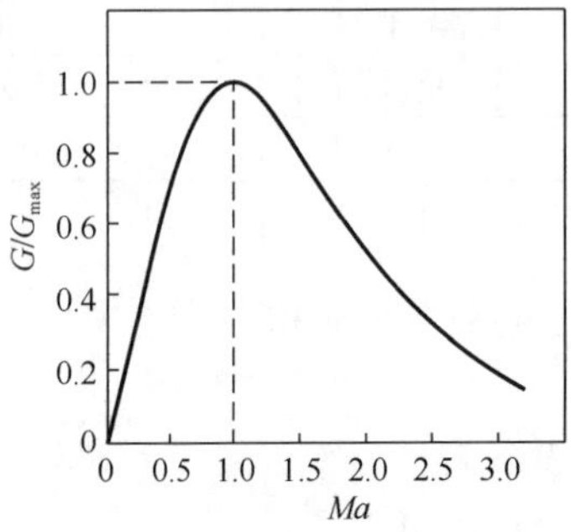

图 3-8　马赫数与密流的关系

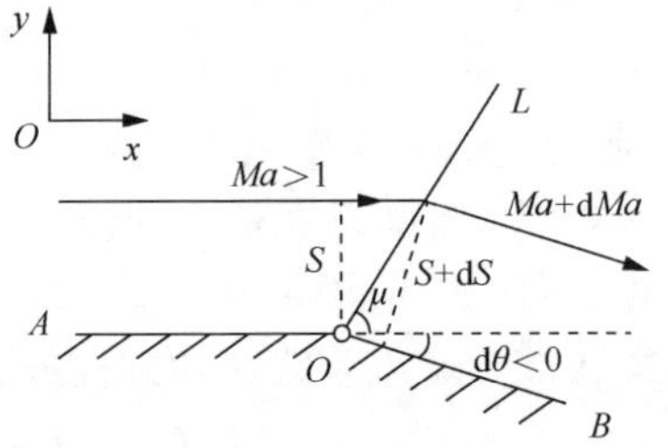

图 3-9　超声速气流绕微小外凸壁面流动

如果忽略壁面摩擦与热交换，则气流穿越马赫波的过程可视为绝能等熵过程，又因超声速气流在流道截面积扩大时，速度增大而压强、温度、密度均降低，属膨胀过程，因此这种马赫波使气流得到膨胀，称为**膨胀波**。

2）超声速气流绕过多个连续的外凸壁面

如图 3-10 所示，如果超声速气流在 O_1 点外折了一个微小角度 $\mathrm{d}\theta_1$ 之后，又在 O_2,O_3 等一系列点上分别外折了 $\mathrm{d}\theta_2, \mathrm{d}\theta_3, \cdots$。则此过程可看作气流绕过一系列折转无限小的外凸壁，每折转一次就产生一道膨胀波，气流每经过一道膨胀波，参数都会发生微小变化并折转一个微小角度 $\mathrm{d}\theta_i$，波后马赫数会有所增加（$Ma_1 < Ma_2 < Ma_3 < \cdots$），且马赫角逐渐减小（$\mu_1 > \mu_2 > \mu_3 > \cdots$），而同时壁面又向外折转了一个微小角度，所以后面膨胀波的倾斜角都要比前面膨胀波的倾斜角小，即这些膨胀波既不会平行也不会彼此相交，而是发散的，形成一个扇形波区。

3）普朗特-迈耶流动

若壁面的多个折角的折转点都无限接近 O 点，则此流动就是上一情况的极限，二者实质上是一样的。如图 3-11 所示，O 点相当于一扰动源，形成无数道从折点发散的扇形膨胀波，即 $OK, Oa', Ob', Oc', \cdots, OL$。气流穿过这些膨胀波时，流动方向逐渐转折，气流的膨胀过程在扇形 KOL 范围内完成，气流参数等熵连续变化。其中 OK 线是对应于波前 Ma_1 的第一道马赫波，OL 是对应于波后 Ma_2 的最后一道波。第一道波的马赫角 μ_1 是 OK 线与来流方向的夹角，而最后一道波的马赫角 μ_2 是 OL 与气流最终方向的夹角，两角分别为 $\mu_1 = \arcsin(1/Ma_1)$ 和 $\mu_2 = \arcsin(1/Ma_2)$。由于 $Ma_2 > Ma_1$，则 $\mu_2 < \mu_1$。因此 OK 线在上游，OL 线在下游，二者不会发生叠加。这样的平面流动通常称为绕外钝角流动，或**普朗特-迈耶**（Prandtl-Meyer，P-M）**流动**。

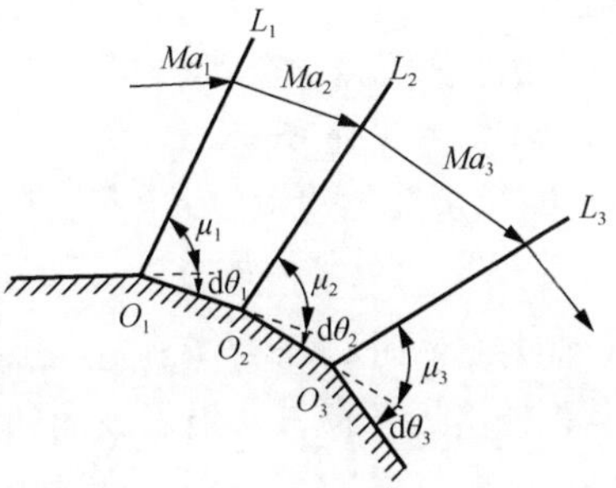

图 3-10　超声速气流绕多折角外凸壁面的流动

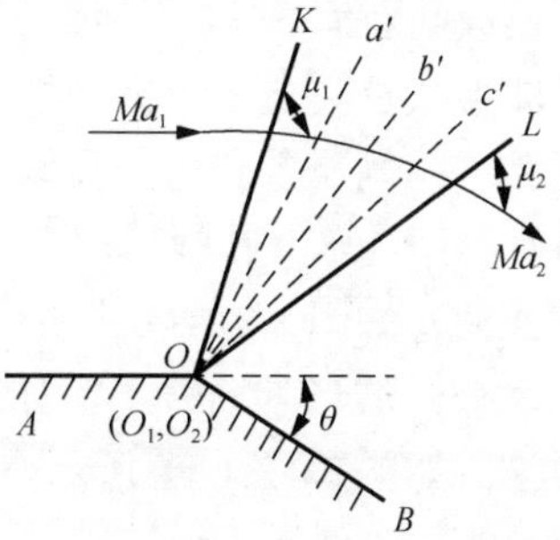

图 3-11　超声速气流绕一次有限转角的流动

普朗特-迈耶流动具有以下几个特点：①超声速来流为平行于 OA 壁面的定常直匀流，如图 3-11 所示，在壁面转折处必定产生扇形膨胀波束，该波束由无限多的马赫波组成；②气流每经过一道马赫波，参数只有无限小的变化，该过程是绝能等熵膨胀过程；③气流穿过膨胀波束后发生转折，将平行于壁面 OB 方向流动；④气流沿膨胀波束中的任意一道马赫线的参数均相同，且马赫线都是直线；⑤对于给定的起始条件，膨胀波束中任一点的速度大小只和该点的气流方向有关。

综上所述，超声速气流绕外凸壁面流动时，流动参数的变化取决于来流条件和总的折转角，而与壁面的折转方式无关，一次折转和多次折转的效果是一样的，且该过程中气流做绝能等熵流动。由于总参数保持不变，且静参数只是马赫数的函数，而马赫数与气流的转折角有关，因此可以通过气流转折角和马赫数的关系，再结合气动函数就可以确定波后其他气流参数了，此处不做详细介绍。

除了超声速气流绕外凸壁面流动会产生膨胀波以外，如果扰动源是压强差，也可能产生膨胀波。例如当气体以超声速射出喷管时，若气体在出口截面上的压强 p_e 大于外界环境压强 p_b，气流自喷管流出后将继续膨胀加速，这个加速膨胀过程直到气体在射流边界上的压强等于外界环境压强为止，这时喷管出口必然产生膨胀波，该现象将在 3.4.3 节介绍。

3.3.2　正激波与斜激波

上一节讲的微弱扰动波以及膨胀波都属于等熵（可逆绝热）过程，本节介绍一种强间断面现象——激波，其特点是气流穿越它时参数发生突跃，而且随之还存在机械能的损失，是一个不可逆过程。下面我们先从物理上简要说明激波的形成过程，然后建立激波前后物理量之间的关系式。

1. 激波的定义与分类

当超声速气流绕物体流动时，气体因受到强烈压缩后产生的两侧气体参数发生突跃变化的分界面，称为**激波**。

激波属于一种强压缩波或强间断面，它是超声速气流中的一种重要的物理现象，例如超声速飞行器高速飞行时，缩放喷管在非设计工况运行时，原子弹、氢弹爆炸时都有可能产生激波。气流经过激波后，流速减小，相应的压强、密度、温度升高。气流参数在极短时间、极短距离内发生急剧变化，激波内气体的黏性和热传导占重要地位，因此无法做到热力学平衡。从工程应用角度看，由于激波厚度很小，常常不考虑激波内部结构，将激波看作是一个无限薄的不连续间断面。

按照激波形状及其与气流方向之间的夹角，可以将激波分成以下几类：

（1）正激波：气流方向与波面垂直的平面激波，如图 3-12（a）所示。

（2）斜激波：气流方向与波面不垂直的平面激波，如超声速气流流过 $\delta < \delta_{\max}$ 的二维楔形面时产生的激波，如图 3-12（b）所示。

（3）曲激波：波形为曲线形，如超声速气流流过钝头物体时，在物体前面产生的脱体激波即是曲激波，如图 3-12（c）所示。脱体的曲激波中心处接近正激波，沿着波面向外延伸的是强度逐渐减弱的斜激波。

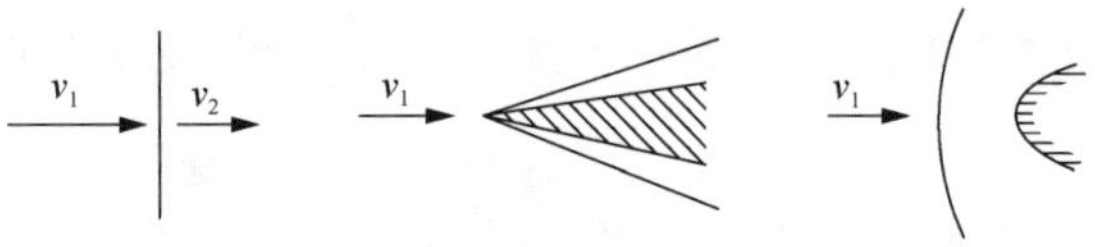

（a）正激波　　（b）斜激波　　（c）曲激波

图 3-12　激波的分类

2. 激波的形成

下面通过两个简单的例子说明正激波和斜激波的形成过程。

1）正激波的形成过程

与上一节微弱扰动压缩波传播的例子相似，设无限长直管内充满静止气体，其初始状态参数分别为 p,T,ρ。管道左侧活塞向右加速运动，在极短的时间内速度从 $v=0$ 增速到 v，然后等速运动，如图 3-13 所示。

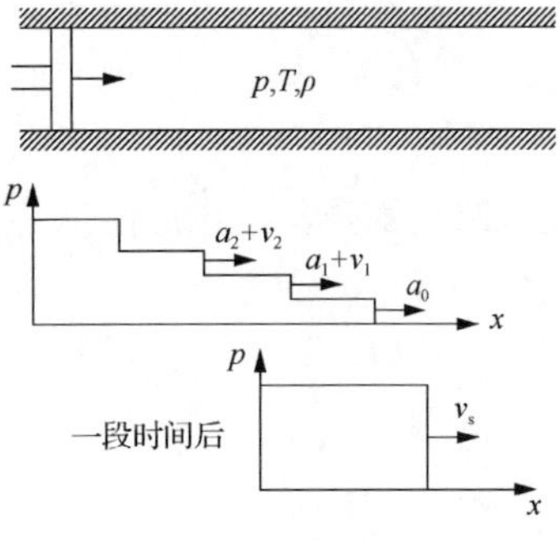

图 3-13　正激波的形成过程

如果将加速过程分成无数个微小加速的叠加，则管内会产生无数道微弱扰动压缩波，这些微弱扰动压缩波以当地声速相对于气体一道道向右传播。第一道波以速度 a_0 向右传播，波后气流产生一个微小的速度增量达到 v_1，而且波后气体的温度、压强和密度都略有增加，波后受压缩气体的声速 a_1 大于原静止气体的声速 a_0；当活塞第二次加速引起第二道微弱扰动压缩波时，扰动波在速度为 v_1 的气体中以当地声速 a_1 向右传播，故第二道波的绝对速度是 $a_1+v_1>a_0$；第二道波过后，气流继续向右加速到 v_2，同时温度又将略有增加，因此后续波的速度 $a_2+v_2>a_1+v_1>a_0$。

依此类推，当活塞不断加速，后一道波总是在前一道波的波后气体内产生，且波后气体温度升高导致后一道波的当地声速高于前一道波，因此后面的波传播比前面的快，最终后面的波一定会追赶上前面的波，当所有微弱扰动压缩波叠加在一起时，就形成了一道有限强度的扰动波——激波，它将以大于静止气体中声波的速度向右传播，即激波速度 v_s 为超声速。

在上述激波形成过程中，只要活塞加速后仍以不变的速度 v 前行，则管内将形成一个强度不变的稳定激波，且激波以超声速速度向前传播。但是当物体在大气中运动时，只有物体始终以超声速运动，才有可能形成稳定的激波。这是因为大气中波后气流没有两侧管壁的限制，能够自由地向四周运动，从而使波后气体的压强降低，激波强度减弱，若物体运动速度 v 小于激波速度 v_s，则物体与激波间的距离将逐渐加大。波后向四周运动的气体也增多，所以波后的气体压强逐渐降低，激波逐渐减弱，直至消失。因此，在大气环境中只有物体与激波速度相同时，才能维持物体与波之间位置不变，形成稳定激波。

需要注意的是如果活塞向左加速，则将产生一系列向右传播的微弱扰动膨胀波，由于每道膨胀波后气体膨胀、温度降低，因此后产生的波要比先产生的波速度慢，波与波之间的距离会越来越大，因此膨胀波不可能叠加成激波。

这种激波与微弱扰动压缩波存在着本质区别：激波是强压缩波，波前后参数变化是突跃的，激波强度与气流受压缩程度或扰动的强弱有关，气流经过激波的过程是绝热不等熵流动，而微弱扰动压缩波是绝能等熵流动。

2）斜激波的形成过程

如图 3-14（a）所示，设超声速来流以马赫数 Ma 绕过凹曲壁面 AOB，壁面在 O 点向内折转一个无限小角度 $\mathrm{d}\theta$，在壁面折转处产生一道马赫波 OL，气流通过马赫波以后折转了一个微小角度 $\mathrm{d}\theta$，并平行于波后壁面 OB 流动。因超声速气流在流道截面积缩小时速度降低，而压强、温度、密度均出现微小增加，这种马赫波为微弱扰动压缩波，气流穿越马赫波的过程属于等熵过程。

如图 3-14（b）所示，如果壁面在 O_1 点内折了角度 $\mathrm{d}\theta_1$ 之后，又在 O_2,O_3 等点上继续内折了 $\mathrm{d}\theta_2, \mathrm{d}\theta_3,\cdots$，则每折转一次就产生一道压缩波，气流每经过一道压缩波都会向内折转一个微小角度 $\mathrm{d}\theta_i$，波后马赫数减小（$Ma_1 > Ma_2 > Ma_3 > \cdots$），且相应的马赫角增大（$\mu_1 < \mu_2 < \mu_3 < \cdots$）。因此，各道压缩波会在折转点下游的某个区域叠加在一起，形成所谓的包络激波，当无限多道微弱扰动压缩波聚集成一道波时，波系范围就从有限的空间区域转化成一个面或线，当气流穿越这道波时，流动参数不再是连续变化而是发生突变，在这个过程中波内部的黏性和热传导已不可忽略，是一个熵增的过程。

在极限情况下，若折壁上所有点都无限接近 O 点，如图 3-14（c）所示，则曲壁转化为一个具有有限折角的凹折壁，形成的无数道从折点产生的压缩波直接在折点处叠加成一道强压缩波，这道压缩波波面与波前来流方向存在一夹角 β，是一道斜激波。

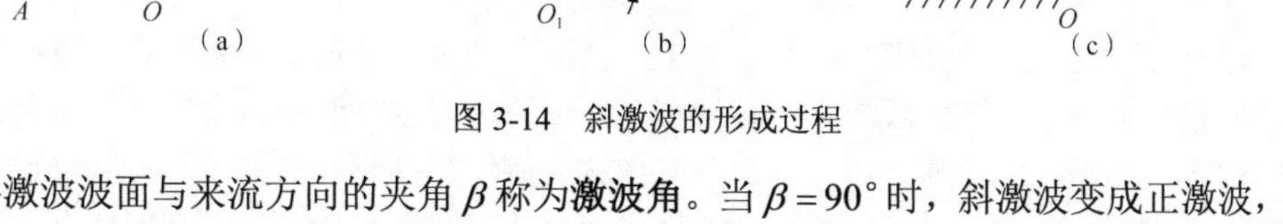

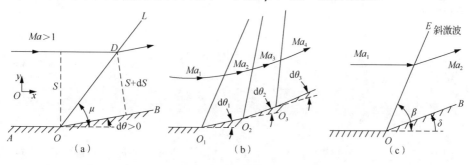

图 3-14　斜激波的形成过程

斜激波波面与来流方向的夹角 β 称为**激波角**。当 $\beta = 90^\circ$ 时，斜激波变成正激波，强度最大；当 $\beta=\arcsin(1/Ma)$ 时，斜激波退化成马赫波，强度最小。激波角 β 一般在 $\arcsin(1/Ma) < \beta < \pi/2$ 范围内。

3. 激波计算公式

由于激波是一种强间断面，气流穿过激波时流速减小，相应的压强、密度、温度突跃升高。为了建立激波前后热力学参数之间的关系，并将激波过程与等熵过程进行对比，常常将激波视为一个不连续的间断面，并忽略激波厚度，同时忽略激波与外界的传热，认为激波过程为绝热过程，不考虑由高温高压引起的分子离解、电离等化学现象。

1）激波前后参数间基本关系式

现在以超声速气流绕楔形体时产生的斜激波为对象，建立激波前后参数间的基本关系式。如图 3-15 所示，楔形体的半顶角为 δ，斜激波的激波角为 β，波后气流平行于楔形体表面，激波折转为角 δ。沿斜激波取如图 3-15 所示的控制体，建立斜激波基本关系式，其中连续方程为

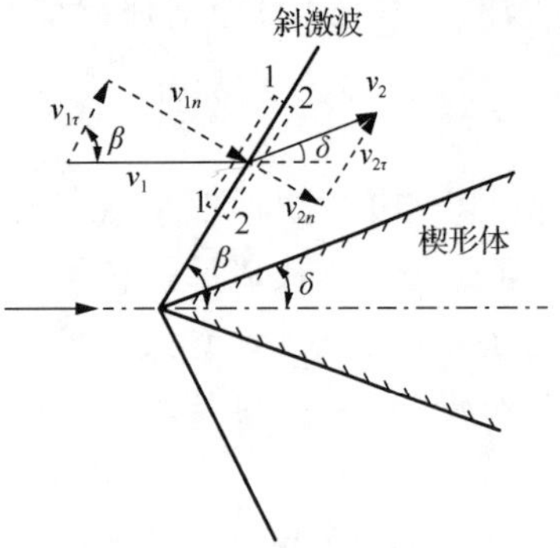

图 3-15　斜激波前后参数

$$\rho_1 v_{1n} = \rho_2 v_{2n} \tag{3-40a}$$

分别建立斜激波的法线方向与切线方向的动量方程：

$$p_1 + \rho_1 v_{1n}^2 = p_2 + \rho_2 v_{2n}^2 \qquad \text{和} \qquad \rho_1 v_{1n} v_{1\tau} = \rho_2 v_{2n} v_{2\tau}$$

于是可以得到斜激波理论的基本等式

$$v_{1\tau} = v_{2\tau} \tag{3-40b}$$

式（3-40b）表明气流穿过斜激波后，其平行于波面方向的切线方向速度分量保持不变，而垂直于波面方向的法线方向速度分量产生突跃变化。

能量方程：

$$c_p T_1 + \frac{v_{1\tau}^2 + v_{1n}^2}{2} = c_p T_2 + \frac{v_{2\tau}^2 + v_{2n}^2}{2} \qquad \text{或} \qquad c_p T_1 + \frac{v_{1n}^2}{2} = c_p T_2 + \frac{v_{2n}^2}{2} \tag{3-40c}$$

状态方程：

$$\frac{p_1}{T_1 \rho_1} = \frac{p_2}{T_2 \rho_2} \tag{3-40d}$$

式（3-40）中的四个方程称为**斜激波相容条件**。

对正激波而言，波前后速度与波面垂直，存在 $v_{1\tau} = v_{2\tau} = 0$，则由斜激波基本关系，可得正激波控制方程组：

$$\rho_1 v_1 = \rho_2 v_2 \tag{3-41a}$$

$$p_1 + \rho_1 v_1^2 = p_2 + \rho_2 v_2^2 \tag{3-41b}$$

$$c_p T_1 + \frac{v_1^2}{2} = c_p T_2 + \frac{v_2^2}{2} \tag{3-41c}$$

$$\frac{p_1}{\rho_1 T_1} = \frac{p_2}{\rho_2 T_2} \tag{3-41d}$$

上述四个方程是联系激波前后压强、密度、温度和速度八个流动参数的基本方程，又称为**正激波的相容条件**。对该方程组求解，除了 $v_1 = v_2$ 的解对应等熵管流之外，还有另外的一个解，即激波，于是可以通过上述方程组分析激波前后气流参数间的关系。一般来说，只要知道激波前后的四个参数，就可以用以上关系式确定其余四个参数。下面利用以上关系式重点分析正激波前后气流参数的关系式。

2）兰金-于戈尼奥关系式

将正激波能量方程（3-41c）加以变换，可得

$$\frac{\gamma}{\gamma-1}\frac{p_1}{\rho_1} + \frac{v_1^2}{2} = \frac{\gamma}{\gamma-1}\frac{p_2}{\rho_2} + \frac{v_2^2}{2} \qquad \text{或} \qquad \frac{\gamma}{\gamma-1}\left(\frac{p_1}{\rho_1} - \frac{p_2}{\rho_2}\right) = \frac{1}{2}(v_1^2 - v_2^2) \tag{3-42a}$$

将激波前后的连续方程 $\rho_1 v_1 = \rho_2 v_2$ 代入动量方程（3-41b），可得

$$(v_1 - v_2)v_1 = (p_2 - p_1)\frac{1}{\rho_1} \quad 或 \quad (v_1 - v_2)v_2 = (p_2 - p_1)\frac{1}{\rho_2} \tag{3-42b}$$

将式（3-42b）中的两式相加，并整理可得

$$v_1^2 - v_2^2 = (p_2 - p_1)\left(\frac{1}{\rho_1} + \frac{1}{\rho_2}\right) \tag{3-42c}$$

联立求解式（3-42a）和式（3-42c）可得正激波前后的密度比和压强比：

$$\frac{\rho_2}{\rho_1} = \frac{\dfrac{\gamma+1}{\gamma-1}\dfrac{p_2}{p_1} + 1}{\dfrac{\gamma+1}{\gamma-1} + \dfrac{p_2}{p_1}} \tag{3-43a}$$

$$\frac{p_2}{p_1} = \frac{\dfrac{\gamma+1}{\gamma-1}\dfrac{\rho_2}{\rho_1} - 1}{\dfrac{\gamma+1}{\gamma-1} - \dfrac{\rho_2}{\rho_1}} \tag{3-43b}$$

由状态方程可以导出正激波前后的温度比：

$$\frac{T_2}{T_1} = \frac{p_2\rho_1}{p_1\rho_2} = \frac{\dfrac{p_2}{p_1} + \dfrac{\gamma-1}{\gamma+1}\left(\dfrac{p_2}{p_1}\right)^2}{\dfrac{p_2}{p_1} + \dfrac{\gamma-1}{\gamma+1}} \tag{3-43c}$$

式（3-43）称为兰金-于戈尼奥（Rankine-Hugoniot）关系式，该关系式对斜激波也同样适用，且激波前后的参数比与激波的倾斜程度无关，该关系式推导过程中并未引入等熵假设，它反映的是一种突跃、绝热、非等熵的流动过程。

为了进一步了解激波特性，现将激波的突跃压缩过程与等熵压缩过程的热力学参数变化加以对比。在等熵过程中，密度比和压强比的关系、温度比和压强比的关系可分别表示为 $\rho_2/\rho_1 = (p_2/p_1)^{1/\gamma}$，$T_2/T_1 = (p_2/p_1)^{(\gamma-1)/\gamma}$，而激波前后的气流参数比可由兰金-于戈尼奥关系式确定。于是，可将突跃压缩和等熵压缩过程中的密度比和压强比、温度比和压强比的函数关系分别绘于图 3-16 中。

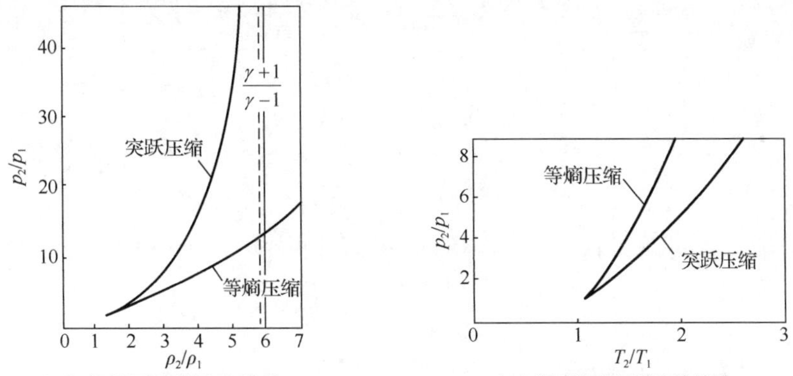

（a）密度比和压强比的关系　　（b）温度比和压强比的关系

图 3-16　突跃压缩和等熵压缩的密度比和压强比、温度比和压强比的比较

由兰金-于戈尼奥关系式和图 3-16 可以得到以下结论：

（1）在相同压强比下，激波温升比要大于等熵温升比。这是因为在激波内气体的黏性和热传导占重要地位，存在不可逆损失，当气流通过激波时，因黏性耗散的部分动能不可逆地转变为热能，从而使温度进一步升高。

（2）激波过程是突跃压缩过程，气流通过激波后，压强和密度都增大。在相同压强比下，突跃压缩密度比 ρ_2/ρ_1 要小于等熵压缩密度比 $(\rho_2/\rho_1)_s$ 。这是由于气体的温度越高越不易被压缩，导致压强突跃引起的密度突跃受到限制，因此突跃压缩是有限的，而等熵压缩是无限的。由式(3-43a)可以看出：当 $p_2/p_1\to\infty$ 时，对于突跃压缩过程存在 $\rho_2/\rho_1\to(\gamma+1)/(\gamma-1)$，而对于等熵压缩过程则有 $\rho_2/\rho_1\to\infty$ 。

（3）从图 3-16（a）可以看出：在相同密度比下（$\rho_2/\rho_1>1$），激波过程的压强比 p_2/p_1 大于等熵压强比 $(p_2/p_1)_s$；激波曲线与等熵曲线在 $\rho_2/\rho_1=1$ 点相切，这表明微弱的突跃压缩接近等熵压缩。

（4）突跃压缩过程熵增必大于零，是不可逆绝热过程。由热力学公式，熵增为

$$\Delta s=s_2-s_1=c_v\ln\left[\frac{p_2/\rho_2^\gamma}{p_1/\rho_1^\gamma}\right]=c_v\ln\left[\frac{p_2/p_1}{(\rho_2/\rho_1)^\gamma}\right]=c_v\ln\left[\frac{p_2/p_1}{(p_2/p_1)_s}\right] \tag{3-44}$$

式中，$(p_2/p_1)_s=(\rho_2/\rho_1)^\gamma$ 表示等熵过程的压强比，根据激波的结论(3)可知：$p_2/p_1>(p_2/p_1)_s$，将其代入熵增公式，可知 $\Delta s=s_2-s_1>0$ ，即突跃压缩是熵增过程，为绝热不可逆过程。

（5）激波只能是压缩波，激波膨胀不可能存在。因为如果发生激波膨胀现象，即激波后密度比 $\rho_2/\rho_1<1$ ，则波后压强小于波前压强 $p_2/p_1<1$ ，根据式（3-44）可知，此时 $p_2/p_1>(p_2/p_1)_s$，由式（3-44）得熵增为负，这是不可能发生的。因此可以确定激波只能是压缩波，不存在膨胀激波。

3）普朗特激波关系式

用正激波动量方程（3-41b）除以连续方程（3-41a），并引入声速关系 $a^2=\gamma p/\rho$ 得

$$\frac{a_1^2}{\gamma v_1}+v_1=\frac{a_2^2}{\gamma v_2}+v_2 \tag{3-45a}$$

由能量方程（3-41c）得

$$\frac{v_1^2}{2}+\frac{a_1^2}{\gamma-1}=\frac{v_2^2}{2}+\frac{a_2^2}{\gamma-1}=\frac{v_*^2}{2}+\frac{a_*^2}{\gamma-1} \tag{3-45b}$$

式中，$v_*=a_*$，整理式（3-45b）可得

$$a_1^2=\frac{\gamma+1}{2}a_*^2-\frac{\gamma-1}{2}v_1^2 \tag{3-45c}$$

$$a_2^2=\frac{\gamma+1}{2}a_*^2-\frac{\gamma-1}{2}v_2^2 \tag{3-45d}$$

将式（3-45c）和式（3-45d）代入式（3-45a），并整理得

$$(v_2-v_1)\left(\frac{\gamma+1}{2\gamma}\cdot\frac{a_*^2}{v_1v_2}+\frac{\gamma-1}{2\gamma}\right)=v_2-v_1 \tag{3-45e}$$

由于气流在经过激波后，$v_1\neq v_2$，所以该方程的解为

$$\frac{\gamma+1}{2\gamma}\cdot\frac{a_*^2}{v_1v_2}+\frac{\gamma-1}{2\gamma}=1 \tag{3-45f}$$

整理可得

$$v_1 v_2 = a_*^2 \quad 或 \quad \lambda_1 \lambda_2 = 1 \tag{3-46}$$

这就是著名的普朗特（Prandtl）激波关系式。该公式说明，正激波作为突跃压缩过程，因激波前速度大于激波后速度（即 $v_1 > v_2$），故必然存在 $\lambda_1 > \lambda_2$。于是得到结论：正激波前必为超声速气流（$\lambda_1 > 1$），波后必为亚声速气流（$\lambda_2 < 1$），也就是说只有超声速气流才能产生正激波。

需要说明的是，斜激波前后气流速度的法线方向分量符合正激波的变化规律，即 v_{1n} 必为超声速，而 v_{2n} 必为亚声速。由于 $v_{1\tau} = v_{2\tau}$，因此斜激波后的合成速度可能是超声速，也可能是亚声速，且 v_2 平行于壁面，与 v_1 之间存在偏角，斜激波强度低于正激波。可得结论：超声速气流经过斜激波时，平行于波面的切线方向分速度不变，而法线方向分速度要减小，且气流沿着波面转折。

4）正激波前后流动参数比与波前马赫数之间的关系

将 λ 与 Ma 关系式（3-25）代入普朗特激波关系式（3-46），可得正激波前后马赫数之间的关系：

$$Ma_2^2 = \frac{1 + \dfrac{\gamma - 1}{2} Ma_1^2}{\gamma Ma_1^2 - \dfrac{\gamma - 1}{2}} \tag{3-47a}$$

激波前后的速度比与波前马赫数之间的关系：

$$\frac{v_1}{v_2} = \frac{v_1 v_1}{v_2 v_1} = \frac{v_1^{\,2}}{a_*^{\,2}} = \lambda_1^2 = \frac{(\gamma + 1) Ma_1^2}{2 + (\gamma - 1) a_1^2} \tag{3-47b}$$

由激波前后连续方程（3-41a）可得激波前后密度比：

$$\frac{\rho_2}{\rho_1} = \frac{v_1}{v_2} = \frac{(\gamma + 1) Ma_1^2}{2 + (\gamma - 1) Ma_1^2} \tag{3-47c}$$

激波前后压强比可由动量方程（3-41b）导出：

$$\frac{p_2}{p_1} = \frac{2\gamma}{\gamma + 1} Ma_1^2 - \frac{\gamma - 1}{\gamma + 1} \tag{3-47d}$$

激波前后温度比可由热完全气体的状态方程（3-41d）导出：

$$\frac{T_2}{T_1} = \frac{p_2}{p_1} \frac{\rho_1}{\rho_2} = \frac{[2\gamma Ma_1^2 - (\gamma - 1)][(\gamma - 1) Ma_1^2 + 2]}{(\gamma + 1)^2 Ma_1^2} \tag{3-47e}$$

由激波前后的能量方程（3-41c）可知，激波前后总焓相等，因此对应的总温也相等：

$$T_{01} = T_{02} \tag{3-47f}$$

气流穿过激波面时是熵增过程，但在激波之前和激波之后的流动都是等熵的，因此根据总压与静压关系式（3-20b），激波前滞止压强比 p_{01} / p_1 可以用波前马赫数 Ma_1 表示，而激波后滞止压强比 p_{02} / p_2 可以用波后马赫数 Ma_2 表示。激波前后的马赫数比 Ma_2 / Ma_1 满足关系式（3-47a），而且激波前后的压强比 p_2 / p_1 满足关系式（3-47d），将各关系式代入 $\dfrac{p_{02}}{p_{01}} = \dfrac{p_{02}}{p_2} \dfrac{p_2}{p_1} \dfrac{p_1}{p_{01}}$ 并整理可得激波前后的总压比：

$$\frac{p_{02}}{p_{01}}=\frac{p_{02}}{p_2}\frac{p_2}{p_1}\frac{p_1}{p_{01}}=\left[1+\frac{\gamma-1}{2}\frac{2+(\gamma-1)Ma_1^2}{2\gamma Ma_1^2-(\gamma-1)}\right]^{\frac{\gamma}{\gamma-1}}\left(\frac{2\gamma}{\gamma+1}Ma_1^2-\frac{\gamma-1}{\gamma+1}\right)\left(1+\frac{\gamma-1}{2}Ma_1^2\right)^{\frac{-\gamma}{\gamma-1}} \tag{3-48a}$$

通常定义 $\sigma=p_{02}/p_{01}$ 为总压恢复系数，它可以反映气流穿越正激波时的机械能损失。

由于正激波前后的总温相等，因此可以通过总压比和状态方程计算激波前后的滞止密度比：

$$\frac{\rho_{02}}{\rho_{01}}=\frac{p_{02}}{p_{01}} \tag{3-48b}$$

应该说明，本节中所给出的正激波前后参数的关系式，已有学者详细计算出来并做成数值表以便工程计算，如表 A-2 所示。由该表可知，只要知道了 $Ma_1, Ma_2, \frac{T_2}{T_1}, \frac{\rho_2}{\rho_1}, \frac{p_2}{p_1}, \frac{p_{02}}{p_{01}}, \frac{p_1}{p_{01}}$ 中的任意一个，便可以查得激波前后的其他流动参数之比。

3.4 变截面喷管中的流动

气体在变截面管道中做定常流动时，如果管道截面积变化缓慢，且管道的曲率半径远远大于管道的水力半径，那么气流物理参数沿管轴方向的变化率要比在其他方向的变化大得多，因此流动参数的分布规律在各截面相似，可以采用各截面上流动参数的平均值来描述该截面的流动规律。在这种情况下，变截面管流问题可以简化为一维定常流动。在工程实际中，对于这种内部流动问题，往往先确定其一维流动的解，再根据实际存在的三维效应采用经验系数对一维解加以修正，这是解决工程问题的一种常用方法。

3.4.1 变截面一维等熵流动

假设管道内流动的气体与外界没有热量、功的交换，不考虑管壁的摩擦作用，这样的流动为等熵流动。本节讨论定比热的量热完全气体在一维等熵情况下，管道截面积变化对气体流动的影响。

由一维定常等熵流动基本方程［式（3-12）～式（3-14）］简化整理，可得仅考虑变截面等熵管流的基本微分方程组，即

$$\frac{\mathrm{d}\rho}{\rho}+\frac{\mathrm{d}A}{A}+\frac{\mathrm{d}v}{v}=0 \tag{3-49a}$$

$$\frac{\mathrm{d}p}{p}=-\gamma Ma^2\frac{\mathrm{d}v}{v} \tag{3-49b}$$

$$\frac{\mathrm{d}T}{T}=-(\gamma-1)Ma^2\frac{\mathrm{d}v}{v} \tag{3-49c}$$

$$\frac{\mathrm{d}p}{p}-\frac{\mathrm{d}\rho}{\rho}-\frac{\mathrm{d}T}{T}=0 \tag{3-49d}$$

从上述方程可以解出气流参数变化和截面积变化之间的关系：

$$\frac{\mathrm{d}v}{v}=-\frac{1}{1-Ma^2}\frac{\mathrm{d}A}{A} \tag{3-50a}$$

$$\frac{\mathrm{d}p}{p}=\frac{\gamma Ma^2}{1-Ma^2}\frac{\mathrm{d}A}{A} \tag{3-50b}$$

$$\frac{\mathrm{d}T}{T}=\frac{(\gamma-1)Ma^2}{1-Ma^2}\frac{\mathrm{d}A}{A} \tag{3-50c}$$

$$\frac{\mathrm{d}\rho}{\rho}=\frac{Ma^2}{1-Ma^2}\frac{\mathrm{d}A}{A} \tag{3-50d}$$

根据上述方程，可将截面积变化对等熵流动气流参数的影响列于表 3-3 中。

表 3-3　截面积变化与气流参数变化的关系

参数比	$\mathrm{d}A<0$		$\mathrm{d}A>0$	
	$Ma<1$	$Ma>1$	$Ma<1$	$Ma>1$
$\mathrm{d}v/v$	+	−	−	+
$\mathrm{d}p/p$	−	+	+	−
$\mathrm{d}\rho/\rho$	−	+	+	−
$\mathrm{d}T/T$	−	+	+	−

注：表中“+”表示气流参数是增大的，“−”表示气流参数是减小的。

下面我们来讨论截面积变化对气流参数的影响。

（1）亚声速流：当 $Ma<1$ 时，$1-Ma^2>0$，则 $\mathrm{d}v$ 与 $\mathrm{d}A$ 异号，而 $\mathrm{d}p,\mathrm{d}\rho,\mathrm{d}T$ 与 $\mathrm{d}A$ 同号。表明当亚声速气流在收缩管道（$\mathrm{d}A<0$）内流动时，气流的速度增加，但压强、密度、温度都减小，该流动为膨胀过程。反之，当亚声速气流在扩张管道（$\mathrm{d}A>0$）内流动时，气流的速度减小，但压强、密度、温度都增大，该流动为压缩过程。

（2）超声速流：当 $Ma>1$ 时，$1-Ma^2<0$，则 $\mathrm{d}v$ 与 $\mathrm{d}A$ 同号，而 $\mathrm{d}p,\mathrm{d}\rho,\mathrm{d}T$ 与 $\mathrm{d}A$ 异号。因此，当超声速气流在收缩管道（$\mathrm{d}A<0$）内流动时，气流速度与截面积之间的关系恰好与亚声速流的情况相反，即气流减速，流动为压缩过程；在扩张管道（$\mathrm{d}A>0$）内，气流加速，流动为膨胀过程。

（3）声速流：当 $Ma=1$ 时，由于公式（3-50a）～式（3-50d）中的 $\mathrm{d}p,\mathrm{d}\rho,\mathrm{d}T$ 都不可能趋于无穷大，故当 $Ma=1$ 时，必有 $\mathrm{d}A=0$。满足 $\mathrm{d}A=0$ 的截面只能是最大或最小截面处，但是由于亚声速气流只有在收缩管道中才能加速至声速，而超声速流只有在扩展管道内才能进一步加速，因此气流只有在管道最小截面处才能达到声速，此时最小截面也就是临界截面。

临界截面的定义不仅与管道的几何特征（最小截面处）有关，还与流动状态（达到声速）有关，不能简单地认为最小截面就是临界截面。例如，若整个管道内的流速都是亚声速，最小截面处虽然速度最大但并没有达到声速，则此时的最小截面不能称为临界截面。那么，亚声速气流在收缩管道的出口截面（最小截面处）处能否达到超声速呢？显然不能。这是因为气流速度是从亚声速开始加速的，如果出口截面处 $Ma>1$，就意味着出口截面前的某个截面处 $Ma=1$，这就与“当 $Ma=1$ 时，必有 $\mathrm{d}A=0$”相矛盾了。因此，亚声速气流在收缩管道最小截面处所能达到的最大速度就是声速，换言之，单纯的收缩管道不可能使亚声速气流加速至超声速流。

一般来说，工程中将使气流加速、降压的管道称为**喷管**，而将使气流减速、加压的管道称为**扩压管**。若想使气流从亚声速加速到超声速，管道的截面形状在亚声速段应是收缩的，在超声速段应是扩张的，而声速出现在最小截面处。当然，为了产生超声速气流，管道的上下游还必须有足够的压力差。这种先收缩再扩张使气流加速的管道，称为**缩放喷管**。它是瑞典工程师拉伐尔于 1889 年发明的，因此又称为**拉伐尔喷管**。

3.4.2 收缩喷管

亚声速气流在截面积逐渐缩小的管道内将不断加速，这种管道称为**收缩喷管**，被广泛应用于航空航天动力装置、飞机进气道及实验风洞中。

1. 喷管出口参数计算

假设喷管内的流动为完全气体的一维等熵流动：喷管上游与大容器相连，大容器内的压强、温度、密度分别为 p_0, T_0, ρ_0；喷管出口与某空间相连，该空间压强用 p_b 表示，通常称为**背压**；喷管出口截面的压强、温度、密度分别用 p_e, T_e, ρ_e 表示。在等熵流动中，各截面的总温、总压均相同，基于此我们来讨论收缩喷管内的流速与流量公式。

由等熵流动能量方程（3-15b）知：$c_p T_0 = \frac{1}{2} v_e^2 + c_p T_e$。

于是，管道出口速度为

$$v_e = \sqrt{2c_p(T_0 - T_e)} = \sqrt{\frac{2\gamma}{\gamma-1} R T_0 \left(1 - \frac{T_e}{T_0}\right)} \tag{3-51a}$$

将等熵关系式（2-42c）代入式（3-51a），可得

$$v_e = \sqrt{\frac{2\gamma}{\gamma-1} R T_0 \left[1 - \left(\frac{p_e}{p_0}\right)^{\frac{\gamma-1}{\gamma}}\right]} \tag{3-51b}$$

可以看出，对于给定气体，收缩喷管出口截面上的气流速度主要取决于气流总温 T_0 和压强比 p_e / p_0。若总温 T_0 不变，p_e / p_0 越小，气体在喷管中膨胀、加速得就越厉害，喷管出口截面上的速度就越大。

将 $a^2 = \gamma R T$ 代入式（3-51a），可得出口马赫数：

$$Ma_e = \sqrt{\frac{2}{\gamma-1}\left[\left(\frac{p_0}{p_e}\right)^{\frac{\gamma-1}{\gamma}} - 1\right]} \tag{3-51c}$$

可以看出，收缩喷管出口截面的马赫数由压强比 p_e / p_0 决定。但是如前所述，亚声速气流在收缩管道中速度增加是有限的，在最小截面处（即出口截面），速度最大只能达到当地声速，即出口截面的马赫数最大只能为 1，而此时出口气流对应的状态为临界状态。将 $Ma_e = 1$ 时对应的压强比称为**临界压强比**，记作 β_*。由公式（3-51c）可计算出

$$\beta_* = \frac{p_*}{p_0} = \left(\frac{2}{\gamma+1}\right)^{\frac{\gamma}{\gamma-1}} \tag{3-52}$$

对于空气，$\gamma = 1.4, \beta_* = 0.528$。

由流量公式（3-33b）可得，通过喷管的质量流量为

$$\dot{m} = K \frac{p_0}{\sqrt{T_0}} q(Ma_e) A_e \tag{3-53a}$$

亚声速气流在收缩管道中流动时，如果压强比 p_e / p_0 下降，则出口马赫数 Ma_e 增大，其对应的 $q(Ma_e)$ 也随之增大，通过喷管的质量流量相应增大。当出口截面上的压强比达到 β_* 时，

即出口截面 $Ma_e=1$ 时，$q(Ma_e)=1$，此时质量流量达到最大值，为

$$\dot{m}_{\max}=K\frac{p_0}{\sqrt{T_0}}A_e \tag{3-53b}$$

这表明对于给定的喷管，在总温、总压一定的条件下，收缩喷管质量流量的增加是有限的。当出口截面的气流达到临界状态时，通过喷管的质量流量达到最大。此时，无论再怎样降低背压，都无法进一步加大质量流量，即发生了所谓的**壅塞现象**，这种由管道几何形状引起的壅塞称为**几何壅塞**。

2. 收缩喷管的三种流态

一般情况下，收缩喷管是在给定进口气流参数和出口环境背压的条件下设计出来的。但实际上喷管并不总是在设计工况下工作，当进口总压或出口环境背压发生变化时，管内的流动情况也会随之改变。

通常采用喷管实验来研究出口环境背压对喷管中流动的影响，实验装置如图 3-17 所示。收缩喷管的进口与大气相通，出口接稳压箱并与真空箱相连，真空箱内的空气由真空泵吸走造成低压，稳压箱中的压强可由阀门控制。在实验中，保持喷管进口的总压 p_0、总温 T_0 不变，通过调整阀门控制喷管出口环境背压 p_b，测量喷管出口压强及轴向压强分布。在实验中可观察到如图 3-18 所示的三种工况。

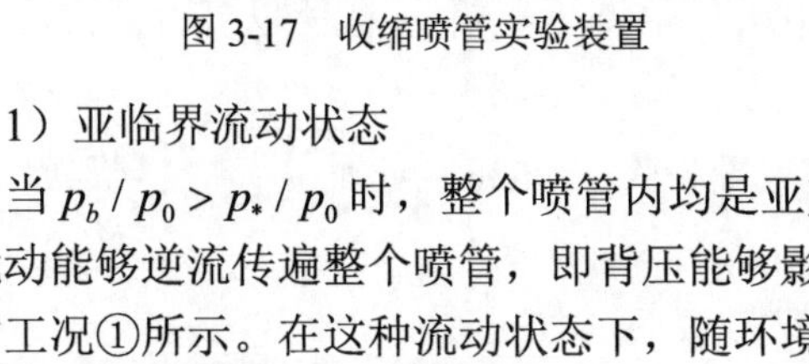

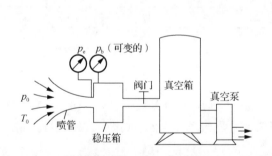

图 3-17　收缩喷管实验装置

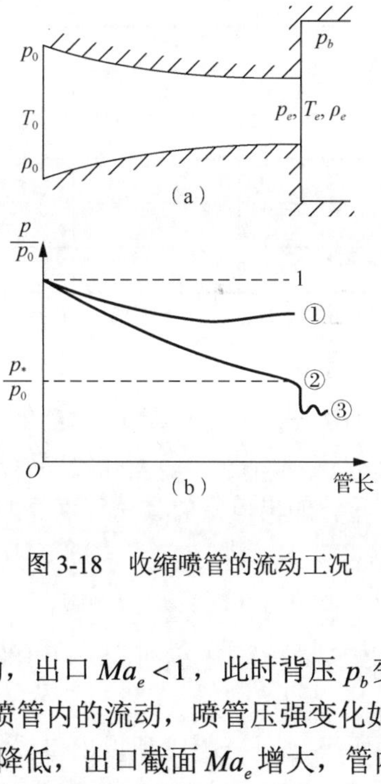

图 3-18　收缩喷管的流动工况

1）亚临界流动状态

当 $p_b/p_0>p_*/p_0$ 时，整个喷管内均是亚声速流动，出口 $Ma_e<1$，此时背压 p_b 变化引起的扰动能够逆流传遍整个喷管，即背压能够影响整个喷管内的流动，喷管压强变化如图 3-18 中的工况①所示。在这种流动状态下，随环境背压 p_b 降低，出口截面 Ma_e 增大，管内流量也增大，出口截面压强 p_e 等于环境背压 p_b，气体在喷管内得到完全膨胀，这种流动状态称为**亚临界流动状态**。

2）临界流动状态

当 $p_b/p_0=p_*/p_0$ 时，喷管内的流动为亚声速流，但喷管出口截面 $Ma_e=1$，压强变化如图 3-18 中的工况②所示。由于出口的气流处于临界状态，背压产生的扰动不能逆声速往上游

传播，因此喷管出口截面压强 p_e 等于环境背压 p_b，即临界压强 p_*。气体在喷管内仍能得到完全膨胀，通过喷管的质量流量 $\dot{m}$ 达到最大值，这种流动状态称为**临界流动状态**。

3）超临界流动状态

当 $p_b / p_0 < p_* / p_0$ 时，喷管内的流动与临界流动状态完全一样，但由于此时出口截面处已是声速流，因此背压引起的扰动不能穿过声速面逆流上传，环境背压已不能影响管内流动。喷管内部的压强变化与工况②相同，且出口截面的压强不再随环境背压 p_b 降低而降低，而是维持在 $p_e = p_*$，出口截面上的气流仍为声速流 $Ma_e = 1$，质量流量 $\dot{m}$ 仍为最大值，这种流动状态称为**超临界流动状态**。

由于在超临界流动状态下喷管出口截面压强大于背压，即气流在喷管内未能膨胀到外界背压，故这种状态又称为一种**未完全膨胀状态**，声速气流在出口截面之后将通过管外膨胀波继续膨胀加速，如图 3-18 中的工况③所示。

综上可知，当气流在收缩喷管出口截面达到临界状态以后，即便背压继续降低，也不能使出口速度和管内流量增大，流动达到壅塞状态。壅塞以后，喷管的流量取决于气流的总温 T_0、总压 p_0 和出口截面面积 A_e，可由式（3-53b）计算，但是改变 T_0、p_0、A_e、p_b 并不能改变喷管内任一截面上的无量纲参数，收缩喷管壅塞状态的参数变化如表 3-4 所示。

表 3-4　收缩喷管壅塞状态参数变化

变量	参数				
	Ma_e	p_e / p_0	v_e	p_e	$\dot{m}$
T_0 ↑	×	×	↑	×	↓
p_0 ↑	×	×	×	↑	↑
p_b ↓	×	×	×	×	×
A_e ↑	×	×	×	×	↑

注：× 表示没有变化，↑ 表示增大，↓ 表示减小。

【例 3-3】 图 3-17 为真空泵抽气装置，当阀门全开时，能将真空箱内的气体压强抽低到 8000Pa，已知通过收缩喷管的质量流量 $\dot{m} = 0.18\text{kg}$，实验时的大气压强 p_a =101325Pa，大气温度 $T_a = 293\text{K}$。试问：（1）收缩喷管能否形成超临界流动？（2）如果通过的流量就是最大流量，则喷管的出口截面直径应该多大？

解　（1）压强比 $p_b / p_0 = 8000 / 101325 = 0.07895 < 0.528 = p_* / p_0$，所以气流处于超临界流动状态。

（2）如果最大流量 $\dot{m}_{\max} = \dot{m} = 0.18\text{kg}$，根据流量公式（3-53b）可知 $\dot{m}_{\max} = A_* \dfrac{p_0}{\sqrt{T_0}} K$，而临界截面面积 $A_* = \dfrac{1}{4}\pi d_1^2$，所以出口截面的直径为

$$d_1 = \left(\frac{4\dot{m}_{\max}\sqrt{T_0}}{\pi K p_0} \right)^{1/2} = \left(\frac{4 \times 0.18 \times 293^{1/2}}{\pi \times 0.404 \times 101325} \right)^{1/2} = 0.03095\text{m}$$

3.4.3　缩放喷管（拉伐尔喷管）

由 3.4.1 节可知，若想使亚声速气流变成超声速气流，必须使亚声速气流先在收缩管道内

加速，并在最小截面处达到声速，然后再通过扩张管道进一步加速，即需要使用拉伐尔喷管。使用拉伐尔喷管的主要目的是在出口处获得超声速气流，在这种流动条件下扩张段可能会出现激波，而激波是非等熵过程，因此拉伐尔喷管内的流动一般为非等熵流动。

1. 面积比

与收缩喷管不同，对于给定几何参数的拉伐尔喷管，其流动状态除了取决于喷管进口的总温、总压及出口环境背压之外，还与面积比有关。这里所说的**面积比**指的是拉伐尔喷管中任一截面积与临界面积之比，即 A/A_*。其中 A_* 代表临界面积，对应拉伐尔喷管的最小截面面积。下面求面积比公式。

假设拉伐尔喷管内的流动是等熵流动，且喉部达到声速，即 $Ma_t=1, A_t=A_*$。根据连续方程 $\rho vA=\rho_* v_* A_*$，面积比可表示为

$$\frac{A}{A_*}=\frac{\rho_* v_*}{\rho v} \tag{3-54a}$$

由于等熵流动的总温、总压保持不变，可确定临界参数与静参数之间的关系，整理式（3-54a）得

$$\frac{A}{A_*}=\frac{1}{Ma}\left[\left(1+\frac{\gamma-1}{2}Ma^2\right)\left(\frac{2}{\gamma+1}\right)\right]^{\frac{\gamma+1}{2(\gamma-1)}} \tag{3-54b}$$

对于空气 $\gamma=1.4$，式（3-54b）可以简化为

$$\frac{A}{A_*}=\frac{(1+0.2Ma^2)^3}{1.728Ma} \tag{3-54c}$$

将式（3-54c）关系绘于图中，可得面积比与气流马赫数之间的关系曲线，如图 3-19 所示。可以看出：

（1）面积比 A/A_* 是由马赫数唯一确定的，也就是说，若要在喷管出口截面上得到一定马赫数 Ma_e 的超声速气流，则该 Ma_e 对应的 A_e/A_* 是唯一确定的，这一点与收缩喷管不同，收缩喷管出口截面上马赫数与面积比无关，仅取决于压强比 p_b/p_0。

（2）每一个面积比均有两个马赫数与之对应，一个是亚声速的，一个是超声速的。这说明当拉伐尔喷管喉部为声速时，扩张段可能出现两种等熵流动，一种是亚声速流，一种是超声速流。

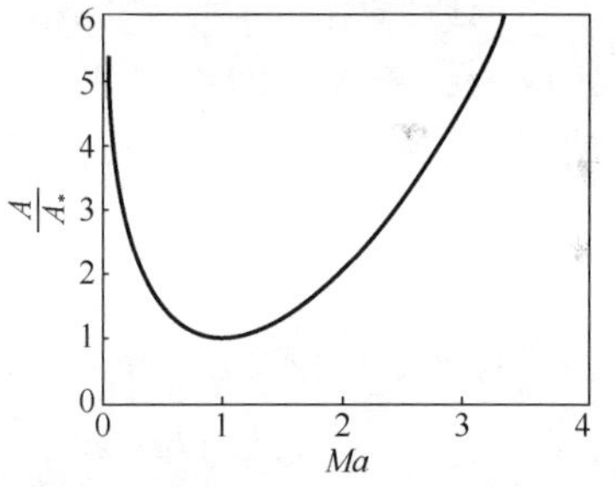

图 3-19　面积比与马赫数之间的关系

2. 特征压强比

拉伐尔喷管的几何尺寸是根据气流完全膨胀的条件设计出来的，但拉伐尔喷管在实际运行中并不总是在这个设计工况下工作，研究表明拉伐尔喷管的气流参数不仅取决于喷管截面积，还取决于上下游的压力比，当下游背压发生变化时，喷管内的流动情况也会随之改变。

下面讨论在给定喷管几何形状和上游总压 p_0 的前提下，改变下游背压 p_b 时，拉伐尔喷管工作状态的变化情况。为了便于分析，先介绍拉伐尔喷管内的三种特定工况及其对应的三个特征压强比，再分析不同背压对应的流动工况。

由图 3-19 可知，在等熵流动下拉伐尔喷管的一个面积比对应两个马赫数，且分别为亚声

速和超声速，这意味着在一定背压条件下，当拉伐尔喷管喉部达到声速时，其出口有可能出现亚声速和超声速两种情况。

1）第三特征压强比

如果亚声速气流在喷管的收缩段加速，至喉部达到声速，即 $Ma_t = 1$，然后在扩张段减速，至出口处 $Ma_e < 1$，该工况对应的出口截面压强比称为**第三特征压强比**，用 $\overline{p}_{\text{III}} = p_3 / p_0$ 表示。此时气流完全膨胀，喷管出口截面压强等于背压，存在 $\overline{p}_{\text{III}} = \overline{p}_b$。

2）第一特征压强比

如果亚声速气流在收缩段加速，至喉部达到声速，并在扩张段继续加速到超声速状态，而且整个喷管内的流动是无激波的连续流动，则该工况对应的出口截面压强比称为**第一特征压强比**，用 $\overline{p}_{\text{I}} = p_1 / p_0$ 表示。此时气流仍完全膨胀，喷管出口截面压强等于背压，存在 $\overline{p}_{\text{I}} = \overline{p}_b$。

第一特征压强比 $\overline{p}_{\text{I}}$ 与第三特征压强比 $\overline{p}_{\text{III}}$ 的计算如下。

假设喷管出口马赫数为 Ma_e，整理面积比公式（3-54b）可得

$$\frac{2}{\gamma+1} + \frac{\gamma-1}{\gamma+1} Ma_e^2 = \left(\frac{A_e}{A_*}\right)^{\frac{2(\gamma-1)}{\gamma+1}} Ma_e \tag{3-55}$$

该方程有两个解：$Ma_{e3} < 1$ 和 $Ma_{e1} > 1$。这两个马赫数分别对应两特征压强 p_3 和 p_1，再由气动函数公式（3-27）可求得第三特征压强比 $\overline{p}_{\text{III}}$ 和第一特征压强比 $\overline{p}_{\text{I}}$。此外，也可以根据给定出口的面积比，由完全气体等熵流动函数表（表 A-1），查得其对应的速度系数及压强比。

3）第二特征压强比

如果亚声速气流在拉法尔喷管内正常膨胀，至喉部达到声速，扩张段继续加速达到超声速以后，有可能在扩张段出现正激波，当正激波出现在喷管出口位置时的波后压强比称为**第二特征压强比**，用 $\overline{p}_{\text{II}} = p_2 / p_0$ 表示。此时在喷管中正常膨胀加速的气流到达出口截面时，已经成为压强为 p_1 的超声速气流，经过正激波压强跃升为 p_2，以适应高背压的环境条件，从而使气流以波后的亚声速顺利流出喷管。

第二特征压强比 $\overline{p}_2$ 的计算如下。

由于出口截面处正激波波前压强为 p_1，波后压强为 p_2，根据正激波前后参数的关系式，由正激波前后压强比关系（3-47d）可得

$$\overline{p}_{\text{II}} = \frac{p_2}{p_0} = \frac{p_2}{p_1} \cdot \frac{p_1}{p_0} = \left(\frac{2\gamma}{\gamma+1} Ma_1^2 - \frac{\gamma-1}{\gamma+1}\right) \cdot \overline{p}_{\text{I}} \tag{3-56}$$

3. 拉伐尔喷管内的流动状态

由上述讨论可知，若要在拉伐尔喷管中得到一定马赫数的超声速气流，除了面积比要符合要求以外，还必须有上下游压强比的配合，前者是几何条件，后者是动力条件。虽然拉伐尔喷管尺寸是根据气流在设计工况的压强比下正常膨胀而确定的，但喷管并不总是在设计工况下工作，当压强比改变时，气流的流动工况也会随之改变。在给定 A / A_* 的拉伐尔喷管中，若保持喷管内的 p_0 不变（管内为等熵流动），喷管的环境背压 p_b 变化，则以上述三个特征压强比为界，可以把拉伐尔喷管中气体的变工况流动分为以下四类流动状态。

1）$\overline{p}_b > \overline{p}_{\text{III}}$

当 $\overline{p}_b = \overline{p}_{\text{III}}$ 时，喷管内的气流仅在喉部达到声速，其余全部为亚声速，管内流动状态对应图 3-20（b）、（c）中的曲线 *abh*。如果背压提高，那么喉部也将无法达到声速（$Ma_t < 1$），即

气流在收缩段加速，至喉部仍为亚声速，之后在扩张段减速。这时喷管内的流动全部为亚声速，出口也为亚声速，气流在喷管内得到完全膨胀，出口压强 $p_e = p_b$，该工况如图 3-20（b）、（c）中的曲线 aij 所示。

2）$\bar{p}_{\text{III}} > \bar{p}_b > \bar{p}_{\text{II}}$

由于当 $\bar{p}_b = \bar{p}_{\text{II}}$ 时，气流在喉部达到声速，在扩张段加速，至出口截面出现正激波，如图 3-20（b）、（c）中的曲线 $abcd$ 所示。如果背压提高，喉部仍为声速（$Ma_t = 1$），但正激波将逐渐向喷管内移动。随着激波的内移，波前马赫数将减小，激波强度将减弱，激波的传播速度将减小，当激波传播速度与超声速气流的速度相等时，激波就会稳定在扩张段中的某一截面 A_x 处，如图 3-20（b）、（c）中的曲线 $abefg$ 所示。

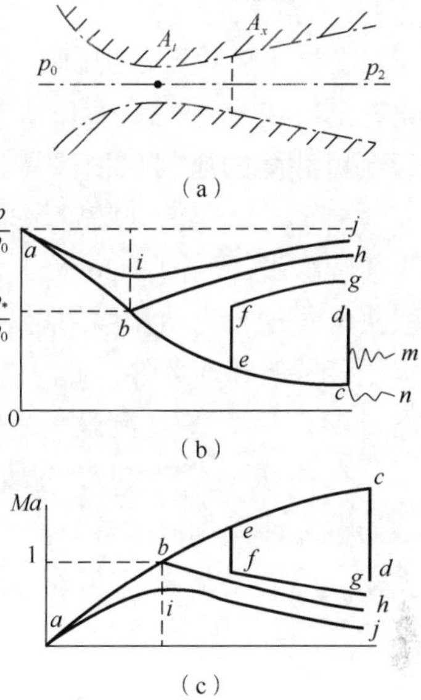

图 3-20　拉伐尔喷管的流动状态

在激波前的扩张段，气流加速到超声速，压强降低；激波后气流压强突跃升高且速度降为亚声速，波后气流速度在扩张段内减速增压，直至出口处 $Ma_e < 1, p_e = p_b$。若背压继续增大，当激波恰好移动到喉部时，波前马赫数为 1，激波就不存在了，此时背压对应的压强比为 $\bar{p}_b = \bar{p}_{\text{III}}$。

喷管内正激波位置的计算如下。

管内出现正激波的截面位置 A_x，可以通过背压来计算。假设激波前来流的速度系数用 λ_s 表示，出口截面气流的速度系数和静压分别为 λ_e 和 p_e。显然存在 $p_e = p_b$，对出口截面和临界截面列连续方程，由流量公式（3-32a）得

$$K\frac{p_0}{\sqrt{T_0}}A_t = K\frac{p_b}{\sqrt{T_0}}A_e y(\lambda_e) \tag{3-57}$$

式中，气动函数 $y(\lambda_e) = \dfrac{p_0}{p_b}\dfrac{A_t}{A_e}$，查表 A-2 或由公式计算可得 λ_e 和 $\pi(\lambda_e)$。于是可以计算气流在出口截面的总压 $p_{02} = p_b / \pi(\lambda_e)$，它也就是正激波后气流的总压，再求出正激波前后的总压恢复系数 $\sigma = p_{02} / p_{01}$。通过正激波表或正激波计算式得到波前速度系数 λ_s 和 $q(\lambda_s)$。由于喉部与激波前的超声速区域内的流动是等熵流动，故有 $q(\lambda_s) = A_t / A_s$ 或 $A_x = A_t / q(\lambda_x)$。

3）$\bar{p}_{\text{II}} > \bar{p}_b > \bar{p}_{\text{I}}$

由于 $\bar{p}_b = \bar{p}_{\text{I}}$ 时，气流在喷管内做正常的降压膨胀，喷管内全部是等熵加速流动，压强比和马赫数的变化规律如图 3-20（b）、（c）中的曲线 abc 所示，该工况对应喷管的设计工况。气流在喷管出口达到完全膨胀，喷管出口处 $Ma_e > 1$，此时增大背压使 $\bar{p}_b > \bar{p}_{\text{I}}$，这种压力扰动将无法逆流影响到出口截面以及喷管内的流动，因此喷管内的流动状况与 $\bar{p}_b = \bar{p}_{\text{I}}$ 的情况相同。

但是由于此时背压 p_b 大于喷管出口压力（$p_e = p_1$），超声速气流流出喷管后，将受到高背压的压缩而形成出口外斜激波，如图 3-20（b）中曲线 $abcm$ 所示。气体经过斜激波，压强跃升以适应高背压环境条件，斜激波强度由激波前后的压强比 p_b / p_e（即 p_b / p_1）决定。当背压 p_b 比 p_1 较低时，管口外斜激波会在中心处相交，形成斜激波系；当背压增加到一定程度，已不能出现斜激波的正常相交时，会在管口外形成拱桥形激波；随着背压进一步增加，激波不断增强，激波角逐渐增大，当激波角增大到 90°时，斜激波变为紧贴喷管出口截面的一道正

激波，这种现象称为**膨胀过度**。显而易见，在这种状态下背压的变化并不影响气体在喷管内的流动，管内压强比和马赫数的变化规律与图 3-20（b）、（c）中的曲线 *abc* 相同，但喷管出口外的流动则不同。

4）$\bar{p}_{\mathrm{I}} > \bar{p}_b$

在这个压强比范围内，气流在喷管内的流动状况与 $\bar{p}_b = \bar{p}_{\mathrm{I}}$ 的情况相同。由于 $\bar{p}_b = \bar{p}_{\mathrm{I}}$ 时，喷管出口处 $Ma_e > 1$，背压造成的压力扰动不会影响到喷管内的流动。此时如果背压降低，喷管出口截面的压强也依然是 $p_e = p_1$，故气流在喷管出口截面的压强高于环境压强，即存在 $p_e = p_1 > p_b$，气流在喷管内未得到完全膨胀。因此超声速气流在出口外面以扇形膨胀波的形式继续膨胀，如图 3-20（b）中的曲线 *abcn* 所示，这种现象称为**膨胀不足**。该膨胀波的强度取决于背压与出口压强的相对大小，背压越低，则膨胀越严重，膨胀波后气流压强降低以适应低背压的环境条件，此时背压进一步降低不会影响管内流动，其流动特点是喉部 $Ma_t = 1$，出口 $Ma_e > 1$，$\dot{m}$ 达到最大值 $\dot{m}_{\max}$。

在计算气流参数时，对收缩喷管而言，应先比较 $\bar{p}_b$ 与 $\bar{p}_*$，确定流动状态，再根据每种状态的特点计算气流参数。而对于拉伐尔喷管，应先根据喷管面积比 A_e / A_t 算出各特征压强比 $\bar{p}_{\mathrm{I}}, \bar{p}_{\mathrm{II}}, \bar{p}_{\mathrm{III}}$，然后将 $\bar{p}_b$ 与各特征压强比相比较，确定流动状态，再根据各流动状态的特点，计算气流参数。可将喷管下游背压对拉伐尔喷管中流动的影响归纳为表 3-5。

表 3-5　喷管下游背压对拉伐尔喷管中流动工况的影响

工况	速度分布	速度变化	是否等熵	出口压力	出口特征	流量	膨胀情况
$\bar{p}_b > \bar{p}_{\mathrm{III}}$	全管亚声速	A_t 前↑ A_t 后↓	全管都是	$p_e = p_b$	$Ma_e < 1$	$\dot{m}$	A_t 前膨胀 A_t 后压缩
$\bar{p}_{\mathrm{III}} > \bar{p}_b > \bar{p}_{\mathrm{II}}$	亚→声→超→亚	正激波前↑ 正激波后↓	波前是，波后是， 正激波不是	$p_e = p_b$	$Ma_e < 1$	$\dot{m}_{\max}$	膨胀过度
$\bar{p}_{\mathrm{II}} > \bar{p}_b > \bar{p}_{\mathrm{I}}$	亚→声→超	加速	管内是，管外斜 激波不是	$p_e < p_b$	$Ma_e > 1$ 有斜激波	$\dot{m}_{\max}$	膨胀过度
$\bar{p}_{\mathrm{I}} > \bar{p}_b$	亚→声→超	加速	管内是，管外膨 胀波是	$p_e > p_b$	$Ma_e > 1$ 有膨胀波	$\dot{m}_{\max}$	膨胀不足

【例 3-4】空气在拉伐尔喷管内流动，已知进口气流总压和背压之比 $p_0 / p_b = 1.5$，喷管出口与喉道截面积比 $A_e / A_t = 3.5$，问：（1）喷管内有无激波？（2）若有激波存在，求激波所在截面的面积比 A_s / A_t。

解　（1）为了确定喷管内是否存在激波，需先确定该拉伐尔喷管对应的三个特征压强比。

当拉伐尔喷管在设计工况做正常膨胀加速时，由面积比公式（3-54b）得到与给定面积比 $A_e / A_t = 3.5$ 对应的两个出口马赫数分别为亚声速 $Ma_{e1} = 0.17$ 和超声速 $Ma_{e3} = 2.8$。

查完全气体等熵流动函数表（表 A-1），可得出口超声速对应的压强比，即第一特征压强比为 $\bar{p}_{\mathrm{I}} = p_1 / p_0 = 0.03685$，出口亚声速对应的第三特征压强比为 $\bar{p}_{\mathrm{III}} = p_3 / p_0 = 0.98$。

如果 $Ma_{e3} = 2.8$ 的气流在出口截面上形成正激波，则将 $Ma_{e3} = 2.8$ 作为波前马赫数，查完全气体正激波前后参数表（表 A-2），可得激波后压强与激波前压强比 $p_2 / p_1 = 8.98$，再根据式（3-56）$\bar{p}_{\mathrm{II}} = \dfrac{p_2}{p_0} = \dfrac{p_2}{p_1} \cdot \dfrac{p_1}{p_0}$，可得第二特征压强比 $\bar{p}_{\mathrm{II}} = 8.98 \times 0.03685 = 0.3309$。

于是可知 $\bar{p}_{\mathrm{II}} > \bar{p}_b > \bar{p}_{\mathrm{III}}$，即正激波出现在拉伐尔喷管的扩张段。

（2）假设管内正激波出现在截面位置 A_s 处，气流经激波后在出口截面的速度系数为 λ_e，此时出口截面压强为 p_b。由于喷管内的流量始终保持不变，列出口截面和临界截面的连续方程，由式（3-57）可得出口截面的气动函数为 $y(\lambda_e)=\dfrac{p_0}{p_b}\dfrac{A_t}{A_e}=1.5\times\dfrac{1}{3.5}=0.4286$。

查完全气体等熵流动函数表（表 A-1）可得 $\lambda_e=0.269$ 和 $\pi(\lambda_e)=0.9584$，于是可计算气流在出口截面的总压 $p_{02}=p_b/\pi(\lambda_e)$，也就是正激波后气流的总压。由波后总压计算正激波前后的总压恢复系数可得

$$\sigma=\frac{p_{02}}{p_0}=\frac{\dfrac{p_b}{\pi(\lambda_e)}}{p_0}=\frac{1}{1.5}\div 0.9584=0.6956$$

查完全气体正激波前后参数表（表 A-2）或正激波计算式计算，可得到正激波波前马赫数 $Ma_s=2.054$。

由于喉部与正激波前的流动是等熵流动，查完全气体等熵流动函数表（表 A-1）可得正激波位置：

$$\frac{A_s}{A_*}=\frac{A_s}{A_t}=1.765$$

3.5　一维不等熵流动

气体在等截面管道内的流动是工程领域中的一类重要问题，诸如气体在动力装置内部通道中的流动，化工设备中各类气体的流动，天然气在输运管道内的流动等。为了重点分析摩擦对气流参数的影响，可假设管道内的气体为定比热完全气体，管道截面积保持不变，且管道有保温措施，与外界没有热量和机械功的交换，认为流动为一维定常绝能流动，工程中将这种流动称为等截面摩擦管流，又称为**范诺（Fanno）流**。

3.5.1　等截面摩擦管流

1. 范诺线

1）范诺线的由来

对于等截面管道中的一维定常绝能流，如果给定总焓 h_0 和密流 G，则连续方程为

$$\rho v=G=\text{常数} \tag{3-58}$$

能量方程为

$$h+\frac{v^2}{2}=h_0 \tag{3-59}$$

将式（3-58）代入式（3-59）可得

$$h=h_0-\frac{1}{2}(G/\rho)^2=h(\rho) \tag{3-60}$$

由热力学知识可知，气体状态方程可表示为

$$h=h(s,\rho)\qquad\text{或}\qquad s=s(h,\rho) \tag{3-61}$$

将式（3-60）代入状态方程（3-61）中，可消掉密度 ρ，得 $h=h(s)$，即气体的比熵和比

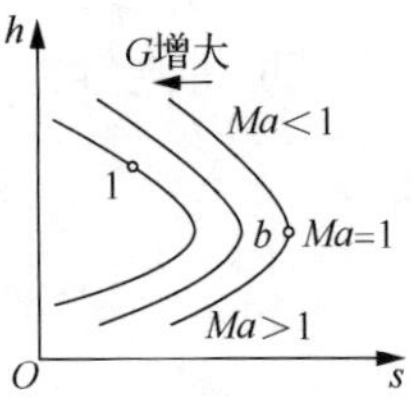

图 3-21　范诺线

焓的函数关系。在 h-s 图中，可将该函数关系绘制成如图 3-21 所示的曲线，即范诺线。由此可见，在 h-s 图上满足等截面管流的连续方程（3-58）、绝能流能量方程（3-59）和完全气体状态方程的诸点的连线为**范诺线**。在范诺线上，气流的总焓 h_0 和密流 G 均保持不变。

2）范诺线的特点

对于给定的气流总焓 h_0 和密流 G，在绘制范诺线时先设定某一速度 v，由方程(3-59)得到 $h=h_0-\dfrac{v^2}{2}$，再根据 $T=\dfrac{h}{c_p}$，$\rho=\dfrac{G}{v}$，得到 $s=c_\upsilon \ln\left(\dfrac{T}{\rho^{\gamma-1}}\right)$。改变 v 值，就可以逐点绘制出一条范诺线；改变 G 值，就可以绘制出总焓 h_0 不变条件下，不同密流对应的多条范诺线，如图 3-21 所示。

根据范诺线的定义及其绘制过程，可以看出范诺线具有以下几个特点：

（1）在一条范诺线上，总焓 h_0 和密流 G 均保持不变，气流的质量和总能量是守恒的，但由于气流一般不满足动量方程，故范诺线能够反映摩擦力 F_R 的效应。

（2）在 h_0 不变的条件，图中左侧的密流值大，右侧的密流值小。此外，如果保持气体的密流 G 不变，增大气体的总焓 h_0，则范诺线将向上移动。需要注意的是，h-s 图中的某一点“$1\,(s_1,h_1)$”并不能反映“状态 1”对应的气流速度 v，因此在具有相同的状态 h_1 和 s_1 的条件下，可对应多条不同的 h_0 和 G 的范诺线。

（3）由于等截面摩擦管流满足范诺线的基本方程，因此可以用范诺线来描述等截面摩擦管流的流动情况。以上分析中并没有规定是什么气体，故范诺线对完全气体和非完全气体均适用。

3）气体参数沿范诺线的变化规律

为了分析绝热摩擦管流中，气流参数沿着范诺线的变化趋势，现引入微分形式的连续方程和能量方程，分别为

$$\frac{\mathrm{d}\rho}{\rho}+\frac{\mathrm{d}v}{v}=0 \tag{3-62a}$$

$$\mathrm{d}h+v\mathrm{d}v=0 \tag{3-62b}$$

将式（3-62a）和式（3-62b）联立得

$$\frac{\mathrm{d}\rho}{\rho}=-\frac{\mathrm{d}v}{v}=\frac{\mathrm{d}h}{v^2} \tag{3-62c}$$

由熵定义式可知：

$$\mathrm{d}s=\frac{\delta Q}{T}=\frac{\mathrm{d}u+p\mathrm{d}\upsilon}{T}=c_\upsilon\frac{\mathrm{d}T}{T}+\rho R\mathrm{d}\upsilon=c_\upsilon\frac{\mathrm{d}T}{T}-R\frac{\mathrm{d}\rho}{\rho} \tag{3-62d}$$

将式（3-62c）代入式（3-62d）得

$$\mathrm{d}s=c_\upsilon\frac{\mathrm{d}T}{T}-R\frac{\mathrm{d}h}{v^2} \tag{3-62e}$$

对于完全气体，存在 $h=c_pT$，取微分并整理后得

$$\frac{\mathrm{d}h}{h}=\frac{\mathrm{d}h}{c_pT}=\frac{\mathrm{d}T}{T} \tag{3-62f}$$

将式（3-62f）代入式（3-62e）得

$$ds = c_v \frac{dh}{h} - c_p RT \frac{dh}{c_p T v^2} \tag{3-62g}$$

根据比热容关系 $c_p / c_v = \gamma$，并引入 $a^2=\gamma RT$ 和 Ma，整理式（3-62g）可得

$$ds = c_v \left(1 - \frac{1}{Ma^2}\right) \frac{dh}{h} \tag{3-62h}$$

由熵和焓的微分关系式（3-62h）可以看出：当 $Ma<1$ 时，dh 与 ds 异号，在 h-s 图上斜率 dh/ds 为负，曲线呈下降趋势，对应范诺线的上半支，代表亚声速流动，如图 3-21 所示；当 $Ma>1$ 时，dh 与 ds 同号，在 h-s 图上斜率 dh/ds 为正，曲线上升，对应范诺线的下半支，代表超声速流动；当 $Ma=1$ 时，$ds=0$，在 h-s 图上斜率 dh/ds 趋向于 ∞，曲线在该点的切线垂直于 s 轴，对应熵值最大，即 $s=s_{\max}$，该点代表声速对应的临界状态。

根据热力学第二定律，在均焓流中熵值是不可能减小的，即必然存在 $ds>0$，因此在等截面绝热摩擦管流中，气流的流态变化必定沿着范诺线趋向右方。如图 3-21 所示，对于亚声速气流，摩擦的作用总是使气流熵值增加、焓值减小，气流对应的温度、密度和压强均降低。由于总焓保持不变，故气流速度增加，气流的马赫数增大直至等于 1，但不可能大于 1，即单独的摩擦作用不可能使亚声速气流连续地变为超声速气流。同时摩擦消耗有用的机械能，使气流的总压强降低，做功能力变弱。

对于超声速气流，摩擦的作用同样使气流熵值增加，但焓值也同时增大，气流对应的温度、密度、压强均升高。随焓值增大，气流速度降低，马赫数将减小直至等于 1，但不可能小于 1，即单独的摩擦作用不能使超声速气流转变为亚声速气流，因摩擦仍消耗有用的机械能，故气流的总压强仍降低。

综上可见，摩擦的作用是使亚声速气流加速，使超声速气流减速，最终都达到 $Ma=1$ 的临界状态，但摩擦不可能使亚声速气流和超声速气流互变。

2. 等截面摩擦管流的计算

在等截面摩擦管流中，取无限小控制体，如图 3-22 虚线所示，管道长度为 dx，管道横截面积 A，壁面对气流的切线方向应力为 τ_w，侧壁面积 dA_w，列截面 1 和截面 2 动量方程可得

$$pA - (p+dp)A - \tau_w dA_w = \rho v A(v + dv - v)$$

即

$$\rho v A dv + A dp + \tau_w dA_w = 0 \tag{3-63a}$$

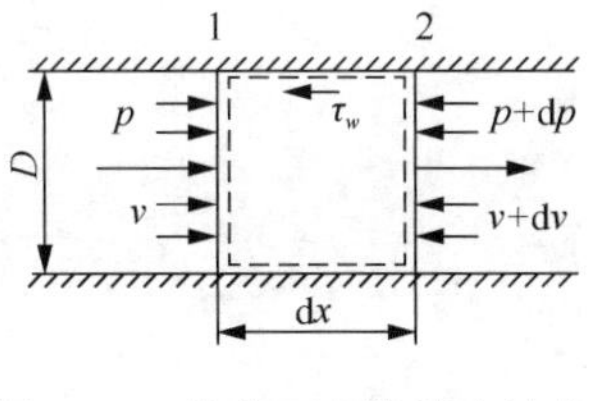

图 3-22　等截面摩擦管流计算

取管道直径为 D，对非圆形截面的管道，可取当量直径 $D=4A/\chi$，$A=1/4\pi D^2$，其中 χ 表示流体与固体边界接触部分的周长，称为**湿周**。由几何关系可知 $\chi=\pi\cdot D$，这里可用当量直径表示管壁面积，即 $dA_w=\pi D dx=\chi dx=4A/D\cdot dx$，将其代入式（3-63a）得

$$\rho v dv + dp + 4\tau_w dx/D = 0 \tag{3-63b}$$

工程中，通常采用摩擦系数来讨论摩擦管流问题，这里将壁面的摩擦系数定义为壁面切线方向应力与气流动压之比，即

$$C_f = \tau_w \Big/ \left(\frac{1}{2}\rho v^2\right) \tag{3-64}$$

将摩擦系数 C_f 代入式（3-63b）并整理，可得

$$\frac{\mathrm{d}v}{v}+\frac{\mathrm{d}p}{\rho v^2}+2C_f\frac{\mathrm{d}x}{D}=0 \tag{3-65a}$$

再将连续方程 $\frac{\mathrm{d}\rho}{\rho}+\frac{\mathrm{d}v}{v}=0,\gamma RT=a^2$ 和 $Ma=v/a$ 代入式（3-65a），整理后可得

$$\frac{\mathrm{d}v}{v}+\frac{1}{\gamma Ma^2}\frac{\mathrm{d}p}{p}+2C_f\frac{\mathrm{d}x}{D}=0 \tag{3-65b}$$

对完全气体状态方程取对数再微分，有

$$\frac{\mathrm{d}p}{p}=\frac{\mathrm{d}\rho}{\rho}+\frac{\mathrm{d}T}{T} \tag{3-66a}$$

由能量方程（3-62b）可得 $c_p\mathrm{d}T+v\mathrm{d}v=0$，即

$$\frac{\gamma RT}{\gamma-1}\frac{\mathrm{d}T}{T}+v\mathrm{d}v=0 \tag{3-66b}$$

将 $a^2=\gamma RT$ 和 Ma 代入式（3-66b），整理可得

$$\frac{\mathrm{d}T}{T}=-(\gamma-1)Ma^2\frac{\mathrm{d}v}{v} \tag{3-66c}$$

分别将连续方程 $\frac{\mathrm{d}\rho}{\rho}+\frac{\mathrm{d}v}{v}=0$ 和式（3-66c）代入式（3-66a），得

$$\frac{\mathrm{d}p}{p}=\left[-1-(\gamma-1)Ma^2\right]\frac{\mathrm{d}v}{v} \tag{3-66d}$$

将式（3-66d）代入式（3-65b），得

$$\frac{\mathrm{d}v}{v}=\frac{\gamma Ma^2}{2(1-Ma^2)}\frac{4C_f\mathrm{d}x}{D} \tag{3-67a}$$

于是可以分别得到气动参数的变化与 $4C_f\mathrm{d}x/D$ 的关系：

$$\frac{\mathrm{d}\rho}{\rho}=-\frac{\gamma Ma^2}{2(1-Ma^2)}\frac{4C_f\mathrm{d}x}{D} \tag{3-67b}$$

$$\frac{\mathrm{d}T}{T}=-\frac{\gamma(\gamma-1)Ma^2}{2(1-Ma^2)}\frac{4C_f\mathrm{d}x}{D} \tag{3-67c}$$

$$\frac{\mathrm{d}p}{p}=-\frac{\gamma Ma^2[(\gamma-1)Ma^2+1]}{2(1-Ma^2)}\frac{4C_f\mathrm{d}x}{D} \tag{3-67d}$$

再将上述关系代入式（3-62d），可得熵增公式：

$$\frac{\mathrm{d}s}{R}=c_v\frac{\mathrm{d}T}{T}-R\frac{\mathrm{d}\rho}{\rho}=\frac{\gamma Ma^2}{2}\frac{4C_f\mathrm{d}x}{D} \tag{3-67e}$$

根据热力学第二定律，在绝热过程中，熵是不可能减少的，因此由式（3-67e）可知，摩擦系数 C_f 必定为正数。于是由式（3-67a）可知：当 $Ma<1$ 时，摩擦的作用使 $\mathrm{d}v>0$，即使亚声速气流加速；当 $Ma>1$ 时，摩擦的作用使 $\mathrm{d}v<0$，即使超声速气流减速；当 $Ma=1$ 时，对应的临界状态只能出现在出口截面。由此可见，单纯的摩擦不会改变亚声速或超声速的流动性质，因为在 $4C_f\mathrm{d}x/D\geqslant 0$ 和 $Ma=1$ 的条件下，马赫数无法顺利过渡。

此外，对 $Ma=v/\sqrt{\gamma RT}$ 取对数后微分可得

$$\frac{\mathrm{d}Ma}{Ma}=\frac{\mathrm{d}v}{v}-\frac{1}{2}\frac{\mathrm{d}T}{T} \tag{3-68}$$

将式（3-67a）和式（3-67c）代入式（3-68），可得

$$\frac{\mathrm{d}Ma}{Ma}=\frac{\gamma Ma^2(1+\frac{\gamma-1}{2}Ma^2)}{2(1-Ma^2)}\cdot\frac{4C_f\mathrm{d}x}{D} \tag{3-69a}$$

根据速度系数 λ 与马赫数 Ma 的关系式（3-25），可用 λ 替换 Ma 得

$$\frac{\mathrm{d}\lambda}{\lambda}=\frac{\gamma}{\gamma+1}\frac{\lambda^2}{1-\lambda^2}\frac{4C_f\mathrm{d}x}{D} \tag{3-69b}$$

定义**冲量函数**：$I=pA+\dot{m}v=pA+\rho v^2A=pA(1+\gamma Ma^2)$。由于面积 A 保持不变，对冲量公式取对数后再微分得

$$\frac{\mathrm{d}I}{I}=\frac{\mathrm{d}p}{p}+\frac{2\gamma Ma^2}{1+\gamma Ma^2}\frac{\mathrm{d}Ma}{Ma} \tag{3-70a}$$

将式（3-67d）和式（3-69a）代入式（3-70a）并整理可得

$$\frac{\mathrm{d}I}{I}=-\frac{\gamma Ma^2}{2(1+\gamma Ma^2)}\frac{4C_f\mathrm{d}x}{D} \tag{3-70b}$$

上述式（3-66）～式（3-70）定量给出了摩擦对气流参数相对变化率的影响。可以看出，这种影响在亚声速和超声速气流中是恰恰相反的，如表 3-6 所示。如果仅从流动参数 v, p, Ma, T, ρ 的变化趋势来看，无论是亚声速流还是超声速流，摩擦的作用都相当于使管道的截面积减小。

表 3-6　摩擦对气流参数的影响

	$\mathrm{d}v/v$	$\mathrm{d}Ma/Ma$	$\mathrm{d}p/p$	$\mathrm{d}T/T$	$\mathrm{d}\rho/\rho$	$\mathrm{d}I/I$	$\mathrm{d}s$
$Ma<1$	+	+	−	−	−	−	+
$Ma>1$	−	−	+	+	+	−	+

如果在摩擦管流内取任意截面 1 和截面 2 之间的距离为 L，将式（3-69b）在截面 1 和截面 2 之间积分，便可得到这两个截面上流动参数之间的关系：

$$\left(\frac{1}{\lambda_1^2}-\frac{1}{\lambda_2^2}\right)-\ln\frac{\lambda_2^2}{\lambda_1^2}=\frac{2\gamma}{\gamma+1}\frac{4\bar{C}_fL}{D} \tag{3-71a}$$

式中，$\bar{C}_f=\frac{1}{L}\int_0^L C_f(x)\mathrm{d}x$，表示按长度 L 平均的表观摩擦系数。为了简化计算，将 $\chi=\frac{2\gamma}{\gamma+1}\frac{4\bar{C}_fL}{D}$ 定义为折算管长，它与管道的几何长度 L 仅相差一个比例系数 $\chi=\frac{8\gamma}{\gamma+1}\frac{\bar{C}_f}{D}$，该比例系数取决于管道的表观摩擦系数、气体性质和管道直径。

由速度系数 λ 与 Ma 的关系式（3-25）可将式（3-71a）整理为

$$\frac{1}{\gamma}\left(\frac{1}{Ma_1^2}-\frac{1}{Ma_2^2}\right)+\frac{\gamma+1}{2\gamma}\ln\left[\frac{Ma_1^2}{Ma_2^2}\cdot\frac{2+(\gamma-1)Ma_2^2}{2+(\gamma-1)Ma_1^2}\right]=\frac{4\bar{C}_fL}{D} \tag{3-71b}$$

对式（3-66）～式（3-70）分别进行积分，可得到两截面其他参数间的关系式，并可以方便地利用气动函数进行计算。利用上面推导的公式，就可以进行等截面摩擦管流的计算。需要注意的是，截面 1 和截面 2 之间的实际管长不应超过从 λ_1（或 Ma_1）发展到临界状态时对应的极限管长 L_{max}，否则流动会出现新的变化。为了正确进行计算，下面来讨论摩擦管流的壅塞与极限管长 L_{max}。

3. 极限管长和折算管长

根据以上讨论可知，在等截面摩擦管流中，无论是亚声速流还是超声速流，摩擦的作用都是使流动向临界状态靠近，流动的极限情况是在管道末端处出现 $Ma=1$ 的情况。对于给定的进口马赫数，当出口截面上气流达到临界状态时所对应的管长称为**极限管长**，用 $L_{\max}$ 表示。

为了确定极限管长 $L_{\max}$，令管道出口 $Ma_2=\lambda_2=1$，则可由式（3-71a）、式（3-71b）得到

$$\frac{1}{\lambda^2}-1+\ln\lambda^2=\frac{2\gamma}{\gamma+1}\frac{4\bar{C}_f L_{\max}}{D} \tag{3-72a}$$

$$\frac{1-Ma^2}{\gamma Ma^2}+\frac{\gamma+1}{2\gamma}\ln\frac{(\gamma+1)Ma^2}{2+(\gamma-1)Ma^2}=\frac{4\bar{C}_f L_{\max}}{D} \tag{3-72b}$$

如果将式（3-72a）的函数关系绘制成曲线，如图 3-23 所示，图中横坐标表示极限管长 $L_{\max}$ 对应的折算管长，即最大折算管长 $\chi_{\max}=\dfrac{2\gamma}{\gamma+1}\dfrac{4\bar{C}_f L_{\max}}{D}$。从图中可以清楚地看出，进口速度系数 λ 和最大折算管长 $\chi_{\max}$ 之间的关系。对于亚声速流，λ 越高则 $\chi_{\max}$ 越短，当 $\lambda\to 0$ 时，$\chi_{\max}\to\infty$；对于超声速流，λ 越低则 $\chi_{\max}$ 越短，这表明摩擦对超声速气流造成的总压损失要比亚声速大得多。此外，对于空气（$\gamma=1.4$），如果取 $\bar{C}_f=0.0025$，当 $\lambda\to\lambda_{\max}=\sqrt{\dfrac{\gamma+1}{\gamma-1}}$ 时，$\chi_{\max}\to 0.9584$，$L_{\max}/D\to 82.15$。

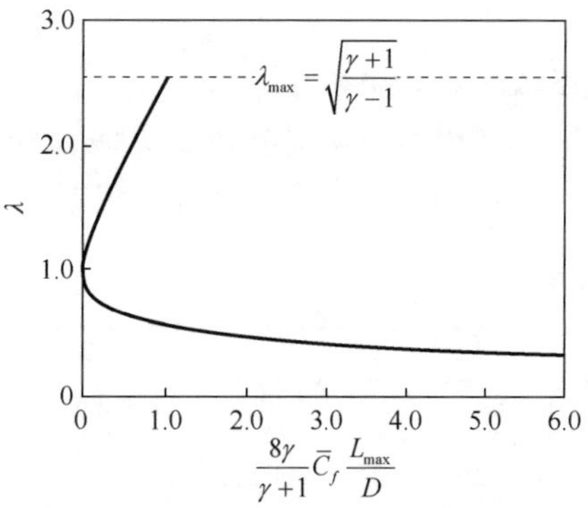

图 3-23 最大折算管长 $\chi_{\max}$ 与进口速度系数 λ 的关系

4. 摩擦引起的壅塞

对于等截面摩擦管流，图 3-23 表明对应每个给定的进口速度系数 λ，都存在一确定的极限管长 $L_{\max}$，当实际管长超过此极限管长以后，即使出口背压足够低，在管道进口以 λ 流入的流量也将无法在出口排出，流动将会出现壅塞现象，这种由摩擦所致的壅塞称为**摩擦壅塞**。

这是因为对于给定的进口速度系数，若气流在 $L_{\max}$ 处达到声速（$\lambda'=1$），则存在 $q(\lambda')=1$，而在 $L_{\max}$ 之后的管道内，由于摩擦作用要求气流总压要继续降低，但此时的 $q(\lambda')$ 已经无法进一步增大。因此当临界截面出现在管道中间时，该截面下游允许通过的流量将减少，从而发生流量堆积并出现壅塞。壅塞将使气流的压强升高，对流动造成扰动，迫使气流做出相应的调整以便能够从出口顺利通过。由于壅塞所造成的扰动是以声速相对当地气流向外传播的，故气流状态如何调整将依据气流是亚声速还是超声速而有所不同。

对于亚声速气流（$\lambda_1<1$），壅塞所引起的扰动能够逆流向上游传播直至管道进口处，从而导致气流在进口之前发生溢流，使通过管道的流量减小，同时进口速度也随之减小，新的进口速度对应的极限管长 $L_{\max}$ 变大，临界截面后移，一直移到出口才达到稳定，此时出口的气流必处于临界状态。该调整过程如图 3-24 所示，气流状态沿曲线 $1\to b'$ 过程变化，调整后新的进口速度系数按照式（3-72a）由实际管长确定。

对于超声速气流（$\lambda_1>1$），这种壅塞所引起的压强升高会在超声速气流中形成激波，这里会出现如下两种情况。

（1）一种情况是当管道实际长度超过极限管长不多时，激波会出现在管内，如图 3-25 所示。此时进口速度系数不会改变，激波之后为亚声速气流，由于亚声速气流因摩擦而造成的总压损失比超声速气流小得多，气流流经更长的管段后才会达到临界状态，这样可以把临界截面后移至出口截面，使进口流量能够顺利从出口通过，从而不必改变入口马赫数和减少流量，就可以解决壅塞问题。

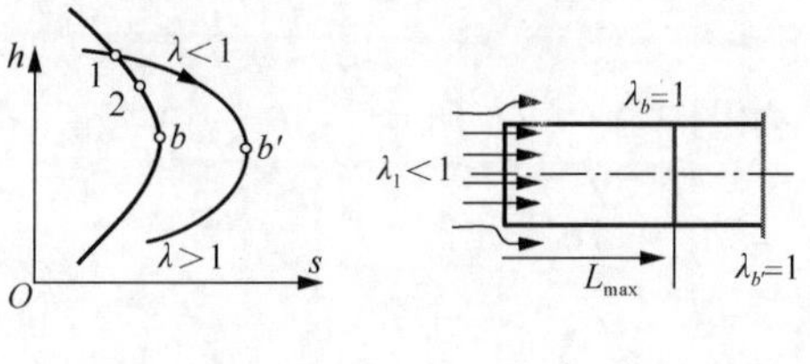

图 3-24　摩擦管流在入口亚声速时的壅塞

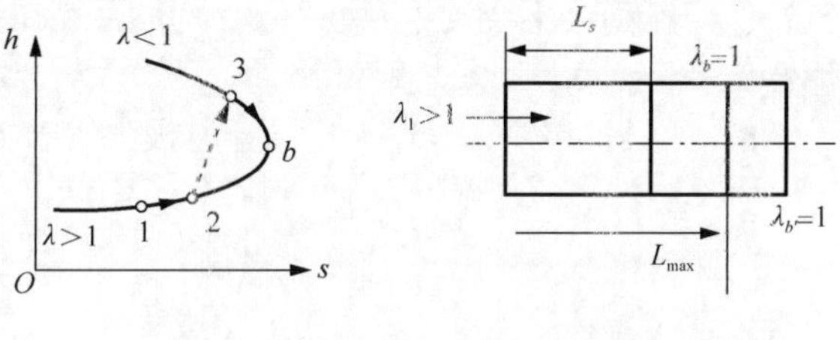

图 3-25　正激波在管内的摩擦管流

该过程在图 3-25 中表现为$1\to2\to3\to b$过程，其中 2→3 为激波过程，激波的具体位置可以按照气流在出口截面达到临界状态（$\lambda_{b'}=1$）的条件而确定。由于实际气体的黏性作用，加之超声速摩擦管流几乎完全处于速度分布不断变化的管道入口段，实际的激波结构非常复杂，为简化计算，通常把激波当作一道正激波来处理。

如图 3-25 所示，假设激波位于距管道进口 L_s 的截面上，波前速度系数用 λ_s 表示，根据普朗特激波关系式（3-46），波后速度系数为$\lambda_s'=1/\lambda_s$，由于管道出口处已调整至临界状态，于是按照式（3-71a）可分别建立气流从管道进口到激波前，以及从激波后到管道出口的两个关系式：

$$\left(\frac{1}{\lambda_1^2}-\frac{1}{\lambda_s^2}\right)-\ln\frac{\lambda_s^2}{\lambda_1^2}=\frac{8\gamma}{\gamma+1}\bar{C}_f\frac{L_s}{D} \tag{3-73a}$$

$$(\lambda_s^2-1)-\ln{\lambda_s}^2=\frac{8\gamma}{\gamma+1}\bar{C}_f\left(\frac{L-L_s}{D}\right) \tag{3-73b}$$

将上两式联立求解，可确定激波前速度系数 λ_s 和激波位置 L_s。

（2）另一种情况是当管道实际长度超过极限管长很多时，严重的壅塞将导致激波向上游移动，即壅塞越严重，激波位置越靠前，激波强度越大，其极限情况是激波正好发生在管道进口截面处。这时，给定的管长正好等于起始速度为$1/\lambda_1$的亚声速气流的极限管长。如果管道长度还要更长，则激波将被推出进口之外，气流在进口之前就发生溢流，该过程对应图 3-26 中的$1\to2'\to b'$。溢流后进入管道的流量减少，进口气流速度变为亚声速，经过这种调整后，新的进口马赫数由实际管长确定。

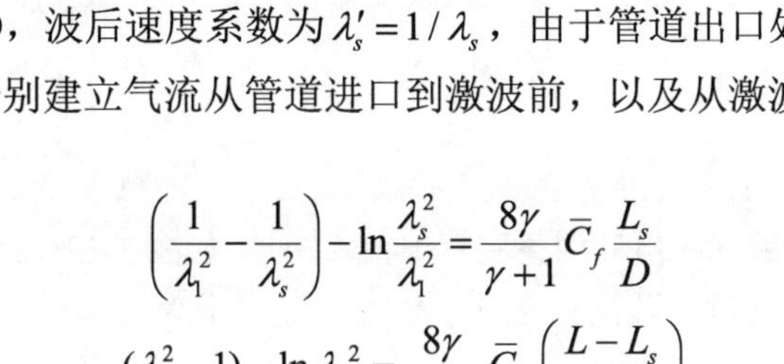

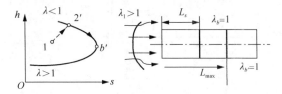

图 3-26　正激波在管进口外的摩擦管流

综上所述，对于每一个给定的进口速度系数λ_1，都存在一个与之对应的极限管长L_{max}，当实际管长超过该长度时，流动就会壅塞。从另一个角度看，对于给定了管长 L 的管道：在亚声速气流中存在一个最大的进口速度系数，当气流的速度系数大于它时，流动就会壅塞；而在超声速气流中存在一个最小的进口速度系数，当气流的速度系数小于它时，流动也会壅塞。发生壅塞后，管内气流在极短的时间内迅速自动调整，使管出口调整至临界状态。

【例 3-5】 已知进入直管进口的气流速度系数 $\lambda_1 = 1.75$，平均摩擦系数 $\bar{C}_f = 0.0012$，$L/D = 107$，（1）试问流动会不会发生壅塞？（2）是否存在激波？（3）如果存在激波，激波出现在什么位置？

解　（1）按照 $\lambda_1 = 1.75$ 计算管道极限管长 $L_{\max}$，如图 3-27（a）所示，由式（3-72a）得

$$\frac{L_{\max}}{D} = \left(\frac{1}{\lambda_1^2} - 1 + \ln\lambda_1^2\right)\frac{\gamma+1}{8\gamma\bar{C}_f} = 79.6 < 107$$

所以会发生壅塞。

（2）判断是否存在激波。

若激波出现在管入口，如图 3-27（b）所示，则波后速度系数为 $\lambda_1' = 1/\lambda_1 = 1/1.75 = 0.571$，其中 λ_1' 为管入口处新的速度系数。

计算 λ_1' 对应的新的极限管长 $L'_{\max}/D$，存在 $\dfrac{L'_{\max}}{D} = \left(\dfrac{1}{\lambda_1'^2} - 1 + \ln\lambda_1'^2\right)\dfrac{\gamma+1}{8\gamma\bar{C}_f} = 171$。

这里存在三种情况：当 $\dfrac{L'_{\max}}{D} = \dfrac{L}{D}$ 时，激波恰好在管入口；当 $\dfrac{L'_{\max}}{D} < \dfrac{L}{D}$ 时，激波在管入口之外，出现溢流；当 $\dfrac{L'_{\max}}{D} > \dfrac{L}{D}$ 时，激波在管内。由于本题中 $\dfrac{L'_{\max}}{D} > \dfrac{L}{D}$，故激波出现在管内。

（3）求激波位置 L_s。

由于激波在管内，波后气流自动调整到管出口 $\lambda_2 = 1$。如图 3-27（a）所示，假设激波位于距进口 L_s 的截面上，激波前速度系数用 λ_s 表示，波后速度系数为 $\lambda_s' = 1/\lambda_s$，按照式（3-71a）分别建立气流从管道进口截面 A_i 到激波前 A_s，以及从激波后 A_s 到管道出口截面 A_e 的两个关系式：

$$A_i \to A_s : \left(\frac{1}{1.75^2} - \frac{1}{\lambda_s^2}\right) - \ln\frac{\lambda_s^2}{1.75^2} = \frac{8\times1.4}{1.4+1}\times0.0012\times\frac{L_s}{D}$$

$$A_s \to A_e : (\lambda_s^2 - 1) - \ln\lambda_s^2 = \frac{8\times1.4}{1.4+1}\times0.0012\times\left(107 - \frac{L_s}{D}\right)$$

对上述两个方程联立求解，具体方法是每个方程做出 L_s/D 对 λ_s 的曲线，由两曲线的交点可得 $\lambda_s = 1.468$，$L_s/D = 37.9$。

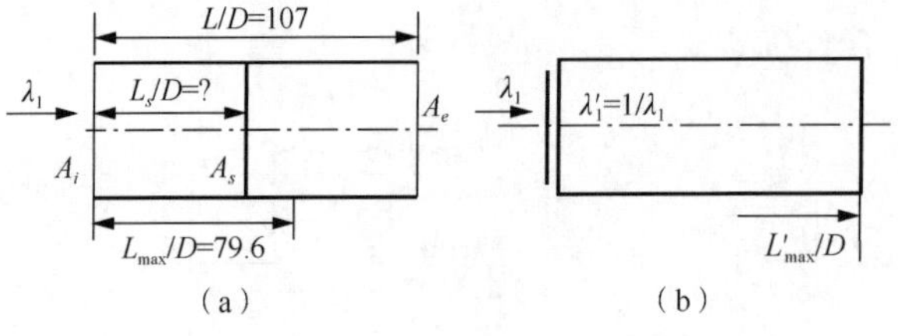

图 3-27　例 3-5 图

3.5.2　等截面换热管流

在工程实际中，有热量交换的管道流动问题很多，如：在发动机燃烧室内，气体因燃料燃烧而获得热能；在超声速风洞中，含有水分的空气因水汽凝结放出潜热而被加热；向高温气流中喷水，借助水的蒸发可使气流冷却等。为了简化问题，突出换热流动的主导因素，对此类问题常常做出如下假设：①管道内的流动为一维定常流动；②气体为定比热容的完全气体；③流动过程中没有功的交换和摩擦作用，只有热交换；④换热前后气体的成分不变、质量不变，换热过程可看作是简单的总温变化过程，这种等截面换热流动又称为**瑞利（Rayleigh）流**。

1. 瑞利线

对于等截面管流中的定常流动，如果给定密流 G 和冲量 I，则连续方程和动量方程分别为

$$\rho v = G = \text{常数} \tag{3-74a}$$

$$p + \rho v^2 = \frac{I}{A} = \text{常数} \tag{3-74b}$$

式中，I/A 为单位面积上的气流冲量。合并式（3-74a）和式（3-74b），可得

$$p + \frac{1}{\rho}G^2 = \frac{I}{A} \tag{3-74c}$$

由于方程（3-74c）中的冲量 I 和密流 G 为给定的常数，故该式可表示为 $p = p(\rho)$ 形式，称为瑞利线方程。由热力学知识可知，状态方程可以表示为 $h = h(s,\rho)$ 或 $s = s(h,\rho)$ 的形式，即焓和熵都可以表示为压强、密度的函数，于是由方程（3-74c）可以得到焓和熵之间的关系式 $h = h(s)$。将此关系绘制在 h-s 图中，可得到如图 3-28 所示的曲线，即瑞利线。可见，在 h-s 图上满足等截面管流的连续方程、无摩擦管流的动量方程和气体状态方程的诸点连线为**瑞利线**。

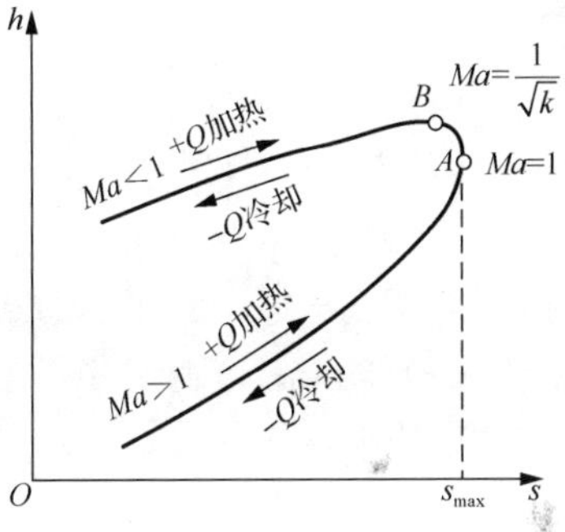

图 3-28　瑞利线

对于给定的气流冲量 I 和密流 G，在绘制瑞利线时，先选定某一速度 v，由方程（3-74a）得到 $\rho = \dfrac{G}{v}$，再根据冲量方程（3-74b）得 $p = \dfrac{I}{A} - \rho v^2$，由状态方程得 $T = \dfrac{p}{\rho R}$，于是可得与该点速度对应的 $h = c_p T$ 和 $s = c_v \ln\left(\dfrac{T}{\rho^{\gamma-1}}\right)$。通过改变 v 值，就可以逐点绘制出一条瑞利线，如图 3-28 所示。

可以看出，在瑞利线上单位面积的气流冲量（I/A）和密流（G）保持不变，由于等截面无摩擦换热管流是满足这一条件的，因此可以用瑞利线描述等截面无摩擦换热管道内的流动。此外，瑞利线对正激波前后状态参数变化也适用，由于在以上分析中并没有规定是什么气体，故瑞利线对完全气体和非完全气体均适用。

为了定性分析等截面无摩擦换热管流中，气流沿着瑞利线的变化规律，现引入微分形式的连续方程：

$$\frac{d\rho}{\rho} = -\frac{dv}{v} \tag{3-75a}$$

考虑到 $a^2=\gamma RT$ 和 Ma，完全气体动量方程 $v\mathrm{d}v=-\mathrm{d}p/\rho$ 可整理为

$$\frac{\mathrm{d}p}{p}=-\gamma Ma^2\frac{\mathrm{d}v}{v} \tag{3-75b}$$

将式（3-75a）、式（3-75b）代入状态方程 $\frac{\mathrm{d}p}{p}=\frac{\mathrm{d}\rho}{\rho}+\frac{\mathrm{d}T}{T}$ 得

$$\frac{\mathrm{d}\rho}{\rho}=\frac{1}{\gamma Ma^2-1}\frac{\mathrm{d}T}{T} \tag{3-75c}$$

根据熵增定义 $\mathrm{d}s=\frac{\delta q}{T}=\frac{\mathrm{d}u+p\mathrm{d}\upsilon}{T}$，引入 $\mathrm{d}\upsilon=\mathrm{d}\left(\frac{1}{\rho}\right)=-\frac{\mathrm{d}\rho}{\rho^2}$，可得

$$\mathrm{d}s=c_\upsilon\frac{\mathrm{d}T}{T}-R\frac{\mathrm{d}\rho}{\rho} \tag{3-75d}$$

将式（3-75c）代入式（3-75d）可得

$$\frac{\mathrm{d}s}{R}=\left(\frac{c_\upsilon}{R}-\frac{1}{\gamma Ma^2-1}\right)\frac{\mathrm{d}T}{T}=\frac{\gamma(Ma^2-1)}{(\gamma Ma^2-1)(\gamma-1)}\frac{\mathrm{d}h}{h} \tag{3-75e}$$

整理式（3-75e）得

$$\mathrm{d}s=\frac{(Ma^2-1)}{(\gamma Ma^2-1)}c_p\frac{\mathrm{d}h}{h} \tag{3-75f}$$

根据式（3-75f）给出的熵和焓的关系并结合图 3-28 可以得到以下结论。

（1）当 $Ma<1$ 时：若 $\gamma Ma^2<1$，ds 与 dh 同号，在 h-s 图上瑞利线斜率为正；若 $\gamma Ma^2>1$，ds 与 dh 异号，瑞利线斜率为负；若 $\gamma Ma^2=1$，则 $\mathrm{d}h=0, h=h_{\max}$，对应瑞利线上的 B 点，过该点的切线平行于 s 轴，该点是曲线的最大焓值点（$h=h_{\max}$），也对应最高温度点（$T=T_{\max}$）。

（2）当 $Ma=1$ 时，$\mathrm{d}s=0$，对应瑞利线上的 A 点，曲线在该点的斜率 $\mathrm{d}h/\mathrm{d}s\to\infty$，过该点的切线平行于 h 轴，该点是曲线的最大熵值点（$s=s_{\max}$），它代表气流的临界状态，将曲线分为上下两支，上支对应亚声速流，下支对应超声速流。

（3）当 $Ma>1$ 时，ds 与 dh 同号，瑞利线斜率为正，对应曲线的下半支。

2. 等截面换热管流的流动特性

在等截面换热管流中，取如图 3-29 所示的微元控制体，长度为 dx，单位质量气体与外界的换热量为 δq，下面给出等截面换热管流的基本方程。

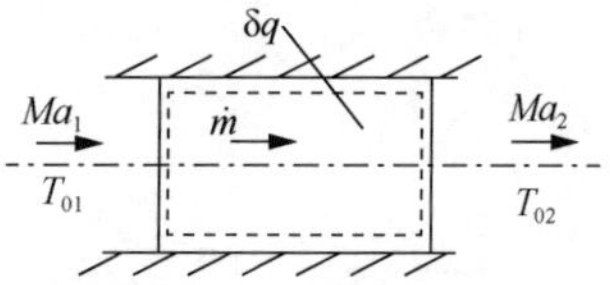

图 3-29　等截面换热管流

等截面换热管流的能量方程为

$$\delta q=c_p\mathrm{d}T_0 \tag{3-76a}$$

从式（3-76a）可以看出，总温的变化直接反映了热量交换的多少和方向，$\mathrm{d}T_0>0$ 表示加热，$\mathrm{d}T_0<0$ 表示冷却。因此，可用总温的变化来反映换热的影响。

根据 $a^2=\gamma RT$ 和 Ma，可得 $Ma^2=\frac{v^2}{\gamma RT}$，对其两侧取对数后再微分得

$$\frac{\mathrm{d}Ma}{Ma}=\frac{\mathrm{d}v}{v}-\frac{1}{2}\frac{\mathrm{d}T}{T} \tag{3-76b}$$

根据总温与静温的关系 $T_0=T\left(1+\frac{\gamma-1}{2}Ma^2\right)$，对其两侧取对数后再微分得

$$\frac{dT_0}{T_0}=\frac{dT}{T}+\frac{2(\gamma-1)Ma^2}{2+(\gamma-1)Ma^2}\frac{dMa}{Ma} \tag{3-76c}$$

根据总压与静压的关系 $p_0=p\left(1+\frac{\gamma-1}{2}Ma^2\right)^{\frac{\gamma}{\gamma-1}}$，对其两侧取对数后再微分得

$$\frac{dp_0}{p_0}=\frac{dp}{p}+\frac{2\gamma Ma^2}{2+(\gamma-1)Ma^2}\frac{dMa}{Ma} \tag{3-76d}$$

将基本方程（3-75a）～方程（3-75c）及式（3-76a）～式（3-76d）联立求解，可得到气动参数的相对变化和 dT_0/T_0 之间的关系式：

$$\frac{dv}{v}=\frac{1+\frac{\gamma-1}{2}Ma^2}{1-Ma^2}\frac{dT_0}{T_0} \tag{3-77a}$$

$$\frac{d\rho}{\rho}=-\frac{1+\frac{\gamma-1}{2}Ma^2}{1-Ma^2}\frac{dT_0}{T_0} \tag{3-77b}$$

$$\frac{dT}{T}=-\frac{(1-\gamma Ma^2)\left(1+\frac{\gamma-1}{2}Ma^2\right)}{1-Ma^2}\frac{dT_0}{T_0} \tag{3-77c}$$

$$\frac{dp}{p}=-\frac{\left(1+\frac{\gamma-1}{2}Ma^2\right)\gamma Ma^2}{1-Ma^2}\frac{dT_0}{T_0} \tag{3-77d}$$

$$\frac{dp_0}{p_0}=-\frac{\gamma Ma^2}{2}\frac{dT_0}{T_0} \tag{3-77e}$$

$$\frac{ds}{c_p}=\left(1+\frac{\gamma-1}{2}Ma^2\right)\frac{dT_0}{T_0} \tag{3-77f}$$

从以上各式可以得出下列主要结论：

（1）由式（3-77a）可知，换热对气流速度的影响在亚声速和超声速气流中是相反的。对亚声速气流而言，加热使气流加速，同时压强、温度、密度均降低，气流经历的是膨胀过程；对超声速气流而言，加热使气流减速，同时压强、温度、密度均升高，气流经历的是压缩过程，冷却过程则恰恰相反。如果先对亚声速气流加热，使其达到声速，然后立刻冷却使气流继续加速到超声速，这一想法在理论上是正确的，但实际上由于极速提热很难做到，加之摩擦等因素的存在总会使气流的总压降低，因此理论上的推论在实际上是难以实现的。

（2）在式（3-77c）中，当 $Ma=\sqrt{1/\gamma}$ 时，$dT=0$，静温达到最大值，对应图 3-28 中的最高温度点 B（$T=T_{max}$）；而当 $1>Ma>\sqrt{1/\gamma}$ 时，dT 与 dT_0 符号相反，即对亚声速加热，气流温度反而降低。这是由于对 $Ma>\sqrt{1/\gamma}$ 的亚声速气流加热时，由于此时气体流速接近声速，气流会迅速膨胀，为保证流量不变，气体的动能增加很快，以至于加给气体的全部热量都转化为动能也无法满足动能增加的需要，需要把气体原来的内能也转化成动能，才能满足速度增加的需求，所以加热后气流温度反而降低。

（3）由式（3-77e）可知，无论是超声速还是亚声速气流，只要对气流加热，气流的总压总是会降低，这一现象称为**热阻**。这是因为由式（3-77f）可知，加热过程是熵增过程，而熵

增必然引起总压损失，而且加热量越大，总压降也就越大。此外，总压损失还与气流的马赫数有关，气流马赫数越大，总压损失也越大。因此为了减少加热时的总压损失，在条件允许的情况下，应尽量减小气流的马赫数。例如，在空气发动机燃烧室内，进口气流的马赫数应尽量小一些，就是源于这个原因。

（4）加热总是使气流马赫数趋近于 1，但单纯的加热不能使超声速减速至亚声速，也不能使亚声速加速至超声速。故不论是对超声速还是亚声速气流加热，若加入热量超过使管道出口马赫数等于 1 时的热量，则会出现壅塞现象，壅塞后气流的进口马赫数将会调整到与所加热量相适应的数值。热交换对气流参数相对变化的影响如表 3-7 所示。

表 3-7　等截面加热管流的参数变化规律

热交换		气流参数													
		T_0	p_0	ρ_0	s	h		T		p	ρ	v	a		Ma
加热	$Ma<1$	↑	↓	↓	↑	$Ma<\sqrt{1/\gamma}$ ↑	$Ma>\sqrt{1/\gamma}$ ↓	$Ma<\sqrt{1/\gamma}$ ↑	$Ma>\sqrt{1/\gamma}$ ↓	↓	↓	↑	$Ma<\sqrt{1/\gamma}$ ↑	$Ma>\sqrt{1/\gamma}$ ↓	↑
	$Ma>1$	↑	↓	↓	↑	↑		↑		↑	↑	↓	↑		↓
冷却	$Ma<1$	↓	↑	↑	↓	$Ma<\sqrt{1/\gamma}$ ↓	$Ma>\sqrt{1/\gamma}$ ↑	$Ma<\sqrt{1/\gamma}$ ↓	$Ma>\sqrt{1/\gamma}$ ↑	↑	↑	↓	$Ma<\sqrt{1/\gamma}$ ↓	$Ma>\sqrt{1/\gamma}$ ↑	↓
	$Ma>1$	↓	↑	↑	↓	↓		↓		↓	↓	↑	↓		↑

3. 等截面换热管流的计算

在等截面换热管流中，任意两截面上气流参数的关系可由式（3-77a）～式（3-77f）积分得到，也可以从两截面的基本方程出发进行推导。根据简化条件，对于管道上的任意两个截面 1 和截面 2，可以列出以下基本方程：

$$\rho_1 v_1 = \rho_2 v_2 \tag{3-78a}$$

$$p_1 + \rho_1 {v_1}^2 = p_2 + \rho_2 {v_2}^2 \tag{3-78b}$$

$$c_p T_1 + \frac{v_1^2}{2} + \Delta q = c_p T_2 + \frac{v_2^2}{2} \tag{3-78c}$$

$$p = \rho R T \tag{3-78d}$$

将状态方程（3-78d）代入式（3-78b），并整理可得

$$\frac{p_1}{p_2} = \frac{1+\gamma Ma_1^2}{1+\gamma Ma_2^2} \tag{3-79a}$$

由连续方程（3-78a）可得 $\dfrac{\rho_2}{\rho_1} = \dfrac{v_1}{v_2} = \dfrac{Ma_1 \cdot a_1}{Ma_2 \cdot a_2} = \dfrac{Ma_1}{Ma_2}\sqrt{\dfrac{p_1}{p_2} \cdot \dfrac{\rho_2}{\rho_1}}$，将式（3-79a）代入其中，可得到两截面的密度比：

$$\frac{\rho_2}{\rho_1} = \frac{\dfrac{Ma_1^2}{Ma_2^2}}{\dfrac{p_2}{p_1}} = \frac{Ma_1^2}{Ma_2^2}\frac{1+\gamma Ma_1^2}{1+\gamma Ma_2^2} \tag{3-79b}$$

由此又可得到

$$\frac{T_2}{T_1}=\frac{\dfrac{p_2}{p_1}}{\dfrac{\rho_2}{\rho_1}}=\frac{Ma_2^2}{Ma_1^2}\left(\frac{1+\gamma Ma_1^2}{1+\gamma Ma_2^2}\right)^2 \tag{3-79c}$$

$$\frac{p_{02}}{p_{01}}=\frac{p_{02}}{p_2}\frac{p_2}{p_1}\frac{p_1}{p_{01}}=\frac{1+\gamma Ma_1^2}{1+\gamma Ma_2^2}\left(\frac{1+\dfrac{\gamma-1}{2}Ma_2^2}{1+\dfrac{\gamma-1}{2}Ma_1^2}\right)^{\frac{\gamma}{\gamma-1}} \tag{3-79d}$$

$$\frac{T_{02}}{T_{01}}=\frac{T_{02}}{T_2}\frac{T_2}{T_1}\frac{T_1}{T_{01}}=\frac{Ma_2^2}{Ma_1^2}\left(\frac{1+\gamma Ma_1^2}{1+\gamma Ma_2^2}\right)^2\left(\frac{1+\dfrac{\gamma-1}{2}Ma_2^2}{1+\dfrac{\gamma-1}{2}Ma_1^2}\right) \tag{3-79e}$$

设两截面间单位质量气体与外界交换热量为

$$\Delta q=c_p(T_{02}-T_{01})=c_pT_{01}\left(\frac{T_{02}}{T_{01}}-1\right) \tag{3-80a}$$

将式（3-79e）代入式（3-80a）可得

$$\frac{\Delta q}{c_pT_{01}}=\frac{Ma_2^2}{Ma_1^2}\left(\frac{1+\gamma Ma_1^2}{1+\gamma Ma_2^2}\right)^2\left(\frac{1+\dfrac{\gamma-1}{2}Ma_2^2}{1+\dfrac{\gamma-1}{2}Ma_1^2}\right)-1 \tag{3-80b}$$

从以上各式可以看出，对于给定进口马赫数 Ma_1 和总温 T_{01} 的气流，加热后气流马赫数 Ma_2 是由加热量 Δq 唯一确定的，进而可以确定截面 2 上气体的其他参数，上述公式适用于加热管流内未发生壅塞现象的情况。

4. 加热壅塞和临界加热量

根据上述分析，对等截面换热管流，无论超声速还是亚声速，加热总是使气流速度向声速趋近，对给定初始 Ma_1，加热后的 Ma_2 由加热量唯一确定，当加热量达到某值时，气流在管出口处 $Ma_2=1$，即在出口截面达到临界状态时，对应的加热量称为**临界加热量**，记作 Δq_{cr}，对应加热后的气流总温称为临界总温 $T_{0\mathrm{cr}}$。

如果将 $Ma_2=1$ 代入式（3-80b），可得临界加热量：

$$\Delta q_{\mathrm{cr}}=c_pT_{01}\left[\frac{1}{(1+\gamma)Ma_1^2}\frac{(1+\gamma Ma_1^2)^2}{2+(\gamma-1)Ma_1^2}-1\right] \tag{3-81a}$$

将 $Ma_2=1$ 代入式（3-79e），则 $T_{02}=T_{0\mathrm{cr}}$ 可得

$$\frac{T_{0\mathrm{cr}}}{T_{01}}=\frac{1}{(\gamma+1)Ma_1^2}\cdot\frac{(1+\gamma Ma_1^2)^2}{2+(\gamma-1)Ma_1^2} \tag{3-81b}$$

由此可见，当进口截面气流总温 T_{01} 确定时，如果给定进口马赫数 Ma_1，则临界加热量 Δq_{cr} 为一定值。而且对于亚声速气流，进口马赫数越大，临界加热量越小；对于超声速气流，进口马赫数越小，临界加热量越小。

如果实际加热量大于临界加热量 Δq_{cr}，流动就会发生壅塞，称为**加热壅塞**。这是由于过多的热量将使总压降低、总温升高，而气动函数 $q(\lambda)$ 在临界状态时就已经达到最大值，无法进一步增加，于是原来在临界状态所能通过的流量，在这种状态下就无法通过，从而导致气流在管内堆积，使气流压强升高，造成壅塞。壅塞后，气流自动调整，使出口达到临界状态，

即 $Ma_2=1$。

对于亚声速流，壅塞造成压强升高的扰动可逆流上传到管道进口，从而使进口流量减小，导致进口气流马赫数一直减小到令出口截面保持临界状态为止，这样流量就能够顺利通过管道。此时，实际的加热量就是调整后的进口马赫数所对应的临界加热量。

对于超声速流，压强升高的扰动将导致气流中产生激波，而激波使总压损失增大，从而进一步加重了气流的壅塞，于是激波会一直向上游移动，激波强度变得越来越强。如此发展，激波将无法在管道内停留，最终被推到管道进口外，在进口之前形成脱体激波并发生溢流，激波后气流参数发生突变，进口气流速度降为亚声速，从而使该速度对应的流量能够顺利通过管道。由此可见，等截面加热管流中，激波不可能停留在管内，必然位于进口截面之前，这一点与绝热等截面摩擦管流不相同。

综上所述，对于给定进口马赫数 Ma_1 和总温 T_{01} 的气流，当实际加热量超过临界加热量 Δq_{cr} 时，流动就会发生壅塞。换而言之，对于给定的进口总温 T_{01} 和实际加热量，亚声速流存在一个最大马赫数 Ma_{max}，当进口马赫数 $Ma_1 > Ma_{max}$ 时出现壅塞，而超声速流存在一个最小马赫数 Ma_{min}，当进口马赫数 $Ma_1 < Ma_{min}$ 时出现壅塞，并形成管口外激波。

5. 凝结突跃

凝结突跃是换热管流的一种特殊现象，一般发生在含湿空气沿着超声速风洞流动或蒸汽在缩放喷管内流动时，可以通过光学仪器观察或摄影。例如，当含湿空气在超声速风洞中流动时，随超声速气流 Ma 增大，气流温度将迅速降低，当温度低于水蒸气的凝结温度，并达到一定过冷度时（50℃左右）会出现显著的凝结现象。该凝结过程进行得十分迅速，几乎集中在一个截面上完成，凝结放出的潜热突然加入到超声速气流中，使超声速气流速度突然下降，密度、压强和总温突然升高，总压突然降低，这种现象称为**凝结突跃**。

凝结突跃的发生不仅会影响风洞内气流马赫数和压强，还会造成喷管出口处气流的不均匀分布，因此为了避免在风洞中出现凝结突跃现象，通常需要对进入风洞的空气进行特殊的干燥处理，使空气中水分的占比低于万分之五，这样即便产生凝结，气流也不至于受到很大的影响。

凝结突跃现象与普通的正激波现象十分相似，从实验照片来看，凝结突跃的波面与气流方向同样接近垂直，但是二者却存在着本质区别。这是因为气流通过正激波时，气流总温并没有变化，激波强度由波前马赫数决定，激波之后气流速度必为亚声速。但凝结突跃使气流的总温升高，参数的突跃程度取决于加热量的多少，突跃变化后的气流速度有可能依然是超声速，甚至有可能在凝结突跃的下游再次产生正激波。

3.5.3　等截面变流量管流

工程实际中，有很多问题是质量添加流动问题，例如：在蒸发式冷却中，冷却气体通过多孔壁面不断添加到主流中；在跨声速风洞中，通过改变喷管中的流量来获得超声速气流；在火箭发动机内，固体空心药柱燃烧时，气体不断加入到主流中。

本节仅讨论等截面管道内有质量添加的流动，为了简化计算，做出以下假设：①仅考虑由流量变化引起的参数变化，不计摩擦、加热、机械、化学反应等因素；②认为添加气流与主流的分子量、比热容和总焓均相同，而且都是完全气体；③主流和添加气流在控制体内完全混合，热力学系统为始终处于平衡状态的均匀系统，离开控制面时所有气流参数为均匀分布。

1. 基本方程

如图 3-30 所示，取虚线所示的微元控制体，通过控制面的添加气流的参数以下标 a 表示，如 v_a，对控制体建立基本方程如下。

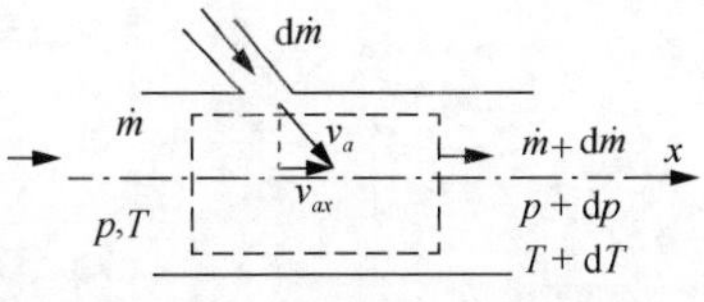

图 3-30　质量添加

1）连续方程

由于存在质量添加，主管道内流量不再是常数，连续方程可用流量公式表示为 $\dot{m}=\rho vA\neq$ 常数，对其取对数后再微分，可得

$$\frac{\mathrm{d}\dot{m}}{\dot{m}}=\frac{\mathrm{d}\rho}{\rho}+\frac{\mathrm{d}v}{v} \tag{3-82}$$

式中，$\dot{m}$ 为主流的流量；$\mathrm{d}\dot{m}$ 为添加气流的流量。

2）动量方程

不计壁面摩擦，取主流方向为 x 方向，列动量方程可表示为

$$pA-(p+\mathrm{d}p)A=(\dot{m}+\mathrm{d}\dot{m})(v+\mathrm{d}v)-\dot{m}v-v_{ax}\mathrm{d}\dot{m}$$

整理得

$$A\mathrm{d}p+\dot{m}\mathrm{d}v+v\mathrm{d}\dot{m}-v_{ax}\mathrm{d}\dot{m}=0 \tag{3-83a}$$

假设 $y=\dfrac{v_{ax}}{v}$ 并利用 $\dot{m}=\rho vA$，则动量方程可化为

$$\mathrm{d}p+\rho v\mathrm{d}v+\rho v^2(1-y)\frac{\mathrm{d}\dot{m}}{\dot{m}}=0 \tag{3-83b}$$

引入 $a^2=\gamma RT$ 和 Ma 并整理得

$$\frac{\mathrm{d}p}{p}+\gamma Ma^2\frac{\mathrm{d}v}{v}+\gamma Ma^2(1-y)\frac{\mathrm{d}\dot{m}}{\dot{m}}=0 \tag{3-83c}$$

3）能量方程

由于假设主流和添加气流的参数相同，则单位质量气体的总焓相等，故两股气流混合后单位质量流体所具有的总焓仍保持原有数值，质量添加对能量方程没有影响，有

$$h_0=c_pT_0=c_pT+\frac{1}{2}v^2=C \tag{3-84a}$$

取微分可得 $c_p\mathrm{d}T+v\mathrm{d}v=0$，根据比热容关系 $c_p=\dfrac{\gamma}{\gamma-1}R$，以及 $a^2=\gamma RT$，可得

$$\frac{\mathrm{d}T}{T}+(\gamma-1)Ma^2\frac{\mathrm{d}v}{v}=0 \tag{3-84b}$$

4）状态方程

状态方程并未发生变化，仍为 $p=\rho RT$，其微分形式为

$$\frac{\mathrm{d}p}{p}=\frac{\mathrm{d}\rho}{\rho}+\frac{\mathrm{d}T}{T} \tag{3-85}$$

2. 流量变化对流动参数的影响

基于上述基本方程，可以建立基本气动参数与质量添加的微分关系：

$$\frac{\mathrm{d}v}{v}=\frac{1}{1-Ma^2}[1+(1-y)\gamma Ma^2]\frac{\mathrm{d}\dot{m}}{\dot{m}} \tag{3-86a}$$

$$\frac{\mathrm{d}p}{p}=\frac{\gamma Ma^2}{1-Ma^2}\left[2\left(1+\frac{\gamma-1}{2}Ma^2\right)(1-y)+y\right]\frac{\mathrm{d}\dot{m}}{\dot{m}} \tag{3-86b}$$

$$\frac{\mathrm{d}\rho}{\rho}=\frac{1}{1-Ma^2}[Ma^2+(1-y)\gamma Ma^2]\frac{\mathrm{d}\dot{m}}{\dot{m}} \tag{3-86c}$$

$$\frac{\mathrm{d}T}{T}=-\frac{(\gamma-1)Ma^2}{1-Ma^2}[1+(1-y)\gamma Ma^2]\frac{\mathrm{d}\dot{m}}{\dot{m}} \tag{3-86d}$$

由式（3-86b）～式（3-86d）可得

$$\frac{\mathrm{d}Ma}{Ma}=\frac{1+\frac{\gamma-1}{2}Ma^2}{1-Ma^2}[1+(1-y)\gamma Ma^2]\frac{\mathrm{d}\dot{m}}{\dot{m}} \tag{3-87a}$$

$$\frac{\mathrm{d}p_0}{p_0}=-\gamma Ma^2(1-y)\frac{\mathrm{d}\dot{m}}{\dot{m}} \tag{3-87b}$$

$$\frac{\mathrm{d}s}{c_p}=-\frac{\gamma-1}{\gamma}\frac{\mathrm{d}p_0}{p_0}=(\gamma-1)Ma^2(1-y)\frac{\mathrm{d}\dot{m}}{\dot{m}} \tag{3-87c}$$

从上述方程可以看出，质量添加对气流参数的影响不仅与气流是亚声速还是超声速有关，还与参数 y 的大小有关。对于一般的工程问题，y 值范围一般为 $0<y<1+\frac{1}{\gamma Ma^2}$，此时 $\mathrm{d}\dot{m}$ 对气流参数的影响在亚声速流动和超声速流动中相反。

表 3-8 给出了加入流量（$y<1$）对气流参数的影响。可以看出，加入流量将使亚声速气流加速，使超声速气流减速。因此与等截面摩擦、加热管流相似，流量增加到一定程度时，气流马赫数达到 1，开始出现壅塞现象，流量加入过多，则会改变主流的初始状态。单纯加入流量不会改变流动的性质。

表 3-8　质量添加对气流参数的影响

	$\mathrm{d}v/v$	$\mathrm{d}Ma/Ma$	$\mathrm{d}p/p$	$\mathrm{d}\rho/\rho$	$\mathrm{d}T/T$	$\mathrm{d}p_0/p_0$	$\mathrm{d}s/c_p$
$Ma<1$	+	+	−	−	−	−	+
$Ma>1$	−	−	+	+	+		+

3.6　广义定常一维流概述

影响管道中气体流动的因素除了以上提到的截面积变化、摩擦、换热、质量添加以外，还包括外力（如重力、电磁力、壁面压力等）、对外做功、化学反应等。实际上，此类流动属于三维流动，只是为了简化问题才将其近似为一维流，这种综合考虑多种影响因素的流动称为广义一维定常流动。

一般情况下，各种影响因素是同时存在且共同作用的。但是由于同时考虑所有因素是极为困难的，而且在各种具体流动中，并不是所有因素都起着同样的作用，因此，在面对具体流动问题时，往往是先单独考虑主要因素的作用，再考虑其他次要因素的作用，并对结果进行修正，使问题得解。

图 3-31 给出了广义一维定常管道流动的物理模型，这里所考虑的制约因素包括：管道截面积变化 $\mathrm{d}A$，壁面摩擦力 δF_R，质量添加 $\mathrm{d}\dot{m}$，气体与外界间的换热 δQ 和功交换 δW_s，质量力 $\mathrm{d}F_B$。在分析时，假设流动是一维定常的，气体的流动参数是连续变化的，气体为量热完全气体，一般规定外界传入的热量为正，气体对外界做功为正。鉴于前面已经导出了几种单一制约因素的基本方程，现将它们叠加在一起，在考虑变截面、摩擦、加热、质量添加四种制约因素同时作用的条件下，建立广义一维定常流动基本方程。

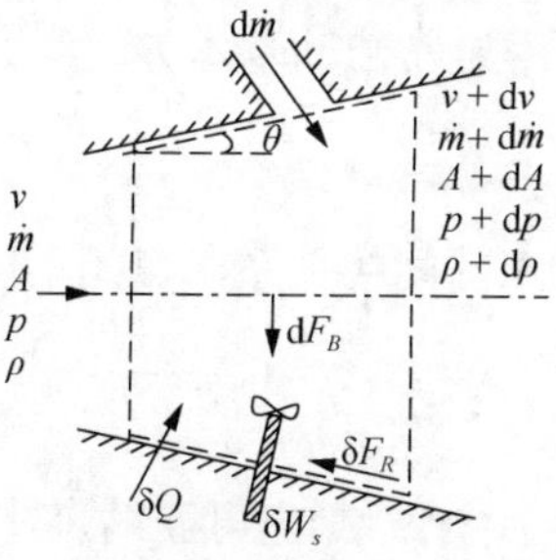

图 3-31　广义定常一维流

1. 连续方程

根据流量公式 $\dot{m}=\rho vA\neq$ 常数，取对数微分得

$$\frac{\mathrm{d}\dot{m}}{\dot{m}}=\frac{\mathrm{d}\rho}{\rho}+\frac{\mathrm{d}v}{v}+\frac{\mathrm{d}A}{A} \tag{3-88}$$

对于截面积为 A 的非圆形管道，可以采用当量直径代替圆管直径。

2. 动量方程

$$\mathrm{d}p+\rho v\mathrm{d}v+\rho v^2(1-y)\frac{\mathrm{d}\dot{m}}{\dot{m}}+\frac{\delta F_R}{A}=0 \tag{3-89a}$$

对于热完全气体，可以将动量方程整理为包含马赫数 Ma 的形式：

$$\frac{\mathrm{d}p}{p}+\gamma Ma^2\frac{\mathrm{d}v}{v}+\gamma Ma^2(1-y)\frac{\mathrm{d}\dot{m}}{\dot{m}}+2C_f\frac{\mathrm{d}x}{D}=0 \tag{3-89b}$$

式中，壁面摩擦系数 C_f 反映壁面摩擦力。

3. 能量方程

根据微元控制体的能量平衡关系，可得

$$(\dot{m}+\mathrm{d}\dot{m})\left[h+\mathrm{d}h+\frac{v^2}{2}+\mathrm{d}\left(\frac{v^2}{2}\right)\right]-\dot{m}\left(h+\frac{v^2}{2}\right)-\mathrm{d}\dot{m}\left(h_a+\frac{v_a^2}{2}\right)=\delta Q \tag{3-90a}$$

将式（3-90a）展开，略去高阶小项并整理可得

$$(\dot{m}+\mathrm{d}\dot{m})\left[h+\mathrm{d}h+\frac{v^2}{2}+\mathrm{d}\left(\frac{v^2}{2}\right)\right]-\dot{m}\left(h+\frac{v^2}{2}\right)-\mathrm{d}\dot{m}\left(h_a+\frac{v_a^2}{2}\right)=\delta Q \tag{3-90b}$$

对于热完全气体，取总焓 $h_0=h+\dfrac{v^2}{2}=c_pT_0, h_{0a}=h_a+\dfrac{v_a^2}{2}=c_pT_{0a}$，由于传热、做功、$h_0$ 与 h_{0a} 之差的影响都可以体现在当地总温的变化之中，因此可以将能量方程整理为包含马赫数 Ma 的形式：

$$\frac{\mathrm{d}T}{T}+(\gamma-1)Ma^2\frac{\mathrm{d}v}{v}-\left(1+\frac{\gamma-1}{2}Ma^2\right)\frac{\mathrm{d}T_0}{T_0}=0 \tag{3-90c}$$

4. 状态方程

对于热完全气体，对状态方程 $p=\rho RT$ 取对数再微分得

$$\frac{\mathrm{d}p}{p}=\frac{\mathrm{d}\rho}{\rho}+\frac{\mathrm{d}T}{T} \tag{3-91}$$

式（3-88）、式（3-89b）、式（3-90b）和式（3-91）给出了四个制约因素作用下的广义一

维定常流动基本方程组。只要给定各个制约因素的相关量 $\frac{\mathrm{d}A}{A}, 2C_f\frac{\mathrm{d}x}{D}, \frac{\mathrm{d}T_0}{T_0}, \frac{\mathrm{d}\dot{m}}{\dot{m}}$，再给定边界条件就可以确定四个基本物理量 p,T,ρ,v，进而可以推导其他气流参数变化与主要因素变化之间的间接关系，在此不做具体讨论。

思 考 题

1．画出可压缩流体一维等熵流动的等熵椭圆，说明三种参考状态对应的工况。

2．讨论微弱扰动波在空间流场内的传播规律。

3．讨论微弱扰动压缩波与正激波的区别，正激波前后参数如何变化？

4．对收缩喷管进行变工况分析，讨论不同背压下的流动状态。

5．对比分析收缩喷管与缩放喷管特征压强的差异，阐明各特征压强所对应的工况。

6．对缩放喷管进行变工况分析，讨论不同背压下的流动状态。

7．综合对比收缩喷管和缩放喷管有何差异。

8．解释壅塞的含义，分析几何壅塞、加热壅塞、摩擦壅塞的产生原因？

9．说明范诺线的含义，分析其几何特征及其对应参数是如何变化的？

10．对等截面摩擦管流而言，何为极限管长，如何确定？

11．等截面摩擦管流中发生壅塞以后，管内的流动状态如何调整的？

12．说明瑞利线的含义，分析其几何特征及其对应的热力参数是如何变化的？

13．对等截面换热管流而言，对气流进行加热，则气流温度一定升高吗？

14．何为临界加热量，等截面加热管流中发生壅塞后，管内的流动状态是如何调整的？

15．凝结突跃与正激波有何区别？

习 题

[3-1] 飞机在距地面1000m的上空飞行，当飞过人所在的位置600m时才听到飞机的声音，当地气温为15℃，试求飞机的速度、马赫数及飞机的声音传到人耳所需的时间。

[3-2] 某等熵气流（$\gamma=1.4$，$R=287\mathrm{J/(kg\cdot K)}$）的马赫数 $Ma=0.8$，滞止压强 $p_0=4.905\times10^5\mathrm{Pa}$，滞止温度 $t_0=20℃$，试求滞止声速 a_0、当地声速 a、气流速度 v 和气流的绝对压强 p。

[3-3] 空气在管道中做一维等熵流动，在截面 1 处，马赫数 $Ma_1=0.8$，静压 $p_1=5.13\times10^5\mathrm{Pa}$，在截面 2 处，马赫数 $Ma_1=0.3$，求截面 2 与截面 1 之间的压差 Δp。

[3-4] 空气在管道内流动时产生正激波，激波后压强为 $p_2=3.6\times10^5\mathrm{Pa}$，气流速度 $v_2=210\mathrm{m/s}$，温度为 $t_2=50℃$，试求激波前的马赫数。

[3-5] 如图 3-32 所示，假设皮托管前为正激波，激波后为可逆的绝热过程，试证明超声速皮托管中的压强公式为滞止压强：

$$p_{02}=\frac{p_\infty\left(\frac{\gamma+1}{2}Ma^2\right)^{\frac{\gamma}{\gamma-1}}}{\left(\frac{2\gamma}{\gamma+1}Ma^2-\frac{\gamma-1}{\gamma+1}\right)^{\frac{1}{\gamma-1}}}$$

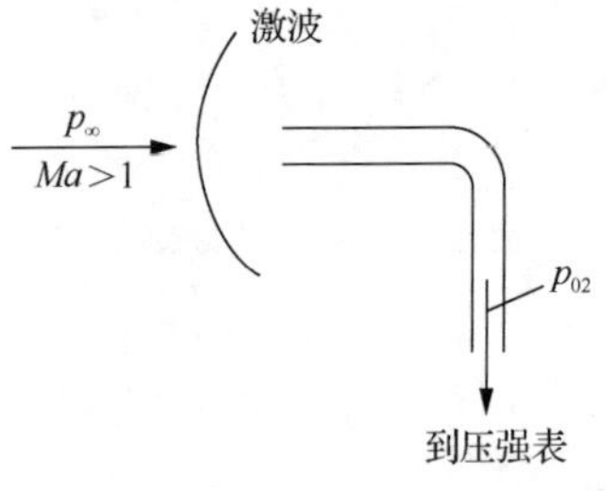

图 3-32　习题[3-5]图

[3-6] 由爆炸引起的激波以 1700m/s 的速度向周围的大气中

传播，大气的静参数 $T_a = 290\text{K}$，$p_a = 1.0135\times10^5\text{Pa}$，假定空气是完全气体，$c_p = 1004.8\text{J/(kg}\cdot\text{K)}$，试计算激波后的参数 p_2, T_2, Ma_2。

[3-7] 空气流经一收缩喷管，喷管某截面的压强为 $p_1 = 2.8\times10^5\text{Pa}$，温度为 $T_1 = 345\text{K}$，速度为 $v_1 = 150\text{m/s}$，如果该处喷管截面积为 $A_1 = 9.29\times10^{-3}\text{ m}^2$。试求：（1）该截面上的马赫数；（2）滞止压强和滞止温度；（3）在出口 Ma=1 的截面处的压强、温度和面积；（4）喷管的流量。

[3-8] 滞止压强 $p_0 = 8\times10^5\text{Pa}$ 的空气气流在缩放喷管中做等熵流动，出口达到超声速，如果喷管出口面积与喉部面积比为 $A/A_t = 5$，试求出口截面上的压强 p_e。

[3-9] 空气在缩放喷管中某截面上产生正激波，通过正激波压强由 61kPa 突跃至 183kPa，试计算在喷管喉部和上游气源箱体中的压强各为多少？

[3-10] 缩放喷管中的空气流量为 1kg/s，进口截面积为 $A_1 = 2\times10^{-3}\text{m}^2$，进口压强 $p_1 = 5.8\times10^5\text{Pa}$ 和温度 $T_1 = 438\text{K}$，如果空气等熵膨胀至出口，出口压强为 $p_2 = 1.4\times10^5\text{Pa}$。试求：（1）进口速度 v_1；（2）滞止压强 p_0 和滞止温度 T_0；（3）出口速度 v_2；（4）出口面积 A_2。

[3-11] 试证明缩放喷管正激波正好在管出口时的背压为

$$p_b = p_0\left(1+\frac{\gamma-1}{2}Ma''^2\right)^{\frac{-\gamma}{\gamma-1}}\left(\frac{2\gamma}{\gamma+1}Ma''^2-\frac{\gamma-1}{\gamma+1}\right)$$

[3-12] 在绝能等熵的空气流中，已知点 1 的马赫角为 $\mu_1 = 27.7°$，另一点 2 的马赫角为 $\mu_2 = 35.8°$，试求这两点的压强比 p_2/p_1。

[3-13] 速度 $v_1 = a_*$ 的空气流绕外钝角壁面向下转折后，速度变为 $v_1 = 1.505a_*$，求气流的转折角 δ。

[3-14] 空气流在管道内发生正激波，已知激波前的马赫数为 $Ma_1 = 2.5$，压强为 $p_1 = 3.0\times10^4\text{Pa}$，温度为 $t_1 = 25℃$，试求激波后的马赫数、压强、温度和速度。

[3-15] 速度 v_1=530m/s 和 Ma_1=2.0 的空气流流过内折壁面，向内转折 20°，求激波后的气流速度 v_2。

[3-16] 空气由容积为 1m^3 的气瓶通过收缩喷管流入大气，大气压 $p_a = 1.033\times10^5\text{Pa}$，设气瓶中温度保持 288K 不变，喷管出口截面积为 $A = 0.5\times10^{-4}\text{m}^2$，气瓶内初始压强为 $p_1 = 1.0\times10^7\text{Pa}$，求气体在体积流量不变的条件下的流出时间。

[3-17] 已知某缩放喷管的最小截面面积 $A_t = 4.0\times10^{-4}\text{m}^2$，出口截面面积 $A_e = 6.76\times10^{-4}\text{m}^2$，大气压强 $p_a = 1.0\times10^5\text{Pa}$，气源的温度 $T_0 = 288\text{K}$，求当气源的压强分别为 $p_0 = 1.5\times10^5\text{Pa}$，$p_0 = 1.09\times10^5\text{Pa}$，$p_0 = 2.0\times10^5\text{Pa}$，$p_0 = 10\times10^5\text{Pa}$ 时，在喷管出口处空气流的马赫数和空气的流量，以及管内出现激波时激波的位置。

[3-18] 空气（$\gamma = 1.4$）在一无摩擦、绝热的缩放喷管内流动，气流的总压为 $p_0 = 7.0\times10^5\text{Pa}$，总温 $T_0 = 500\text{K}$，喷管扩张段的面积比 $A_e/A_t = 11.91$，一道正激波停留在扩张段中 $Ma = 3.0$ 的位置，计算喷管出口截面处的马赫数 Ma_e、静温 T_e 和静压 p_e。

[3-19] 空气在等截面有摩擦的圆管中绝热流动，圆管内直径 $d = 0.1\text{m}$，如果管道平均摩擦系数为 $\overline{C}_f = 0.005$，气流的进口马赫数 $Ma_1 = 0.5$。求将气流马赫数提高到 $Ma_2 = 0.9$ 所需要的管长 L；若管长为 L，出口截面气流压强 $p_2 = 1.013\times10^5\text{Pa}$，出口气流总温 $T_{02} = 300\text{K}$，试求进口气流压强 p_1、温度 T_1、速度 v_1、出口气流速度 v_2 及总压比 p_{02}/p_{01}。

[3-20] 空气在等直径圆管中绝热流动，已知进口空气流的马赫数 $Ma_1 = 0.55$，圆管的平

均摩擦系数 $\bar{C}_f = 0.0037$。（1）求在出口达到临界状态所需要的管长；（2）如果将管长加长到 $L = 105.84d$，试求此时进口空气流的马赫数 Ma_1'。

[3-21] 空气在截面积为 0.093m^2 的等截面绝热管内流动，截面 1 处压强为 $p_1 = 7.03 \times 10^4\text{Pa}$，温度为 $t_1 = 5℃$，密流为 $G_1 = 145\text{kg/(s} \cdot \text{m}^2)$，设管道已经处于壅塞状态。（1）试求截面 1 处的马赫数 Ma_1；（2）试计算管道出口处的马赫数 Ma_e、温度 T_e、压强 p_e；（3）为了能够固定从截面 1 到出口截面的管段，需要施加多大的轴向力 F。

[3-22] 空气（$\gamma = 1.4$）进入直径为 0.61m 的等截面圆形管道，管道进口处 $Ma_1 = 3.0$，静温 $T_1 = 310\text{K}$，静压 $p_1 = 0.7 \times 10^5\text{Pa}$，管道内在马赫数 $Ma_s = 2.5$ 的位置发生了一道正激波。管道出口截面 $Ma_e = 0.8$，假设管道摩擦系数为常数 $\bar{f} = 0.005$，空气为完全气体。试计算：（1）管道进口到正激波位置 L_s；（2）管道的总长度 $L_总$；（3）管道出口截面处的滞止压强 p_{0e}；（4）管道出口截面的静压 p_e。

[3-23] 空气在等直径的圆管中无摩擦流动，由于对气流加热，速度从 $v_1 = 100\text{m/s}$ 增大到 $v_2 = 300\text{m/s}$，设加热前气体的密度为 $\rho_1 = 2.4\text{kg/m}^3$，试求压强降低的数值。

[3-24] 空气在等直径的圆管中无摩擦流动，进口总温为 $T_{01} = 300\text{K}$，由于对气流加热，气流的速度系数由 $\lambda_1 = 0.5$ 提高到 $\lambda_2 = 0.9$，求对单位质量空气的加热量。

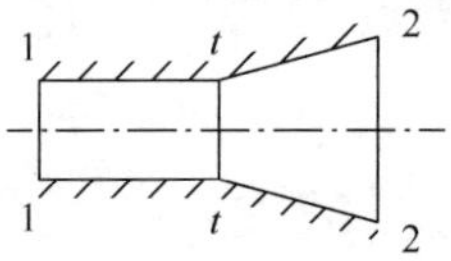

图 3-33　习题[3-25]图

[3-25] 如图 3-33 所示，一个半热力管道，等截面段为加热段，扩张段为绝热段，不考虑摩擦作用，已知在加热段进口空气流的参数为 $T_{01} = 289\text{K}, v_1 = 62.2\text{m/s}, p_{01} = 20 \times 10^5\text{Pa}$，扩张段为超声速段，出口截面 A_2 上的压强 $p_2 = p_a = 1.03 \times 10^5\text{Pa}$，通过管道的流量 $\dot{m} = 9\text{kg/s}$，试确定半热力喷管的推力。

第 4 章 可压缩流体二维定常流动

一维分析法因简单方便、物理概念清晰，具有一定的实用价值，但其仅限于解决管道截面上的平均流属性及沿管道轴线的参数变化规律问题。由于工程上很多问题都是多维流问题，如发动机、涡轮机、锅炉等机械装置内的气体流动，汽车、船舶、飞机外部的绕流等都是三维空间内的流动问题，因此要想分析流体参数沿空间各个方向的真实分布，仍需采用多维方法。

理想流体多维流动问题通常是在给定的初始和边界条件下，求解流体流动的速度、压强、温度以及作用力等参数。为此一般需要联立求解包括连续方程、运动方程、能量方程、声速方程、状态方程等的流体动力学基本方程组。对于无旋流动，可以采用引入速度势的方法，把基本方程组中的有关方程进行合并，构建无旋流动的速度势方程，通过求解速度势方程来确定速度场，从而使问题得以简化。

本章以可压缩理想流体二维定常无旋流动为研究对象，从多维定常无旋流动控制方程组出发，推导理想流体定常无旋流动的速度势方程，并讨论该方程的求解方法；介绍了小扰动假设条件下的小扰动线性化方法，以及解决平面定常超声速流动问题的特征线法。

4.1 多维定常无旋流动控制方程

4.1.1 无旋流动基本概念

1. 速度势

在流体力学中，可以根据流体微团是否存在绕自身的旋转运动，把流体流动分为有旋流动和无旋流动。无旋流动的特征是流体微团运动速度的旋度为零，即

$$\nabla\times\boldsymbol{v}=\begin{vmatrix}\boldsymbol{i} & \boldsymbol{j} & \boldsymbol{k}\\ \dfrac{\partial}{\partial x} & \dfrac{\partial}{\partial y} & \dfrac{\partial}{\partial z}\\ v_x & v_y & v_z\end{vmatrix}=0 \quad 或 \quad \frac{\partial v_y}{\partial x}=\frac{\partial v_x}{\partial y},\frac{\partial v_y}{\partial z}=\frac{\partial v_z}{\partial y},\frac{\partial v_z}{\partial x}=\frac{\partial v_x}{\partial z} \tag{4-1}$$

根据高等数学知识，满足式（4-1）的速度函数是“$v_x\mathrm{d}x+v_y\mathrm{d}x+z_z\mathrm{d}x$能够成为某一函数全微分”的充要条件，假设该函数为$\phi$，则有$\mathrm{d}\phi=v_x\mathrm{d}x+v_y\mathrm{d}x+z_z\mathrm{d}x$，该式也可以写成积分形式：

$$\phi=\int(v_x\mathrm{d}x+v_y\mathrm{d}x+z_z\mathrm{d}x) \tag{4-2}$$

而且此积分与积分路径无关，函数ϕ称为速度的势函数，简称**速度势**，其与速度的关系为

$$v_x=\frac{\partial\phi}{\partial x},v_y=\frac{\partial\phi}{\partial y},v_z=\frac{\partial\phi}{\partial z} \quad 或 \quad \boldsymbol{v}=\mathrm{grad}\phi=\nabla\phi \tag{4-3}$$

由此可知，无旋流动中速度势必然存在，即“无旋必有势”，因此无旋流动又称为有势流动；反之有势也必定无旋。

2. 熵与旋度的关系

第 3 章介绍了克罗科定理：对于理想完全气体、绝热、定常流动，不计质量力的情况下，存在 $\boldsymbol{v}\times\boldsymbol{\Omega}=\nabla h_0-T\nabla s$。该定理给出了流场的运动学参数和热力学参数之间的关系，在理想完全气体的定常流动中具有重要意义，利用它可以判断流场是否有旋，同时可以分析流场中熵与旋度的关系，可以看出：均焓流（$\nabla h_0=0$）中，若存在垂直于流线的熵梯度，则必为有旋流动。

以流场中出现了不可逆过程为例，如在超声速气流中易出现激波现象，当气体穿越激波时，其热力学参数发生突跃变化，该过程是不可逆过程，此时气体运动虽然是绝热的，但熵发生了变化，因此整个流动为均焓流，且激波前为均熵无旋流动，但激波后可能是非均熵有旋流动。在实际流场中，若存在焓梯度则必然伴随熵梯度。

4.1.2 可压缩理想流体动力学基本方程组

可压缩理想流体动力学基本方程组由连续方程、运动方程、能量方程、熵方程等基本方程以及声速方程、状态方程等辅助方程所组成。

1. 基本方程

在不计质量力的情况下，理想可压缩流体定常、绝热流动的基本方程组可表示如下。

连续方程：

$$\nabla\cdot(\rho\boldsymbol{v})=0 \quad 或 \quad \frac{\partial}{\partial x_j}(\rho v_j)=0 \tag{4-4}$$

动量方程：

$$(\boldsymbol{v}\cdot\nabla)\boldsymbol{v}+\frac{1}{\rho}\nabla p=0 \quad 或 \quad v_j\frac{\partial v_i}{\partial x_j}+\frac{1}{\rho}\frac{\partial p}{\partial x_i}=0 \tag{4-5}$$

能量方程：

$$\frac{\mathrm{d}}{\mathrm{d}t}\left(h+\frac{v^2}{2}\right)=0 \quad 或 \quad \frac{\mathrm{d}h_0}{\mathrm{d}t}=\frac{\partial h_0}{\partial t}+v_j\frac{\partial h_0}{x_j}=v_j\frac{\partial}{\partial x_j}\left(h+\frac{1}{2}v_i^2\right)=0 \tag{4-6}$$

熵方程：

$$\frac{\mathrm{d}s}{\mathrm{d}t}=0 \tag{4-7}$$

声速方程：

$$a^2=\left(\frac{\partial p}{\partial\rho}\right)_s=\frac{\mathrm{d}p}{\mathrm{d}\rho} \quad 或 \quad \frac{\mathrm{d}p}{\mathrm{d}t}=a^2\frac{\mathrm{d}\rho}{\mathrm{d}t} \tag{4-8}$$

状态方程：

$$p=\rho RT \tag{4-9a}$$

$$h=h(p,\rho) \tag{4-9b}$$

以上 7 个方程中共包含未知量 7 个：$\boldsymbol{v},T,\rho,p,s,h,a$。因此，在理论上只要结合给定的边界条件，就可以解出各参数。

2. 定常无旋流动气体动力学基本方程

上述连续方程、能量方程、动量方程可以合并为一个方程，并用势函数的形式表示。由连续方程（4-4）整理可得

$$\rho\frac{\partial v_i}{\partial x_i}+v_i\frac{\partial\rho}{\partial x_i}=0 \tag{4-10}$$

根据物质导数的公式$\frac{\mathrm{d}}{\mathrm{d}t}=\frac{\partial}{\partial t}+v_j\frac{\partial}{\partial x_j}$，将式（4-8）展开为$\frac{\partial p}{\partial t}+v_j\frac{\partial p}{\partial x_j}=a^2\left(\frac{\partial\rho}{\partial t}+v_j\frac{\partial\rho}{\partial x_j}\right)$。对定常流动，因参数不随时间而变化，可得定常流动的声速方程：

$$\frac{\partial p}{\partial x_i}=a^2\frac{\partial\rho}{\partial x_i} \tag{4-11a}$$

由于声速的传播过程是等熵过程，可以用声速方程代替等熵流动能量方程。将声速方程（4-11a）代入动量方程（4-5）得

$$v_j\frac{\partial v_i}{\partial x_j}=-\frac{1}{\rho}\frac{\partial p}{\partial x_i}=-\frac{a^2}{\rho}\frac{\partial\rho}{\partial x_i} \tag{4-11b}$$

整理式（4-11b）得到

$$\frac{\partial\rho}{\partial x_i}=-\frac{\rho}{a^2}v_j\frac{\partial v_i}{\partial x_j} \tag{4-11c}$$

将式（4-11c）代入连续方程（4-10）中，得

$$a^2\frac{\partial v_i}{\partial x_i}-v_iv_j\frac{\partial v_i}{\partial x_j}=0 \tag{4-11d}$$

如果流动是无旋流动，则一定存在势函数，根据势函数定义，有$v_i=\mathrm{grad}\phi=\frac{\partial\phi}{\partial x_i}=\phi_i$，将势函数代入式（4-11d）得

$$a^2\phi_{ii}-\phi_i\phi_j\phi_{ij}=0 \tag{4-12}$$

式（4-12）综合了连续方程、动量方程、等熵能量方程三个基本方程，适用于理想流体的定常无旋流动，称为**气体动力学基本方程**。该方程为二阶非线性偏微分方程，其中a也是因变量。在不同情况下该方程可简化求解，例如：对不可压缩流体$a\to\infty$，方程可简化为$\phi_{ii}=0$，即$\Delta\phi=0$（拉普拉斯方程）。

3. 等熵无旋场全速度势方程

对理想流体定常、绝热、无旋流动，气体动力学基本方程（4-12）可整理为

$$\left(1-\frac{\phi_x^2}{a^2}\right)\phi_{xx}+\left(1-\frac{\phi_y^2}{a^2}\right)\phi_{yy}+\left(1-\frac{\phi_z^2}{a^2}\right)\phi_{zz}-2\frac{\phi_x\phi_y}{a^2}\phi_{xy}-2\frac{\phi_y\phi_z}{a^2}\phi_{yz}-2\frac{\phi_z\phi_x}{a^2}\phi_{zx}=0 \tag{4-13}$$

由能量方程（4-6），并结合$a^2=\gamma RT$可得

$$a^2=a_\infty^2+\frac{\gamma-1}{2}(v_\infty^2-v^2)\text{，即 }a^2=a_\infty^2+\frac{\gamma-1}{2}[v_\infty^2-(\phi_x^2+\phi_y^2+\phi_z^2)] \tag{4-14}$$

将式（4-14）代入式（4-13），构成一个以速度势为未知函数的二阶非线性偏微分方程，称为完全气体定常、等熵、无旋流动的**全速度势方程**。由于该方程中待求函数最高阶项的系数是ϕ低阶偏导数的函数，并不含有ϕ的高阶偏导数，因此该方程是一个拟线性偏微分方程。

通过式（4-13）求解势函数可以避开压强与速度的耦合问题，直接求解速度，从而使问题得以简化。方程的求解步骤为：①在给定边界条件下，联立式（4-13）、式（4-14）求解势函数ϕ；②由势函数计算流场中每点的v_x,v_y,v_z，进而求$\boldsymbol{v}$；③由式（4-14）计算声速a，进

而求 $Ma=v/a$；④利用等熵关系式（2-42c），求流场中各点的 T,p,ρ 分布情况。

对理想不可压缩流体无旋流动，由于 $a\to\infty,\rho=C$，式（4-13）可简化为 $\Delta\phi=0$，即为拉普拉斯方程，求解时可先由连续方程与边界条件解出运动学参数，再代入动力学方程（伯努利方程）求出压强分布。

由于式（4-13）是非线性二阶偏微分方程，除了极个别的特殊情况外，想得到该方程的精确解是极其困难的。对于该方程的求解，现有的处理方法包括：①解析解。极少情况下，可得精确解，如普朗特-迈耶流膨胀波。②小扰动线性化方法。在小扰动假设下，将式（4-13）简化为线性方程，从而获得近似解，如 4.2 节中的气流绕波形壁面流动问题。③特征线法。将数学中的特征线理论与数值计算相结合，用逐步推进的方式求解方程，该方法属于数值解法，在理论上是一种精确的方法，对平面超声速流适用。④速度图法。在平面无旋流中，可把式（4-13）转化为速度平面上的线性方程，这种方法不做任何假设，但变换后的边界条件很复杂，所以目前应用范围较小。本章重点介绍小扰动线性化理论和特征线法。

4.2　多维定常无旋流动的小扰动线性化理论

在许多实际流动问题中，为了减少运动阻力，高速运动的物体通常采用很薄或是细长体结构，例如螺旋桨、飞机机翼及压气机叶片等都属于这种结构。对于这类流动问题，物体运动对周围气体的扰动很小，因此可以对非线性速度势偏微分方程进行线性化处理，得到线性化的小扰动速度势方程。虽然这种处理方法是一种近似解法，但由于它具有一定的精度，在工程上能够实现快速计算，具有较强的实用价值，而且这种方法所求得的解是一种解析解，能反映马赫数和几何参数对气动性能的影响，因此该方法在近代气体动力学和航空工程中具有重要地位。

4.2.1　小扰动理论的基本思想

在工程实际中，有很多流体绕过平薄物体的运动，当无穷远处的直均流以小迎角流过扁平或细长物体时，物体给气流的扰动一般较小，称为**小扰动**。从数学角度来看，对小扰动流动问题，可忽略方程中扰动的高阶项，使之大为简化、易于求解，简化后的方程仍保留原方程的某些主要特征，也能表征流动的主要特征，这种理论称为**小扰动理论**。

小扰动理论的适用条件是：①扰动量与基本量相比为小量，例如来流速度 v_∞，扰动速度 v'，则 $v'/v_\infty \ll 1$，因此可以略去方程中的高阶项，如 $(v'/v_\infty)^2$；②小扰动理论多用于绕流问题，其流动的特点是流体绕过平薄物体、小迎角、细长体，如图 4-1 所示；③小扰动理论仅适用于一般的亚声速和超声速流，即 Ma 不能太接近 1，也不能太接近 0，适合距驻点较远的位置，而驻点附近的扰动则属于大扰动。这是因为驻点处速度为 0，扰动速度与来流速度在同一量级，故小扰动理论在驻点邻域内不适用。

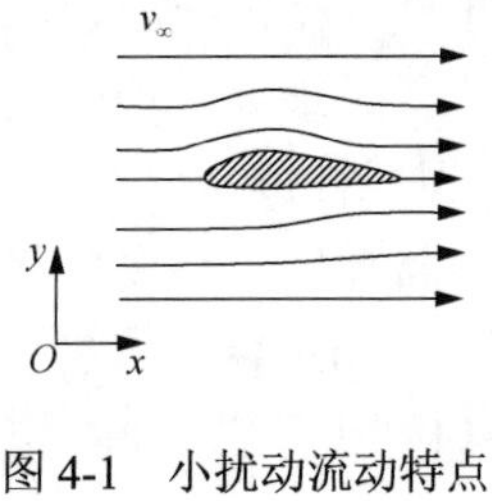

图 4-1　小扰动流动特点

小扰动理论是用以分析可压缩流体流动的一种近似理论，其意义在于：①小扰动情况下的速度势方程可以大大简化甚至线性化，便于求解，在某些特定情况下还可以求得解析解。②当速度势方程线性化为线性方程以后，方程的解可以叠加，这样就可以利用一些已知的简单解，在满足边界条件的前提下通过叠加建立复杂解。③众所周知，马赫数是可压缩流里最重要的无量纲准则，不同马赫数下流体有不同的变化规律，但如果方程是线性的，则不同马赫数下的解之间是相似的，于是就可以利用一个马赫数的解，反推得到其他马赫数的解，这就是不同马赫数下流动参数的相似律，只有在线性理论下才有这样的相似律。

为了便于分析，可将流体的运动分为基准运动、实际运动和小扰动运动。以流体绕过飞行器的流动为例，其中基准运动是一种理想流体的参考状态，一般取对称定常的直线飞行状态，即无扰动运动；实际运动是有干扰情况下的飞行器运动；小扰动运动是与基本运动状态差别很小的运动。在这三种运动中，运动状态变量的差值是小量，其二阶小量可以忽略，例如速度可表示为$\boldsymbol{V}=\boldsymbol{v}_0+\Delta\boldsymbol{v}$，其中$\boldsymbol{V}$表示实际速度，$\boldsymbol{v}_0$表示基准速度，$\Delta\boldsymbol{v}$表示小扰动速度，$(\Delta\boldsymbol{v})^2$则为高阶小量。

4.2.2 气体动力学基本方程的线性化

如图 4-1 所示，假设在来流速度为$\boldsymbol{v}_\infty=v_\infty\boldsymbol{i}$的直均流中，存在一个平薄物体，设该物体引起的小扰动速度为$\boldsymbol{v}=v_x\boldsymbol{i}+v_y\boldsymbol{j}+v_z\boldsymbol{k}$，则实际速度$\boldsymbol{V}=V_x\boldsymbol{i}+V_y\boldsymbol{j}+V_z\boldsymbol{k}$可表示为

$$\boldsymbol{V}=\boldsymbol{v}_\infty+\boldsymbol{v}=(v_\infty+v_x)\boldsymbol{i}+v_y\boldsymbol{j}+v_z\boldsymbol{k} \tag{4-15}$$

若$\boldsymbol{V}$,$\boldsymbol{v}$对应速度势分别为ϕ,φ，其中ϕ为全速度势，φ为小扰动速度势。用ϕ_x,ϕ_y,ϕ_z表示ϕ的偏导，用$\varphi_x,\varphi_y,\varphi_z$表示$\varphi$的偏导，则

$$\begin{cases}\phi_x=V_x=v_\infty+v_x=v_\infty+\varphi_x\\ \phi_y=V_y=v_y=\varphi_y\\ \phi_z=V_z=v_z=\varphi_z\\ \phi_{ij}=\varphi_{ij}\end{cases} \tag{4-16}$$

将式（4-16）代入气体动力学基本方程（4-13）得

$$\begin{aligned}&(a^2-v_\infty^2-2v_\infty^2\varphi_x-\varphi_x^2)\varphi_{xx}+(a^2-\varphi_y^2)\varphi_{yy}+(a^2-\varphi_z^2)\varphi_{zz}\\&-2(\varphi_x\varphi_y\varphi_{xy}+\varphi_y\varphi_z\varphi_{yz}+\varphi_z\varphi_x\varphi_{zx})-2v_\infty(\varphi_y\varphi_{xy}+\varphi_z\varphi_{xz})=0\end{aligned} \tag{4-17a}$$

将式（4-14）代入式（4-17a），整理后两侧同除以a_∞^2得

$$\begin{aligned}(1-Ma_\infty^2)\varphi_{xx}+\varphi_{yy}+\varphi_{zz}=\;&Ma_\infty^2\left[(\gamma+1)\frac{v_x}{v_\infty}+\frac{\gamma+1}{2}\frac{v_x^2}{v_\infty^2}+\frac{\gamma-1}{2}\frac{v_y^2+v_z^2}{v_\infty^2}\right]\varphi_{xx}\\&+Ma_\infty^2\left[(\gamma-1)\frac{v_x}{v_\infty}+\frac{\gamma+1}{2}\frac{v_y^2}{v_\infty^2}+\frac{\gamma-1}{2}\frac{v_x^2+v_z^2}{v_\infty^2}\right]\varphi_{yy}\\&+Ma_\infty^2\left[(\gamma-1)\frac{v_x}{v_\infty}+\frac{\gamma+1}{2}\frac{v_z^2}{v_\infty^2}+\frac{\gamma-1}{2}\frac{v_x^2+v_y^2}{v_\infty^2}\right]\varphi_{zz}\\&+Ma_\infty^2\left[\frac{v_y}{v_\infty}\left(1+\frac{v_x}{v_\infty}\right)(\varphi_{yx}+\varphi_{xy})+\frac{v_z}{v_\infty}\left(1+\frac{v_x}{v_\infty}\right)(\varphi_{xz}+\varphi_{zx})\right.\\&\left.+\frac{v_yv_z}{v_\infty^2}(\varphi_{yz}+\varphi_{zy})\right]\end{aligned} \tag{4-17b}$$

这个方程是用扰动速度和来流速度表述的气体动力学基本方程。方程左侧为线性项，方程右侧为非线性项，可利用量级分析法对该方程进行简化。

在小扰动条件下，对于一般的超声速和亚声速流动，小扰动速度相对于来流速度是一个微小量，可以认为$\frac{v_x}{v_\infty} \ll 1, \frac{v_y}{v_\infty} \ll 1, \frac{v_z}{v_\infty} \ll 1$，同微小量的一次项相比，可略去微小量的二次项，则式（4-17b）可以简化为

$$(1-Ma_\infty^2)\varphi_{xx}+\varphi_{yy}+\varphi_{zz}=Ma_\infty^2(\gamma+1)\frac{v_x}{v_\infty}\varphi_{xx}+Ma_\infty^2(\gamma-1)\frac{v_x}{v_\infty}(\varphi_{yy}+\varphi_{zz})$$
$$+Ma_\infty^2\frac{v_y}{v_\infty}(\varphi_{yx}+\varphi_{xy})+Ma_\infty^2\frac{v_z}{v_\infty}(\varphi_{zx}+\varphi_{xz}) \tag{4-17c}$$

该方程仍是非线性方程，由于流场中物理量的变化是连续的，扰动速度对坐标的导数，如$\frac{\partial v_x}{\partial x}, \frac{\partial v_y}{\partial y}, \frac{\partial v_z}{\partial z}, \frac{\partial v_x}{\partial y}, \frac{\partial v_x}{\partial z}, \cdots, \frac{\partial v_z}{\partial x}$等都在同一数量级，对一般的超声速（$1.3<Ma_\infty<\sqrt{10}$）和非跨声速情况（$Ma_\infty$不接近 1），存在$Ma_\infty^2\frac{v}{v_\infty}\ll 1$，方程右侧各项相比方程左侧多乘了一个微小量$Ma_\infty^2\frac{v}{v_\infty}$，故式（4-17c）中右侧各项与左侧相比可忽略。

简化后得到小扰动线性化方程，即无旋定常流动扰动速度势线性化方程为

$$(1-Ma_\infty^2)\varphi_{xx}+\varphi_{yy}+\varphi_{zz}=0 \tag{4-18}$$

对于来流马赫数远大于 1 的高超声速流，由于Ma_∞^2已经很大了，尽管小扰动速度很小，但二者的乘积也是不容忽视的，故式（4-17c）中包含$Ma_\infty^2\frac{v}{v_\infty}$的项不可忽略。

对于马赫数接近于 1 的跨声速流，由于$Ma_\infty^2 \to 1$，式（4-17c）左右两侧φ_{xx}的系数在同一量级，因此右侧第 1 项不可略掉，可得到跨声速小扰动速度势方程为

$$(1-Ma_\infty^2)\varphi_{xx}+\varphi_{yy}+\varphi_{zz}=Ma_\infty^2(\gamma+1)\varphi_x\varphi_{xx}/v_\infty \tag{4-19a}$$

对于亚声速流动（$Ma_\infty<1$），令$\beta^2=1-Ma_\infty^2$，式（4-18）变形为

$$\beta^2\varphi_{xx}+\varphi_{yy}+\varphi_{zz}=0 \tag{4-19b}$$

该方程是椭圆型的线性二阶偏微分方程。

对于一般的超声速流（$1.3<Ma_\infty<\sqrt{10}$），令$B^2=Ma_\infty^2-1$，方程（4-18）变形为

$$B^2\varphi_{xx}-\varphi_{yy}-\varphi_{zz}=0 \tag{4-19c}$$

该方程是双曲型的线性二阶偏微分方程。

由式（4-19b）、式（4-19c）可以看出，对亚声速流或一般的超声速流，小扰动假设可以把基本微分方程简化成线性方程，即为小扰动线性化理论。但对跨声速流或高超声速流，小扰动假设虽然可以简化方程，却不能使之成为线性方程，求解依然很困难。下面针对小扰动速度势方程特点，从数学上的偏微分方程理论出发，简要介绍二元二阶拟线性偏微分方程的分类与特点。

4.2.3　线性化方程的分类

1. 拟线性偏微分方程的定义

如果偏微分方程中最高阶偏导数项中既没有出现导数的乘积，也没有不等于 1 的指数，最高阶偏导数项的系数和非齐次项仅是自变量和未知函数的函数，也就是说方程对未知函数的最高阶偏导数而言是线性的，这样的方程在数学上被称为**拟线性偏微分方程**。

二元二阶的拟线性偏微分方程，其数学上的一般形式为

$$A(x,y,\phi)\frac{\partial^2\phi(x,y)}{\partial x^2}+2B(x,y,\phi)\frac{\partial^2\phi(x,y)}{\partial y\partial x}+C(x,y,\phi)\frac{\partial^2\phi(x,y)}{\partial y^2}$$
$$+D(x,y,\phi)\frac{\partial\phi(x,y)}{\partial x}+E(x,y,\phi)\frac{\partial\phi(x,y)}{\partial y}+F(x,y,\phi)=0 \tag{4-20}$$

式中，x,y表示自变量；ϕ表示因变量。

方程(4-20)中的前三项称为方程主部，在拟线性方程中最高阶项是线性的，如果系数 A～F 只是自变量 x,y 的函数，则方程（4-20）为线性方程。

2. 偏微分方程的分类

对于由上述偏微分方程所描述的物理过程，系数 A,B,C 的数值一般随求解区域的位置而变。对区域中的某一点 $P_0(x_0,y_0)$，可以视 $\Delta=B^2-AC$ 大于、小于或等于 0 的情况，将偏微分方程在该点分为三种类型。如果 $\Delta=B^2-AC>0$，过该点有两条实的特征线，方程（4-20）属于**双曲型（H 型）方程**；如果 $\Delta=B^2-AC=0$，过该点有一条实的特征线，方程（4-20）属于**抛物型（P 型）方程**；如果 $\Delta=B^2-AC<0$，过该点没有实的特征线，方程（4-20）属于**椭圆型（E 型）方程**。如果在整个求解区域内，描写物理过程的偏微分方程都属于同一类型，则该物理问题就可以用偏微分方程的类型来表示。

三类方程的主要区别在于各方程的依赖区与影响区不同。这里所谓的**依赖区**指的是在区域 R 中，为了唯一确定任一点 P 的值，必须完全给出其他某些点上的条件，这些点的集合即为 P 的依赖区；而**影响区**指的是当 P 点的值发生变化以后，其他某些点上的值也随之变化的所有点的集合。

1）椭圆型方程

椭圆型方程的特点是变量与时间无关，只需在空间一个封闭区域求解。如图 4-2 所示，P 点依赖区是求解区域边界的封闭曲线，P 点的影响区则是整个求解区域 R。由于求解区域内各点的值是互相影响的，因此在求解椭圆型方程时，各节点上的代数方程必须联立求解，因此不能先求解区域中某一局部的值，再去确定其他区域上的值。椭圆型方程对应的工程问题又称为稳态问题或边值问题，常见的椭圆型方程问题例如：稳态导热问题、有回流的流动问题、对流换热问题等。

2）抛物型方程

抛物型方程的特点是：因变量与时间有关，或问题中有类似时间的变量，求解域是一个开区间，计算时从已知初值出发逐步向前推进，依次获得给定边界条件的解。因此，抛物型方程对应的工程问题属于步进问题或初值问题，例如：一维非稳态导热问题、边界层型的流动与传热问题。

抛物型方程的依赖区与影响区以特征线为界而截然分开，并有其明确意义，如图 4-3 所示。例如：在非稳态导热中，某瞬时的温度受之前温度与边界条件的影响，而与之后的变化无关；在边界层流动中，下游物理量取决于上游，而上游不受下游的影响。

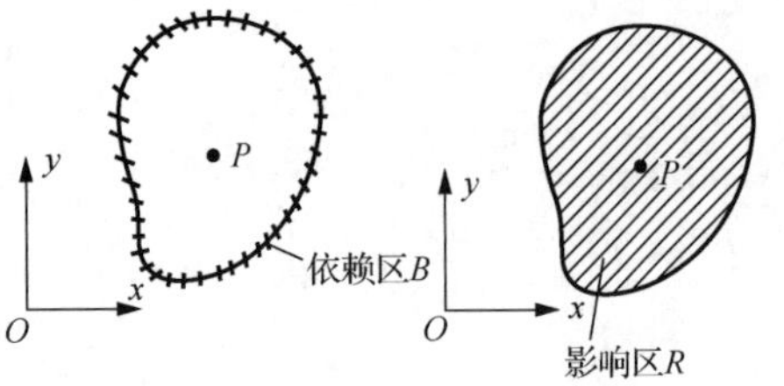

图 4-2　椭圆型方程的特点

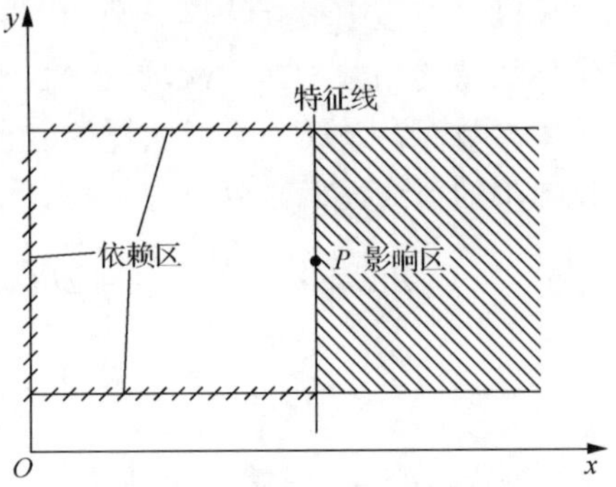

图 4-3　抛物型方程的依赖区与影响区

抛物型方程需要采用步进法求解：从给定的初值出发，采用层层推进的方法，直到算到要求解的时刻，虽然所求解的问题是二维的，但求解代数方程所需的存储容量都是一维的，因此可大大节约计算时间。

3）双曲型方程

双曲型方程的特点是：过 P 点有两条特征线，如图 4-4 所示，依赖区是上游特征线所夹区间，影响区是下游特征线所夹区间。图中的 P 点受 ab 影响，但不受 c 的影响。常见的双曲型方程问题有物理学的波动方程问题、无黏性流体的稳态超声速流动、无黏性流体的非稳态流动等。

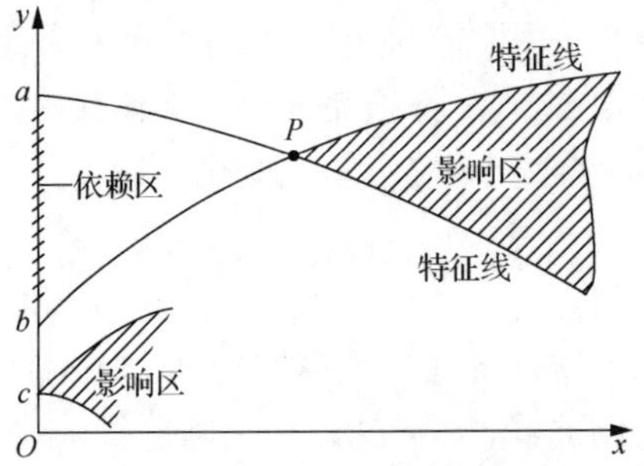

图 4-4　双曲型方程的影响区和依赖区

3. 小扰动线性化方程的分类

根据上述拟线性偏微分方程的分类，对于理想流体的二维定常无旋流动，其小扰动线性化方程在一般的亚声速和超声速（$Ma_\infty < 1, 1.3 < Ma_\infty < \sqrt{10}$）情况下，气体动力学基本方程（4-18）可简化为

$$(1 - Ma_\infty^2)\varphi_{xx} + \varphi_{yy} = 0 \tag{4-21}$$

在式（4-21）中，判别式 $\varDelta = B^2 - AC = Ma_\infty^2 - 1$。当 $Ma_\infty > 1$ 时 $\varDelta > 0$，式（4-21）为双曲型方程；当 $Ma_\infty = 1$ 时 $\varDelta = 0$，式（4-21）为抛物型方程；当 $\varDelta < 0$ 时，即 $Ma_\infty < 1$ 时，式（4-21）

为椭圆型方程。

根据马赫数的大小，一般可压缩流动可细分为以下几种类型：

（1）$Ma_\infty < 0.3$ 不可压缩流体流动，线性化方程（拉普拉斯方程），E 型；

（2）$0.3 \leqslant Ma_\infty < 0.8$ 亚声速流动，线性化方程，E 型；

（3）$0.8 \leqslant Ma_\infty \leqslant 1.2$ 跨声速流动，非线性化方程，E、P、H 型；

（4）$1.2 < Ma_\infty \leqslant 3$ 超声速流动，线性化方程，H 型；

（5）$Ma_\infty > 3$ 高超声速流动，非线性化方程，H 型。

4.2.4　边界条件的线性化

采用小扰动线性化理论求解速度势，需要保证线性方程满足所求问题的内外边界条件。所谓的外边界条件是指无穷远处的速度与来流速度一致，对小扰动运动而言就是要求无穷远处的扰动速度为零，即保持直均流。

所谓的内边界条件是指必须形成一条流线与物体表面重合。对于理想流体，内边界条件要求物体表面上的流体速度与物体表面相切［图 4-5（a)］，速度矢量处处与固体表面的法线垂直，这种条件又称为无穿透条件；对于黏性流体，要满足壁面无滑移条件，即壁面速度为零。

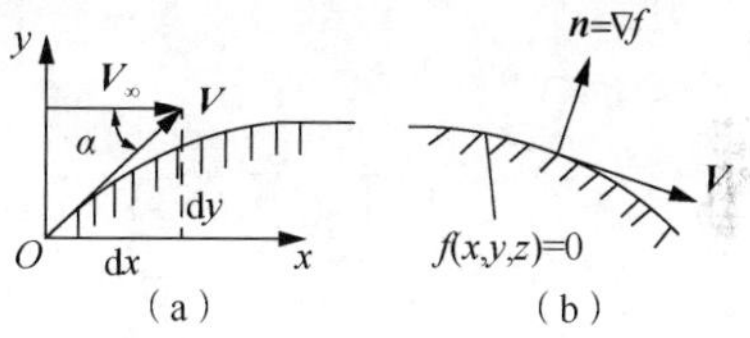

图 4-5　物体表面边界条件

如果直均流速度与小扰动速度的合成速度为 $\boldsymbol{V}$，设物体表面方程为 $f(x,y,z)=0$，如图 4-5（b）所示，物体表面法线方向的单位矢量为

$$\boldsymbol{n}=\frac{\nabla f}{|\nabla f|}=\frac{1}{|\nabla f|}\left(\frac{\partial f}{\partial x}\boldsymbol{i}+\frac{\partial f}{\partial y}\boldsymbol{j}+\frac{\partial f}{\partial z}\boldsymbol{k}\right) \tag{4-22a}$$

由内边界条件可知物体表面上流体速度与物体表面相切，即

$$V_n=\boldsymbol{V}\cdot\boldsymbol{n}=\boldsymbol{V}\cdot\nabla f=0 \tag{4-22b}$$

根据式（4-16）中的速度关系，并设 $f_x=\dfrac{\partial f}{\partial x}, f_y=\dfrac{\partial f}{\partial y}, f_z=\dfrac{\partial f}{\partial z}$ 可得

$$(v_\infty+v_x)f_x+v_y f_y+v_z f_z=0 \tag{4-22c}$$

对于二维问题，上述方程可简化为

$$\frac{v_y}{v_\infty+v_x}=-\frac{f_x}{f_y} \tag{4-22d}$$

由小扰动特点 $v_x \ll v_\infty$，可得

$$\frac{v_y}{v_\infty}=-\frac{f_x}{f_y}=-\frac{\partial f/\partial x}{\partial f/\partial y} \tag{4-23a}$$

同时因二维流动的物体表面方程可表示为 $f(x,y)=0$，根据全微分的定义，在物面上有

$$\mathrm{d}f=\frac{\partial f}{\partial x}\mathrm{d}x+\frac{\partial f}{\partial y}\mathrm{d}y=0 \quad 或 \quad \frac{-f_x}{f_y}=\left(\frac{\mathrm{d}y}{\mathrm{d}x}\right)_s \tag{4-23b}$$

式中，下标 s 表示物体表面位置。对比式（4-23a）和式（4-23b）可得

$$v_y=v_\infty\left(\frac{\mathrm{d}y}{\mathrm{d}x}\right)_s \tag{4-24}$$

这表明物体表面边界条件的流线斜率与固体物体表面的斜率相等。

对于平薄物体，攻角 α 很小，如图 4-6 所示，由于相对厚度 $\delta / l \ll 1$，可近似认为 A,B 两点速度相同，即 $(v_y)_{y=\frac{\delta}{2}} \approx (v_y)_{y=0}$，于是边界条件可简化为

$$(v_y)_{y=0} = v_\infty \left(\frac{\mathrm{d}y}{\mathrm{d}x}\right)_s \tag{4-25}$$

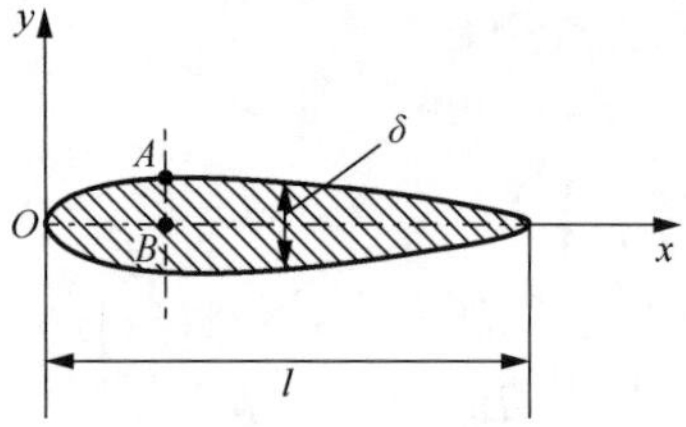

图 4-6　二维平薄物体

从另一个角度来看，由于物体很薄，攻角很小，物体表面上某点的纵坐标 y 是一个小量，将物面上的 $v_y(x,y)$ 用 x 轴上的 $v_y(x,0)$ 及其导数构成泰勒级数，展开得

$$v_y(x,y) = v_y(x,0) + \frac{\partial v_y(x,0)}{\partial y} \cdot y + \cdots \tag{4-26}$$

根据小扰动条件有 $\dfrac{\partial v_y}{\partial y} \ll \dfrac{v_\infty}{l}$，且物体表面平薄有 $y \to 0$，略去公式中的二阶项及其以后的高阶项，于是式（4-26）可简化为

$$v_y(x,0) = v_\infty \left(\frac{\mathrm{d}y}{\mathrm{d}x}\right)_s \tag{4-27}$$

同样可以得到平面流动线性化以后的物体表面边界条件。

对绕过三维薄物体的流动，如当气流绕过小攻角下有限翼展的薄机翼时，可认为沿翼展方向 $\partial f / \partial z \approx 0$，按照与二维平面流同样的简化步骤，可得近似的物体表面边界条件为

$$v_y(x,0,z) = v_\infty \left(\frac{\mathrm{d}y}{\mathrm{d}x}\right)_s$$

以上导出了小扰动线性化方程和线性化边界条件，通过求解线性偏微分方程，可确定扰动速度势和扰动速度，进而可以求出流场各处尤其是物体表面的压强分布。

4.2.5　压强系数的线性化

在气体动力学中，压强是计算流体对物体作用力的关键参数，具有重要意义，同时还可以根据压强梯度的性质和大小预估边界层的性质。利用小扰动线性化理论，可以对压强系数的公式进行线性化。

将压强系数定义为

$$C_p = \frac{p - p_\infty}{\frac{1}{2}\rho_\infty v_\infty^2} = \frac{2}{\gamma Ma_\infty^2}\left(\frac{p}{p_\infty} - 1\right) \tag{4-28}$$

式中，p 为观测点压强；$p_\infty, \rho_\infty, v_\infty$ 和 Ma_∞ 为分别是未被扰动气流的压强、密度、速度和马赫数。显然压强系数表示观测点与直均流的无量纲压强差。

由于小扰动流动属等熵流动，能量方程表达式为

$$\frac{v_\infty^2}{2} + c_p T_\infty = \frac{v^2}{2} + c_p T \tag{4-29a}$$

将 $c_p = \dfrac{\gamma}{\gamma - 1} R$ 代入能量方程并整理得

$$\frac{\gamma}{\gamma - 1} RT = \frac{\gamma}{\gamma - 1} RT_\infty + \frac{1}{2}(v_\infty^2 - v^2) \tag{4-29b}$$

将 $a^2=\gamma RT$ 代入式（4-29b），能量方程可表示为

$$\frac{T}{T_\infty}=\frac{a^2}{a_\infty^2}=\frac{a_\infty^2+\dfrac{\gamma-1}{2}(v_\infty^2-v^2)}{a_\infty^2}=1+\frac{\gamma-1}{2}Ma_\infty^2\left(1-\frac{v^2}{v_\infty^2}\right)$$

$$=1+\frac{\gamma-1}{2}Ma_\infty^2\left[1-\frac{(v_\infty+v_x)^2+v_y^2+v_z^2}{v_\infty^2}\right]=1-\frac{\gamma-1}{2}Ma_\infty^2\left(\frac{2v_x}{v_\infty}+\frac{v_x^2+v_y^2+v_z^2}{v_\infty^2}\right) \tag{4-30}$$

由等熵关系式（2-42c）知 $\dfrac{p}{p_\infty}=\left(\dfrac{T}{T_\infty}\right)^{\frac{\gamma}{\gamma-1}}$，将其代入压强系数公式（4-28）得

$$C_p=\frac{2}{\gamma Ma_\infty^2}\left[1-\frac{\gamma-1}{2}Ma_\infty^2\left(\frac{2v_x}{v_\infty}+\frac{v_x^2+v_y^2+v_z^2}{v_\infty^2}\right)\right]^{\frac{\gamma}{\gamma-1}}-\frac{2}{\gamma Ma_\infty^2} \tag{4-31}$$

将式（4-31）右侧的[ ]按二阶式展开，并利用小扰动条件略去高阶项得

$$C_p=-\left[\frac{2v_x}{v_\infty}+(1-Ma_\infty^2)\left(\frac{v_x}{v_\infty}\right)^2+\frac{v_y^2+v_z^2}{v_\infty^2}\right] \tag{4-32}$$

平面流与小扰动线性化方程类似，可略去二阶项，得压强系数为

$$C_p=-\frac{2v_x}{v_\infty} \tag{4-33}$$

式（4-33）即为平面流动压强系数的线性化公式，将扰动速度代入即可求出压强分布。

综上所述，采用小扰动线性化方法不需联立求解式（4-4）～式（4-9），只需先由线性化方程、线性化边界条件解出速度势 φ 和扰动速度 v_x,v_y,v_z，再把 v_x 代入线性化压强系数公式，求出压强即可。小扰动线性化方法的优势是在某些特殊情况下，可直接求得问题的解析解，例如：气流绕波形壁面的流动问题、超声速平面翼型绕流问题。此外，对于亚声速流动的情况，可压缩流体与不可压缩流体之间存在仿射变换的相似规律，可由不可压缩流体的计算结果换算成所需的可压缩流体的结果。

4.3　绕波形壁面流动的二维精确解

作为小扰动线性化方程应用的经典案例，下面分析沿无限长的小波幅波形壁的二维定常流动问题。如图 4-7 所示，设波形壁面的方程为

$$y=F(x)=h\cos\left(\frac{2\pi x}{l}\right) \tag{4-34}$$

式中，h 为波形壁面波幅；l 为波形壁面波长。当 $h/l\ll 1$ 时，满足小扰动条件。

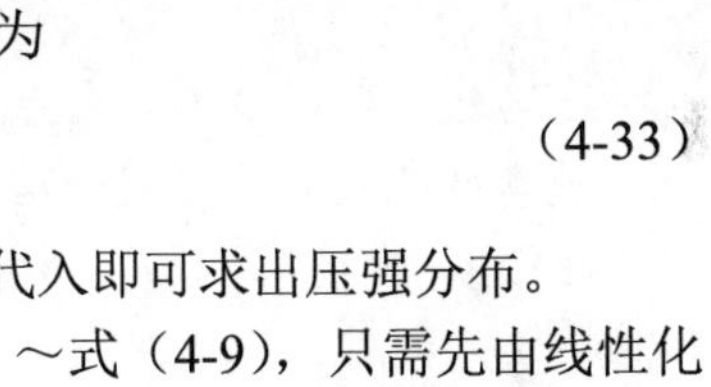

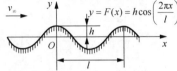

图 4-7　波形壁面

现对亚声速流和超声速流两种情况分别进行讨论。

4.3.1　亚声速气流绕波形壁面流动

对于亚声速流动（$Ma_\infty<1$），由式（4-19b）可得平面流动扰动速度势的线性化方程为

$$\beta^2\varphi_{xx}+\varphi_{yy}=0 \tag{4-35}$$

式中，$\beta^2 = 1 - Ma_\infty^2$。该方程是椭圆型二阶线性偏微分方程，可用分离变量法求解。

线性化后的内边界条件为

$$v_y\big|_{y=0} = v_\infty\left(\frac{\mathrm{d}y}{\mathrm{d}x}\right)_w = -\frac{2\pi h v_\infty}{l}\sin\left(\frac{2\pi x}{l}\right) \tag{4-36a}$$

外边界条件为

$$v_x(x,\infty) = \left(\frac{\partial\varphi}{\partial x}\right)_{y\to\infty} = 0,\ v_y(x,\infty) = \left(\frac{\partial\varphi}{\partial y}\right)_{y\to\infty} = 0 \tag{4-36b}$$

1. *分离变量法求解*

数学上，分离变量法是一种求解常微分方程或偏微分方程的有效方法。该方法假设方程的解是几个独立函数的乘积形式，其中每个函数只与一个自变量有关，从而将原方程拆分成多个更简单的只含一个自变量的常微分方程，再运用线性叠加原理进行求解。如果能找到满足边界条件的解，则假设就是可行的，否则需采用别的方法求解。

按照上述思想，由分离变量法给出解的形式为$\varphi(x,y) = X(x)Y(y)$，将其代入式（4-35）得

$$\beta X''Y + XY'' = 0 \qquad \text{或} \qquad \frac{X''}{X} = -\frac{Y''}{\beta^2 Y} \tag{4-37a}$$

在方程（4-37a）中，因方程左侧只是 x 的函数，而右侧只是 y 的函数，若要保证等式成立，只有两侧共同等于某个常数才行，于是将原方程变为两个常微分方程：

$$\frac{X''}{X} = -k^2 \tag{4-37b}$$

$$\frac{Y''}{\beta^2 Y} = k^2 \tag{4-37c}$$

式中，k^2 前面的正负号是根据解对 x 轴方向具有周期性而决定的。式（4-37b）和式（4-37c）的通解分别为

$$X(x) = A_1\sin(kx) + A_2\cos(kx) \tag{4-38a}$$

$$Y(y) = B_1\exp(-\beta ky) + B_2\exp(\beta ky) \tag{4-38b}$$

由外边界条件可知，$y\to\infty$ 时，$Y(y)$ 为有限值，则必有 $B_2 = 0$。

在壁面上，内边界条件为

$$\varphi_y(x,0) = X(x)\left(\frac{\mathrm{d}Y}{\mathrm{d}y}\right)_{y=0} = v_\infty\left(\frac{\mathrm{d}y}{\mathrm{d}x}\right)_w$$

即

$$\left(\frac{\partial\varphi}{\partial y}\right)_{y=0} = [A_1\sin(kx) + A_2\cos(kx)](-B_1\beta k) = -\frac{2\pi h v_\infty}{l}\sin\left(\frac{2\pi}{l}x\right) \tag{4-38c}$$

由于式（4-38c）中右侧没有余弦项，故 $A_2 = 0$，等式两侧仅剩下正弦项，而且要求两侧的系数和幅角必须对应相等，即需满足

$$k = \frac{2\pi}{l},\ A_1B_1 = \frac{h v_\infty}{\beta} \tag{4-38d}$$

于是得到亚声速气流绕过波形壁面流动的速度势函数为

$$\varphi(x,y) = X(x)Y(y) = \frac{h v_\infty}{\beta}\sin\left(\frac{2\pi}{l}x\right)\exp\left(-\frac{2\pi}{l}\beta y\right) \tag{4-38e}$$

2. 扰动速度分量与流线方程

对扰动速度势求导，可得扰动速度分量为

$$v_x=\frac{\partial\varphi}{\partial x}=\frac{2\pi h v_\infty}{\beta l}\exp\left(-\frac{2\pi}{l}\beta y\right)\cos\left(\frac{2\pi}{l}x\right) \tag{4-39a}$$

$$v_y=\frac{\partial\varphi}{\partial y}=\frac{-2\pi h v_\infty}{l}\exp\left(-\frac{2\pi}{l}\beta y\right)\sin\left(\frac{2\pi}{l}x\right) \tag{4-39b}$$

将速度代入流线微分方程（2-46b）中，可得

$$\frac{\mathrm{d}x}{v_\infty+v_x}=\frac{\mathrm{d}y}{v_y}，\text{即}\frac{\mathrm{d}y}{\mathrm{d}x}=\frac{v_y}{v_\infty+v_x} \tag{4-39c}$$

将式（4-39a）和式（4-39b）代入式（4-39c）后，发现无法用分离变量法求解该流线方程。而在低亚声速流中，由于 $\beta^2=1-Ma_\infty^2$ 接近于 1，可认为

$$\frac{\mathrm{d}y}{\mathrm{d}x}=\frac{v_y}{v_\infty+v_x}\approx\frac{v_y}{v_\infty+\beta^2 v_x}=\frac{-\dfrac{2\pi h}{l}\exp\left(-\dfrac{2\pi}{l}\beta y\right)\sin\left(\dfrac{2\pi}{l}x\right)}{1+\dfrac{2\pi h}{l\beta}\exp\left(-\dfrac{2\pi}{l}\beta y\right)\cos\left(\dfrac{2\pi}{l}x\right)}$$

整理得

$$\mathrm{d}y=h\mathrm{d}\left[\cos\left(\frac{2\pi}{l}x\right)\exp\left(-\frac{2\pi}{l}\beta y\right)\right] \tag{4-39d}$$

直接对上式积分得

$$y=h\cos\left(\frac{2\pi}{l}x\right)\exp\left(-\frac{2\pi}{l}\beta y\right)+C \tag{4-39e}$$

考虑到内边界条件，即当 $y\to 0$，指数项趋于 1，流线与壁面方程一致，可确定积分常数 $C=0$，于是得流线方程为

$$y=h\cos\left(\frac{2\pi}{l}x\right)\exp\left(-\frac{2\pi}{l}\beta y\right) \tag{4-40}$$

图 4-8 给出了亚声速气流绕波形壁面的流线图。可以看出，流线关于 y 轴对称，在波形壁面处，流线的波动与壁面相同，但流线的振幅随着 y 值的增加而按指数规律衰减，当 $y\to\infty$ 时，流线变成一条平行于 x 轴的直线。图中虚线（$Ma_\infty=0$）代表不可压缩流体的流线变化。

由扰动速度的式（4-39a）、式（4-39b）可知：波形壁面对亚声速流的扰动遍布整个流场，且随 y 值增加扰动按指数规律衰减；波形壁面上气流的扰动达到最大值，当 $y\to\infty$ 时，扰动趋于零；扰动的衰减还与 Ma_∞ 有关，Ma_∞ 越大衰减越慢，扰动影响区域也就越大。

3. 压强系数

将扰动速度式（4-39a）代入压强系数的线性化公式（4-33）可得

$$C_p=-\frac{2v_x}{v_\infty}=-\frac{4\pi h}{\beta l}\exp\left(-\frac{2\pi}{l}\beta y\right)\cos\left(\frac{2\pi}{l}x\right) \tag{4-41a}$$

在壁面处，

$$y\approx 0,(C_p)_w=-\frac{2v_x}{v_\infty}\Big|_{y=0}=-\frac{4\pi h}{\beta l}\cos\left(\frac{2\pi}{l}x\right) \tag{4-41b}$$

由于线性化速度势方程是在 $|v_x|/v_\infty\ll 1$ 的条件下得出来的，因此上述线性解的适用范围由

该条件所决定，即

$$\left|\frac{v_x}{v_\infty}\right|_{\max}=-\frac{1}{\sqrt{1-Ma_\infty^2}}\frac{2\pi h}{l}\ll 1 \qquad (4\text{-}41c)$$

也就是说 Ma_∞ 越大，所允许的物体表面相对厚度（h/l）就越小。

亚声速气流绕波形壁面流动的压强系数变化如图 4-9 所示。可以看出，在波形壁面上气流的压强系数最大且按谐波形式（余弦规律）变化，但其相位与壁面处相差 180°，即在壁面波峰处压强最小，在壁面波谷处压强最大；由于壁面波峰、波谷两侧的压强相等、方向相反，因此壁面所受的压差阻力为 0。此外，由式（4-41b）可知，壁面压强系数 C_{pw} 与 β 成反比，随 Ma_∞ 增大 β 降低，压强系数增大。

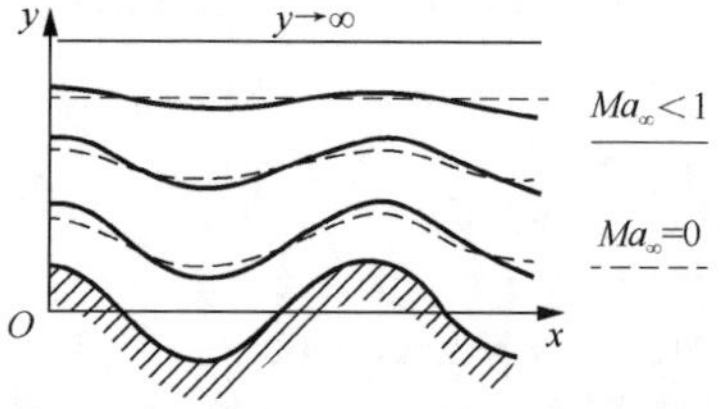

图 4-8　亚声速气流绕波形壁面的流线图

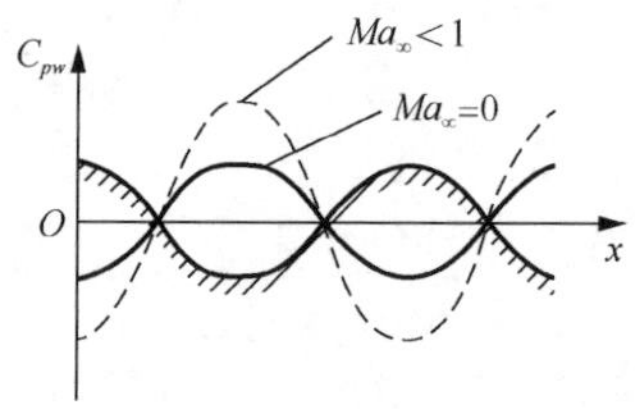

图 4-9　亚声速气流绕波形壁面的压强系数

对于不可压缩流体，当 $Ma_\infty=0$ 时，$\beta=1$，壁面压强系数的公式（4-41b）变为

$$\left[C_{pw}\right]_0=\frac{4\pi h}{l}\cos\left(\frac{2\pi}{l}x\right) \qquad (4\text{-}42a)$$

于是可以得到可压缩流体与不可压缩流体壁面压强系数的关系为

$$C_{pw}=\frac{\left[C_{pw}\right]_0}{\beta}=\frac{\left[C_{pw}\right]_0}{\sqrt{1-Ma_\infty^2}} \qquad (4\text{-}42b)$$

式（4-42b）就是普朗特-格劳特（Prandtl-Glauert）相似律，$\beta=\sqrt{1-Ma_\infty^2}$ 称为普朗特-格劳特因子。该相似律指出亚声速气流绕过薄翼型时翼型表面的压强系数是不可压缩流体绕相同翼型时压强系数的 $1/\sqrt{1-Ma_\infty^2}$ 倍。由此可知，如果确定不可压缩流体在壁面上的压强系数 $[C_{pw}]_0$，就可以利用式（4-42b）计算亚声速可压缩流体沿相同壁面流动时的压强系数 C_{pw}。可以看出亚声速流的压强系数绝对值要大于不可压缩流体的压强系数，而且 Ma_∞ 越大，压强系数也越大。实际上，翼型的升力系数也同样满足该规律。

从普朗特-格劳特相似律还可以得到不同来流马赫数绕同一翼型流动时，翼型表面压强系数之间的关系为

$$\frac{[C_{pw}]_{Ma_{\infty1}}}{[C_{pw}]_{Ma_{\infty2}}}=\frac{\sqrt{1-Ma_{\infty2}^2}}{\sqrt{1-Ma_{\infty1}^2}} \qquad (4\text{-}42c)$$

【例 4-1】飞机机翼上 $Ma_\infty=0.7$ 的位置，存在一个长 40mm、高 h=2mm 的鼓包，若不计边界层影响：（1）试计算鼓包上的最大马赫数 $Ma_{\max}$；（2）若在鼓包最高点上开测压孔测量翼面的静压，试计算由鼓包引起的静压误差是多少？

解　（1）鼓包上最大扰动速度出现在鼓包的最高点，设 $v_{x\max}$ 为壁面上最大扰动速度，由式（4-41c）可知

$$v_{x\max}=\frac{\dfrac{2\pi h}{l}v_\infty}{\sqrt{1-Ma_\infty^2}}=\frac{\dfrac{2\pi\times 2}{40}\times v_\infty}{\sqrt{1-0.7^2}}=0.22v_\infty$$

由于壁面上 $\boldsymbol{v}$ // 壁面，且 $V_y=0$，因此 $V_{\max}=v_\infty+v_{x\max}=1.22v_\infty$。

由能量方程（4-30）可得

$$\frac{a^2}{a_\infty^2}=1-\frac{\gamma-1}{2}Ma_\infty^2\left(\frac{2v_x}{v_\infty}+\frac{v_x^2+v_y^2}{v_\infty^2}\right)\approx 1-\frac{\gamma-1}{2}Ma_\infty^2\frac{2v_x}{v_\infty}=0.9569$$

鼓包上最大马赫数为

$$Ma_{\max}=\frac{V_{\max}}{a}=\frac{1.22v_\infty}{a_\infty\sqrt{0.9569}}=0.7\times\frac{1.22}{\sqrt{0.9569}}=0.873$$

（2）由压强系数 $C_{pw}=\dfrac{p-p_\infty}{\dfrac{1}{2}\rho_\infty v_\infty^2}=-\dfrac{2V_x}{v_\infty}$ 得

$$\frac{p_\infty-p}{p_\infty}=\frac{\rho_\infty v_\infty V_x}{p_\infty}=\gamma Ma_\infty^2\frac{v_{x\max}}{v_\infty}\approx 0.15$$

故在鼓包最高点测量翼面静压的误差为 15%。

4.3.2　超声速气流绕波形壁面流动

对于超声速流动（$Ma_\infty>1$），由式（4-19c）可得二维流动扰动速度势的线性化方程为

$$B^2\varphi_{xx}-\varphi_{yy}=0 \tag{4-43}$$

式中，$B^2=Ma_\infty^2-1$。该方程是双曲型二阶线性偏微分方程。

线性化后的内边界条件为

$$v_y\big|_{y=0}=v_\infty\left(\frac{\mathrm{d}y}{\mathrm{d}x}\right)_w=-\frac{2\pi h v_\infty}{l}\sin\left(\frac{2\pi x}{l}\right) \tag{4-44a}$$

外边界条件为

$$v_x(x,\infty)=\left(\frac{\partial\varphi}{\partial x}\right)_{y\to\infty}=0,\ v_y(x,\infty)=\left(\frac{\partial\varphi}{\partial y}\right)_{y\to\infty}=0 \tag{4-44b}$$

1. 波动方程的求解

原则上，式（4-43）也可以用分离变量法求解，但由于该方程与波动方程具有相同的形式，它描述的是一个波的传播过程，在数学上，这种波动方程可以直接利用达朗贝尔公式给出通解，即

$$\varphi(x,y)=f(x-By)+g(x+By) \tag{4-45}$$

式中，f,g 为任意函数，其具体形式由边界条件确定。

从通解式（4-45）可以看出，当满足条件 $x-By=C$ 和 $x+By=C'$ 时，函数 f,g 保持不变，于是有 $\varphi(x,y)=$常数，即扰动速度 $\boldsymbol{v}=v_x\boldsymbol{i}+v_y\boldsymbol{j}+v_z\boldsymbol{k}$ 保持不变。我们知道 $x-By=C$ 和 $x+By=C'$ 对应的是平面内的两族直线，也就是说扰动速度沿着这两族直线中的每一条线是不变的（沿着不同的直线是有变化的），扰动能够沿这些直线向无穷远处传播，而且扰动的强度不会衰减，这种扰动沿之传播的迹线与数学中的**特征线相对应**。

两族特征线的斜率分别为

$$\frac{\mathrm{d}y}{\mathrm{d}x}=\frac{1}{B}=\frac{1}{\sqrt{Ma_{\infty}^{2}-1}} \tag{4-46a}$$

$$\frac{\mathrm{d}y}{\mathrm{d}x}=-\frac{1}{B}=-\frac{1}{\sqrt{Ma_{\infty}^{2}-1}} \tag{4-46b}$$

2. 速度分布、流线和压强系数

为了便于分析，可先假定 $g(x+By)=C'$，当确定函数 f 以后，再对所得到的扰动速度和压强系数进行讨论。故将 $g(x+By)=C'$ 代入通解式（4-45）得

$$\varphi(x,y)=f(x-By)+C' \tag{4-47}$$

于是可得

$$v_y=\frac{\partial\varphi}{\partial y}=-Bf'(x-By) \tag{4-48a}$$

式中，f' 表示函数 f 对自变量 $(x-By)$ 的导数。当 $y=0$ 时有

$$(v_y)_{y=0}=\left(\frac{\partial\varphi}{\partial y}\right)_{y=0}=-Bf'(x) \tag{4-48b}$$

根据内边界条件，对比式（4-48b）和式（4-44a）可知，$f'(x)$ 是 x 的正弦函数，即

$$f'(x)=\frac{2\pi h v_{\infty}}{lB}\sin\left(\frac{2\pi x}{l}\right) \tag{4-49a}$$

积分可得

$$f(x)=-\frac{hv_{\infty}}{B}\cos\left(\frac{2\pi x}{l}\right)+\text{常数} \tag{4-49b}$$

这就是根据给定的物体表面边界条件确定的函数 f 的特定形式。用 $x-By$ 替换 x，可给出扰动速度势的公式：

$$\varphi(x,y)=f(x-By)+C'=-\frac{hv_{\infty}}{B}\cos\left[\frac{2\pi}{l}(x-By)\right]+\text{常数} \tag{4-50}$$

通过直接代入法，可以确定式（4-50）正是方程（4-43）的解，于是得到扰动速度分量为

$$v_x=\frac{\partial\varphi}{\partial x}=\frac{2\pi h v_{\infty}}{Bl}\sin\left[\frac{2\pi}{l}(x-By)\right] \tag{4-51a}$$

$$v_y=\frac{\partial\varphi}{\partial y}=-\frac{2\pi h v_{\infty}}{l}\sin\left[\frac{2\pi}{l}(x-By)\right] \tag{4-51b}$$

将式（4-51）中的速度代入流线微分方程（2-46b），可得

$$\frac{\mathrm{d}y}{\mathrm{d}x}=\frac{V_y}{V_x}=\frac{v_y}{v_{\infty}+v_x}\approx\frac{v_y}{v_{\infty}}=-\frac{2\pi h}{l}\sin\left[\frac{2\pi}{l}(x-By)\right] \tag{4-52}$$

将式（4-51）中的速度代入压强系数线性化公式（4-33），可得

$$C_p=-\frac{2v_x}{v_{\infty}}=-\frac{4\pi h}{Bl}\sin\left[\frac{2\pi}{l}(x-By)\right] \tag{4-53a}$$

将 $y=0$ 代入上式，可得壁面处压强系数为

$$C_{pw}=-\frac{4\pi h}{Bl}\sin\left(\frac{2\pi}{l}x\right)=\frac{2}{B}\left(\frac{\mathrm{d}y}{\mathrm{d}x}\right)_w \tag{4-53b}$$

结合上述公式可得到以下结论。

（1）由式（4-50）和式（4-51）可以看出，由于不存在衰减项，扰动速度势、扰动速度分量沿着特征线均保持不变，说明扰动以不变的强度沿着斜率为$1/B=1/\sqrt{Ma_{\infty}^2-1}$的特征线传播，即沿着特征线扰动会毫无改变的向下游传播，这个结果也满足无穷远处的外边界条件。当然，这个结论是针对理想流体而言的，对于实际流体因需要考虑黏性效应，扰动还是会逐渐衰减。

（2）式（4-52）表明，流线的斜率$\mathrm{d}y/\mathrm{d}x$是$(x-By)$的函数，若沿着特征线$x-By=$常数的方向，流线的斜率保持不变。图 4-10 给出了超声速气流绕波形壁面流动的流线分布。可以看出，在超声速流绕波形壁面流动时，流线不会发生变形，流线沿 y 轴并不对称，而是沿着特征线方向做整体平移，这表明壁面扰动沿特征线方向偏向下游传播。

（3）图 4-11 给出了壁面压强系数的分布规律。由式（4-53b）可知，壁面压强系数仍是谐波形式，其相位比壁面波形滞后 90°；对于给定的来流马赫数，壁面压强仅取决于当地斜率，压强前后分布不对称，并沿着迎流面逐渐升高，在迎流面壁面中心处压强达到最大值，而后便逐渐降低，并在背流面中点处达到压强最低值，然后又逐渐升高。整体来看，x 方向的压力不能相互抵消，迎流面的压强必然大于背流面的压强，其结果是产生一个与来流方向相反的压差阻力，称为**波阻**。需要注意的是这种波阻与激波阻力是有本质区别的，激波阻力是因经过激波时气流的总压下降而产生的阻力，但在小扰动超声速流中，并未考虑激波现象，却仍有波阻存在。

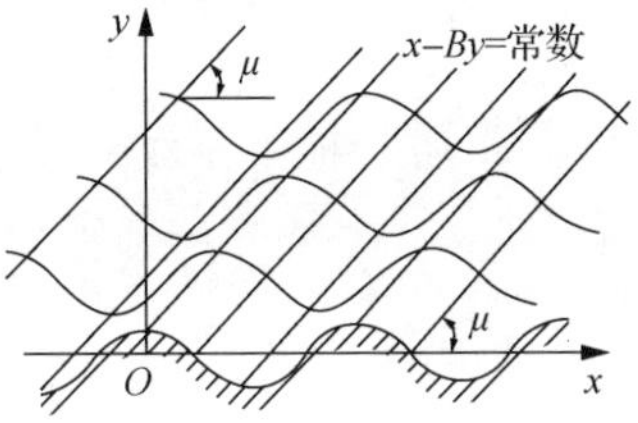

图 4-10　超声速气流绕波形壁面的流线

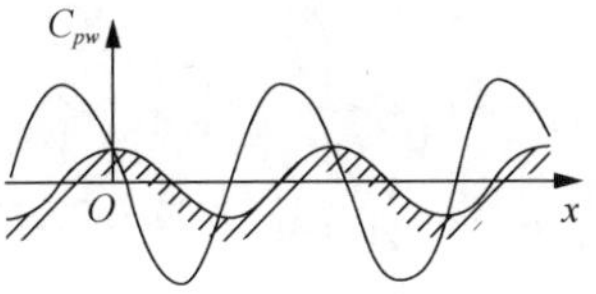

图 4-11　超声速气流绕波形壁面的压强系数

（4）壁面压强系数C_{pw}与B成反比，当Ma_{∞}增大时B增大，则壁面压强系数减小，这与亚声速流有所不同。若以$Ma_{\infty}=\sqrt{2}$为参考工况，可以得到不同马赫数下的壁面压强系数之间的关系：

$$(C_p)_{Ma_{\infty}\to\infty}=\frac{1}{B}(C_p)_{Ma_{\infty}=\sqrt{2}} \tag{4-53c}$$

由此可知，对超声速可压缩流体绕波形壁面流动问题，如果确定$Ma_{\infty}=\sqrt{2}$时壁面上的压强系数，就可以利用式（4-53c）计算其他马赫数下沿相同壁面流动时的压强系数，这就是航天科学中常用到的阿克雷特（Ackeret）法则。

在上述讨论中，特征线$x-By=$常数的斜率为

$$\frac{\mathrm{d}y}{\mathrm{d}x}=\frac{1}{B}=\frac{1}{\sqrt{Ma_{\infty}^2-1}}=\tan\mu_{\infty} \tag{4-54}$$

式中，μ_{∞}是与来流Ma_{∞}相对应的马赫角。这表明特征线实际上就是前文提到的马赫线，换言之，波形壁面对超声速气流产生的扰动就是沿着马赫线向下游传播。

扰动沿着马赫线向下游传播时，究竟是左伸还是右伸取决于流动的边界条件。图 4-12（a）给出了波形壁面对其上部自左向右的气流产生扰动的情况。从图中可以看出，马赫线在气流前进方向的左侧，故称为**左伸马赫线**。如果壁面边界在气流的下方，则扰动必然沿左伸马赫线（$x-By=$常数）向下游传播。因为如果扰动沿右向马赫线向外传播，就会出现扰动沿$x+By=$常数向上游传播的现象，这与超声速气流中扰动只能向下游传播的结论相悖。同样，如果壁面边界在气流的上方，则扰动必然沿右伸马赫线（$x+By=$常数）向下游传播，如图 4-12（b）所示；当流动受上下两个固体壁面扰动时，如图 4-12（c）所示，则扰动沿左伸、右伸马赫线同时向两侧传播。

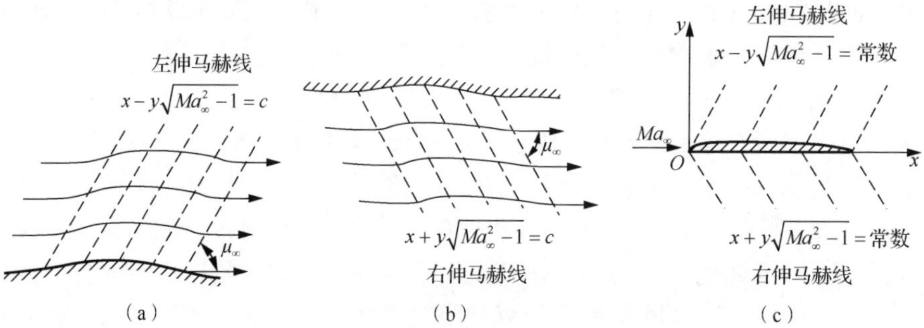

图 4-12　超声速气流绕不同壁面的流动

前面讨论了通解式（4-45）中的待定函数$f(x-By)$，采用同样的方法可以确定另一函数$g(x+By)$，可以证明，它代表的是沿着特征线$x+By=$常数的流动。若流动参数保持不变，即波形壁面产生的扰动将以不变的形式沿着$x+By=$常数向下游传播，扰动沿着右伸马赫线向外传播。

4.3.3　绕波形壁面的亚声速流和超声速流的讨论

前面介绍了小扰动线性化理论在亚声速和超声速气流绕波形壁面流动中的应用，讨论了速度分布、流场特点及压强分布，虽然这种流动属于一类特殊问题，但由它得到的定性规律是普遍适用的，它对线性化理论适用范围内的其他流动也是成立的，即使在不同物体形状下，结果差别也不是很大。对比亚声速流和超声速流绕波形壁面的流动，可得出以下主要结论。

（1）从扰动的传播方式来看：在亚声速流中，壁面造成的扰动能够传遍整个流场，可以扰动到无穷远，上游、下游没有区别；而在超声速流中，扰动仅在马赫锥内出现，或者理解为上游能影响下游，而下游不能影响上游。

（2）从扰动的强度来看：在亚声速流中，速度、压强分布中含有一个指数型函数，随着y的增加，扰动是逐渐衰减的，从壁面处扰动最大向外连续光滑地衰减，直到无穷远处扰动为零；而在超声速流动中，扰动是沿着马赫线传播的，且没有任何衰减，即速度分量、流线形状及压强分布都是保持不变的。

（3）从物体表面压强分布的相位来看：在亚声速流中，壁面压强与壁面相位相差 180°，壁面压强前后对称，因此既没有水平分力也没有垂直分力，合力为 0；在超声速流中，壁面压强系数与壁面相位相差 90°，壁面压强前后不对称，形成水平的压差阻力，即波阻。

（4）从压强的振幅来看：在亚声速流中，亚声速压强系数与β成反比的，由于β随Ma_∞

的增大而减少，所以压强系数随 Ma_∞ 的增大而增大；而在超声速流中，压强系数与 B 成反比，而 B 随 Ma_∞ 的增大而增大，所以压强系数随 Ma_∞ 的增大而减小。也就是说，不论是亚声速还是超声速，当 Ma_∞ 向声速靠近时，压强系数总是在增大，而在声速附近线性化理论是不成立的，即不能用线性化理论求解跨声速流动问题。

（5）从物理现象与数学特征的关系来看：在亚声速流中，速度势方程属于椭圆型方程，椭圆型问题描述的是一种稳态、定常、均衡的过程，其典型特点是极值只能出现在边界上，例如，亚声速流中的速度场从壁面扰动最大，到无穷远处扰动变成 0，它的衰减变化是连续的、光滑的，即所谓的调和变化；而在超声速流中，速度势方程属于双曲型方程，又称为波动方程，而在波动问题中是存在间断面的，它是一个非稳定、非均衡的过程，参数在时间或空间上存在间断面。例如，超声速流中的马赫线将流场分成扰动区和未扰动区两部分。

换言之，双曲型方程对应的是波动问题，椭圆型方程对应的是调和问题，这种数学特征上的差异体现在物理现象上，就是超声速流与亚声速流流动性质的差异，这也充分体现了数学和物理之间的密切关系。

4.4　平面定常超声速流的特征线法

小扰动线性化理论的根本思想是通过量级比较，忽略非线性方程中的高阶次要项而得到线性化方程，因此它并不是一个精确的理论。工程中，很多实际问题用小扰动线性化方程做近似描述是不适宜的，需要采用非线性方程来描述，而非线性方程的求解往往需要采用数值方法。

在气体动力学中，如果描述流动的方程为拟线性偏微分方程，例如多维定常超声速流动、一维非定常流动及部分跨声速流动问题，可以采用特征线法进行数值求解。由于特征线法是从理想流体的精确方程出发进行求解的，因此被认为是一种精确方法。这种方法计算量较大，但随着计算机技术的发展，应用该方法解决实际问题已非常方便。本节在介绍特征线法的一般理论基础上，讨论该方法在二维定常超声速流动中的应用。

4.4.1　特征线理论概述

1. 特征线的数学意义

特征线的概念最初是针对数学上的拟线性偏微分方程提出来的，关于拟线性偏微分方程的定义在 4.2.3 节已做介绍。数学上的柯西问题涉及的是一阶拟线性偏微分方程，如果以 u 作为未知函数，其方程为

$$F(x,y,u)\frac{\partial u}{\partial x}+G(x,y,u)\frac{\partial u}{\partial y}=H(x,y,u) \tag{4-55}$$

式中，未知函数 $u=u(x,y)$ 是 x,y 的连续函数。下面从柯西问题出发讨论特征线的数学意义。

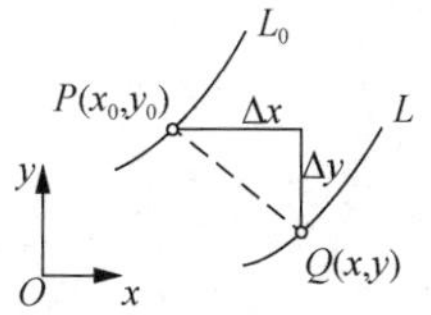

图 4-13　柯西问题的特征线

如图 4-13 所示，在 xOy 平面上，若给定平面上某初始曲线 L_0 上各点 u 值为 u_0，如果由 u_0 不能单独确定初始曲线 L_0 邻域附近点 Q 的函数值 $u(x,y)$，则表示曲线 L_0 是一条弱间断线。这里所谓的弱间断

线指的是未知函数 u 本身沿着该曲线的法线方向是连续的，但其法线方向导数可能是间断的曲线，数学上将这些弱间断线定义为方程的特征线，这是特征线的第一个数学意义。

设 $P(x_0, y_0)$ 为曲线 L_0 上任意一点，Q 点是其邻域内一点，将 Q 点的函数 $u(x, y)$ 在 P 点的邻域内按照泰勒级数展开，得

$$u(x,y)=u_0(x,y)+\left(\frac{\partial u}{\partial x}\right)_0\Delta x+\left(\frac{\partial u}{\partial y}\right)_0\Delta y+\cdots \tag{4-56a}$$

从式（4-56a）可以看出，若要单值确定 Q 点的 u 值，关键在于能否根据 $u_0(x_0, y_0)$ 求出导数 $\left(\frac{\partial u}{\partial x}\right)_0, \left(\frac{\partial u}{\partial y}\right)_0$ 及其高阶导数。如果这些导数是唯一确定的，则 Q 点的 u 值就唯一确定了，否则，如果仅根据 P 点的 $u_0(x_0, y_0)$ 不能确定 L_0 上的导数，那么 L_0 就为弱间断线了，它就是式（4-55）在 xOy 平面上的特征线。

为了确定偏导数 $\left(\frac{\partial u}{\partial x}\right)_0$ 和 $\left(\frac{\partial u}{\partial y}\right)_0$，给出 $u_0(x_0, y_0)$ 的全微分：

$$\mathrm{d}x\left(\frac{\partial u}{\partial x}\right)_0+\mathrm{d}y\left(\frac{\partial u}{\partial y}\right)_0=\mathrm{d}u_0 \tag{4-56b}$$

由式（4-55）可得

$$F(x_0,y_0,u_0)\left(\frac{\partial u}{\partial x}\right)_0+G(x_0,y_0,u_0)\left(\frac{\partial u}{\partial y}\right)_0=H(x_0,y_0,u_0) \tag{4-56c}$$

在高等数学中，方程组 $\begin{cases}a_{11}x_1+a_{12}x_2=b_1\\a_{21}x_1+a_{22}x_2=b_2\end{cases}$ 在 $\varDelta=\begin{vmatrix}a_{11} & a_{12}\\a_{21} & a_{22}\end{vmatrix}\neq 0$ 时有唯一解。由克拉默法则可确定其唯一解为

$$x_1=\frac{\varDelta_1}{\varDelta}=\frac{\begin{vmatrix}b_1 & a_{12}\\b_2 & a_{22}\end{vmatrix}}{\begin{vmatrix}a_{11} & a_{12}\\a_{21} & a_{22}\end{vmatrix}}\quad 和\quad x_2=\frac{\varDelta_2}{\varDelta}=\frac{\begin{vmatrix}a_{11} & b_1\\a_{21} & b_2\end{vmatrix}}{\begin{vmatrix}a_{11} & a_{12}\\a_{21} & a_{22}\end{vmatrix}} \tag{4-57}$$

于是以 $\left(\frac{\partial u}{\partial x}\right)_0$ 和 $\left(\frac{\partial u}{\partial y}\right)_0$ 作为未知数，式（4-56b）和式（4-56c）构成的方程组的解为

$$\left(\frac{\partial u}{\partial x}\right)_0=\frac{\varDelta_x}{\varDelta}=\frac{\begin{vmatrix}H & G\\\mathrm{d}u_0 & \mathrm{d}y\end{vmatrix}}{\begin{vmatrix}F & G\\\mathrm{d}x & \mathrm{d}y\end{vmatrix}}=\frac{H\mathrm{d}y-G\mathrm{d}u_0}{F\mathrm{d}y-G\mathrm{d}x} \tag{4-58a}$$

$$\left(\frac{\partial u}{\partial y}\right)_0=\frac{\varDelta_y}{\varDelta}=\frac{\begin{vmatrix}F & H\\\mathrm{d}x & \mathrm{d}u_0\end{vmatrix}}{\begin{vmatrix}F & G\\\mathrm{d}x & \mathrm{d}y\end{vmatrix}}=\frac{F\mathrm{d}u_0-H\mathrm{d}x}{F\mathrm{d}y-G\mathrm{d}x} \tag{4-58b}$$

能够唯一确定 L_0 上导数 $\left(\frac{\partial u}{\partial x}\right)_0$ 和 $\left(\frac{\partial u}{\partial y}\right)_0$ 的充分必要条件是：分母行列式 $\varDelta=\begin{vmatrix}F & G\\\mathrm{d}x & \mathrm{d}y\end{vmatrix}\neq 0$。用类似方法也可以进一步求 L_0 上的高阶导数，而这些高阶导数有确定值的条件仍然是

$\varDelta=\begin{vmatrix}F & G\\ \mathrm{d}x & \mathrm{d}y\end{vmatrix}\neq 0$。由此得出结论：能够单值地确定 L_0 附近任意点 Q 的函数值 $u(x,y)$ 及其导数的充要条件是方程组（4-58）的分母行列式不等于 0。

显然，只要在初始曲线 L_0 上分母行列式 $\varDelta\neq 0$，就可以利用有限差分法确定数值解。但特征线法却是另辟新径，要找到原方程组在 xOy 平面上的特征线，也就是找到满足 $\varDelta=0$ 的那些弱间断线。对于 $\varDelta=0$ 的情况存在两种可能：一种可能是导数无解，方程无明确物理意义，这里不做讨论；另一种可能是导数不确定，也就是式（4-58）中的分子行列式也等于 0，此时 u 的一阶导数的表达式中分子、分母同时为 0，导数有可能是不连续的。

由第二种情况，取 $\varDelta=\begin{vmatrix}F & G\\ \mathrm{d}x & \mathrm{d}y\end{vmatrix}=0$，可以得到原拟线性偏微分方程的特征线方程为

$$\frac{\mathrm{d}y}{\mathrm{d}x}=\frac{G}{F}=k \tag{4-59}$$

式中，$\dfrac{\mathrm{d}y}{\mathrm{d}x}=k$ 表示特征线的斜率。由分子行列式等于 0 这一条件，得到的是沿着特征线未知函数所需要满足的关系式，称为**相容性条件或相容性方程**，即 $\varDelta x=0$ 和 $\varDelta y=0$，由式（4-58a）和式（4-58b）可解得

$$\mathrm{d}u=\frac{H}{G}\mathrm{d}y \tag{4-60a}$$

$$\mathrm{d}u=\frac{H}{F}\mathrm{d}x \tag{4-60b}$$

根据高等数学知识，如果方程组解的分子行列式中有一个等于 0，则其他的也必定为 0，因此式（4-60a）和式（4-60b）是等价的，二者中只有一个是独立的。

需要说明的是，所谓的可能“不确定”指的是根据方程的系数 F,G,H 不能单值确定函数及其导数。但在实际问题中，只要结合当地的边界条件，函数及其导数是可以确定的，这里所说的导数不连续只是一个潜在的可能。

以上给出了偏微分方程（4-55）的特征线方程（4-59）及其相容性方程（4-60），二者构成了一个常微分方程组，且该方程组等价于原一阶拟线性偏微分方程。也就是说，可以将求解偏微分方程的问题转化为求解常微分方程组，从而使问题得以简化，这就是特征线法的根本思想，也是特征线的第二个数学意义。

对于一阶偏微分方程（4-55），如图 4-14 所示，如果在 xOy 平面上给出一条初始曲线 $\varGamma_0$ 及其对应的函数值 $u_0(x,y)$，从曲线 $\varGamma_0$ 上的任一点 P 开始对式（4-59）积分，可以确定通过 P 点的特征线 C_0，如果在特征线上任选一点 Q，则 Q 点对应的函数值 $u(x,y)$，可以通过沿特征线 C_0 从 P 点到 Q 点积分相容性方程（4-60）来确定。一般说来，方程系数 F,G,H 是比较复杂的表达式，通常需要用数值方法按照步推方式逐点进行计算。于是从初始曲线出发，在 xOy 平面特征线所覆盖的区域内，沿着每条特征线可以确定因变量 $u(x,y)$ 的值。

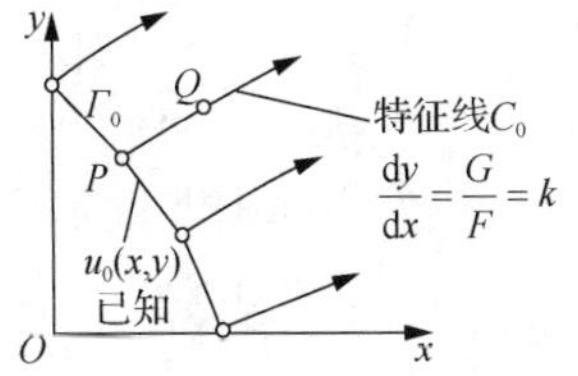

图 4-14　一阶偏微分方程的特征线

要点　从数学意义上讲，特征线是一种弱间断线，其特点可总结为：①特征线是函数导

数可能不连续的点的轨迹，这种不连续指的是跨越特征线时，函数连续但其法线方向导数可能不连续；沿着特征线时，函数及其导数均连续；而且这种导数不连续只是潜在的可能性，在特定条件下才能实现。②沿着特征线，原偏微分方程可化为与之等价的全微分方程组，这样求解时就不必直接求解偏微分方程，而是沿着某平面曲线来求解另一个常微分方程，从而简化问题。③特征线还是解析性质（可能）不相同的区域的拼合线，例如，两垂直平面的交界线、帽盖与帽沿交界面、扇子上的折痕线等。

2. 二元二阶拟线性偏微分方程的特征线法

以上介绍了特征线的数学意义，对于二元二阶拟线性偏微分方程（4-20），特征线法同样适用。可以用主部形式表示方程（4-20）：

$$A(x,y,\varphi)\varphi_{xx}+2B(x,y,\varphi)\varphi_{xy}+C(x,y,\varphi)\varphi_{yy}=D \tag{4-61}$$

式中，φ 为未知函数，可以代表势函数；D 是 x,y,φ_x,φ_y 的函数。在数学上，式（4-61）的解 $\varphi=\varphi(x,y)$ 可以看作 $Oxy\varphi$ 空间中的一个三维积分曲面，如图 4-15 所示。

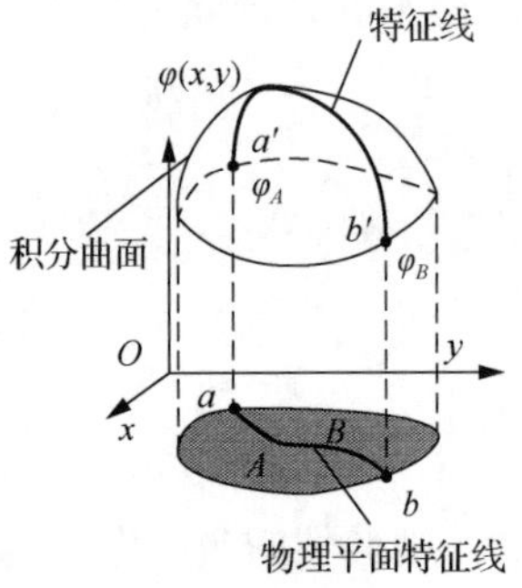

图 4-15　二元二阶拟线性偏微分方程的特征线

我们只讨论函数本身是连续的，而函数的导数可能是不连续的曲线，这意味着在曲面的某些曲线上，$\varphi(x,y)$ 的一阶导数 (φ_x,φ_y) 是 x,y 的连续函数，而 $\varphi(x,y)$ 的二阶导数 $(\varphi_{xx},\varphi_{yy},\varphi_{xy})$ 可能是不连续的，则称这些曲线为解的特征线，如图 4-15 中的曲线 $a'b'$。将这些曲线在 xOy 平面上的投影称为**物理平面上的特征线**，如图 4-15 中的曲线 ab。

为了确定特征线方程，先列出 φ_x,φ_y 的全微分形式：

$$\mathrm{d}\varphi_x=\varphi_{xx}\mathrm{d}x+\varphi_{xy}\mathrm{d}y \tag{4-62a}$$

$$\mathrm{d}\varphi_y=\varphi_{yx}\mathrm{d}x+\varphi_{yy}\mathrm{d}y \tag{4-62b}$$

由于我们关注的是式（4-61）中 $\varphi_{xx},\varphi_{yy},\varphi_{xy}$ 可能不连续的情况，故将式（4-61）、式（4-62a）和式（4-62b）联立，构成一个以 $\varphi_{xx},\varphi_{xy},\varphi_{yy}$ 为变量的二阶线性常微分方程组：

$$\begin{aligned}A\varphi_{xx}+2B\varphi_{xy}+C\varphi_{yy}&=D\\ \mathrm{d}x\varphi_{xx}+\mathrm{d}y\varphi_{xy}&=\mathrm{d}\varphi_x\\ \mathrm{d}x\varphi_{xy}+\mathrm{d}y\varphi_{yy}&=\mathrm{d}\varphi_y\end{aligned} \tag{4-62c}$$

由克拉默法则得

$$\varphi_{xy}=\begin{vmatrix}A & D & C\\ \mathrm{d}x & \mathrm{d}\varphi_x & 0\\ 0 & \mathrm{d}\varphi_y & \mathrm{d}y\end{vmatrix}\div\begin{vmatrix}A & 2B & C\\ \mathrm{d}x & \mathrm{d}y & 0\\ 0 & \mathrm{d}x & \mathrm{d}y\end{vmatrix}=\frac{A\mathrm{d}y\mathrm{d}\varphi_x-D\mathrm{d}x\mathrm{d}y+C\mathrm{d}x\mathrm{d}\varphi_y}{A\mathrm{d}y^2-2B\mathrm{d}x\mathrm{d}y+C\mathrm{d}x^2} \tag{4-63}$$

在积分曲面上的任意点(x,y,φ)上，可以根据曲面的形状得到 φ_x,φ_y，从而可以确定曲面上各点的 A,B,C 和 D。一般情况下，φ_{xy} 可由式（4-63）确定，但当该式中的分子、分母均为零时，φ_{xy} 不确定，存在不连续的可能。同理也可以得到 φ_{xx} 和 φ_{yy}。

令式（4-63）中的分母行列式为 0，得

$$A\mathrm{d}y^2-2B\mathrm{d}x\mathrm{d}y+C\mathrm{d}x^2=0 \quad 或 \quad A\left(\frac{\mathrm{d}y}{\mathrm{d}x}\right)^2-2B\frac{\mathrm{d}y}{\mathrm{d}x}+C=0 \tag{4-64a}$$

这就是特征线在物理平面 xOy 上投影的微分方程，通过求解该二次方程，可以得到物理平面

上特征线的斜率为

$$\left(\frac{\mathrm{d}y}{\mathrm{d}x}\right)_C=\frac{B\pm\sqrt{B^2-AC}}{A}=\frac{C}{B\mp\sqrt{B^2-AC}} \tag{4-64b}$$

式中，下标 C 表示特征线，即斜率沿着特征线保持不变。

由于方程系数 A,B,C 部分地取决于 φ_x,φ_y，为了绘制物理平面的特征线，需确定 φ_x,φ_y 沿特征线的变化规律，故令（4-63）中分子行列式为 0，得

$$A\mathrm{d}y\mathrm{d}\varphi_x+C\mathrm{d}x\mathrm{d}\varphi_y-D\mathrm{d}x\mathrm{d}y=0 \quad 或 \quad \mathrm{d}\varphi_x=-\frac{C}{A}\frac{\mathrm{d}x}{\mathrm{d}y}\mathrm{d}\varphi_y-D\mathrm{d}x \tag{4-65a}$$

求解式（4-65a）可得 φ_x,φ_y 沿着物理平面特征线的变化规律，称为相容性条件或相容性方程，即

$$\left(\frac{\mathrm{d}\varphi_y}{\mathrm{d}\varphi_x}\right)_C=-\frac{A}{C}\left(\frac{\mathrm{d}y}{\mathrm{d}x}\right)_C+\frac{D}{C}\left(\frac{\mathrm{d}y}{\mathrm{d}\varphi_x}\right)_C \tag{4-65b}$$

如果函数 φ 代表势函数，则 φ_x,φ_y 分别对应速度分量 v_x,v_y，可取 v_xOv_y 平面为速度平面，那么方程（4-65b）就给出了用 x,y,φ_x,φ_y 表示的与物理平面特征线相对应的速度平面上的特征线斜率。如果令 φ_{xx} 和 φ_{yy} 的分子行列式分别等于 0，也可以得到同样的结果。

由式（4-64b）和式（4-65b）可以看出：当 $B^2-AC>0$ 时，偏微分方程（4-61）为双曲型方程，式（4-64b）和式（4-65b）都有两个实根，分别对应物理平面和速度平面上的两条特征线；当 $B^2-AC<0$ 时，偏微分方程（4-61）为椭圆型方程，式（4-64b）和式（4-65b）都没有实根，不存在实的特征线；当 $B^2-AC=0$ 时，偏微分方程（4-61）为抛物型方程，式（4-64b）和式（4-65b）都有一个实根，这类方程对可压缩流体没有实际意义。

双曲型偏微分方程（4-61）可用两个常微分方程（4-64a）和方程（4-65a）代替，即可通过联立求解这两个常微分方程来获得方程（4-61）的解。需要注意的是联立求解方程（4-64a）和方程（4-65a）所得到的并不是 $\varphi=\varphi(x,y)$，而是得到更为实用的 xOy 平面上每一点的 φ_x 和 φ_y，而 $\varphi_xO\varphi_y$ 平面即为速度平面。

如果将 $Oxy\varphi$ 空间的三维曲面近似地用曲面上有限条曲线所构成的骨架表示，而且这些曲线就是积分曲面上的特征线，那么物理平面上的特征线就是这些曲线在 xOy 平面上的投影，且速度平面特征线在每一点的值都代表这些曲线在对应点的斜率。同时应用物理平面特征线与速度平面特征线便可以得到曲线骨架，这些特征线就表示拟线性偏微分方程（4-61）的解。方程（4-64b）和方程（4-65b）分别给出物理平面特征线的斜率和速度平面特征线的斜率。故在给定初值后，可根据二式用数值解法或图解法作出物理平面特征线和速度平面特征线，于是就确定了二维流每一点的 φ_x 和 φ_y，进而可确定速度和压强的空间分布规律。

4.4.2　平面定常超声速流的特征线

1. 平面定常超声速流中特征线的物理意义

从数学上讲，特征线是一些弱间断线，跨越这些曲线，未知函数本身是连续的，但其法线方向导数可能是间断的。在二维定常超声速流中就存在这样的弱间断线，例如在 3.3.1 节中提到，当超声速气流绕外钝角壁面流动时会产生膨胀波，形成普朗特-迈耶流动。如图 4-16 所示，在第一道马赫线 OL_1 的上游是均匀超声速流场，所有流动参数的导数均为零，下面讨

论一下速度的变化规律。

普朗特-迈耶流动中的速度及其导数的变化规律如图 4-17 所示，图中 I 代表 OL_1 上游的波前区域，III 代表 OL_n 下游的波后区域，II 代表 OL_1 与 OL_n 之间的膨胀波束区域。当气流经过 OL_1 时，气流速度是连续变化的，但其导数却发生了突跃变化，在 1 点处发生了间断，所以马赫线 OL_1 是流动参数的法线方向导数发生间断的线，OL_1 是一条弱间断线；同样当气流经过最后一道波 OL_n 时，速度的导数从某一特定值又跃变为零，再次出现间断，故 OL_n 也是一条弱间断线。也就是说沿着马赫线的法线方向，气流的速度、压强等参数是连续的，但参数的法线方向导数却有可能是间断的。

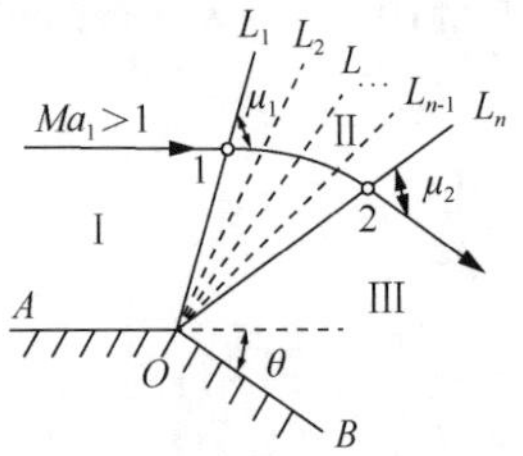

图 4-16　P-M 流动中的马赫线

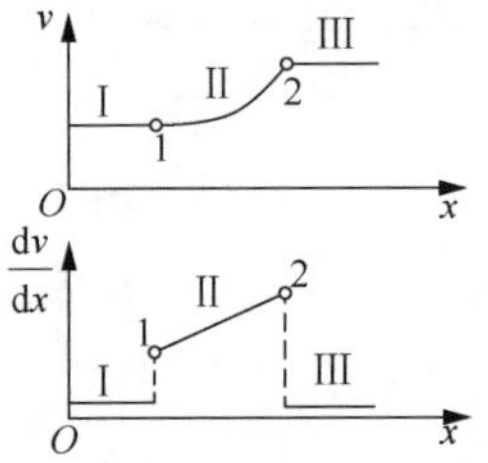

图 4-17　P-M 流动中的参数变化

马赫线是一种弱间断线，其物理特征是波前的流动参数不能单值地决定波后的参数。例如在 P-M 流动中，给定了第一道波 OL_1 上的参数，并不能唯一确定下游的流场。这是因为在超声速气流中，上游的扰动可以影响下游，但下游的扰动不能影响上游，或者说上游的扰动并不包含下游的扰动信息，因此波后参数不仅与上游（波前）参数有关，更重要地取决于波后当地边界条件，例如气流当地转折角或壁面转折角，结合当地边界才有唯一解。

如图 4-17 所示，对于 OL_1 和 OL_n 之间的任意一道马赫波，速度是连续变化的，导数也是连续变化的，但扇形波区里的每一条线也都有可能成为特征线，这是因为在一定条件下，它们有可能成为法线方向导数不连续的弱间断线。例如，若来流马赫数增大，则马赫角 μ_1 变小，第一道马赫波的位置将会以折点为中心向右转动一个微小角度，换言之，原来在 OL_1 和 OL_n 之间的某一道马赫波会变成第一道马赫波，故任意一道马赫波能否成为导数不连续的弱间断线，取决于来流马赫数，因此在特征线上导数不连续只是一个潜在的可能性。

P-M 膨胀波也称为**简单波**，在简单波中所有的马赫波都是延伸到无穷远处的直线。这种马赫线就是数学上的特征线在气体动力学中的实际体现，因此可以将特征线的物理性质概括为：特征线是流场中任一点上信息沿之传播的曲线。例如，在定常超声速流绕过一个微小障碍物时，由该障碍物发出的扰动就是沿着特征线传播的，可理解为特征线是扰动在流场中传播的载体。

2. 平面定常超声速流的特征线方程和相容性条件

本节讨论特征线法在平面定常超声速无旋流动中的应用。

1）平面定常超声速流速度势方程

对理想流体平面定常无旋流动，气体动力学基本方程（4-13）可简化为

$$\left(1-\frac{\phi_x^2}{a^2}\right)\phi_{xx}-2\frac{\phi_x\phi_y}{a^2}\phi_{xy}+\left(1-\frac{\phi_y^2}{a^2}\right)\phi_{yy}=0 \tag{4-66a}$$

对比式（4-61）可知：

$$A=1-\frac{\phi_x^2}{a^2}=1-\frac{V_x^2}{a^2}, B=-\frac{\phi_x\phi_y}{a^2}=-\frac{V_xV_y}{a^2}, C=1-\frac{\phi_y^2}{a^2}=1-\frac{V_y^2}{a^2}, D=0 \tag{4-66b}$$

对超声速流动（$V>a$），$\varDelta=B^2-AC=\frac{V^2}{a^2}-1>0$，故式（4-66a）为双曲型方程，有两个实根，存在两条特征线，即物理平面上的特征线。

2）物理平面的特征线方程

将式（4-66b）的各项系数代入特征线方程（4-64b），可以解出平面定常超声速流物理平面的特征线方程为

$$C_{\pm}=\left(\frac{\mathrm{d}y}{\mathrm{d}x}\right)_{\pm}=\frac{V_xV_y\pm a\sqrt{V^2-a^2}}{V_x^2-a^2} \tag{4-67}$$

式（4-67）给出了物理平面（xOy 平面）上的两条特征线。该式表明，对于定常流动，只有在超声速情况下，才有两族实特征线，因此特征线法在平面定常无旋流动中，只能用于超声速流场，而不能用于亚声速流场。

为了简化特征线方程，取速度矢量与 x 轴的夹角 θ 为气流方向角，用速度的模 V 和 θ 表示速度分量，用马赫角 μ 表示 Ma，则

$$V_x=V\cos\theta, V_y=V\sin\theta, a=V\sin\mu, \theta=\arctan\left(\frac{V_y}{V_x}\right), \cot\mu=\sqrt{Ma^2-1}, \mu=\arcsin\left(\frac{1}{Ma}\right)$$

将上述关系代入式（4-67）得

$$C_{\pm}=\left(\frac{\mathrm{d}y}{\mathrm{d}x}\right)_{\pm}=\frac{\sin\theta\cos\theta\pm\sin\mu\cos\mu}{\cos^2\theta-\sin^2\mu} \tag{4-68a}$$

将分子分母同时乘以 $\cos\theta\cos\mu\pm\sin\theta\sin\mu$，并利用三角换算 $(\sin\mu)^2-(\cos\theta)^2=(\sin\theta)^2-(\cos\mu)^2$，整理可得

$$C_{\pm}=\left(\frac{\mathrm{d}y}{\mathrm{d}x}\right)_{\pm}=\tan(\theta\pm\mu) \tag{4-68b}$$

可以看出，式（4-68b）所代表的正是过物理平面上任意点的两条特征线的斜率，其物理意义是：在物理平面（xOy 平面）上，过任意点 P 所作的两条特征线 C_+ 和 C_- 的切线方向与该点速度方向的夹角为当地马赫角 μ，如图 4-18 所示。这就说明了特征线与马赫线处处重合，故在定常超声速无旋流动中，马赫线对应的正是数学中的特征线。

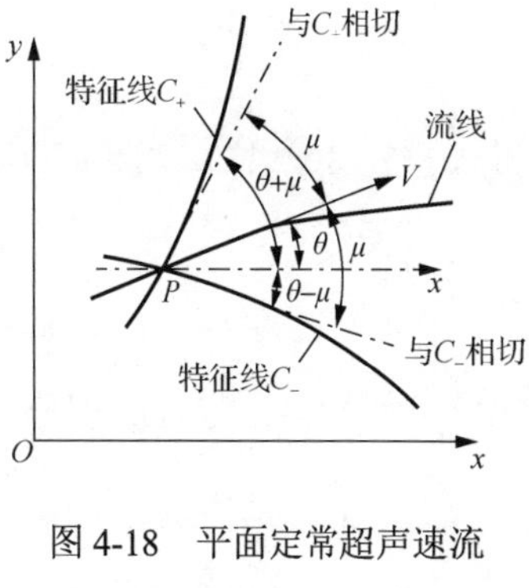

图 4-18　平面定常超声速流物理平面的特征线

通常约定，依照观察者沿流速方向看去，特征线 C_+ 对应式（4-68b）中的正号，属于左伸特征线（或称为第 I 族特征线），特征线 C_- 对应式（4-68b）中的负号，属于右伸特征线（或称为第 II 族特征线）。

3）速度平面的相容性方程

将式（4-66b）的各项系数代入相容性方程（4-65b），可以得出平面超声速无旋流动中的相容性方程为

$$\Gamma_{\pm}=\left(\frac{\mathrm{d}\phi_y}{\mathrm{d}\phi_x}\right)_{\pm}=\left(\frac{\mathrm{d}V_y}{\mathrm{d}V_x}\right)_{\pm}=\frac{a^2-V_x^2}{V_xV_y\pm a\sqrt{V^2-a^2}} \tag{4-69}$$

式(4-69)给出了沿着每一条物理平面特征线都成立的速度分量V_x和V_y之间的微分关系。方程中Γ_+与式(4-69)分母中的正号相对应，表示沿着左伸特征线（第I族），Γ_-与式(4-69)分母中的负号相对应，表示沿着右伸特征线（第II族）。

类似地，相容性方程也可以用 V 和 θ 表示。由于$V^2=V_x^2+V_y^2$，$V\mathrm{d}V=V_x\mathrm{d}V_x+V_y\mathrm{d}V_y$，$\theta=\arctan(V_y/V_x)$，$\mathrm{d}\theta=\dfrac{V_x\mathrm{d}V_y-V_y\mathrm{d}V_x}{V^2}$，故有

$$\frac{\mathrm{d}V}{V\mathrm{d}\theta}=\frac{V_x+V_y\left(\dfrac{\mathrm{d}V_y}{\mathrm{d}V_x}\right)}{V_x\left(\dfrac{\mathrm{d}V_y}{\mathrm{d}V_x}\right)-V_y} \quad 或 \quad \frac{\mathrm{d}V_y}{\mathrm{d}V_x}=\frac{V_x+V_y\left(\dfrac{\mathrm{d}V}{V\mathrm{d}\theta}\right)}{V_x\left(\dfrac{\mathrm{d}V}{V\mathrm{d}\theta}\right)-V_y} \tag{4-70}$$

将式（4-70）代入式（4-69）得

$$\frac{\mathrm{d}V}{V\mathrm{d}\theta}=\mp\frac{a}{\sqrt{V^2-a^2}}=\mp\tan\mu \quad 或 \quad \pm\mathrm{d}\theta=\cot\mu\frac{\mathrm{d}V}{V}=\sqrt{Ma^2-1}\frac{\mathrm{d}V}{V} \tag{4-71}$$

方程（4-71）是平面超声速无旋流动在速度平面上的相容性方程，事实上，速度平面上的特征线也是用该方程表示的，因此方程（4-71）也称为**速度平面的特征线方程**。

可以看出，式（4-71）中并未出现物理平面的坐标，这表明相容性方程在速度平面上具有确定的关系，而不随物理平面上的具体流动情况而变化，因此它适用于一切平面无旋流动，依据该方程可以绘制通用的特征线图。

对于绝热过程，由马赫数定义、声速方程及气动函数$\tau(Ma)$，可得

$$V^2=\frac{c_0^2Ma^2}{1+\dfrac{\gamma-1}{2}Ma^2} \tag{4-72a}$$

两侧取对数后再微分得

$$\frac{\mathrm{d}V}{V}=\frac{1}{1+\dfrac{\gamma-1}{2}Ma^2}\frac{\mathrm{d}Ma}{Ma} \tag{4-72b}$$

将式（4-72b）代入式（4-71）后再积分，可得马赫数与气流方向角之间的微分关系：

$$\pm\mathrm{d}\theta=\frac{\sqrt{Ma^2-1}}{1+\dfrac{\gamma-1}{2}Ma^2}\frac{\mathrm{d}Ma}{Ma} \tag{4-73}$$

积分可得相容性方程的积分形式：

$$\pm\theta=\nu(Ma)_{\pm}=\sqrt{\frac{\gamma+1}{\gamma-1}}\arctan\sqrt{\frac{\gamma+1}{\gamma-1}(Ma^2-1)}-\arctan\sqrt{Ma^2-1}+常数 \tag{4-74a}$$

由速度系数λ与Ma的关系（3-25），可得

$$\pm\theta=\nu(\lambda)_{\pm}=\sqrt{\frac{\gamma+1}{\gamma-1}}\arctan\sqrt{\frac{(\gamma-1)(\lambda^2-1)}{(\gamma+1)-(\gamma-1)\lambda^2}}-\arctan\sqrt{\frac{(\gamma+1)(\lambda^2-1)}{(\gamma+1)-(\gamma-1)\lambda^2}}+常数 \tag{4-74b}$$

式（4-74）中的 ν 为普朗特-迈耶函数，表示沿特征线 θ 与 Ma（或 λ）之间的关系，函数值取决于气体的 γ 和 Ma（或 λ），具有角度的量纲，但它是速度大小的量度，在物理上表示气流从声速 $Ma=1$ 等熵膨胀到 $Ma>1$ 时气流的转折角。

在速度平面上，式（4-74）可表示为一族外摆线，每条线对应一个常数，该外摆线由一直径为 $\left(\sqrt{\dfrac{\gamma+1}{\gamma-1}}-1\right)$ 的圆在半径为 1 的圆周上滚动的轨迹，如图 4-19 所示，图中 I 表示第 I 族特征线，II 表示第 II 族特征线。式（4-74）适用于一切平面定常超声速无旋流动，为了方便使用，通常将普朗特-迈耶函数 ν 与 Ma（或 λ）的关系制成数值表，以便计算时查用。

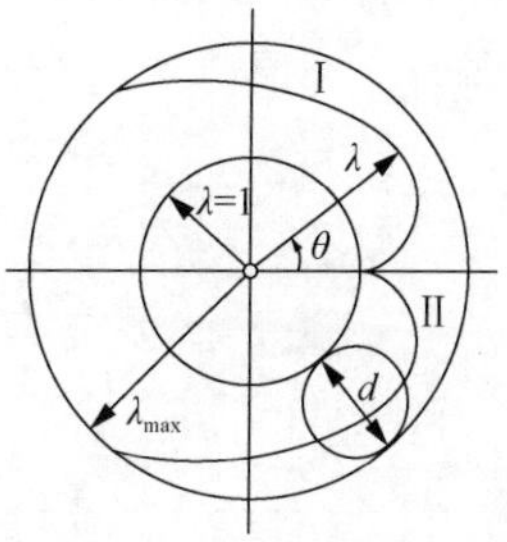

图 4-19　速度平面上的特征线

4）物理平面与速度平面的特征线关系

在平面超声速无旋流动中，物理平面的特征线方向与速度平面的特征线方向存在一定的关系。为了确定这一关系，将物理平面的左伸特征线与速度平面的右伸特征线的斜率相乘，可得

$$\left(\frac{\mathrm{d}y}{\mathrm{d}x}\right)_+\left(\frac{\mathrm{d}V_y}{\mathrm{d}V_x}\right)_-=\frac{V_xV_y+a\sqrt{V^2-a^2}}{V_x^2-a^2}\frac{a^2-V_x^2}{V_xV_y+a\sqrt{V^2-a^2}}=-1 \tag{4-75a}$$

式（4-75a）也可以根据式（4-66b）中的 $D=0$，将式（4-64b）和式（4-65b）关系代入求得，即

$$\left(\frac{\mathrm{d}y}{\mathrm{d}x}\right)_+\left(\frac{\mathrm{d}V_y}{\mathrm{d}V_x}\right)_-=\left(\frac{\mathrm{d}y}{\mathrm{d}x}\right)_+\left[-\frac{A}{C}\left(\frac{\mathrm{d}y}{\mathrm{d}x}\right)_-\right]=\frac{C}{B-\sqrt{B^2-AC}}\left(-\frac{A}{C}\frac{B-\sqrt{B^2-AC}}{A}\right)=-1 \tag{4-75b}$$

同样存在

$$\left(\frac{\mathrm{d}y}{\mathrm{d}x}\right)_-\left(\frac{\mathrm{d}V_y}{\mathrm{d}V_x}\right)_+=\frac{V_xV_y-a\sqrt{V^2-a^2}}{V_x^2-a^2}\frac{a^2-V_x^2}{V_xV_y-a\sqrt{V^2-a^2}}=-1 \tag{4-76}$$

于是可知

$$\left(\frac{\mathrm{d}y}{\mathrm{d}x}\right)_-\left(\frac{\mathrm{d}V_y}{\mathrm{d}V_x}\right)_+=\left(\frac{\mathrm{d}y}{\mathrm{d}x}\right)_+\left(\frac{\mathrm{d}V_y}{\mathrm{d}V_x}\right)_-=-1\text{，即}\left(\frac{\mathrm{d}y}{\mathrm{d}x}\right)_\pm\left(\frac{\mathrm{d}V_y}{\mathrm{d}V_x}\right)_\mp=-1 \tag{4-77}$$

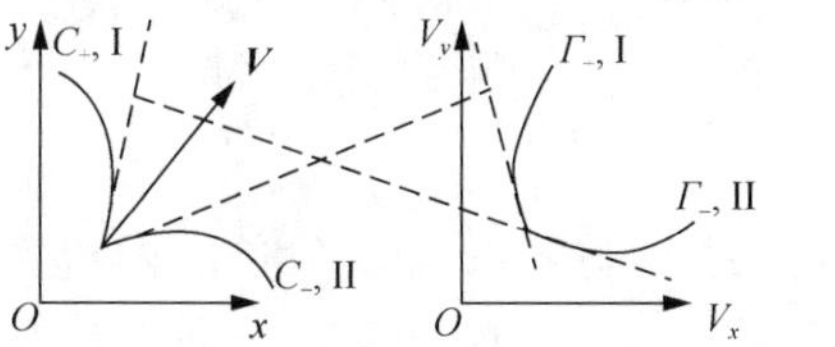

图 4-20　物理平面与速度平面的几何关系

式（4-77）表明，物理平面上的某族特征线的斜率与速度平面上对应的另一族特征线的斜率互为负倒数。换言之，对平面超声速无旋流动而言，物理平面（xOy）上的特征线与速度平面（V_xOV_y）上的异族特征线相互正交，二者成反逆正交关系，如图 4-20 所示。这种反逆正交的几何关系是图解法求解的基础，现已广泛用于电子计算机，在此不做详细介绍。

4.4.3　特征线法求解平面定常超声速流场

简单来讲，特征线法是用特征线方程（4-67）和相容性方程（4-69）代替一个拟线性偏微分方程，其中特征线方程用来构建网格并确定 xOy 平面中格点的位置，相容性方程用来计算格点上的流动参数。由于相容性方程是沿特征线的全微分关系，而特征线方程中不含因变量的导数，故采用有限差分法求解特征线方程与相容性方程更为简单。在做有限差分时，通常把连接网格两端点的特征线用一条直虚线来代替，虚线的斜率取为相应的特征线线段的两个端点处数值的平均值。

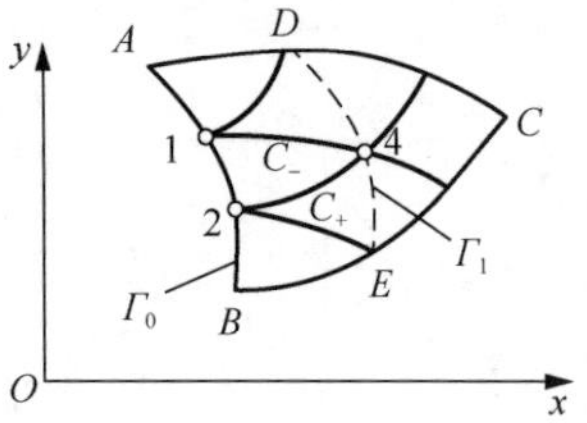

图 4-21　特征线的数值求解

1. 平面定常超声速流的有限差分方程

如图4-21所示，设 xOy 平面中有一条非特征线的初始曲线 AB，其上流动参数已知。特征线法的求解步骤是：首先利用物理平面特征线方程，可绘制始于 AB 上各点的两族特征线并形成一个网格，该网格扩展到一定区域，再通过相容性方程计算该区域的流动参数。

为了进行数值计算，现给出特征线方程、相容性方程及其差分方程。

物理平面特征线方程为

$$C_{\pm}=\left(\frac{\mathrm{d}y}{\mathrm{d}x}\right)_{\pm}=\frac{V_xV_y\pm a\sqrt{V^2-a^2}}{V_x^2-a^2}=\tan(\theta\pm\mu) \tag{4-78a}$$

特征线方程对应的差分方程为

$$\Delta y_{\pm}=C_{\pm}\Delta x_{\pm}=\tan(\theta\pm\mu)\Delta x_{\pm} \tag{4-78b}$$

速度平面的相容性方程为

$$\varGamma_{\pm}=\left(\frac{\mathrm{d}V_y}{\mathrm{d}V_x}\right)_{\pm}=\frac{a^2-V_x^2}{V_xV_y\pm a\sqrt{V^2-a^2}} \tag{4-79a}$$

相容性方程对应的差分方程为

$$(V_x^2-a^2)\Delta V_{x\pm}+\left[V_xV_y-\left(V_x^2-a^2\right)C_{\pm}\right]\Delta V_{y\pm}=0 \tag{4-79b}$$

相容性方程可以用气流方向角和马赫角来表示：

$$\frac{\mathrm{d}V}{V}=\pm\tan\mu\mathrm{d}\theta \tag{4-80a}$$

对应的差分方程为

$$\frac{\Delta V_{\pm}}{V}=\pm\tan\mu\Delta\theta_{\pm} \tag{4-80b}$$

式（4-80a）、式（4-80b）与式（4-79a）、式（4-79b）是等价的。由特征线方程（4-78a）和相容性方程（4-79a）所构成的方程组涉及 x, y, V_x, V_y 四个未知数，可用迭代法求解。

2. 平面定常超声速流的特征线绘制

如图 4-21 所示，在曲线 AB 上，从点 1 出发的右伸特征线 C_- 与从点 2 出发的左伸特征线 C_+ 相交于点 4，该点位置可由特征线方程（4-78a）确定。沿特征线 14 和 24 各有一个联系 $\mathrm{d}V_x$ 和 $\mathrm{d}V_y$ 的相容性方程（4-79a），利用这两个相容关系可以确定交点 4 上的 V_x 和 V_y。对初始曲线 AB 上的各个离散点都重复上述步骤，结果产生一条新的参数已知的初始曲线 DE。以此方法继续下去，直至整个 ABC 区域算完为止。C 点是由 A 点发出的右伸（第 II 族）特征线与 B 点发出的左伸（第 I 族）特征线的交点。在以上计算过程中，可以通过改变初始曲线上各点之间的距离使网格加密，从而使得到的流动参数接近于连续函数。在数学上，上述过程称为柯西初值问题，简称初值问题。

需要注意的是利用特征线法求解时，V_x, V_y 等流动参数必须是连续函数。例如，对于超声速流场中有激波的情况，不能直接应用特征线法。需要先解激波前的流场，然后利用激波关系式求出激波后的流动参数值，再以激波后的流动参数值作为初始曲线的数值，用特征线法求激波后的流场。

上述为流场内部点流动参数的计算要领，给出了流场中任意一点 C 的依赖区的求解步骤，对于计算到某种边界的情况，要另行分析。

3. 常微分方程的欧拉预估-校正法

欧拉预估-校正法是由平均参数法改进的一种算法，是特征线数值解法的重要基础知识，下面加以简要介绍。

二元一阶常微分方程 $\frac{\mathrm{d}y}{\mathrm{d}x}=f(x,y)$ 可改写为

$$\mathrm{d}y=f(x,y)\mathrm{d}x \tag{4-81}$$

若已知起始点 $i(x_i,y_i)$，即 $y_i=y(x_i)$，如果假设积分步长为 Δx，则可用数值方法对式（4-81）积分。具体步骤如下。

第一步：预估步。按照欧拉预估法，式（4-81）在 $x_{i+1}=x_i+\Delta x$ 处的解 $y_{i+1}^0=y^0(x_i+\Delta x)$，可写为

$$y_{i+1}^0=y^0+f(x_i,y_i)\Delta x \tag{4-82}$$

可以证明，由欧拉预估法产生的积累误差随步长 Δx 的大小呈线性变化。为了提高欧拉预估法的求解精度，需对结果进行校正。

第二步：校正步。采用校正法，用 y_i 和 y_{i+1}^0 计算 $y_{\frac{i+1}{2}}=y\left(x_i+\frac{\Delta x}{2}\right)$ 的值，并用 $f(x,y)$ 在间距中心点的数值代替方程（4-82）中的 $f(x_i,y_i)$，得到点 x_{i+1} 处解的校正值 y_{i+1}^1：

$$y_{i+1}^1=y_i+f\left(x_i+\frac{\Delta x}{2},\frac{y_i+y_{i+1}^0}{2}\right)\Delta x \tag{4-83}$$

由于校正法的积累误差是步长的二阶小量，故收敛很快。

第三步：迭代校正步。为了进一步提高计算精度，把式（4-83）中由预估步得到的值 y_{i+1}^0 用校正步得到的值 y_{i+1}^1 代替，得到第二次的校正值 y_{i+1}^2，继续这一程序 n 次，得到最后的 y 值：

$$y_{i+1}^n=y_i+f\left(x_i+\frac{\Delta x}{2},\frac{y_i+y_{i+1}^n}{2}\right)\Delta x \tag{4-84}$$

一般情况下，只要使用一次校正就足够精确了。

运用数值积分的预估-校正法时，有两种步进方式：正步进法和逆步进法。正步进法是从流场上游两个已知点向下游引出特征线 C_+ 和 C_- 的微小线段，交于一个待求点，并由相容性方程确定待求点的方法。例如，在图 4-22 中，求内部待求点参数时，已知点 1 和点 2 的位置和流动参数，可由相容性方程直接确定点 4，进而逐步求解整个流场，即为正步进法。逆步进法是先人为地预定待求点位置，由待求点逆流向上，引出特征线 C_+ 和 C_- 的微小线段与已解线相交，再确定待求点流动参数的方法。这里将流场

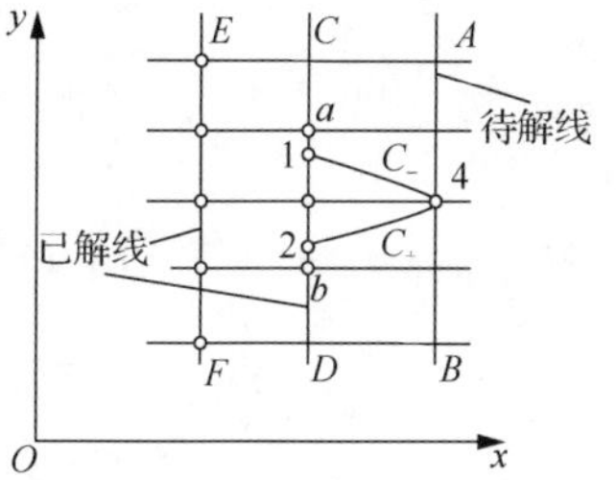

图 4-22　逆步进法网格

中流动参数已知的格点组成的线称为已解线，参数未知的格点所组成的线称为待解线。

在计算过程中，逆步进法需借助非特征线网格实现，一般取与坐标轴平行的直线所组成的网格，如图 4-22 所示。假设直线 *CD* 为已解线，直线 *AB* 上格点的参数未知，*AB* 为待解线。要确定点 4 的参数，其方法是：从待求点 4 向上游作特征线 C_+ 和 C_- 分别与已解线 *CD* 交于点 1 和点 2，由于点 *a*、点 *b* 的流动参数是已知的，先用点 *a* 处的流动参数作预估值近似计算线段 14 的斜率，用点 *b* 处的流动参数作预估计值近似计算线段 24 的斜率，再采用迭代法确定点 1 和点 2 的位置坐标，采用插值法求得点 1 和点 2 的流动参数，这样一步一步算出整个流场。

正步进法计算简单，用途广泛，不需要迭代和插值计算。而逆步进法的优点在于它可以预先指定待求点的位置和个数，对于某些特殊条件下，需要求解某些特定点的流动参数时，用逆步进法是很有必要的。

4. 不同单元的处理方法

下面将流场各处的待求点分解成若干单元，简要介绍每个单元的具体处理过程。其中涉及的边界点包括对称轴线点、固壁边界点、自由边界点和物体表面折转角点。有了这些单元的处理方法，要计算复杂流场也就很容易了。

1）内部点

首先讨论待求点在流场内部的情形，如图 4-23 所示。已知点 1 和点 2 的参数，求点 4 的参数。由于点 1 和点 2 不在一条特征线上，联立特征线差分方程（4-78b）和相容性方程差分方程（4-79b），可求出点 4 的位置坐标及其流动参数 V_4, θ_4。

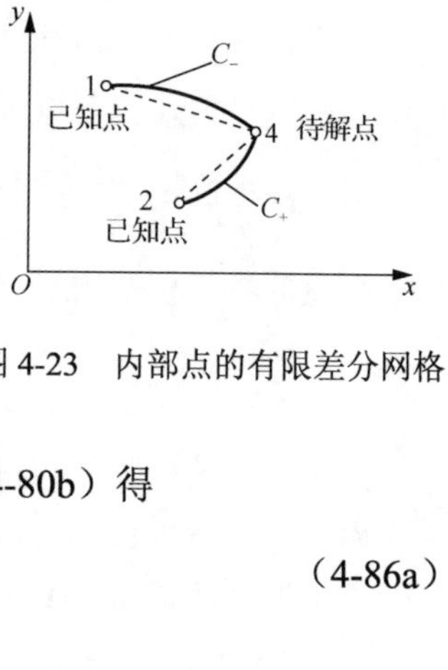

图 4-23　内部点的有限差分网格

预估步：将差分方程（4-79b）写成沿曲线 14 的右伸特征线 C_-：

$$y_4 - y_1 = \tan(\theta_1 - \mu_1)(x_4 - x_1) \tag{4-85a}$$

沿曲线 24 的左伸特征线 C_+：

$$y_4 - y_2 = \tan(\theta_2 + \mu_2)(x_4 - x_2) \tag{4-85b}$$

联立求解可得到点 4 的坐标 (x_4^0, y_4^0)，再由相容性方程差分方程（4-80b）得

$$\frac{V_4 - V_1}{V_1} + \tan\mu_1(\theta_4 - \theta_1) = 0 \tag{4-86a}$$

$$\frac{V_4 - V_2}{V_2} + \tan\mu_2(\theta_4 - \theta_2) = 0 \tag{4-86b}$$

求解此方程组，可得到 V_4^0, θ_4^0，以及 $\mu_4^0 = \arcsin\dfrac{V_4^0}{a(V_4^0)}$，其中 $a(V_4^0)$ 表示点 4 的当地声速。

校正步：用 $\tan\dfrac{1}{2}[(\theta_1 - \mu_1) + (\theta_4^0 - \mu_4^0)]$ 代替差分方程（4-85a）中的 $\tan(\theta_1 - \mu_1)$，用 $\tan\dfrac{1}{2}[(\theta_1 + \mu_1) + (\theta_4^0 + \mu_4^0)]$ 代替差分方程（4-85b）中的 $\tan(\theta_2 + \mu_2)$，解出 x_4^1 和 y_4^1。然后将式（4-86）中的其他量用平均值代替，得

$$\frac{V_4^1 - V_1}{\frac{1}{2}(V_1 + V_4^0)} + \tan[\frac{1}{2}(\mu_1 + \mu_4^0)](\theta_4^0 - \theta_1) = 0 \tag{4-87a}$$

$$\frac{V_4^1 - V_2}{\frac{1}{2}(V_2 + V_4^0)} + \tan[\frac{1}{2}(\mu_2 + \mu_4^0)](\theta_4^0 - \theta_2) = 0 \tag{4-87b}$$

求解此方程组，可以求得 V_4^1, θ_4^1，以及 $\mu_4^1 = \arcsin\dfrac{V_4^1}{a(V_4^1)}$。

如果要进一步提高计算精度，可以采用迭代校正步，直至 $|q_i^n - q_i^{n-1}| \leqslant \varepsilon_i$。其中 q_i 代表 $x_4, y_4, V_4, \theta_4, \mu_4$ 等参数，ε_i 表示每个参数的允许误差。

2）对称轴线点

如果待求点 4 在对称轴上，如图 4-24 所示，已知点 1 在通过点 4 的一条特征线 C_- 上，则可以在对称轴另一侧找到点 1 的对称点 2，这样就与内部点的情形一样，即后续计算与内部点单元的处理方式相同，而且由于 $y_4 = 0, \theta_4 = 0$，该计算过程更为简单。

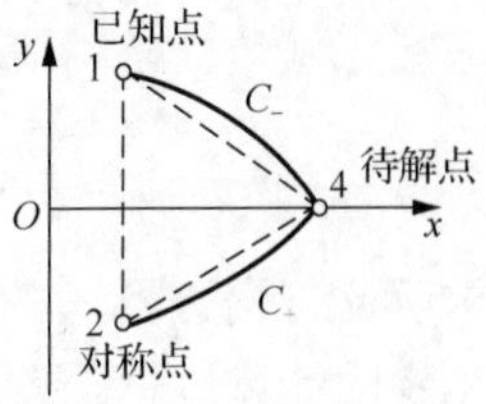

图 4-24　对称轴线点

3）壁面点

壁面点单元的处理可分为正处理和逆处理两种方式。

（1）正处理。

如图 4-25 所示，若已知点 2 为壁面附近的内部点，由点 2 出发的特征线 C_+ 与壁面交于待求点 4。所谓正处理是按照正步进法的思想，由已知点 2 和壁面边界条件直接确定点 4 的位置和流动参数。由图可知，点 4 的位置和流动参数由两组条件决定：一是特征线方程及其相容性方程；二是壁面型线方程及气流速度与壁相切的条件，其中壁面型线方程为

$$y = y(x) \tag{4-88a}$$

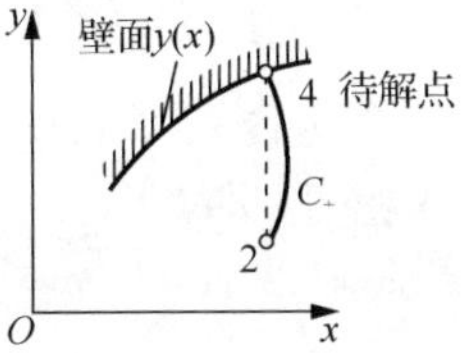

图 4-25　壁面点正处理

壁面边界条件为

$$\left(\frac{\mathrm{d}y}{\mathrm{d}x}\right)_w = (\tan\theta)_w = \left(\frac{V_y}{V_x}\right)_w \tag{4-88b}$$

由特征线差分方程（4-85b）和壁面型线方程（4-88a），可以解出待求点的位置 (x_4^0, y_4^0)，再由相容性方程差分方程（4-86b）和壁面边界条件式（4-88b），可计算点 4 的流动参数。

（2）逆处理。

如图 4-26 所示，壁面上点 4 的位置是预先指定的，由点 4 逆流而上引一条特征线 C_+，该特征线与已知点 1 和点 3 连接的特征线 C_- 相交于点 2。作为一指定点，点 4 的角度 θ_4 是已知的，即沿壁面切线方向，待求的是 V_4。具体解法如下。

预估步：先取 $V_4 = V_3$，有 $\mu_4^1 = \arcsin\dfrac{V_4^1}{a(V_4^1)}$，再解特征线方程组。

沿左伸特征线（C_+）24：

$$y_4 - y_2 = \tan(\theta_2 + \mu_2)(x_4 - x_2) \tag{4-89a}$$

沿右伸特征线（C_-）12：

$$y_1 - y_2 = \tan(\theta_1 - \mu_1)(x_1 - x_2) \tag{4-89b}$$

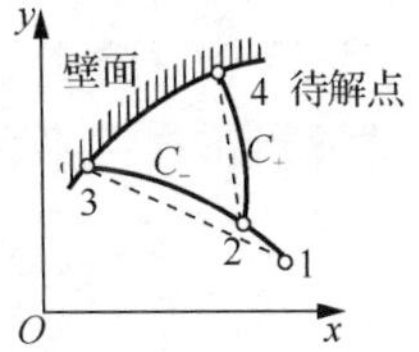

图 4-26　壁面点逆处理

可求出点 2 的坐标 (x_2^0, y_2^0)，由于 θ_4 是已知的，由相容性方程（4-86b）即可计算出 V_4 的预估值 V_4^0，进而求出 μ_4^0，然后在点 1 和点 3 之间用差

值法求流动参数V_2^0, θ_2^0和μ_2^0。

校正步：将差分方程（4-89a）中的$(\theta_4+\mu_4)$用$\frac{1}{2}[(\theta_2^0+\theta_4)+(\mu_2^0+\mu_4^0)]$代替，将差分方程（4-89b）中的$(\theta_1-\mu_1)$用$\frac{1}{2}[(\theta_1-\mu_1)+(\theta_2^0-\mu_2^0)]$代替，解出点 2 的位置$(x_2^1, y_2^1)$。再通过对已知点 1 和点 3 的差值求出$V_2^1, \theta_2^1$和$\mu_2^1$。然后将差分因子中的变化量用校正量代替，其他量用平均值代替，可得

$$\frac{V_4^1-V_2^1}{\frac{1}{2}(V_2^1+V_4^0)}=\tan[\frac{1}{2}(\mu_2^1+\mu_4^0)](\theta_4-\theta_2^1) \tag{4-90}$$

求解此方程可得V_4的一次校正量V_4^1。如果需要迭代校正，应先由V_4^1算出μ_4^1，再重复上述校正步的计算过程。壁面点逆处理通常用于待求壁面点需按照某种要求进行分布（如均匀分布）的情况，或流场参数变化剧烈的区域中。

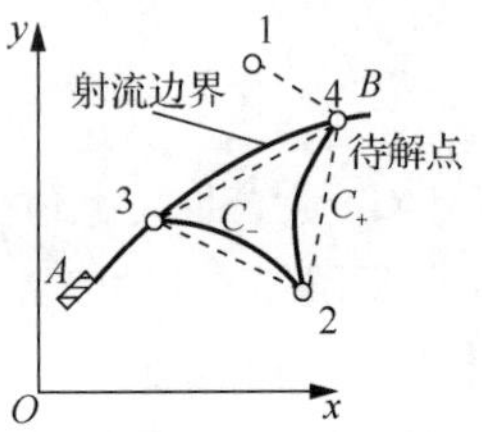

图 4-27　自由边界点

4）自由边界点

假设超声速气流排入静压为p_a的大气中，如图 4-27 所示。图中 AB 为一条自由边界，已知该边界上$p=p_a$，现要确定自由边界的形状以及各自由边界点的流动参数。在这一问题中，自由边界点 3 和通过右伸特征线（C_-）32 上的点 2 为已知点，由已知点 2 引特征线C_+与自由边界相交于点 4，要确定待求点 4 的位置和流动参数。由于自由边界上各点压强相等，有$p_4=p_a$，同时因自由边界线是流线，由等熵关系可知自由边界上各点的密度也相等。因此可知各点上的速度值均相等，即$V_4=V_3$。该问题计算的思路是：先利用特征线 24 的方程和假定流线 34 的方程联立解出点 4 的位置(x_4, y_4)，然后利用特征线 24 上的相容性方程求出θ_4。具体解法如下。

预估步：设自由边界上流线的斜率为$k_0=\frac{V_{y_3}}{V_{x_3}}$，特征线 24 的斜率取$C_+=\tan(\theta_2+\mu_2)$，联立求解方程组。

流线方程：

$$y_4-y_3=k_0(x_4-x_3) \tag{4-91a}$$

特征线方程：

$$y_4-y_2=C_+(x_4-x_2) \tag{4-91b}$$

可解出点 4 的位置(x_4^0, y_4^0)，由于$V_4^0=V_3$已知，可由相容性方程（4-86b）确定θ_4^0。

校正步：将方程（4-91b）中的斜率用平均值代替，求出x_4^1和y_4^1的校正值；再将(x_4^1, y_4^1)代入方程（4-86b），求出θ_4^0的校正值θ_4^1。

除了上述几种边界情况以外，超声速流场还有可能出现物体表面折转角点及激波点等特殊边界点，这里不做详细介绍。

综上所述，用特征线法求解实际问题时，是把特征线方程和相容性方程写成差分形式。由特征线的差分方程确定格点的位置坐标，由相容性方程的差分方程确定格点上的流动参数，从而在整个流动区域建立起特征线网格，这些离散的格点上的数值就代表整个流场的解。

思 考 题

1．推导克鲁科定理，说明熵与旋度的关系。

2．说明气体动力学基本方程的推导思路。

3．能否采用理想流体动力学基本方程组来分析气流穿过激波时的参数变化规律，为什么？

4．何为小扰动理论，其解决问题的基本思想是什么，举例说明小扰动理论可解决何种问题。

5．列出线性化速度势的基本方程，说明其推导思路。

6．分析亚声速流绕波形壁面流动的流场特征和压力场特征。

7．分析超声速流绕波形壁面流动的流场特征和压力场特征。

8．比较亚声速流和超声速流绕波形壁的主要区别。

9．解释特征线的数学含义及其主要性质。

习 题

[4-1] 试证明不可压缩理想流体平面流动线性化压强系数为$C_p=-2\dfrac{v_x}{v_\infty}$。

[4-2] 已知直角坐标系中一亚声速气流绕物体流动，速度势为

$$\phi(x,y)=v_\infty x+\frac{7.0}{\sqrt{1-Ma_\infty^2}}e^{-2\pi y\sqrt{1-Ma_\infty^2}}\sin(2\pi x)$$

来流参数为$v_\infty=250\text{m/s}$，$p_\infty=1.0133\times10^5\text{Pa}$，$T_\infty=288\text{K}$，试求点(0.1m,0.1m)处流动参数$Ma,p,T$。

[4-3] 已知低速流动时，翼型表面给定点上的压强系数为$C_p=-0.3$，如果来流马赫数为Ma_∞=0.6，试求该点的压强系数C_p'。

[4-4] 当来流马赫数达到 0.8 时，某翼型上最大速度点达到声速，问该翼型在低速时，最大声速点处的压强系数是多少？设普朗特-格劳特相似律适用。

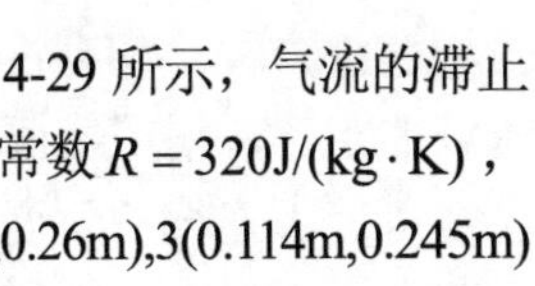

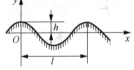

图 4-28 习题[4-5]图

[4-5] 有一超声速势流绕波形壁表面流动，来流马赫数为Ma_∞，来流压强为p_∞，如图 4-28 所示，扰动为小扰动，尝试推导出每个波长壁面上所受阻力和升力的表达式。

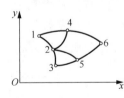

图 4-29 习题[4-6]图

[4-6] 设有一平面二维超声速无旋流动，如图 4-29 所示，气流的滞止温度$T_0=2800\text{K}$，滞止压力$p_0=40\times10^5\text{Pa}$，气体常数$R=320\text{J/(kg}\cdot\text{K)}$，绝热指数$\gamma=1.2$。已知在点 1(0.1m,0.3m),2(0.11m,0.26m),3(0.114m,0.245m)的速度分别为$v_1=2555\text{m/s}$,$v_2=2599\text{m/s}$,$v_3=2624\text{m/s}$，各速度与x轴的夹角分别为$\theta_1=8^\circ,\theta_2=7^\circ,\theta_3=6^\circ$。求图中特征线交点 4,5,6 的位置和相关气流参数。

第 5 章 可压缩流体一维非定常流动

本章介绍一维非定常流动，即气流参数与一个空间变量 x 和一个时间变量 t 有关的流动问题。在工程实际中，非定常流动是十分普遍的，以喷气发动机为例：在发动机启动、停车、转速变化等工况下，发动机内部各点的气流参数随时间发生变动的过程均属于非定常流动。一般来讲，即便发动机处于所谓的稳定工况时，也不是完全定常的，因为燃烧本身就是一个非定常过程，燃烧室的出口温度和压强等参数时时在变，必然引起发动机后续部件中流动的非定常性。因此，严格来讲，发动机内部的流场远不是完全定常的。此外，还有一些非正常工况也属于非定常过程，如进气道和压气机的喘震、振荡燃烧等。

流场中之所以出现非定常流动，往往是由于流场中的某些位置发生了扰动，扰动在流场中传播导致气流参数随时间而变化。因此，研究扰动的传播及其参数变化规律对非定常流动具有重要意义。本章内容限于无黏性完全气体在等截面管道中的一维非定常流动，扰动属于微弱扰动，故流动过程为等熵过程，而且认为各流线上的熵值是相等的，即为均熵流动，从而使问题得以简化。

本章首先从数学上给出一维非定常等熵流动的偏微分控制方程；然后采用特征线法对该方程进行求解；最后从物理角度，通过扰动波的传播分析流场参数的变化规律，从而实现数学与物理的有机结合。

5.1 一维非定常等熵流动的数学分析

5.1.1 一阶拟线性偏微分方程的特征线解法

在 4.4.1 节的特征线理论中，我们介绍了特征线是平面上的一种曲线族，可以用特征线方程来描述。沿着这些曲线可以把待求的偏微分方程简化为常微分方程，这种常微分方程被称为**相容性方程**。相容性方程与特征线方程构成新的方程组，可代替原偏微分方程，从而利于流场的求解，采用特征线法更容易揭示流动问题和声学问题的物理特征。4.4.1 节是从函数的导数可能不连续的角度入手求解柯西问题的，本节则从方程变换的角度介绍建立特征线方程和相容性方程的第二种方法。

对于柯西问题，将一阶拟线性偏微分方程（4-55）整理为如下形式：

$$F\left(\frac{\partial u}{\partial x}+\frac{G}{F}\frac{\partial u}{\partial y}\right)=H \tag{5-1}$$

由全微分定义可知，未知函数的全导数可表示为

$$\frac{\mathrm{d}u}{\mathrm{d}x}=\frac{\partial u}{\partial x}+\frac{\partial u}{\partial y}\frac{\mathrm{d}y}{\mathrm{d}x} \tag{5-2}$$

对比式（5-1）和式（5-2），为了使式（5-1）沿某曲线变换成常微分方程，需令方程中的

$\left(\dfrac{\partial u}{\partial x}+\dfrac{G}{F}\dfrac{\partial u}{\partial y}\right)$换成全导数$\dfrac{\mathrm{d}u}{\mathrm{d}x}$形式，于是要求该曲线满足$\dfrac{\mathrm{d}y}{\mathrm{d}x}=\dfrac{G}{F}$。如果将该曲线的斜率用$k$表示，则可以得到该曲线的方程，也就是特征线方程：

$$\frac{\mathrm{d}y}{\mathrm{d}x}=\frac{G}{F}=k \tag{5-3}$$

将全导数关系$\left(\dfrac{\partial u}{\partial x}+\dfrac{G}{F}\dfrac{\partial u}{\partial y}\right)=\dfrac{\mathrm{d}u}{\mathrm{d}x}$代入式（5-1），得特征线上未知函数$u$应满足如下关系式：

$$F\frac{\mathrm{d}u}{\mathrm{d}x}=H \tag{5-4}$$

式（5-4）就是沿着特征线的相容性方程。由特征线方程（5-3）和相容性方程（5-4）构成的常微分方程组，等价于原一阶拟线性偏微分方程。分别对比式（4-59）和式（5-3）、式（4-60b）和式（5-4）可知，两种方法所得的结果是完全相同的，这表明两种方法是等价的。

【例 5-1】已知速度场满足一阶方程$2\dfrac{\partial u}{\partial x}+3x\dfrac{\partial u}{\partial y}=4xu$关于$x$的初值条件为$u(0,y)=5y+1$。求通过$xOy$平面上点(2,4)的特征线方程、沿该特征线方程的相容性方程，以及点(2,4)上的速度$u(2,4)$。

解　原偏微分方程可以改写为

$$\frac{\partial u}{\partial x}+\frac{3}{2}x\frac{\partial u}{\partial y}=2xu$$

假设函数u为连续函数，有全导数：

$$\frac{\mathrm{d}u}{\mathrm{d}x}=\frac{\partial u}{\partial x}+\frac{\mathrm{d}y}{\mathrm{d}x}\frac{\partial u}{\partial y}$$

则特征线方程为

$$\frac{\mathrm{d}y}{\mathrm{d}x}=\frac{3}{2}x \quad \text{或} \quad y=\frac{3}{4}x^2+C_1$$

相容性方程为

$$\frac{\mathrm{d}u}{\mathrm{d}x}=2xu \quad \text{或} \quad u=C_2\mathrm{e}^{x^2}$$

将坐标(2,4)代入特征线方程，得到积分常数$C_1=1$，即当$x=0$时，$y=1$；将其代入初值条件得到$u(0,1)=6$，由相容性方程得到$C_2=1$，即$u(2,4)=6\mathrm{e}^4$。

5.1.2　一维非定常等熵流动的基本方程

一维非定常等熵流动的控制方程包括连续方程、动量方程和能量方程，在直角坐标系内的连续方程可表示为

$$\frac{\partial\rho}{\partial t}+v\frac{\partial\rho}{\partial x}+\rho\frac{\partial v}{\partial x}=0 \tag{5-5}$$

动量方程为

$$\rho\frac{\partial v}{\partial t}+\rho v\frac{\partial v}{\partial x}+\frac{\partial p}{\partial x}=0 \tag{5-6}$$

对等熵流动而言，将声速方程 $\frac{\mathrm{d}p}{\mathrm{d}t}=a^2\frac{\mathrm{d}\rho}{\mathrm{d}t}$ 两侧分别展开为随体导数的形式，得

$$\frac{\partial p}{\partial t}+v\frac{\partial p}{\partial x}=a^2\left(\frac{\partial \rho}{\partial t}+v\frac{\partial \rho}{\partial x}\right) \tag{5-7}$$

将连续方程（5-5）代入声速方程（5-7），得

$$\frac{\partial p}{\partial t}+v\frac{\partial p}{\partial x}+a^2\rho\frac{\partial v}{\partial x}=0 \tag{5-8}$$

如果考虑等熵流动条件，有

$$\frac{\mathrm{d}s}{\mathrm{d}t}=\frac{\partial s}{\partial t}+v\frac{\partial s}{\partial x}=0 \tag{5-9a}$$

对于非定常的均熵流动，不仅熵的随体导数为零，熵梯度也为零，即 $\nabla s=0$。因此在一维流动中，均熵条件可表示为

$$\frac{\partial s}{\partial t}=\frac{\partial s}{\partial x}=0 \tag{5-9b}$$

由式（5-9b）可以看出，非定常均熵流指的是整个流场和全部时间过程中，熵值均相同的流动。对于量热完全气体的均熵流动，压强 p 和密度 ρ 互为单值函数 $\rho=\rho(p)$，存在 $p/\rho^{\gamma}=C$，因此由声速方程 $\frac{\mathrm{d}p}{\mathrm{d}t}=a^2\frac{\mathrm{d}\rho}{\mathrm{d}t}$ 可知声速也是压强的单值函数，即 $a=a(p)$。

式（5-6）与式（5-8）构成了以速度 v 和压力 p 为因变量的一维非定常等熵流动的基本微分方程组。该方程组有两个自变量 (x,t) 和两个因变量 (p,ρ)。由于均熵流动中的密度 ρ 是由压强 p 唯一确定的，因此以上两式能够共同决定整个流场，而且通过 $v(x,t)$ 和 $p(x,t)$ 彼此相关联。由于二者必须同时考虑，因此需将它们线性组合在一起成为一个拟线性偏微分方程，再进行求解。

5.1.3 一维非定常等熵流动的特征线方程

1. 特征线方程与相容性方程的建立

本节采用特征线法求解一维非定常等熵流基本方程组的基本思路是：先假设两个待定参数 σ_1,σ_2，用它们将式（5-6）和式（5-8）联合起来，组合成一个拟线性偏微分方程，再将该偏微分方程转化成沿特征线的全微分方程，并由方程组求解条件确定 σ_1,σ_2。

具体做法是通过 σ_1,σ_2 将式（5-6）与式（5-8）联合起来，得

$$\sigma_1\left(\rho\frac{\partial v}{\partial t}+\rho v\frac{\partial v}{\partial x}+\frac{\partial p}{\partial x}\right)+\sigma_2\left(\frac{\partial p}{\partial t}+v\frac{\partial p}{\partial x}+a^2\rho\frac{\partial v}{\partial x}\right)=0 \tag{5-10a}$$

将式（5-10a）展开并按照不同的偏导数分类组合，整理可得

$$\rho\sigma_1\frac{\partial v}{\partial t}+(\rho\sigma_1 v+\sigma_2 a^2\rho)\frac{\partial v}{\partial x}+\sigma_2\frac{\partial p}{\partial t}+(\sigma_1+\sigma_2 v)\frac{\partial p}{\partial x}=0 \tag{5-10b}$$

即

$$(\rho\sigma_1 v+\sigma_2 a^2\rho)\left(\frac{\partial v}{\partial x}+\frac{\rho\sigma_1}{\rho\sigma_1 v+\sigma_2 a^2\rho}\frac{\partial v}{\partial t}\right)+(\sigma_1+\sigma_2 v)\left(\frac{\partial p}{\partial x}+\frac{\sigma_2}{\sigma_1+\sigma_2 v}\frac{\partial p}{\partial t}\right)=0 \tag{5-10c}$$

式中，令 $\mathrm{I}=\frac{\partial v}{\partial x}+\frac{\rho\sigma_1}{\rho\sigma_1 v+\sigma_2 a^2\rho}\frac{\partial v}{\partial t}$，$\mathrm{II}=\frac{\partial p}{\partial x}+\frac{\sigma_2}{\sigma_1+\sigma_2 v}\frac{\partial p}{\partial t}$，由于 $p(x,t)$，$v(x,t)$ 在流场中是连续函

数，根据全微分定义可得

$$\begin{cases}\dfrac{\mathrm{d}v}{\mathrm{d}x}=\dfrac{\partial v}{\partial x}+\dfrac{\partial v}{\partial t}\dfrac{\mathrm{d}t}{\mathrm{d}x}\\[2ex]\dfrac{\mathrm{d}p}{\mathrm{d}x}=\dfrac{\partial p}{\partial x}+\dfrac{\partial p}{\partial t}\dfrac{\mathrm{d}t}{\mathrm{d}x}\end{cases}\tag{5-11}$$

对比式（5-10c）与式（5-11），若要使式（5-10c）成为全微分方程，则需满足

$$\mathrm{I}=\frac{\mathrm{d}v}{\mathrm{d}x},\mathrm{II}=\frac{\mathrm{d}p}{\mathrm{d}x}$$

即

$$\frac{\rho\sigma_1}{\rho v\sigma_1+\sigma_2 a^2\rho}=\frac{\sigma_2}{\sigma_1+\sigma_2 v}=\frac{\mathrm{d}t}{\mathrm{d}x}=\lambda\tag{5-12}$$

式（5-12）表示的是斜率为 $\dfrac{\mathrm{d}t}{\mathrm{d}x}=\lambda$ 的直线，即沿着该直线原偏微分方程（5-10a）可以转化为全微分方程，这与特征线的定义相吻合。于是可知，式（5-12）就是待求的物理平面上的特征线方程，其中 λ 是特征线的斜率。

将特征线方程（5-12）代入式（5-10c），可得到沿着特征线成立的全微分方程：

$$(\rho\sigma_1 v+\sigma_2 a^2\rho)\frac{\mathrm{d}v}{\mathrm{d}x}+(\sigma_1+\sigma_2 v)\frac{\mathrm{d}p}{\mathrm{d}x}=0\tag{5-13}$$

式（5-13）给出了沿着特征线 v 和 p 的变化率之间的关系，即相容性方程。

2. 物理平面上的特征线方程

由于特征线方程（5-12）和相容性方程（5-13）中均含有待定函数 σ_1,σ_2，为了保证两方程确实存在，则函数 σ_1,σ_2 不能恒等于零。下面利用此条件来求解特征线方程，即确定斜率 λ 的表达式。

将特征线方程（5-12）整理成以 σ_1 和 σ_2 为待定量的代数方程组形式：

$$\begin{cases}(v\lambda-1)\sigma_1+a^2\lambda\sigma_2=0\\ \lambda\sigma_1+(v\lambda-1)\sigma_2=0\end{cases}\tag{5-14}$$

这是一个关于 σ_1 和 σ_2 的齐次线性方程组，具有平凡解 $\sigma_1=\sigma_2=0$，若希望该方程在此以外还存在非平凡解，其系数行列式必须为 0，即

$$\begin{vmatrix}v\lambda-1 & a^2\lambda\\ \lambda & v\lambda-1\end{vmatrix}=0\tag{5-15}$$

整理得 $(v\lambda-1)^2-a^2\lambda=0$，对其求解得

$$\lambda_+=\frac{\mathrm{d}t}{\mathrm{d}x}=\frac{1}{v+a}\tag{5-16a}$$

$$\lambda_-=\frac{\mathrm{d}t}{\mathrm{d}x}=\frac{1}{v-a}\tag{5-16b}$$

方程（5-16）为直线方程，称为**物理平面上的特征线方程**。很显然该方程对应流体质点的迹线方程，也就是说在一维非定常等熵流动中，迹线即为特征线。图 5-1 给出了一维非定常等熵流动在物理平面内的特征线。方程（5-16a）中的斜率 λ_+ 对应图中的右行特征线，用 C_+表示；方程（5-16b）中的斜率 λ_- 对应图中的左行特征线，用 C_-表示。需要注意的是，在 4.4.2 节平面定常超声速流动中，特征线所在的物理平面是 xOy 平面，并且只有在超声速流动

中才有实特征线，而本节讨论的一维非定常等熵流动中，特征线所在的物理平面是 xOt 平面，并且无论是在亚声速流还是在超声速流中都存在实特征线，二者是有区别的。

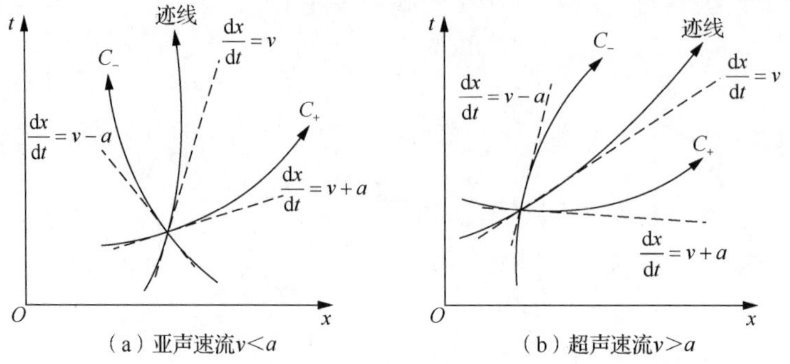

图 5-1　一维非定常等熵流动在物理平面内的特征线

3. 状态平面上的相容性方程

将式（5-16）代入式（5-14），可解出两待定函数之间的关系：

$$\sigma_1 = \pm a\sigma_2 \tag{5-17a}$$

将式（5-17a）代入相容性方程（5-13），消去 σ_1 和 σ_2 得

$$(\pm\rho va + \rho a^2)\mathrm{d}v + (\pm a + v)\mathrm{d}p = 0 \tag{5-17b}$$

整理可得相容性方程的另一种形式为

$$\mathrm{d}p \pm \rho a\mathrm{d}v = 0 \tag{5-18}$$

对于均熵流动有 $\rho = \rho(p), a = a(p)$。由特征线方程（5-16）和相容性方程（5-18）可以很容易算出参数 $v(x,t)$ 和 $p(x,t)$。

对于量热完全气体，由相容性方程（5-18）可积分得出封闭形式的解，为了更直观地反映状态参数的变化规律，通常习惯于将方程（5-18）改写为声速 a 与速度 v 的形式。由 $a^2 = \gamma RT$ 和 $p = \rho RT$ 可得 $a^2 = \gamma\dfrac{p}{\rho}$，再根据等熵关系式 $\dfrac{p}{\rho^\gamma} = C$ 可得

$$a^2 = \gamma p\left(\frac{p}{C}\right)^{-\frac{1}{\gamma}} = \gamma C^{\frac{1}{\gamma}} p^{\frac{\gamma-1}{\gamma}} \tag{5-19}$$

对式（5-19）两侧取对数再微分，可得微分形式的等熵关系式：

$$2\frac{\mathrm{d}a}{a} = \frac{\gamma-1}{\gamma}\frac{\mathrm{d}p}{p} \tag{5-20}$$

将等熵关系式（5-20）代入相容性方程（5-18）得

$$\frac{2\gamma}{\gamma-1}\frac{p}{a}\mathrm{d}a \pm \rho a\mathrm{d}v = 0 \tag{5-21a}$$

将式（5-21a）两侧乘以 $\dfrac{a}{\rho}$，并将 $a^2 = \gamma\dfrac{p}{\rho}$ 代入，可得简化的相容性方程：

$$\frac{2}{\gamma-1}\mathrm{d}a \pm \mathrm{d}v = 0 \tag{5-21b}$$

积分可得

$$\frac{2}{\gamma-1}a+v=P \tag{5-22a}$$

$$\frac{2}{\gamma-1}a-v=Q \tag{5-22b}$$

式（5-22）中的 P,Q 称为黎曼（Riemann）不变量，由该方程可绘制出 v-a 关系图，如图 5-2 所示，将 v-a 所在平面称为**状态平面**。

如图 5-2 所示，在状态平面上，相容性方程对应两族直线，又称为状态平面上的特征线。其中方程（5-22a）对应沿着右行特征线［方程（5-16a）］的相容性关系，用符号 Γ_+ 表示，其斜率是负值，即 $\left(\frac{\mathrm{d}a}{\mathrm{d}v}\right)_{\mathrm{II}}=\frac{1-\gamma}{2}$，该族直线的 P 为常数；方程（5-22b）对应沿着左行特征线［方程（5-16b）］的相容性关系，用符号 Γ_- 表示，其斜率是正值，即 $\left(\frac{\mathrm{d}a}{\mathrm{d}v}\right)_{\mathrm{I}}=\frac{\gamma-1}{2}$，该族直线的 Q 为常数。

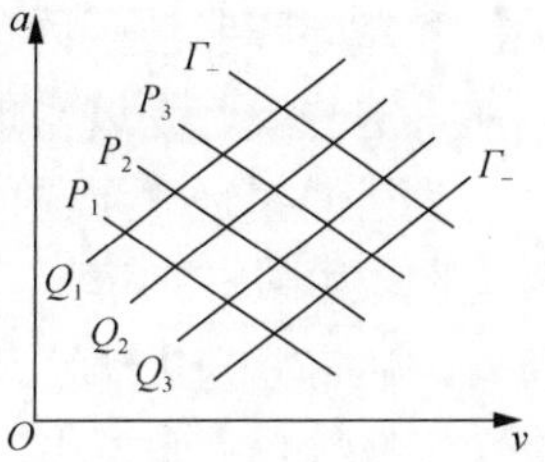

图 5-2　状态平面上的特征线

一般 P、Q 沿一条特征线是常数，对于不同的特征线其数值不同（$P_1\neq P_2\neq\cdots\neq P_n$，$Q_1\neq Q_2\neq\cdots\neq Q_n$）。若以流场中某个初始未受扰动区域的声速作为参考速度，可以将 v,a 无量纲化，从而得到无量纲状态平面，即 $\tilde{v}$-$\tilde{a}$ 平面。

对状态平面上每一点而言，因相容性方程（5-22）中并未包含 x,t，这表明相容性方程与具体运动条件并无关系，它适用于所有一维非定常等熵流动，这与平面超声速无旋流动中速度平面上的特征线是相似的，也可以绘制通用的状态平面特征线图。

利用特征线方程（5-16）和沿着特征线的相容性方程（5-22）求得速度和声速以后，再根据等熵关系式可以很容易求得其他参数。

5.2　微弱扰动波前后气流参数关系

上一节我们从数学角度建立了一维非定常等熵流动的特征线方程及其相容性方程。本节将从物理过程入手，讨论一维等截面管道中的非定常均熵流动。这里考查的是一个半无限长的直圆管内的流动，这种管道在介绍微弱扰动压缩波及激波的形成时都曾经提到。

5.2.1　直管内活塞运动引起的扰动

1. 未受扰动气体静止的情况

如图 5-3 所示，假设直圆管内有一可移动的活塞，当活塞有一个微弱加速时，会造成对气体的微弱扰动，从而引起扰动波向外传播。在 3.3.1 节已介绍，若直管是向右无限延伸，初始时刻管内气体处于静止状态 $(v=0)$，当活塞向右瞬时加速，从静止加速到微小速度 $\mathrm{d}v$，然后保持该速度向右运动，这将对活塞右侧静止气体造成微弱压缩性扰动，形成微弱扰动压缩波，该压缩波以当地声速向右传播，故将其称为**右向压缩波**。

压缩波的左侧是波后已受扰动气体，波后气体压强、温度、密度都有微小增加，波后气流速度与活塞速度相同，方向向右，速度大小为 $\mathrm{d}v$。图 5-3 给出了任意一个气体质点 M 在不同时刻的位置连线，称为气体质点的迹线。

如果活塞是向左瞬时加速，则形成向右传播的右向膨胀波，波的传播速度仍是当地声速，但波后气流的压强、温度、密度都有所下降，波后气流速度仍与活塞速度相同，速度大小为dv，但方向向左。需要指出，若活塞左侧也是无限长直管，那么当活塞向右瞬时加速时，它在对右侧气体进行压缩性扰动的同时，还会对左侧气体造成膨胀性扰动，也就是同时产生右向压缩波和左向膨胀波。同理，当活塞向左瞬时加速时，会同时产生左向压缩波和右向膨胀波。当然，这些波都是以当地声速向两侧传播。

为了清楚地表示波的传播规律，可以 x 为横坐标，以 t 为纵坐标，画出通常所说的物理平面图，如图 5-3 所示。图中给出的是右向压缩波的传播过程，*om* 表示不同时刻扰动波所处的位置，通常称为扰动波运动迹线。扰动波传播的绝对速度为a，波速大小可以用 *om* 与 x 轴的夹角来衡量，夹角越小，*om* 越趋于水平，则波速越快。*om* 右下方代表未扰动区，在该区间内任意瞬时 t 所对应的 x 值都要大于波所处位置对应的 x 值，说明扰动波尚未到达该区域。*om* 左上方是受扰动区，因此 *om* 是扰动区和未扰动区的分界线，当气流横跨过 *om* 时，气流参数会发生相应变化。从这个角度来看，*om* 是数学上的弱间断线，即特征线，可用 C_+表示，下标+代表右向波。如果活塞向左运动，则产生向右传播的膨胀波，如图 5-4 所示。

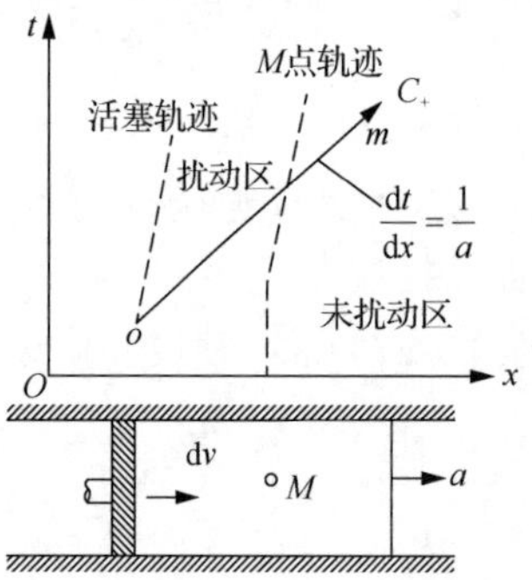

图 5-3　活塞运动引起的右向压缩波

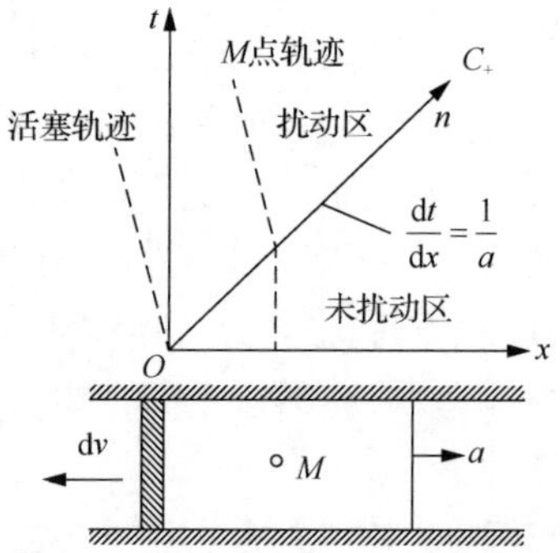

图 5-4　活塞运动引起的右向膨胀波

可以看出，微弱扰动波共有四种形式，即左向压缩波、右向压缩波、左向膨胀波和右向膨胀波。传播速度可以写为

$$v_w = \frac{dx}{dt} = \pm a \tag{5-23}$$

式中，v_w表示扰动波的绝对速度；+表示右向波；−表示左向波。

2. 未受扰动气体速度为v的情况

若管内气体在受活塞扰动前的速度为v，方向向右，那么，当活塞以同样的速度v随气流向右运动时，就不会产生扰动。若活塞在右向速度v的基础上又产生向右的瞬时加速dv，然后再保持速度不变，则产生右向压缩波和左向膨胀波。同样，当活塞突然向左加速时，产生左向压缩波和右向膨胀波。这些微弱扰动波仍然以当地声速相对于气流传播，考虑到未扰动气流本身已具有速度v，因此扰动波的绝对速度为

$$v_w = \frac{dx}{dt} = v \pm a \tag{5-24}$$

波后气流参数的变化和$v = 0$的情况一样，波后气流速度与活塞速度相同。同样，可在x-t图

中画出扰动波的传播情况，应该指出，式（5-24）中的正负号分别对应右向波和左向波，这里所谓波的右向和左向是波相对于气体而言的，并不是扰动波的绝对速度。由于左向波逆流传播的速度是$v-a$，因此根据v和a的相对大小，扰动波在xOt平面内的传播可能出现以下几种情况：

（1）当$v=0$，波前气流静止时，扰动波以声速a向两侧传播，如图 5-5（a）所示。

（2）当$0<v<a$，波前气流速度为亚声速时，扰动波逆流传播的绝对速度是向左的，两道波异向传播，如图 5-5（b）所示。

（3）当$v=a$，未扰动气流速度与声速恰好相等，此时扰动波相对于气体来说虽然是向左传播，但相对于静止的绝对坐标系，逆流扰动波是静止不动的。两道波一道顺流向右传，另一道保持静止，如图 5-5（c）所示。

（4）当$v>a$，波前气流为超声速流动时，扰动波逆流传播的绝对速度却是向右的，故两道波同向传播，如图 5-5（d）所示。

可以看出，不论气流速度为亚声速还是超声速，均存在两道扰动波。

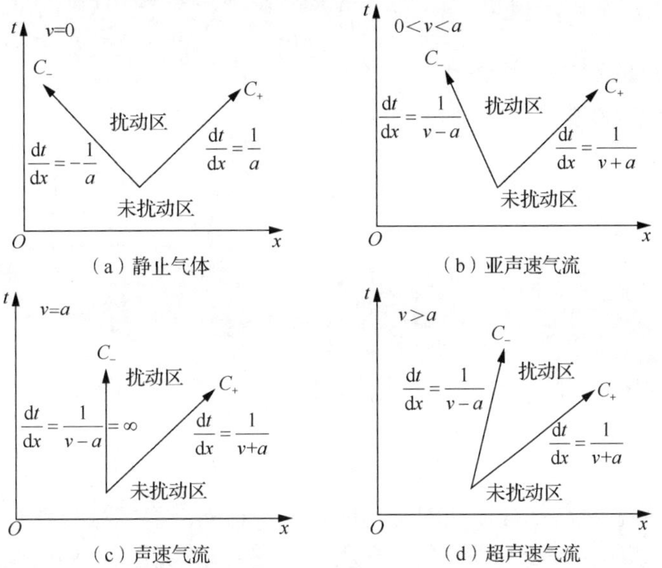

图 5-5 不同气流速度下的扰动波传播

5.2.2 扰动波前后气流参数的变化

本节从物理过程分析跨越微弱扰动波的参数变化规律，即波前后参数变化规律，再与特征线法得到的规律进行对比，讨论特征线与扰动波之间的关系。由于仍假设扰动为微弱扰动，故变化过程为等熵过程。

1. *右向波*

对于直管内的右向微弱扰动压缩波，如图 5-6 所示，设直管的横截面积为A；波前气流速度为v，方向向右，波前气流参数为p,T,ρ；波后气流速度为$v+\mathrm{d}v$，波后气流参数为$p+\mathrm{d}p$，$T+\mathrm{d}T,\rho+\mathrm{d}\rho$，扰动波以绝对速度$v_w=v+a$向右运动，如图 5-6（a）所示。为了导出波前后气流参数的变化规律，将坐标系取在扰动波波面上，即认为扰动波静止不动，而气流从右方

以声速 a 流向波面，跨越该扰动波波面左右一微元段距离取控制体，如图 5-6（b）所示，左右两控制面垂直于管轴，则通过变换坐标系可得波前气流速度为 $v_1 = v_w - v = a$，波后速度为 $v_2 = v_w - (v + \mathrm{d}v) = a - \mathrm{d}v$。

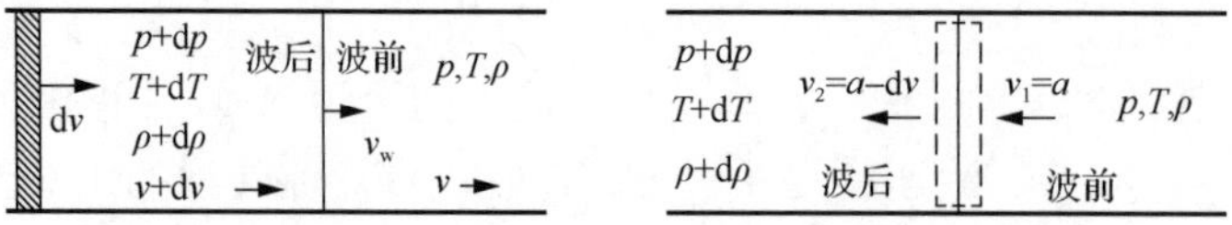

（a）静止坐标系　　（b）运动坐标系

图 5-6　跨越右向波的参数变化

根据单位时间内流入和流出控制体的质量流量相等，连续方程为 $\rho a A = (\rho + \mathrm{d}\rho)(a - \mathrm{d}v)A$，略去高阶小项，得

$$\frac{\mathrm{d}\rho}{\rho} = \frac{\mathrm{d}v}{a} \tag{5-25}$$

扰动波前后的动量关系为 $(p + \mathrm{d}p)A - pA = \rho a A[a - (a - \mathrm{d}v)]$，可整理为

$$\frac{\mathrm{d}p}{\rho} = a\mathrm{d}v \tag{5-26}$$

将等熵关系式（5-20）代入式（5-26），并考虑 $a^2 = \dfrac{\mathrm{d}p}{\mathrm{d}\rho} = \gamma RT$，得

$$\frac{2}{\gamma - 1}\mathrm{d}a = \mathrm{d}v \tag{5-27a}$$

积分可得

$$\frac{2}{\gamma - 1}a - v = 常数 = Q \tag{5-27b}$$

式（5-27）对压缩波和膨胀波都是适用的，其区别在于经过压缩波之后 p, T, ρ, a 和 v 都是增加的，而经过膨胀波之后 p, T, ρ, a 和 v 都是降低的。

对比式（5-27b）与式（5-22b），可以看出二者是完全一致的，这说明跨越右向波的气流参数的变化公式正是沿着左行特征线的相容性方程，也就是说气流跨越右向波时，黎曼不变量 Q 保持不变。这表明，跨越右向波气流参数的变化等于沿着左行特征线的参数变化，也可以简单表示为“跨越右向波=沿着左行特征线”。当然这里用“=”并不严密，只是为了方便表示。

2. *左向波*

左向波的传播情况如图 5-7（a）所示，左向波以绝对速度 $v_w = a - v$ 向左运动，将坐标系取在扰动波波面上，并取与右向波类似的控制体，如图 5-7（b）所示。通过变换坐标系可得：波前气流速度为 $v_1 = a$，波后气流速度为 $v_2 = a + \mathrm{d}v$。

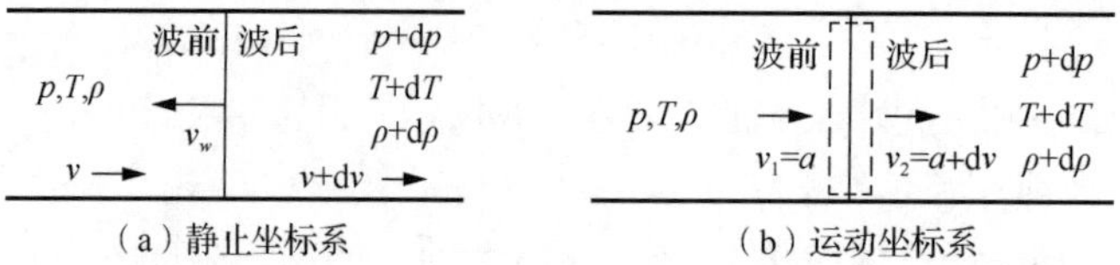

（a）静止坐标系　　（b）运动坐标系

图 5-7　跨越左向波的参数变化

连续方程为

$$\rho aA=(\rho+\mathrm{d}\rho)(a+\mathrm{d}v)A \tag{5-28a}$$

略去高阶小项，得

$$\frac{\mathrm{d}\rho}{\rho}=-\frac{\mathrm{d}v}{a} \tag{5-28b}$$

动量方程为

$$Ap-A(p+\mathrm{d}p)=\rho aA[a+\mathrm{d}v-a)] \tag{5-29a}$$

即

$$\frac{\mathrm{d}p}{\rho}=-a\mathrm{d}v \tag{5-29b}$$

同样，将等熵关系式（5-20）代入式（5-29b），并整理可得

$$\frac{2}{\gamma-1}\mathrm{d}a=-\mathrm{d}v \tag{5-30a}$$

积分之后得

$$\frac{2}{\gamma-1}a+v=常数=P \tag{5-30b}$$

对比式（5-30b）与式（5-22a），可以看出二者是完全一致的。这表明跨越左向波的气流参数的变化公式正是沿着右行特征线的相容性方程，也就是说气流跨越左向波时，黎曼不变量 P 是保持不变的。因此跨越左向波气流参数的变化等于沿着右行特征线的参数变化，也可以简单表示为“跨越左向波=沿着右行特征线”。

式（5-30）与式（5-27）一样，对压缩波和膨胀波也都是适用的。但需要注意的是，由式（5-30a）可知对左向波来说 $\mathrm{d}a$ 与 $\mathrm{d}v$ 是异号的，即声速 a 增大则速度 v 减小。因此，压缩波使气流的 p,T,ρ,a 增加，但 v 减小，而膨胀波却使 p,T,ρ,a 减小，但 v 增加。

这表明若波传播方向与气流方向相反，则波前后气流参数（v）与状态参数（p,T,ρ,a）的变化趋势相反，这种变化规律与 3.4.1 节提到的一维定常等熵流动（如喷管内流动）的参数变化规律是相反的。这主要是由能量是否守恒引起的：对定常流动而言，总能量是守恒的，状态参数和运动参数的变化代表各点的动能和内能之间的转化。但对非定常流动而言，因活塞推动气体做功，使总能量增加，导致状态参数和运动参数同时增加。反之，当气流向右运动，而扰动波向左传播时，活塞做负功导致总能量减少，因此各参数均有所降低，这正是非定常流动与定常流动间的一个重要区别。

综上可知，气流跨越扰动的参数变化相当于沿着异族特征线的参数变化。这是因为作为数学上弱间断线的特征线，在流场中对应的是微弱扰动波传播的迹线。虽然跨越扰动时参数本身是连续的，但参数的导数却是不连续的，也就是说无法通过一侧已知参数的导数求得另一侧参数，但是沿着特征线方向的导数却是连续的，因而可以利用这个关系来求解全部流场。

例如在讨论跨越右向波后的参数变化时，无法直接求得 P 的变化，但这时并不曾跨越左向波，因而其 Q 值是不会变化的，利用 Q=常数，可以求出气流参数的变化，当然求出已经发生变化的 a,v 以后，就可以得到 P 值的变化了。因此在计算中，根据特征线方程（5-16）和相容性方程（5-22），可求得扰动波后的速度和声速，进而根据等熵关系求出扰动波后的其他参数。

根据式(5-27)和式(5-30)给出的扰动波前后气流参数变化的定量关系，可以绘制以(v,a)为坐标轴的状态平面图，还可以用未受扰动区的声速a_0作为参考速度，将(v,a)转变为无量纲参数进行制图，即$\tilde{v}=v/a_0$，$\tilde{a}=a/a_0$，如图 5-8 所示。图中 I 点是未受扰动的初始状态，过 I 点存在四种波，其中 IA 代表跨越右向压缩波后气流参数变化，IB 代表跨越左向压缩波后气流参数变化，IC 代表跨越右向膨胀波后气流参数变化，ID 代表跨越左向膨胀波后气流参数变化。

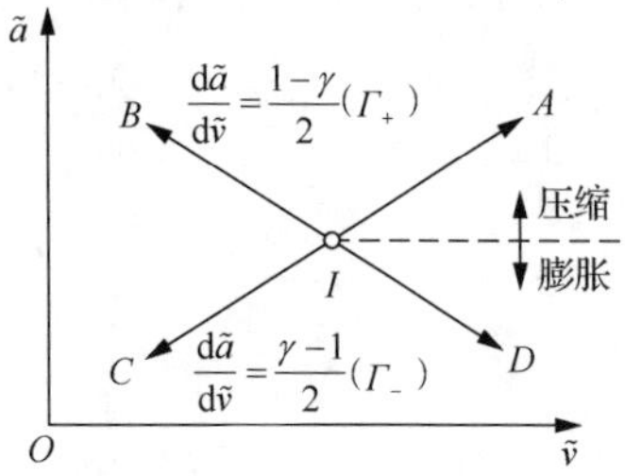

图 5-8　状态平面的参数变化

由图 5-8 可以看出，在状态平面上向上变化为跨越压缩波，向下变化为跨越膨胀波，即压缩波使p,T,ρ增加，而膨胀波使p,T,ρ减小。如前面所介绍，右向压缩波 IA 和左向膨胀波 ID 是由活塞向右加速引起的，所以波后气流速度加速。反之，左向压缩波 IB 和右向膨胀波 IC 是由活塞向左加速（即向右减速）引起的，故波后气流减速。

此外，图中射线 IB 和 ID 均表示跨越左向波，dv,da 异号，斜率为负（Γ_+），对应物理平面上的右行特征线；与之相反，射线 IA 和 IC 均表示跨越右向波，dv,da 同号，斜率为正（Γ_-），对应物理平面上的左行特征线。

5.3　微弱扰动波的反射和相交

本节讨论微弱扰动波的相交与反射，这是工程中经常遇到的现象。由于波的传播过程是一个非定常过程，气流参数是有变化的，尤其是在边界条件发生变化时，会形成新的扰动，从而导致波的传播状态发生变化。扰动波的反射和相交，其实质是扰动波波后的气流遇到另一扰动时产生新的扰动波的问题，本节只介绍单个微弱扰动波的反射和相交。

5.3.1　扰动波在闭口端的反射

首先介绍扰动波在闭口端的反射，也就是闭口端反射的情况。如图 5-9 所示，一右侧封闭的直管道内，有一微弱扰动波向右传播，受扰动前气体保持静止，$v=0$，波前参数为p,T,ρ，边界条件为$v_b=0$。下面讨论微弱扰动波分别为压缩波和膨胀波情况下，扰动波在闭口端的反射及波后参数变化规律。

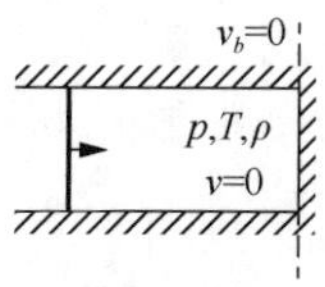

图 5-9　扰动波在管道闭口端的反射

1. 压缩波在闭口端的反射

如图 5-10（a）所示，若初始的微弱扰动波为右向压缩波，则波后气流参数从p,T,ρ分别增加到$p+dp,T+dT,\rho+d\rho$，速度从 0 增加到dv（向右）。当压缩波到达闭口端后，波后的气流突然遇到静止壁面，波后的流速dv必须立即停止才能满足壁面的静止边界条件。这样壁面就对波后的气流造成一扰动，这一扰动相当于壁面施加在气体上一向左的推动力，导致气体产生向左的加速度使速度滞止到零。因此在壁面处产生一个新的压缩波向左逆流传播，这个波称为反射波，如图 5-10（b）所示，而初始的微弱扰动波称为入射波。经过反射波后，气流的速度又恢复到零，但由于反射波是压缩波，波后气流的压强、密度和温度均会进一步增加。

在此过程中出现了三种气流状态，如图 5-10（c）、图 5-10（d）所示。状态①为入射波到来之前的未扰动状态，对应 $v=0$，气流参数 p,T,ρ；状态②为入射波波后的气流状态，它也是反射波波前的状态，对应 $v=\mathrm{d}v$，气流参数 $p+\mathrm{d}p,T+\mathrm{d}T,\rho+\mathrm{d}\rho$；状态③为反射波波后的气流状态，对应 $v=0$，气流参数压强、密度和温度相比状态②略有增加。气流参数在状态平面内的变化如图 5-10（d）所示，可以看出，在物理平面上气流从状态①到状态②是跨越右向压缩波的过程，而在状态平面上对应的是沿着左行特征线的参数变化，这与 5.2.2 节“跨越右向波=沿着左行特征线”的结论相一致。同理，从状态②到状态③是跨越左向压缩波过程，对应沿着右行特征线的参数变化。

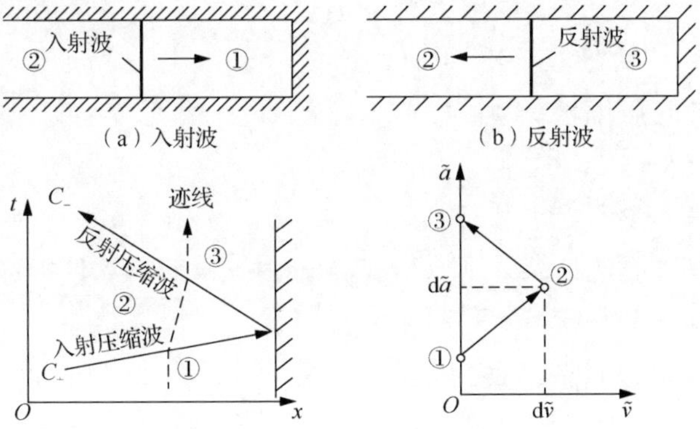

（a）入射波　　（b）反射波

（c）物理平面　　（d）状态平面

图 5-10　压缩波在闭口端的反射

2. 膨胀波在闭口端的反射

若入射波为右向膨胀波，如图 5-11（a）所示，在膨胀波通过后，气体从静止变成向左运动，即气流速度为负方向的 $\mathrm{d}v$，波后气流状态②对应 $p-\mathrm{d}p,T-\mathrm{d}T,\rho-\mathrm{d}\rho$。

当膨胀波到达闭口端后，波后向左运动的气流与静止的壁面相接触，壁面对气流的扰动是使向左离去的气流产生向右的加速以恢复静止，这相当于壁面对气体产生一个膨胀的扰动，其结果是产生一道左向膨胀波，如图 5-11（b）所示。由此得到结论：右向膨胀波在闭口端的反射波为左向膨胀波。由于入射波和反射波均是膨胀波，因此反射波波后气流的压强、密度和温度会进一步降低，如图 5-11（c）、图 5-11（d）所示，这里不再做详细讨论。

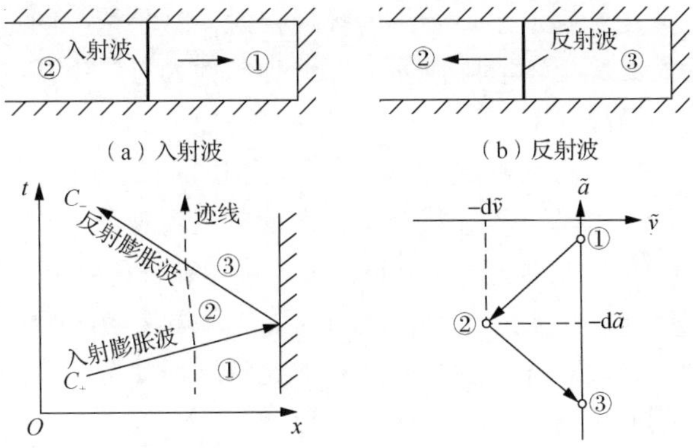

（a）入射波　　（b）反射波

（c）物理平面　　（d）状态平面

图 5-11　膨胀波在闭口端的反射

综上可知：对于闭口端，反射波与入射波是同类波，且强度相等。如果已知气流的初始状态以及入射波的强度，则可确定反射波波后的气流状态。

【例 5-2】在一充满静止空气的闭端管中，有一右向压缩波，其强度表示为 $a_2 / a_1 = 1.01$，求反射波后的气流参数，并计算反射波的速度。

解　本题为右向压缩波在闭口端反射的问题，其物理平面和状态平面如图 5-10 所示。

未扰动气流状态——状态①：$\tilde{v}_1 = 0,\ \tilde{a}_1 = 1$。

$$\tilde{P}_1 = \tilde{Q}_1 = \frac{2}{\gamma - 1}\tilde{a}_1 + 0 = 5$$

入射波后的状态——状态②：$\tilde{a}_2 = 1.01$。

气流跨过一道右向压缩波，则 $\tilde{Q}_2 = \tilde{Q}_1 = 5\tilde{a}_2 - \tilde{v}_2 = 5 = 5.05 - \tilde{v}_2$，解得 $\tilde{v}_2 = 0.05$，于是 $\tilde{P}_2 = 5\tilde{a}_2 + \tilde{v}_1 = 5.05 + 0.05 = 5.1 > \tilde{P}_1$。

反射波后的状态——状态③：$\tilde{v}_3 = 0$。

气流跨越一道左向反射波，则 $\tilde{P}_3 = \tilde{P}_2 = 5\tilde{a}_3 + \tilde{v}_3 = 5\tilde{a}_3 = 5.1$，解得 $\tilde{a}_3 = 1.02$，于是 $\tilde{Q}_3 = 5\tilde{a}_3 - \tilde{v}_3 = 5.10 > \tilde{Q}_2 = 5.0$。

根据等熵关系可得其他状态参数：

$$\frac{p_3}{p_1} = \tilde{a}_3^{\frac{2\gamma}{\gamma-1}} = 1.02^7 = 1.15, \frac{T_3}{T_1} = \tilde{a}_3^2 = 1.02^2 = 1.04, \frac{\rho_3}{\rho_1} = \tilde{a}_3^{\frac{2}{\gamma-1}} = 1.02^5 = 1.10$$

反射波波速 $v_2 - a_2 = (\tilde{v}_2 - \tilde{a}_2)a_1 = (0.5 - 1.01)a_1 = -0.96a_1$（负号表示波向左传播），将反射波速度与入射波速度 a_1 对比，可以发现扰动波逆流传播时的波速变慢了。

5.3.2　扰动波在开口端的反射

扰动波在管道出口端发生反射时，开口端处的流动可以是入流或出流，也可以是亚声速或是超声速，加之管口附近还存在三维效应，因此情况更为复杂。本节针对出口处未扰动流是亚声速、声速及超声速三种情况分别加以讨论。

1. 出口处为亚声速流

微弱扰动压缩波向开口端运动的过程如图 5-12（a）所示。假设未受扰动的气流速度为 $v_1 < a_1$，环境压强为 p_b。由于管道出口始终与环境接触，这种情况的边界条件为：出口处的压强在扰动波到达前后始终等于环境压强 p_b，即边界条件为出口压强 $p_e = p_b$。未受扰动气体是静止的状态也属于这种情况。

现以右向压缩波在开口端的反射为例进行分析。如图 5-12（a）、图 5-12（b）、图 5-12（c）所示，在受扰动以前，未受扰动气体（状态①）对应的气流速度为 $v_1 < a_1$，压强 $p_1 = p_b$，压缩波波后（状态②）对应的压强为 $p_2 = p_1 + \mathrm{d}p > p_b$，声速 $a_2 = a_1 + \mathrm{d}a$，气流速度 $v_2 = v_1 + \mathrm{d}v$。

当入射压缩波到达出口处，波后压力升高的气体与环境接触，此时环境压强 $p_b < p_2$，出现压力不平衡，从而产生扰动。扰动使气流向右加速降压，令扰动后的气体（状态③）压强降回到 p_b，声速也降回到原声速 $a_3 = a_1$。因此，开口端对入射波波后气流的扰动是膨胀性的，即会产生一道反射膨胀波逆流向左传，如图 5-12（d）所示，反射波波速为 $v_2 - a_2 = (v_1 + \mathrm{d}v) - (a_1 + \mathrm{d}a)$，因其值为负，故指向左侧，这个反射波波速要小于入射波波速 $(v_1 + a_1)$，可以通过比较图 5-12（c）中的两条直线斜率看出。由此可以得到结论：压缩波在开口端的反射波为膨

胀波。反射波波后的压强、密度、温度和声速又恢复到未扰动状态①，但是气流的速度却进一步增大了。图 5-12（c）中气体运动的迹线能够清晰表述这种情况，速度的变化也可以从图 5-12（d）中 $\tilde{v}$ 的变化看出来。

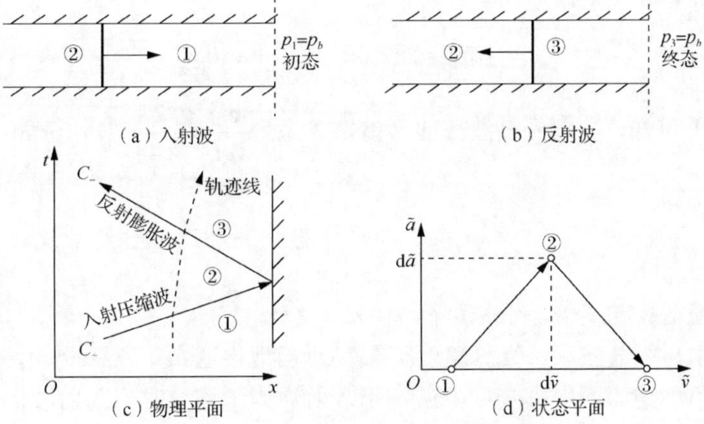

图 5-12　右向压缩波在开口端的反射

类似地，如果入射波是膨胀波，也可以按照上述方法进行讨论。得到的结论是：膨胀波在开口端的反射波为压缩波。反射波波后的 p, T, ρ, a 恢复到未扰动前的数值，只是气流的速度进一步减小了，其反射前后的气流参数变化情况如图 5-13 所示。

综上可知：当出口为亚声速时，扰动波在开口端的反射为异类波，波强度不变。入射波从左向右，反射波从右向左，但气体流速始终向右，从里向外流动。

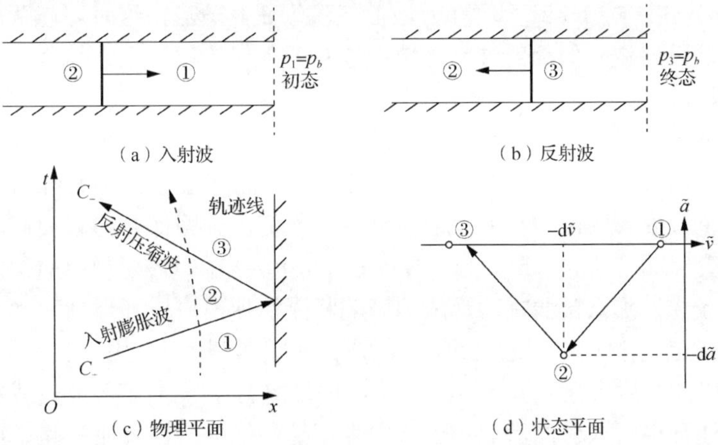

图 5-13　右向膨胀波在开口端的反射

2. 出口处为声速流

当未受扰动的气流速度为 $v_1 = a_1$ 时，即出口处达到临界状态，这时环境背压的影响不会上传到管内。按照工程中经常遇到的工况，可假设出口压强大于环境压强（$p_1 > p_b$）。当扰动波到达出口处时，出口处气流速度与当地声速同时发生变化，此时环境背压造成的扰动能否上传，取决于入射波后的出口气流是亚声速还是超声速，而波后气流速度取决于入射波是压缩波还是膨胀波，因此在这种情况下，会出现不同的反射现象。

1）入射波为压缩波

假设入射波为右向压缩波，波前气流速度为v_1，声速为a_1，且有$v_1=a_1$，现判断右向压缩波后的气体流速大小。因压缩波后气流的速度和声速均增加，假设波后速度为$v_2=v_1+\mathrm{d}v$，波后声速为$a_2=a_1+\mathrm{d}a$，则波后：

$$v_2-a_2=\mathrm{d}v-\mathrm{d}a=\left(\frac{\mathrm{d}v}{\mathrm{d}a}-1\right)\mathrm{d}a \tag{5-31a}$$

由式（5-27a）可知，右向压缩波波前后参数关系为$\dfrac{\mathrm{d}v}{\mathrm{d}a}=\dfrac{2}{\gamma-1}>1$，例如：对于空气而言，$\gamma=1.4$，则

$$\frac{\mathrm{d}v}{\mathrm{d}a}=5 \tag{5-31b}$$

即速度变化是声速变化的5倍，于是可得$v_2-a_2=4\mathrm{d}a$。

这表明在入射压缩波波后，气流速度v_2要高于当地声速a_2，气流是超声速流，因此下游任何微弱扰动都不能逆流而上影响到上游。当入射波为压缩波时，入射波后气流的压强、密度、温度和声速均增加，而且气流由声速变为超声速，这时原来的右向压缩波直接穿过出口端，在周围环境中产生复杂的三维非定常流动（如斜激波系），该过程中无反射波出现。

2）入射波为膨胀波

假设入射波为右向膨胀波，波前气流速度为v_1，声速为a_1，且有$v_1=a_1$。因膨胀波波后气流的速度和声速均降低，设波后气流速度为$v_2=v_1-\mathrm{d}v$，波后声速为$a_2=a_1-\mathrm{d}a$，则波后：

$$v_2-a_2=-(\mathrm{d}v-\mathrm{d}a)=-\left(\frac{\mathrm{d}v}{\mathrm{d}a}-1\right)\mathrm{d}a \tag{5-32}$$

将式（5-31b）代入式（5-32）可知，波后气流为亚声速流，这时环境背压造成的扰动能够逆流上传，出现反射波，但反射波具体情况取决于入射波波后压强与背压的相对大小，可能出现以下两种情况。

情况1：膨胀波波后压强$p_2=p_1-\mathrm{d}p>p_b'$，即入射波波后压强虽然降低但仍高于环境背压p_b'，此时管口外的低压环境对入射波波后的亚声速气流产生膨胀性扰动，使气流压强降低，因此引起一道左向反射膨胀波。在此反射波波后，气流压强降低并向右加速。这一过程在状态平面上的参数变化如图5-14（b）、（c）中①→②→③′所示。需要说明的是，如果该过程中管口内外压强差较大，那么微弱扰动形成的影响将无法使出口压强降到环境压强，而是在气流加速到声速时为止，这时出口处达到临界状态，出口压强大于背压。

情况2：膨胀波波后压强$p_2=p_1-\mathrm{d}p<p_b$，即环境背压p_b高于入射波波后的出口压强，这时管口外的高压环境对入射波后亚声速流产生压缩性扰动，使气流压强增加，即引起一道左向反射压缩波，在此反射波波后，气流压强增加并减速，见图5-14（a）、（c）中的①→②→③过程。

若是未扰动气流的压强恰好等于环境压强$p_1=p_b$，则上述结论对于入射波是压缩波仍是适用的，但是对于膨胀波就略有不同，这里不做详细讨论。

3. *出口处为超声速流*

对于未扰动气流是超声速流动，即$v_1>a_1$时，环境背压造成的微弱扰动不能逆流上传，所以没有反射波。入射波的效果表现为将管内和出口处的流动状态改变成入射波以后的气流

状态，入射压缩波使管内和出口处的压强、温度和密度增加并提高马赫数，而入射膨胀波则使压强、温度和密度都降低，入射波不论是压缩波还是膨胀波都将传出管口外，在管口外产生三维扰动。

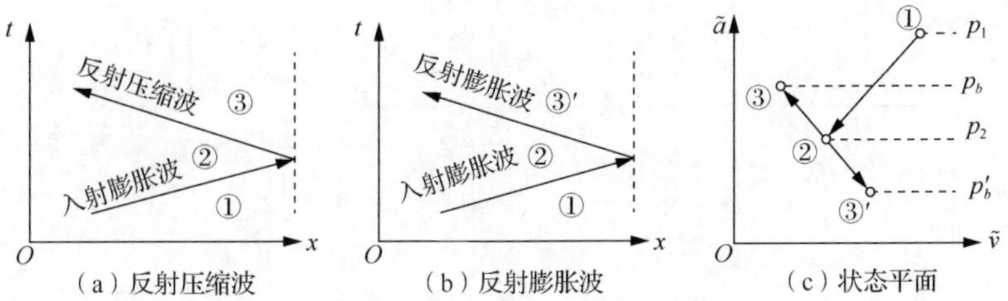

（a）反射压缩波　（b）反射膨胀波　（c）状态平面

图 5-14　声速流中膨胀波在开口端的反射

微弱扰动波在出口端的反射见表 5-1 所示。

表 5-1　微弱扰动波在出口端的反射

入射波前流速 v_1	入射波	管内流速 v_2（入射波后）	反射波	备注
$v_1 < a_1$（亚）	压缩波	$v_2 < a_2$	膨胀波	异类反射
	膨胀波	$v_2 < a_2$	压缩波	
$v_1 = a_1$（声）	膨胀波	$v_2 < a_2$	$p_2 > p_b$ 膨胀波 $p_2 < p_b$ 压缩波	取决于 p_b
	压缩波	$v_2 > a_2$	无	入射波冲出管外形成三维波系
$v_1 > a_1$（超）	压缩波、膨胀波	$v_2 > a_2$	无	

5.3.3　扰动波的相交

1. 同类扰动波反向相交

假设管道中气体静止，有两道等强度微弱压缩波异向运动，二者波速大小相等、方向相反，波后气流参数 p,T,ρ 相等，如图 5-15 所示。两波相交后，它们的波后气流也相遇，虽然两股波后气流速度大小是相同的，但速度方向却是相反的，两股气流互相碰撞使气体恢复静止，但 p,T,ρ 却进一步增加了，结果导致产生两道相等强度的压缩波从相交点开始背向运动。这种相交过程也可以理解为：相交以后产生的两道新波是原有两道波相互穿越而形成的。因此，两道相向运动的压缩波相交以后，产生两道压缩波互相穿越并保持强度不变。

类似地，两道相向运动的膨胀波相交以后，产生两道膨胀波互相穿过。需要说明的是如果两道相交扰动波的强度不相等，则相交以后状态④的气流速度不会恢复到未受扰动的状态①。

2. 异类波反向相交

如图 5-16 所示，一右向压缩波与等强度的左向膨胀波在静止气体中反向相交。右向压缩波波后状态②的气流速度 v_2 与左向膨胀波波后状态③的气流速度 v_3 的大小均是 $\mathrm{d}v$，且方向均为向右，速度完全相同，但两状态对应的压强 p 不相等，左向压缩波波后的压强 p_2 要高于右向膨胀波波后的压强 p_3。因此，左侧高压气流压缩右侧低压气流，从而产生一道向右传的压缩波。同时，右侧低压气流使左侧高压气流膨胀，产生一道向左传的膨胀波。这两道新生成波的波后的气流必然保持速度相同且压强相等，结果是压强恢复到 $p_4 = p_1$，但速度却向右侧加大一倍，即 $v_4 = 2\mathrm{d}v$。

因此可以得到结论：压缩波和膨胀波异向相交时互相穿越，压缩波保持为压缩波，膨胀波保持为膨胀波，二者强度不变。

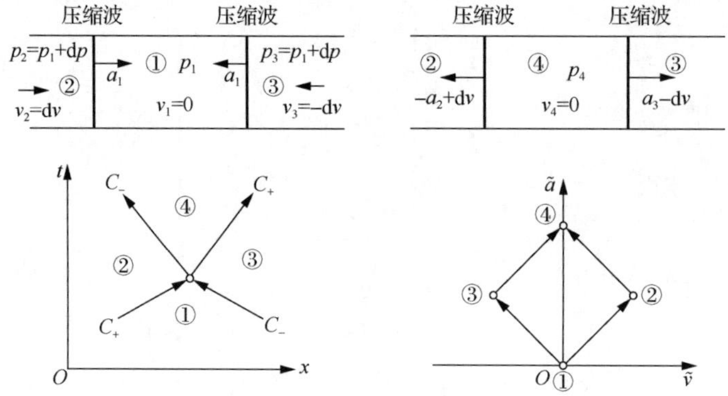

图 5-15　同类波反向相交

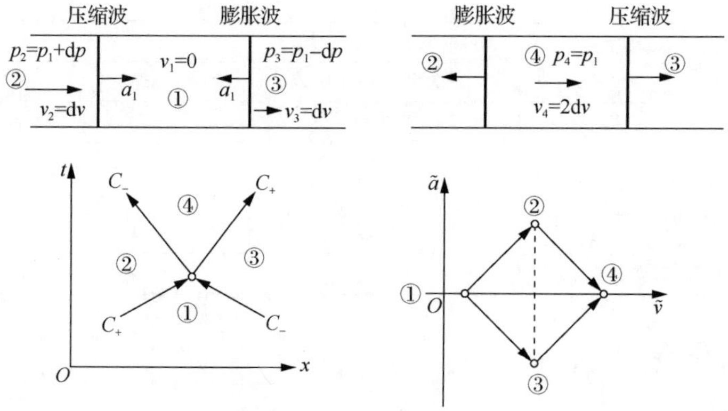

图 5-16　异类波反向相交

【例 5-3】在两端开口的长直管中，管内未受扰动空气的流速 $v_1=0.2a_1$，一道强度为 $a_2/a_1=1.02$ 的右向压缩波和一道强度为 $a_3/a_1=0.97$ 的左向膨胀波相交，如图 5-17 所示。试求相交后的气流参数。

解　以未受扰动空气的声速 a_1 为参考速度，有 $\tilde{v}_1=\dfrac{v_1}{a_1}=0.2$，$\tilde{a}_1=\dfrac{a_1}{a_1}=1$，$\tilde{a}_2=\dfrac{a_2}{a_1}=1.02$，$\tilde{a}_3=\dfrac{a_3}{a_1}=0.97$，由于两波相交以后互相穿越，强度不变。

未扰动气流的状态——状态①：$\tilde{v}_1=0.2,\ \tilde{a}_1=1$。

$$\tilde{P}_1=\frac{2}{\gamma-1}\tilde{a}_1+\tilde{v}_1=5.2,\ \tilde{Q}_1=\frac{2}{\gamma-1}\tilde{a}_1-\tilde{v}_1=4.8$$

气流跨过一道右向压缩波波后的状态——状态②：$\tilde{a}_2=1.02$。

气流跨过一道右向压缩波，Q 保持不变，故 $\tilde{Q}_2=\tilde{Q}_1=5\tilde{a}_2-\tilde{v}_2=4.8$，$\tilde{v}_2=5\times1.02-4.8=0.3$，$\tilde{P}_2=5\tilde{a}_2+\tilde{v}_2=5\times1.02+0.3=5.4$。

气流跨过一道左向膨胀波波后的状态——状态③：$\tilde{a}_3=0.97$。

$\tilde{P}_3=\tilde{P}_1=5\tilde{a}_3+\tilde{v}_3=5\times0.97+\tilde{v}_3=5.2$，$\tilde{v}_3=5.2-4.85=0.35$，$\tilde{Q}_3=5\tilde{a}_2-\tilde{v}_2=4.85-0.35=4.5$

两波相交以后的状态——状态④：状态④是由状态②跨越左向的膨胀波而得到的，故 $\tilde{P}_4=\tilde{P}_2$；同时，状态④是由状态③跨越右向压缩波而得到的，故 $\tilde{Q}_4=\tilde{Q}_3$。

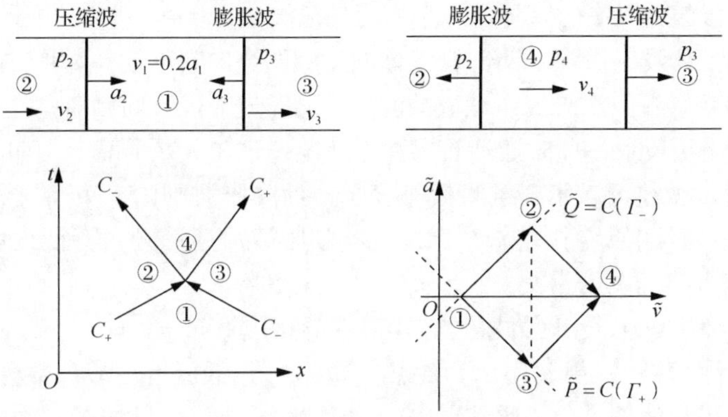

图 5-17 压缩波与膨胀波反向相交

从图 5-17 中状态平面的特征线图可以看出，本题实质是由两个已知状态点②、③求未知状态点④。对照图 5-17 中物理平面的特征线可知，由状态②到状态④是跨越了左向膨胀波，相当于沿着右行特征线 Γ_+，故 $\tilde{P}$ 值保持不变，即 $\tilde{P}_4=\tilde{P}_2$；而由状态③到状态④是跨越了右向压缩波，相当于沿着左行特征线 Γ_-，故 $\tilde{Q}$ 值保持不变，即 $\tilde{Q}_4=\tilde{Q}_3$。

联立求解：

$$\tilde{P}_4=\tilde{P}_2=5\tilde{a}_4+\tilde{v}_4=5.4\,,\tilde{Q}_4=\tilde{Q}_3=5\tilde{a}_4-\tilde{v}_4=4.5$$

上两式相加得 $\tilde{a}_4=0.99$，则 $\tilde{v}_4=0.45$。

由等熵关系式（2-42c）可得其他参数：

$$\frac{p_4}{p_1}=\tilde{a}_4^{\frac{2\gamma}{\gamma-1}}=0.99^7=0.932\,,\frac{T_4}{T_1}=\tilde{a}_4^{\,2}=0.99^2=0.980\,,\frac{\rho_4}{\rho_1}=\tilde{a}_4^{\frac{2}{\gamma-1}}=0.99^5=0.951$$

从计算结果可以看出，相交以后，气流的速度增加了，热力参数 p,T,ρ 都下降了，这是膨胀波的影响大于压缩波的缘故。

3. 扰动波同向相交

在空气静止的管道内，两道扰动波同向运动时，可能出现以下几种情况：当压缩波后方有另外一个同向运动的微弱扰动波时，因压缩波波后气流的速度、温度和声速均增大，故后方的波波速要大于前方的压缩波波速，并可以追赶上前方的压缩波。若后方的波是压缩波，则两波相交后，压缩波强度变大，在一定条件下甚至有可能产生激波；如果后方的波是膨胀波，两波相交以后前方压缩波的强度将减弱，如果膨胀波和压缩波的强度相等则可以互相抵消，使扰动完全消失。

当膨胀波在前方时，后方的波波速低于膨胀波波速，无法追赶上前方的膨胀波，也就是说不论后方的波是压缩波还是膨胀波，都无法与前方的膨胀波相交。

5.3.4 激波管简介

激波管是一种能够产生高温气流的空气动力学实验装置，其在航空、航天、爆炸、化学等领域具有广泛应用。

最简单的激波管是一根两端封闭的等截面直管，如图 5-18（a）所示，实验前用膜片把管子分成两部分，膜片左侧是高压区，充满高压的驱动气体，膜片右侧是低压区，充满低压的被驱动气体。膜片两端可以是同种气体，也可以是不同气体。实验时膜片瞬间破碎后，管内会同时产生一个左行的膨胀波进入高压气体，一个右行的激波进入低压气体，由于不考虑黏性和热传导性，接触面两侧气体没有掺混，两部分气体的接触面会向右移动，如图 5-18（b）所示的流场对应于 xOt 平面上，$t=t_1$ 水平线所截取的波系。再经过一段时间以后，膨胀波和激波分别在左、右闭口端固壁上被反射，此时激波管内波系状况表示在 xOt 平面上，如图 5-18（c）所示。

在 xOt 平面内，激波可以用一条直线来表示，而膨胀波则由一束特征线组成，称为膨胀波扇，其中每一条线都可以看作是一个微弱扰动膨胀波，扇形区内特征线均为直线，沿同一条特征线，声速和气体速度为常数。

在图 5-18（c）中，①、④区为膜片破碎前的静止区，$v_4=v_1=0$，热力学参数均为已知，如：压强为 p_4，温度为 T_4，声速为 a_4，绝热指数为 γ_4，低压区相应参数分别为 p_1,T_1,a_1,γ_1。为了获得强激波，膜片两侧 p_4/p_1 通常在 10^2～10^3 量级，甚至高达 10^6。②区为激波后的扰动区，③区为膨胀波后的扰动区，按照强间断的条件，接触面两侧的气体速度和压强应相等，故有 $v_2=v_3$，$p_2=p_3$，且气体速度等于接触面移动速度；但温度、密度可以有任意间断，故接触面两侧的温度一般不同，对应的气流马赫数也不相等。

在激波管内，当膜片破碎以后，激波掠过的区域可以产生短暂的均匀高速高温气流，通常在几毫秒到几千毫秒之间，如果 p_4/p_1 足够大，激波后的气流会达到超声速，而膨胀波后的气流温度则低于初始温度，它们都可以用来进行相应的空气动力学实验。激波管结构相对简单，运行费用较低，经常用于气体的高速实验。对于给定的 p_4/p_1，可以计算激波或接触面后的气流马赫数；在给定激波管长度的条件下，可以确定激波管的作用时间。关于激波管的计算，本节不做详细推导。

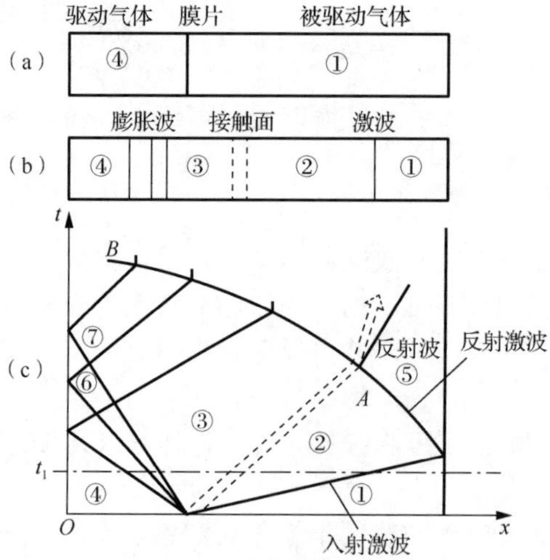

图 5-18　激波管

思　考　题

1．试推导柯西问题的特征线方程与相容性方程。

2．推导一维不定常等熵流动的特征线方程与相容性方程。

3．分析物理平面上微弱扰动波的传播有何特点。

4．解释“跨越右向波=沿着左行特征线”的含义。

5．在物理平面与状态平面上，绘图表述右行微弱扰动压缩波在闭口端的反射过程。

6. 讨论出口分别为亚声速、声速及超声速情况下，微弱扰动压缩波在开口端的变化规律。

习　题

[5-1] 在初始时刻 t=0 时，在点 A（x_A=6m）有一右向膨胀波 AB，在直管闭口端反射为 BC 波，如图 5-19 所示，已知波前的气流速度 $v_1=0$，压强 $p_1=10^5\text{Pa}$，温度 $T_1=283\text{K}$，波后气流速度 $v_2=-5\text{m/s}$，气体常数 $R=287.5\text{J/(kg}\cdot\text{K)}$，绝热指数 $\gamma=1.4$。（1）求在膨胀波 AB 和反射波 BC 后的气流速度、温度和压强；（2）画出初始时刻位于 D 点（x_D=8m）处的质点迹线；（3）求入射波和反射波的斜率；（4）在状态平面上绘制状态变化。

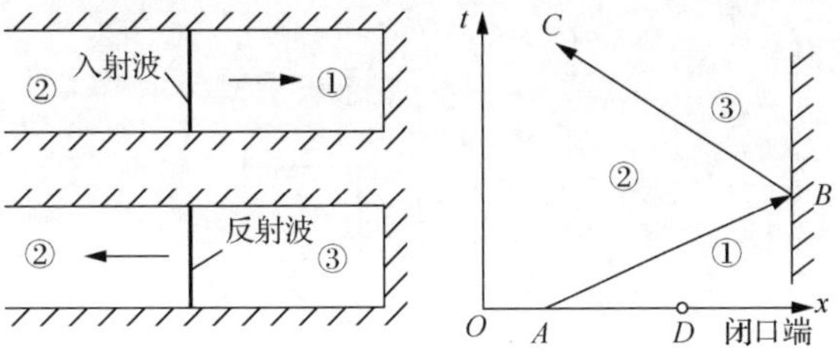

图 5-19　习题[5-1]、习题[5-2]图

[5-2] 在初始时刻 t=0 时，在点 A（x_A=6m），有一右向压缩波 AB，在直管闭口端反射波为 BC，如图 5-19 所示，已知波前的气流速度 $v_1=0$，压强 $p_1=10^5\text{Pa}$，温度 $T_1=10$ ℃，波后气流速度 $v_2=5\text{m/s}$，气体常数 $R=287\text{J/(kg}\cdot\text{K)}$，绝热指数 $\gamma=1.4$。（1）求在压缩波 AB 和反射波 BC 后的气流速度、温度和压强；（2）画出初始时刻位于 D 点（x_D=8m）处的质点迹线；（3）求入射波和反射波的斜率；（4）在状态平面上绘制状态变化。

[5-3] 在初始时刻 $t=0$ 时，在直管内位于点 A（x_A=1m）处有一压缩波向右传播，如图 5-20 所示，管末端为开口端，已知波前区 1 处的气流速度 $v_1=125\text{m/s}$，压强 $p_1=10^5\text{Pa}$，温度 $T_1=135$ ℃，波后区气流速度 $v_2=132\text{m/s}$，气体常数 $R=287\text{J/(kg}\cdot\text{K)}$，绝热指数 $\gamma=1.33$。（1）求压缩波在管末端反射后的气流速度、温度和压强；（2）画出初始时刻位于 D 点（x_D=1.5m）处的质点迹线；（3）求入射波和反射波的斜率；（4）在状态平面上绘制状态变化。

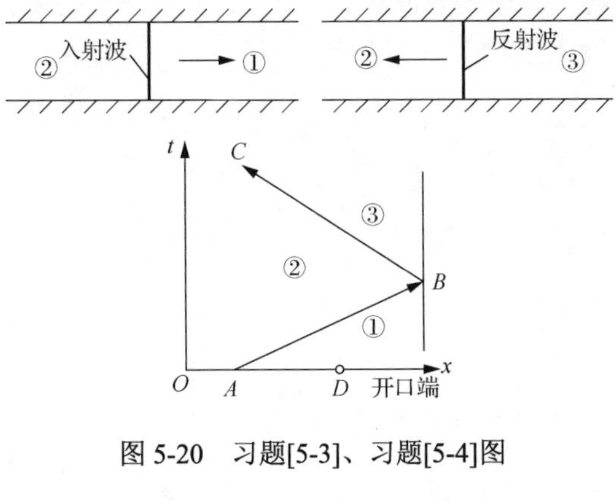

图 5-20　习题[5-3]、习题[5-4]图

[5-4] 在初始时刻 $t = 0$ 时，在直管内点 A（x_A=1m）处有一右向膨胀波，管末端为开口端，如图 5-20 所示，已知波前 1 处的气流速度 $v_1 = 132\text{m/s}$，压强 $p_1 = 10^5\text{Pa}$，温度 $T_1 = 135$ ℃，波后气流速度 $v_2 = 125\text{m/s}$，气体常数 $R = 287\text{J/(kg} \cdot \text{K)}$，绝热指数 $\gamma = 1.33$。（1）求压缩波在开口端反射后的气流速度、温度和压强；（2）画出初始时刻位于 D 点（x_D=1.5m）处的质点迹线；（3）求入射波 AB 和反射波 BC 的斜率；（4）在状态平面上绘制各状态变化。

[5-5] 在初始时刻 $t = 0$ 时，在直管内点 A（x_A=1m）处有一右向膨胀波 AC，在点 B（x_B=5m）处有一左向膨胀波 BC，如图 5-21 所示，已知在 AB 管段的气流速度 $v_1 = 50\text{m/s}$，压强 $p_1 = 1.2 \times 10^5\text{Pa}$，温度 $t_1 = 20$℃，波 AC 后的气流速度 $v_2 = 46\text{m/s}$，波 BC 后的气流速度 $v_3 = 56\text{m/s}$，气体常数 $R = 287\text{J/(kg} \cdot \text{K)}$，绝热指数 $\gamma = 1.4$。（1）求两道波相交后区域④的气流速度、温度和压强；（2）各膨胀波的斜率；（3）画出初始时刻，位于 G 点（x_G=1.5m）处和 H 点（x_H=4m）处的质点迹线；（4）在状态平面上绘制各状态的变化过程。

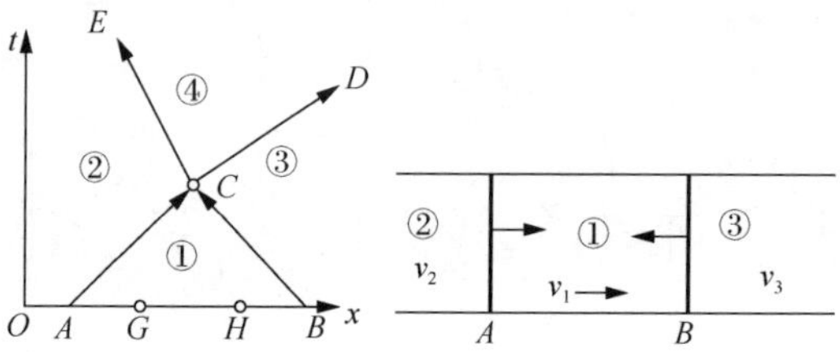

图 5-21　习题[5-5]、习题[5-6]、习题[5-7]图

[5-6] 在初始时刻 t=0 时，在直管内点 A（x_A=1m）处有一右向压缩波 AC，在点 B（x_B=5m）处有一左向压缩波 BC，如图 5-21 所示，已知在 AB 管段的气流速度 $v_1 = 50\text{m/s}$，压强 $p_1 = 1.2 \times 10^5\text{Pa}$，温度 $t_1 = 20$℃，波 AC 后的气流速度 $v_2 = 56\text{m/s}$，波 BC 后的气流速度 $v_3 = 46\text{m/s}$，气体常数 $R = 287\text{J/(kg} \cdot \text{K)}$，绝热指数 $\gamma = 1.4$。（1）求两道压缩波相交后区域④的气流速度、温度和压强；（2）求各压缩波的斜率；（3）画出初始时刻，位于 G 点（x_G=1.5m）处和 H 点（x_H=4m）处的质点迹线；（4）在状态平面上绘制各状态变化。

[5-7] 在初始时刻 t=0 时，在直管内点 A（x_A=1m）处有一右向压缩波 AC，在点 B（x_B=5m）处有一左向膨胀波 BC，如图 5-21 所示，已知在 AB 管段的气流速度 $v_1 = 50\text{m/s}$，压强 $p_1 = 1.2 \times 10^5\text{Pa}$，温度 $t_1 = 20$℃，波 AC 后的气流速度 $v_2 = 56\text{m/s}$，波 BC 后的气流速度 $v_3 = 52\text{m/s}$，气体常数 $R = 287\text{J/(kg} \cdot \text{K)}$，绝热指数 $\gamma = 1.4$。（1）求压缩波 AC 和膨胀波 BC 相交后区域④的气流参数；（2）画出初始时刻，位于 G 点（x_G=1.5m）处和 H 点（x_H=4m）处的质点迹线；（3）在状态平面上绘制各状态变化。

第 3 篇　黏性流体力学

第 6 章　黏性流体力学基础

实际流体都是具有黏性的，只有当黏性力远远小于惯性力时，才可以忽略黏性影响而将流体视为理想流体，从而使问题得以简化。因此，理想流体理论最先得到发展，其相比黏性流体理论也更为成熟。但理想流体假设在某些方面仍存在着不可逾越的缺陷，例如它不能估计流动的压力损失，也不能计算运动物体所受到的阻力，尤其是在讨论与能量损耗相关的物理现象时，就必须把流体看成是黏性流体。

前几章我们重点介绍了可压缩流体的相关知识，本章重点介绍不可压缩黏性流体运动的主要性质，在流体微团运动分析的基础上，推导黏性流体的本构方程，讨论支配黏性流体运动的基本方程及其典型的求解方法。

6.1　流体微团的运动分析

6.1.1　速度分解定理

1. *刚体速度分解定理*

由理论力学知识可知，任何一个刚体运动均可以分为平动和转动，表示为

$$\boldsymbol{v} = \boldsymbol{v}_0 + \boldsymbol{\omega} \times \boldsymbol{r} \tag{6-1a}$$

式中，$\boldsymbol{v}_0$ 是刚体中选定一点 O 上的平动速度；$\boldsymbol{\omega}$ 是刚体绕 O 点旋转的瞬时角速度矢量；$\boldsymbol{r}$ 是待求点到 O 点的矢径。

若将 $\boldsymbol{\omega}$ 用速度的旋度表示为 $\boldsymbol{\omega} = \dfrac{1}{2}\mathrm{rot}\boldsymbol{v}$，则对刚体而言，存在

$$\boldsymbol{v} = \boldsymbol{v}_0 + \frac{1}{2}\mathrm{rot}\boldsymbol{v} \times \boldsymbol{r} \tag{6-1b}$$

这是刚体的速度分解定理。

2. *亥姆霍兹速度分解定理*

流体的流动性特征决定了流体运动比刚体运动更为复杂，流体运动除了包括平动和转动以外，还会发生变形运动。下面我们从流体微观运动的角度来证明，在流场 $\boldsymbol{v}(x,y,z)$ 中流体微团上任意一点的运动可以分解为平动、转动和变形三部分。

如图 6-1 所示，流场中某一瞬时，流体微团内一参考点 $M_0(x,y,z)$ 上的速度为 $\boldsymbol{v}_0$，流体微团内另一点 $M(x+\delta x, y+\delta y, z+\delta z)$ 处的速度为 $\boldsymbol{v} = v_x\boldsymbol{i} + v_y\boldsymbol{j} + v_z\boldsymbol{k}$，用 δ 表示对坐标的微分，$\delta\boldsymbol{r}$ 表示 M_0 点到 M 点的距离，则 $\delta x, \delta y, \delta z$ 均是一阶无穷小量。

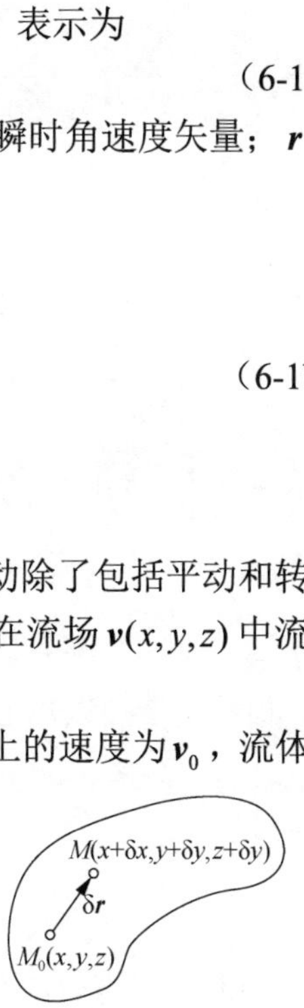

图 6-1　流体微团的运动分解

将速度 $\boldsymbol{v}$ 在 M_0 点邻域内按泰勒级数展开，并略去二阶以上小量，得

$$\boldsymbol{v} = \boldsymbol{v}_0 + \frac{\partial \boldsymbol{v}}{\partial x}\delta x + \frac{\partial \boldsymbol{v}}{\partial y}\delta y + \frac{\partial \boldsymbol{v}}{\partial z}\delta z \tag{6-2a}$$

写成张量形式为

$$v_i = v_{i0} + \frac{\partial v_i}{\partial x_j}\delta x_j \tag{6-2b}$$

由于 v_i, v_{i0}, x_j 均为任取的矢量，根据张量识别定理可知 $\partial v_i / \partial x_j$ 是二阶张量。由 1.2.5 节的二阶张量分解定理可知：二阶张量 $\partial v_i / \partial x_j$ 可唯一地分解为反对称张量 $\boldsymbol{A}$ 与对称张量 $\boldsymbol{S}$ 之和的形式，即

$$\frac{\partial v_i}{\partial x_j} = \frac{1}{2}\left(\frac{\partial v_i}{\partial x_j} + \frac{\partial v_j}{\partial x_i}\right) + \frac{1}{2}\left(\frac{\partial v_i}{\partial x_j} - \frac{\partial v_j}{\partial x_i}\right) = s_{ij} + a_{ij} = \boldsymbol{S} + \boldsymbol{A} \tag{6-3}$$

式中，$s_{ij} = \frac{1}{2}\left(\frac{\partial v_i}{\partial x_j} + \frac{\partial v_j}{\partial x_i}\right) = \frac{1}{2}\left(\frac{\partial v_j}{\partial x_i} + \frac{\partial v_i}{\partial x_j}\right) = s_{ji}$ 为对称张量，有 6 个独立分量，在直角坐标系中将其展开可表示为

$$s_{ij} = \begin{bmatrix} \frac{\partial v_x}{\partial x} & \frac{1}{2}\left(\frac{\partial v_y}{\partial x} + \frac{\partial v_x}{\partial y}\right) & \frac{1}{2}\left(\frac{\partial v_z}{\partial x} + \frac{\partial v_x}{\partial z}\right) \\ \frac{1}{2}\left(\frac{\partial v_x}{\partial y} + \frac{\partial v_y}{\partial x}\right) & \frac{\partial v_y}{\partial y} & \frac{1}{2}\left(\frac{\partial v_z}{\partial y} + \frac{\partial v_y}{\partial z}\right) \\ \frac{1}{2}\left(\frac{\partial v_x}{\partial z} + \frac{\partial v_z}{\partial x}\right) & \frac{1}{2}\left(\frac{\partial v_y}{\partial z} + \frac{\partial v_z}{\partial y}\right) & \frac{\partial v_z}{\partial z} \end{bmatrix} = \begin{bmatrix} \varepsilon_1 & \frac{1}{2}\theta_3 & \frac{1}{2}\theta_2 \\ \frac{1}{2}\theta_3 & \varepsilon_2 & \frac{1}{2}\theta_1 \\ \frac{1}{2}\theta_2 & \frac{1}{2}\theta_1 & \varepsilon_3 \end{bmatrix} \tag{6-4a}$$

这里取 $\varepsilon_1 = \frac{\partial v_x}{\partial x}, \varepsilon_2 = \frac{\partial v_y}{\partial y}, \varepsilon_3 = \frac{\partial v_z}{\partial z}, \theta_1 = \left(\frac{\partial v_y}{\partial z} + \frac{\partial v_z}{\partial y}\right), \theta_2 = \left(\frac{\partial v_z}{\partial x} + \frac{\partial v_x}{\partial z}\right), \theta_3 = \left(\frac{\partial v_y}{\partial x} + \frac{\partial v_x}{\partial y}\right)$。

式（6-3）中，$a_{ij} = \frac{1}{2}\left(\frac{\partial v_i}{\partial x_j} - \frac{\partial v_j}{\partial x_i}\right) = -\frac{1}{2}\left(\frac{\partial v_j}{\partial x_i} - \frac{\partial v_i}{\partial x_j}\right) = -a_{ji}$ 为反对称张量，有三个独立分量，在直角坐标系中将其展开可表示为

$$a_{ij} = \begin{bmatrix} 0 & \frac{1}{2}\left(\frac{\partial v_x}{\partial y} - \frac{\partial v_y}{\partial x}\right) & \frac{1}{2}\left(\frac{\partial v_x}{\partial z} - \frac{\partial v_z}{\partial x}\right) \\ \frac{1}{2}\left(\frac{\partial v_y}{\partial x} - \frac{\partial v_x}{\partial y}\right) & 0 & \frac{1}{2}\left(\frac{\partial v_y}{\partial z} - \frac{\partial v_z}{\partial y}\right) \\ \frac{1}{2}\left(\frac{\partial v_z}{\partial x} - \frac{\partial v_x}{\partial z}\right) & \frac{1}{2}\left(\frac{\partial v_z}{\partial y} - \frac{\partial v_y}{\partial z}\right) & 0 \end{bmatrix} \tag{6-4b}$$

根据张量知识，由式（1-87）可知二阶反对称张量 a_{ij} 的三个非零分量可组成一矢量 $\boldsymbol{\omega}$，再结合式（6-4b）可知该矢量的分量为

$$\omega_1 = -a_{23} = \frac{1}{2}\left(\frac{\partial v_z}{\partial y} - \frac{\partial v_y}{\partial z}\right) \tag{6-5a}$$

$$\omega_2 = -a_{31} = \frac{1}{2}\left(\frac{\partial v_x}{\partial z} - \frac{\partial v_z}{\partial x}\right) \tag{6-5b}$$

$$\omega_3 = -a_{12} = \frac{1}{2}\left(\frac{\partial v_y}{\partial x} - \frac{\partial v_x}{\partial y}\right) \tag{6-5c}$$

张量形式为

$$\omega_k = \frac{1}{2}\mathrm{rot}\boldsymbol{v} = \frac{1}{2}\varepsilon_{kij}\frac{\partial v_j}{\partial x_i} = \frac{1}{2}\varepsilon_{kij}\left(s_{ji} + a_{ji}\right) \tag{6-5d}$$

由于三阶单位张量具有反对称性，它与二阶对称张量的内积为 0，即 $\varepsilon_{kij}s_{ji} = 0$，将其代入式（6-5d），得

$$\omega_k = \frac{1}{2}\varepsilon_{kij}a_{ji} \tag{6-6}$$

将式（6-6）两侧都乘以 ε_{klm} 得

$$\omega_k\varepsilon_{klm} = \frac{1}{2}\varepsilon_{kij}\varepsilon_{klm}a_{ji} = \frac{1}{2}\left(\delta_{il}\delta_{jm} - \delta_{im}\delta_{jl}\right)a_{ji} = \frac{1}{2}\left(a_{ml} - a_{lm}\right) = a_{ml} = a_{lm}$$

即

$$a_{ij} = -\omega_k\varepsilon_{kij} \tag{6-7}$$

将式（6-3）与式（6-7）代入式（6-2b），可得速度的表达式：

$$v_i = v_{i0} - \varepsilon_{ijk}\omega_k\delta x_j + s_{ij}\delta x_j \text{ 或 } \boldsymbol{v} = \boldsymbol{v}_0 + \frac{1}{2}\mathrm{rot}\,\boldsymbol{v}\times\delta\boldsymbol{r} + \boldsymbol{S}\cdot\delta\boldsymbol{r} = \boldsymbol{v}_{\mathrm{I}} + \boldsymbol{v}_{\mathrm{II}} + \boldsymbol{v}_{\mathrm{III}} \tag{6-8}$$

式（6-8）即是亥姆霍兹（Helmholtz）速度分解定理。可以看出，点 $M_0(x, y, z)$ 邻域内流体微团的速度由三部分组成：

（1）平动速度 $\boldsymbol{v}_{\mathrm{I}}$，它是由流体微团平动引起的，描述平动的特征量为平动速度 v_{io}。

（2）转动速度 $\boldsymbol{v}_{\mathrm{II}}$，它是由于流体微团绕通过 $M_0(x, y, z)$ 的瞬时转动轴线旋转而产生的，描述该速度的特征量是速度的旋度 $\mathrm{rot}\boldsymbol{v}$ 或是平均旋转角速度 $\boldsymbol{\omega} = \frac{1}{2}\mathrm{rot}\boldsymbol{v}$。

（3）变形速度 $\boldsymbol{v}_{\mathrm{III}}$，它是由流体微团的变形引起的，描述变形速度的特征量是二阶对称张量 s_{ij}，它有 6 个独立的分量，其中 $\frac{\partial v_x}{\partial x}, \frac{\partial v_y}{\partial y}, \frac{\partial v_z}{\partial z}$ 对应流体微团的线变形速度，$\frac{1}{2}\left(\frac{\partial v_y}{\partial x} + \frac{\partial v_x}{\partial y}\right)$，$\frac{1}{2}\left(\frac{\partial v_z}{\partial x} + \frac{\partial v_x}{\partial z}\right), \frac{1}{2}\left(\frac{\partial v_y}{\partial z} + \frac{\partial v_z}{\partial y}\right)$ 对应流体微团的角变形速度，因此 s_{ij} 又称为变形速度张量或变形率张量（详见 6.1.2 节介绍）。

亥姆霍兹速度分解定理将流体微团的运动分解为平动、转动和变形三部分。对比式（6-1b）和式（6-8）可知，流体微团的运动比刚体运动多了一项变形速度，对刚体而言存在 $s_{ij} = 0$，因此亥姆霍兹速度分解定理可以用以区分刚体运动和流体运动。需要注意的是，刚体的速度分解定理是对整个刚体成立的，是整体性定理，刚体的旋转速度与质点坐标无关；而流体的速度分解定理仅在流体微团内成立，是局部性定理，流体的旋转速度与质点坐标有关。例如，刚体的旋转角速度 $\boldsymbol{\omega}$ 是描述刚体转动的整体性特征量，而流体的平均旋转角速度 $\boldsymbol{\omega}$ 是描述微团转动的局部性特征量，因此二者虽然表达式形式相同，但却存在着本质性差别。

在式（6-8）中，当 $\mathrm{rot}\boldsymbol{v} = 0$，即 $\boldsymbol{\omega} = 0$ 时，流动为无旋流动，因此速度分解定理还可以判别流体是做有旋流动还是无旋流动。对流体而言，由于 $\boldsymbol{\omega}$ 属于局部性特征量，故流场中的有旋或无旋与流体微团宏观的运动轨迹无关。

6.1.2 变形率张量

根据以上分析，变形率张量是二阶对称张量，其 9 个分量中有 6 个是独立的，现详细分析变形率张量各分量的物理意义。为了给读者留下一个既直观又严格的印象，本节采用两种方式加以介绍。第一种方法直观但不严格，第二种方法严格但不直观。

1. 变形速度的直观描述

由式（6-4a）可得流体微团的变形速度 $\boldsymbol{v}_{\mathrm{III}}$ 的表达式：

$$\boldsymbol{v}_{\mathrm{III}}=\begin{bmatrix} v_x \\ v_y \\ v_z \end{bmatrix}=\boldsymbol{S}\cdot\delta\boldsymbol{r}=\begin{bmatrix} \varepsilon_1 & \frac{1}{2}\theta_3 & \frac{1}{2}\theta_2 \\ \frac{1}{2}\theta_3 & \varepsilon_2 & \frac{1}{2}\theta_1 \\ \frac{1}{2}\theta_2 & \frac{1}{2}\theta_1 & \varepsilon_3 \end{bmatrix}\cdot\begin{bmatrix} \delta x \\ \delta y \\ \delta z \end{bmatrix} \tag{6-9}$$

1）线变形速度

如果仅考虑 $\varepsilon_1\neq 0,\varepsilon_2=\varepsilon_3=\theta_1=\theta_2=\theta_3=0$ 的特殊情况，则式（6-9）可简化为

$$v_x=\varepsilon_1\delta x, v_y=0, v_z=0 \tag{6-10a}$$

为了明确 ε_1 的物理意义，绘制流体线段元的线变形运动图，如图 6-2 所示。在 t 时刻，在 x 轴上取一流体线段元 $AB=\delta x$，假设 A 点速度为 v_x，按照泰勒级数将速度展开并略去高阶项，可得 B 点速度为 $v_x+\frac{\partial v_x}{\partial x}\delta x$，经过 Δt 时间以后，AB 线段元运动到新的位置 $A'B'$，则 AB 线段元经过 Δt 时间之后，其长度的改变量为

$$A'B'-AB=\left(v_x+\frac{\partial v_x}{\partial x}\delta x\right)\Delta t-v_x\Delta t=\frac{\partial v_x}{\partial x}\delta x\Delta t \tag{6-10b}$$

可以计算流体线段元的单位长度在单位时间内的改变量为

$$\frac{1}{\delta x}\frac{\mathrm{d}(\delta x)}{\mathrm{d}t}=\lim_{\Delta t\to 0}\frac{A'B'-AB}{\delta x\Delta t}=\frac{\partial v_x}{\partial x} \tag{6-10c}$$

由于速度可以表示为 $v_x=\frac{\mathrm{d}(\delta x)}{\mathrm{d}t}$ 的形式，根据式（6-10a）中的第一式，可得 $\varepsilon_1=\frac{1}{\delta x}\frac{\mathrm{d}(\delta x)}{\mathrm{d}t}$，将其代入式（6-10c）可得

$$\varepsilon_1=\frac{1}{\delta x}\frac{\mathrm{d}(\delta x)}{\mathrm{d}t}=\frac{\partial v_x}{\partial x} \tag{6-10d}$$

式（6-10d）说明 ε_1 的物理意义是 x 轴线上线段元 δx 的相对拉伸（或压缩）速度。同理，可以得到 ε_2 和 ε_3 分别是 y,z 轴线上线段元 $\delta y,\delta z$ 的相对拉伸（或压缩）速度，在流体力学中称为**线变形速度**。

2）角变形速度

如果仅考虑 $\theta_3\neq 0,\varepsilon_1=\varepsilon_2=\varepsilon_3=\theta_1=\theta_2=0$ 的特殊情况，此时式（6-9）简化为

$$v_x=\frac{1}{2}\theta_3\delta y, v_y=\frac{1}{2}\theta_3\delta x, v_z=0 \tag{6-11a}$$

为了理解式（6-11a）中 θ_3 的物理意义，绘制流体微团在 xOy 平面上的剪切变形运动图，如图 6-3 所示。流体微团在初始时刻 t_0 为正方形 $OABC$，经过了 Δt 时间，OA 边运动到 OA' 位

置，即 y 轴转过了角度 α，OB 边运动到 OB' 位置，即 x 轴转过了角度 β，由图 6-3 可知角度 $\alpha \approx \tan\alpha = \dfrac{v_x \Delta t}{\delta y}, \beta \approx \tan\beta = \dfrac{v_y \Delta t}{\delta x}$，再由式（6-11a）可得

$$\theta_3 = \frac{v_x}{\delta y} + \frac{v_y}{\delta x} = \frac{\alpha + \beta}{\Delta t} \tag{6-11b}$$

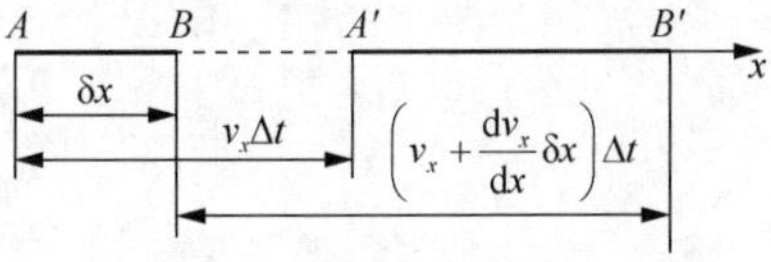

图 6-2　流体线段元的线变形速度

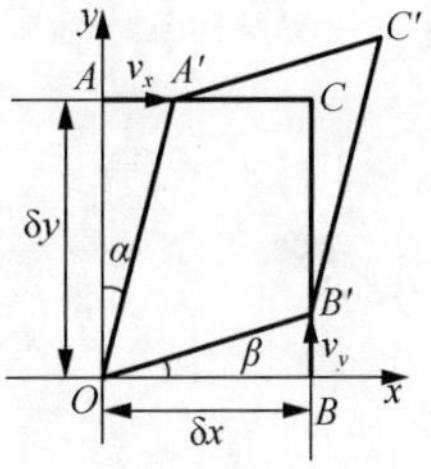

图 6-3　流体微团的角变形速度

单位时间内的角度变化为

$$\theta_3 = \lim_{\Delta t \to 0} \frac{\alpha + \beta}{\Delta t} = -\frac{d\gamma_{xy}}{dt} \tag{6-11c}$$

式中，γ_{xy} 表示 x 轴与 y 轴的夹角，可以看出剪切运动导致 γ_{xy} 减少了 $\dfrac{d\gamma_{xy}}{dt}$，因此 θ_3 的物理意义是 x 轴与 y 轴夹角的减少速度，同理也可以得到 θ_1 和 θ_2，称之为**角变形速度**。

上述方法虽然直观，但并不严密，因为在实际的变形运动中，变形率张量 $\boldsymbol{S}$ 的 6 个分量可以同时取非零值，下面给出上述结论的严格证明。

2. 变形率张量的物理意义（数学描述）

如图 6-4（a）所示，在流场中取一由流体质点组成的线段元 $\delta\boldsymbol{r} = \boldsymbol{r} - \boldsymbol{r}_0$，根据随体导数定义，有

$$\frac{d(\delta\boldsymbol{r})}{dt} = \frac{d}{dt}(\boldsymbol{r} - \boldsymbol{r}_0) = \boldsymbol{v} - \boldsymbol{v}_0 = \delta\boldsymbol{v} = \delta\frac{d\boldsymbol{r}}{dt} \tag{6-12}$$

式（6-12）表明微分符号 δ 和物质导数符号 $\dfrac{d}{dt}$ 可以对换，可见线段元 $\delta\boldsymbol{r}$ 的随体导数等于同一时刻 M_0 与 M 两点间的速度差。

在流场中，质点速度 $\boldsymbol{v} = v_x\boldsymbol{i} + v_y\boldsymbol{j} + v_z\boldsymbol{k}$ 是坐标 x, y, z 的函数，由微分性质可知：

$$\delta\boldsymbol{v} = \frac{\partial\boldsymbol{v}}{\partial x}\delta x + \frac{\partial\boldsymbol{v}}{\partial y}\delta y + \frac{\partial\boldsymbol{v}}{\partial z}\delta z = \frac{d(\delta\boldsymbol{r})}{dt} \tag{6-13}$$

如图 6-4（b）所示，现以 M_0 点为原点建立直角坐标系，并在坐标轴上分别取流体质点组成的线段元 $\delta\boldsymbol{r}_1(\delta x,0,0), \delta\boldsymbol{r}_2(0,\delta y,0), \delta\boldsymbol{r}_3(0,0,\delta z)$，则存在

$$\delta\boldsymbol{r}_1 = \delta x\boldsymbol{i} \tag{6-14a}$$

$$\delta\boldsymbol{r}_2 = \delta y\boldsymbol{j} \tag{6-14b}$$

$$\delta\boldsymbol{r}_3 = \delta z\boldsymbol{k} \tag{6-14c}$$

由式（6-14a）可分析线段元 $\delta\boldsymbol{r}_1, \delta\boldsymbol{r}_2, \delta\boldsymbol{r}_3$ 的随体导数，即

$$\frac{\mathrm{d}(\delta \boldsymbol{r}_1)}{\mathrm{d}t}=\frac{\mathrm{d}(\delta x)}{\mathrm{d}t}\boldsymbol{i} \tag{6-15a}$$

$$\frac{\mathrm{d}(\delta \boldsymbol{r}_2)}{\mathrm{d}t}=\frac{\mathrm{d}(\delta y)}{\mathrm{d}t}\boldsymbol{j} \tag{6-15b}$$

$$\frac{\mathrm{d}(\delta \boldsymbol{r}_3)}{\mathrm{d}t}=\frac{\mathrm{d}(\delta z)}{\mathrm{d}t}\boldsymbol{k} \tag{6-15c}$$

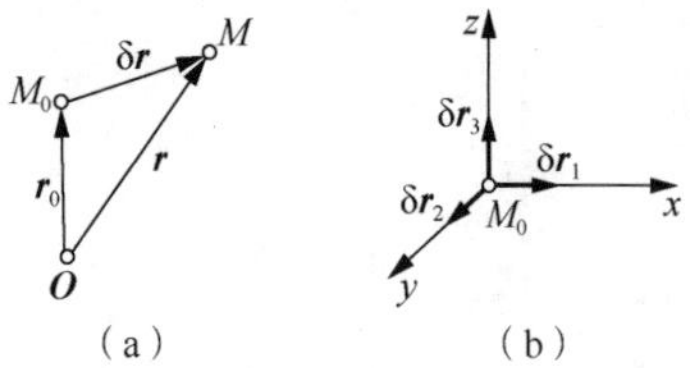

图 6-4　线段元的随体导数

需要说明的是此处的 $\delta\boldsymbol{r}_1,\delta\boldsymbol{r}_2,\delta\boldsymbol{r}_3$ 并不是矢量 $\delta\boldsymbol{r}$ 的三个分量，而是三个新的线段元，它们的长度分别为 $\delta x,\delta y,\delta z$，而矢量 $\delta\boldsymbol{r}$ 的三个分量是标量，大小分别等于 $\delta x,\delta y,\delta z$ 。

把式（6-14a）代入式（6-13）（其中 $\delta y=\delta z=0$），可得

$$\frac{\mathrm{d}(\delta \boldsymbol{r}_1)}{\mathrm{d}t}=\frac{\partial \boldsymbol{v}}{\partial x}\delta x \tag{6-15d}$$

由 $\boldsymbol{v}=v_x\boldsymbol{i}+v_y\boldsymbol{j}+v_z\boldsymbol{k}$ 可知 $\frac{\partial \boldsymbol{v}}{\partial x}=\frac{\partial v_x}{\partial x}\boldsymbol{i}+\frac{\partial v_y}{\partial x}\boldsymbol{j}+\frac{\partial v_z}{\partial x}\boldsymbol{k}$，将其代入式（6-15d）得

$$\frac{\mathrm{d}(\delta \boldsymbol{r}_1)}{\mathrm{d}t}=\frac{\partial v_x}{\partial x}\delta x\boldsymbol{i}+\frac{\partial v_y}{\partial x}\delta x\boldsymbol{j}+\frac{\partial v_z}{\partial x}\delta x\boldsymbol{k} \tag{6-16a}$$

同理可得

$$\frac{\mathrm{d}(\delta \boldsymbol{r}_2)}{\mathrm{d}t}=\frac{\partial \boldsymbol{v}}{\partial y}\delta y=\frac{\partial v_x}{\partial y}\delta y\boldsymbol{i}+\frac{\partial v_y}{\partial y}\delta y\boldsymbol{j}+\frac{\partial v_z}{\partial y}\delta y\boldsymbol{k} \tag{6-16b}$$

将式（6-14a）与式（6-16a）点乘，得

$$\delta\boldsymbol{r}_1\cdot\frac{\mathrm{d}(\delta \boldsymbol{r}_1)}{\mathrm{d}t}=\frac{\partial v_x}{\partial x}(\delta x)^2=\delta x\frac{\mathrm{d}(\delta x)}{\mathrm{d}t} \tag{6-17a}$$

$$\varepsilon_1=\frac{\partial v_x}{\partial x}=\frac{1}{\delta x}\frac{\mathrm{d}(\delta x)}{\mathrm{d}t} \tag{6-17b}$$

同理可得

$$\varepsilon_2=\frac{\partial v_y}{\partial y}=\frac{1}{\delta y}\frac{\mathrm{d}(\delta y)}{\mathrm{d}t} \tag{6-17c}$$

$$\varepsilon_3=\frac{\partial v_z}{\partial z}=\frac{1}{\delta z}\frac{\mathrm{d}(\delta z)}{\mathrm{d}t} \tag{6-17d}$$

由此可见，变形率张量对角线分量 $\varepsilon_1,\varepsilon_2,\varepsilon_3$ 代表的分别是 x,y,z 轴上线段元 $\delta x,\delta y,\delta z$ 的相对拉伸或压缩速度，即为线变形速度。

计算 $(6\text{-}14\mathrm{a})\cdot(6\text{-}16\mathrm{b})+(6\text{-}14\mathrm{b})\cdot(6\text{-}16\mathrm{a})$ 得

$$\delta\boldsymbol{r}_1\cdot\frac{\mathrm{d}(\delta \boldsymbol{r}_2)}{\mathrm{d}t}+\delta\boldsymbol{r}_2\cdot\frac{\mathrm{d}(\delta \boldsymbol{r}_1)}{\mathrm{d}t}=\frac{\partial v_x}{\partial y}\delta x\delta y+\frac{\partial v_y}{\partial x}\delta x\delta y \tag{6-18a}$$

式（6-18a）的左侧：

$$\delta\boldsymbol{r}_1\cdot\frac{\mathrm{d}(\delta \boldsymbol{r}_2)}{\mathrm{d}t}+\delta\boldsymbol{r}_2\cdot\frac{\mathrm{d}(\delta \boldsymbol{r}_1)}{\mathrm{d}t}=\frac{\mathrm{d}}{\mathrm{d}t}(\delta\boldsymbol{r}_1\cdot\delta\boldsymbol{r}_2)=\frac{\mathrm{d}}{\mathrm{d}t}(\delta x\delta y\cos\gamma_{xy})=\cos\gamma_{xy}\frac{\mathrm{d}}{\mathrm{d}t}(\delta x\delta y)-\delta x\delta y\sin\gamma_{xy}\frac{\mathrm{d}\gamma_{xy}}{\mathrm{d}t} \tag{6-18b}$$

由于 γ_{xy} 对应 x 轴与 y 轴之间的夹角，则 $\cos\gamma_{xy}=0,\sin\gamma_{xy}=1$，将其代入式（6-18b）可得

$$\delta \boldsymbol{r}_1 \cdot \frac{\mathrm{d}(\delta \boldsymbol{r}_2)}{\mathrm{d}t} + \delta \boldsymbol{r}_2 \cdot \frac{\mathrm{d}(\delta \boldsymbol{r}_1)}{\mathrm{d}t} = -\delta x \delta y \frac{\mathrm{d}\gamma_{xy}}{\mathrm{d}t} \tag{6-18c}$$

将式（6-18c）代入式（6-18a）得

$$\theta_3 = \left(\frac{\partial v_y}{\partial x} + \frac{\partial v_x}{\partial y}\right) = -\frac{\mathrm{d}\gamma_{xy}}{\mathrm{d}t} \tag{6-19a}$$

同理可得

$$\theta_2 = \left(\frac{\partial v_z}{\partial x} + \frac{\partial v_x}{\partial z}\right) = -\frac{\mathrm{d}\gamma_{xz}}{\mathrm{d}t} \tag{6-19b}$$

$$\theta_1 = \left(\frac{\partial v_z}{\partial y} + \frac{\partial v_y}{\partial z}\right) = -\frac{\mathrm{d}\gamma_{yz}}{\mathrm{d}t} \tag{6-19c}$$

由此可以看出，变形率张量非对角线分量$\theta_3,\theta_2,\theta_1$的物理意义分别是$x$轴与$y$轴，$x$轴与$z$轴，$y$轴与$z$轴之间夹角的减小速度，即为角变形速度。

3. 变形率张量的主要性质

对于变形率张量s_{ij}，当i=j时，对应s_{ij}的3个对角线元素表示线变形速度；当$i \neq j$时，对应s_{ij}的6个非对角线元素表示角变形速度。由于变形率张量是二阶对称张量，因此具有二阶对称张量的所有性质。需要特别指出的是：在坐标变换时，变形率张量的每个分量都将发生变化，但存在三个不随坐标变换而改变的不变量，且都是实数，现考查第一不变量I_1的物理意义。

由张量知识可知变形率张量s_{ij}的第一不变量：

$$I_1 = s_{11} + s_{22} + s_{33} = s_{ii} = \frac{\partial v_i}{\partial x_i} = \mathrm{div}\boldsymbol{v} \tag{6-20}$$

根据散度的定义式（1-11），有

$$\mathrm{div}\boldsymbol{v} = \lim_{\delta V \to 0} \frac{\oiint_S v_n \mathrm{d}S}{\delta V} \tag{6-21}$$

式（6-21）表明通过封闭曲面S的速度通量$\oiint_S v_n \mathrm{d}S$等于体积δV的变化率，即

$$\mathrm{div}\boldsymbol{v} = \frac{1}{\delta V}\frac{\mathrm{d}(\delta V)}{\mathrm{d}t} \tag{6-22}$$

由此可知，s_{ij}的第一不变量I_1就是速度的散度$\mathrm{div}\boldsymbol{v}$，其物理意义是表示相对体积变化率。

根据二阶对称张量的性质，变形率张量s_{ij}必有三个皆为实数的主值，且恒有三个互相正交的主轴，以这三个主轴为正交直角坐标系，可得s_{ij}的标准形式：

$$s_{ij} = \begin{bmatrix} \varepsilon_1' & 0 & 0 \\ 0 & \varepsilon_2' & 0 \\ 0 & 0 & \varepsilon_3' \end{bmatrix} \tag{6-23}$$

由于非对角元素皆为 0，可知主轴之间的夹角不发生剪切变形，也就是说流体微团在主轴上的质点线段元以ε_i'相对拉伸速度变形，变形后质点线段元仍在主轴方向。这表明在主轴坐标系中，只有线变形而没有角变形。在主轴坐标系中，如果各个方向的变形都一样，则称为**各向同性变形运动**，此时有

$$s_{11}=s_{22}=s_{33}=\frac{1}{3}s_{kk} \tag{6-24}$$

于是可以将 s_{ij} 分成两部分，即

$$s_{ij}=\frac{1}{3}s_{kk}\delta_{ij}+\left(s_{ij}-\frac{1}{3}s_{kk}\delta_{ij}\right) \tag{6-25}$$

式中，$\frac{1}{3}s_{kk}\delta_{ij}$ 表示各向同性的均匀膨胀变形，$\left(s_{ij}-\frac{1}{3}s_{kk}\delta_{ij}\right)$ 表示只有形状变化而无体积变化的变形运动，也就是说一般的变形运动 s_{ij} 可以分为均匀膨胀变形和无体积变化变形两部分。对不可压缩流体而言，由连续方程可知 $s_{kk}=0$，故只有形状变化而无体积变化。

6.1.3　应力张量

1. 黏性流体的表面应力

在 2.2.3 节中已经介绍过作用在流体上的力包括质量力和表面力。对于均质流体，由于质量力和体积成正比，作用在 M 点上单位质量力 $\boldsymbol{f}$ 是空间坐标和时间的函数，若 $\boldsymbol{f}$ 为有限值，则作用在微元体上的质量力是三阶无穷小量；而表面力和面积成正比，单位面积上的表面力即为应力，用 $\boldsymbol{p}_n$ 表示，若 $\boldsymbol{p}_n$ 为有限值，则作用在微元面积上的表面力是二阶无穷小量。

需要注意的是 $\boldsymbol{p}_n$ 不仅是 x,y,z,t 的函数，还取决于作用面的方位。如图 6-5 所示，$\boldsymbol{p}_n$ 实际上是某时刻在 M 点上，$\boldsymbol{n}$ 所指一侧的流体对 $\mathrm{d}A$ 另一侧流体的作用力。在图 6-5 中，若用 $\boldsymbol{p}_{-n}$ 表示位于 $-\boldsymbol{n}$ 方向的流体质点作用在 $\mathrm{d}A$ 面上的应力，则根据作用力与反作用力的关系，有

$$\boldsymbol{p}_{-n}\mathrm{d}A=-\boldsymbol{p}_n\mathrm{d}A \quad 或 \quad \boldsymbol{p}_{-n}=-\boldsymbol{p}_n \tag{6-26}$$

显然，通过 M 点可以作出无数个不同法线方向的面，在这些面上都有各自不同的表面应力矢量 $\boldsymbol{p}_n$ 的作用，而这些 $\boldsymbol{p}_n$ 是各不相同的，因此应力矢量 $\boldsymbol{p}_n$ 还是其作用面法线方向 $\boldsymbol{n}$ 的函数。在一般情况下，应力矢量 $\boldsymbol{p}_n$ 的方向与作用面的法线方向 $\boldsymbol{n}$ 并不一样，$\boldsymbol{p}_n$ 除了在 $\boldsymbol{n}$ 向的分量 p_{nn} 以外，还有作用面切线方向的分量 $p_{n\tau}$，只有当 $p_{n\tau}=0$ 时，$\boldsymbol{p}_n$ 的方向才与 $\boldsymbol{n}$ 一致。例如在流体静力学中，作用在静止流体表面的应力只有法线方向应力而没有切线方向应力，且应力大小与作用面所在的方位无关，也就是说一点的静压力在各个方向相等，是一标量；再如对于运动的理想流体，由于忽略了流体黏性，故同样没有切线方向应力，其应力分布与静止流体的应力分布相同。但是由于实际流体都是有黏性的，法线方向应力与切线方向应力同时存在，因此黏性流体的应力并不一定垂直于作用面，而且应力和其作用面的方向有关，即在流体内部同一空间点而不同方向的作用面上，流体所受应力是不相等的。

2. 应力张量的定义

下面讨论表面应力矢量 $\boldsymbol{p}_n$ 与作用面方位 $\boldsymbol{n}$ 的关系，并引出应力张量的概念。为了研究一点处面积元上的表面力，在运动的黏性流体中取一微元四面体 $OABC$，如图 6-6 所示。其侧面 OAB,OBC,OAC 分别垂直于 x 轴、y 轴和 z 轴，底面 ABC 的法线单位矢量为 $\boldsymbol{n}$，有

$$\boldsymbol{n}=\cos(\boldsymbol{n},x)\boldsymbol{i}+\cos(\boldsymbol{n},y)\boldsymbol{j}+\cos(\boldsymbol{n},z)\boldsymbol{k} \quad 或 \quad \boldsymbol{n}=n_x\boldsymbol{i}+n_y\boldsymbol{j}+n_z\boldsymbol{k} \tag{6-27}$$

该四面体相当于将一微元六面体截取一角，设 OAB,OBC,OAC,ABC 的面积分别为 $\mathrm{d}A_x,\mathrm{d}A_y,\mathrm{d}A_z,\mathrm{d}A$，则各面积之间存在以下关系：

$$\mathrm{d}A_x=\cos(\boldsymbol{n},x)\mathrm{d}A=n_x\mathrm{d}A,\ \mathrm{d}A_y=\cos(\boldsymbol{n},y)\mathrm{d}A=n_y\mathrm{d}A,\ \mathrm{d}A_z=\cos(\boldsymbol{n},z)\mathrm{d}A=n_z\mathrm{d}A \tag{6-28}$$

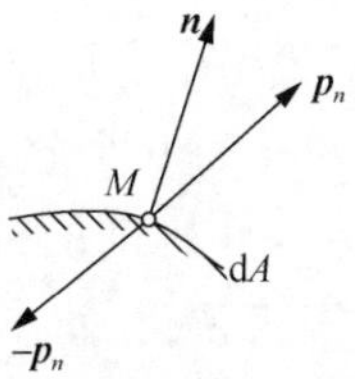

图 6-5　应力 $\boldsymbol{p}_n$ 与方位 $\boldsymbol{n}$ 的关系

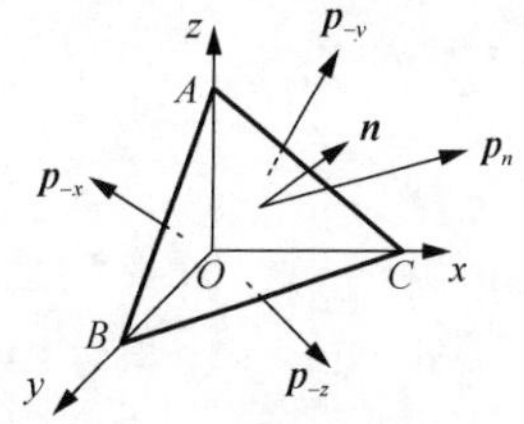

图 6-6　四面体的应力

同时可得四面体的体积 $\mathrm{d}V = h\mathrm{d}A/3$，其中 h 为 O 点到底面 ABC 的距离。如果四面体相似地缩小为一点，则 h 为一阶小量，$\mathrm{d}A$ 为二阶小量，$\mathrm{d}V$ 为三阶小量。

现分析四面体 $OABC$ 的受力和力矩。作用在四面体上的力包括质量力和表面力两种，而质量力中包括了惯性力，根据达朗贝尔原理，这些力及其力矩应当平衡。由于质量力与四面体的质量成正比，从而也正比于四面体体积，故为三阶无穷小量；表面力与四面体表面积成正比，故为二阶无穷小量。因此当四面体体积缩小到一点时，可不考虑质量力及其力矩，认为作用在四面体各表面的合力及其合力矩均为零。

因四面体的各表面 OAB,OBC,OAC,ABC 的外法线方向分别为 $-x,-y,-z,\boldsymbol{n}$，故各面上的应力矢量可表示为 $\boldsymbol{p}_{-x},\boldsymbol{p}_{-y},\boldsymbol{p}_{-z},\boldsymbol{p}_n$，这里应力与作用面并不垂直。各个面上总的表面力分别为 $\boldsymbol{p}_{-x}\mathrm{d}A_x,\boldsymbol{p}_{-y}\mathrm{d}A_y,\boldsymbol{p}_{-z}\mathrm{d}A_z,\boldsymbol{p}_n\mathrm{d}A$，于是可列出各表面力的平衡关系：

$$\boldsymbol{p}_{-x}\mathrm{d}A_x + \boldsymbol{p}_{-y}\mathrm{d}A_y + \boldsymbol{p}_{-z}\mathrm{d}A_z + \boldsymbol{p}_n\mathrm{d}A = 0 \tag{6-29}$$

由式（6-26）中的 $\boldsymbol{p}_{-n} = -\boldsymbol{p}_n$，可知：

$$\boldsymbol{p}_{-x} = -\boldsymbol{p}_x, \boldsymbol{p}_{-y} = -\boldsymbol{p}_y, \boldsymbol{p}_{-z} = -\boldsymbol{p}_z \tag{6-30}$$

将式（6-28）和式（6-30）代入式（6-29）可得

$$\boldsymbol{p}_n = \boldsymbol{p}_x n_x + \boldsymbol{p}_y n_y + \boldsymbol{p}_z n_z \tag{6-31}$$

式（6-31）表明，任一法线方向为 $\boldsymbol{n}$ 的面上的应力矢量 $\boldsymbol{p}_n$ 可以用三个坐标面上的应力 $\boldsymbol{p}_x$，$\boldsymbol{p}_y$，$\boldsymbol{p}_z$ 求出，式（6-31）在直角坐标系中的投影可以表示为

$$\begin{cases} p_{nx} = p_{xx}n_x + p_{yx}n_y + p_{zx}n_z \\ p_{ny} = p_{xy}n_x + p_{yy}n_y + p_{zy}n_z \\ p_{nz} = p_{xz}n_x + p_{yz}n_y + p_{zz}n_z \end{cases} \tag{6-32}$$

式（6-32）可写为

$$\boldsymbol{p}_n = \boldsymbol{n}\cdot\boldsymbol{P} \tag{6-33}$$

式中，

$$\boldsymbol{P} = \begin{bmatrix} p_{xx} & p_{xy} & p_{xz} \\ p_{yx} & p_{yy} & p_{yz} \\ p_{zx} & p_{yz} & p_{zz} \end{bmatrix} \tag{6-34}$$

根据张量识别定理，$\boldsymbol{P}$ 是二阶张量，可表示为 $\boldsymbol{P} = p_{ij}$，称为**应力张量**。$\boldsymbol{P}$ 有 9 个分量，其中 p_{xx},p_{yy},p_{zz} 对应法线方向应力分量，$p_{xy},p_{yx},p_{xz},p_{zx},p_{yz},p_{zy}$ 对应切线方向应力分量，应力张量各分量的两个下标中，第一个下标代表应力作用面的法线方向，第二个下标代表应力在坐标轴的投影方向，如图 6-7 所示。例如 p_{yz} 表示作用于外法线方向为 y 轴的面积元上的应力

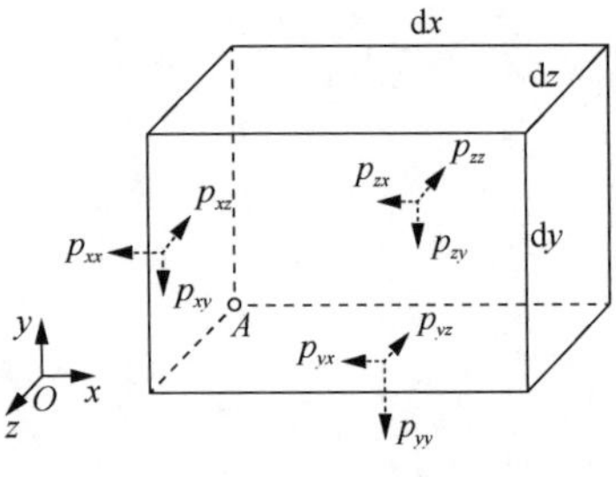

图 6-7　黏性流体的应力张量

矢量 $\boldsymbol{p}_y$ 在 z 轴上的投影分量。

式（6-33）描述了表面应力矢量 $\boldsymbol{p}_n$ 与作用面外法线方向单位矢量 $\boldsymbol{n}$ 的关系，并且引出了有 9 个分量的应力张量 $\boldsymbol{P}$。需要注意的是表面应力矢量 $\boldsymbol{p}_n$ 与作用面的方位 $\boldsymbol{n}$ 有关，即黏性流体内部任意一点的应力状态取决于 $\boldsymbol{p}_n$ 和 $\boldsymbol{n}$ 两个矢量。但是应力张量 $\boldsymbol{P}$ 则完全表达了给定点及给定时刻的应力状态，也就是说一旦某时刻面积元的外法线方向单位矢量 $\boldsymbol{n}$ 确定以后，则该面积上的应力矢量 $\boldsymbol{p}_n$ 就随之确定，因此应力张量 $\boldsymbol{P}$ 只与空间点位置和时间有关。此外根据张量知识可知，应力张量的各分量与坐标系的选择有关，但应力本身不依赖于坐标系的选取，它只是空间点和时间的函数。

式（6-33）可以写成张量的形式：

$$p_j = n_i \cdot p_{ij} \tag{6-35a}$$

式中，p_j 表示应力矢量；n_i 表示作用面的法线方向单位矢量。

可以看出黏性流体内部任意一点的应力状态取决于 $\boldsymbol{p}_n$ 和 $\boldsymbol{n}$ 两个矢量，应力张量为二阶张量：

$$\boldsymbol{P} = \boldsymbol{n}\boldsymbol{p}_n \quad 或 \quad p_{ij} = n_i p_j \tag{6-35b}$$

3. 应力张量的对称性

应力张量 p_{ij} 是对称张量，现证明其对称性。

在流体内部任取体积元 V，其界面为 S，在 V 内取一点 O 为力矩参考点（矩心），$\boldsymbol{r}$ 为矩心到任一点的矢径，由于作用在 S 表面上的合面力矩等于零，可得

$$0 = \oiint_S \boldsymbol{r} \times \boldsymbol{p}_n \mathrm{d}S = \oiint_S \varepsilon_{ijk} x_j p_k \mathrm{d}S \tag{6-36}$$

由式（6-35a）可得 $p_k = n_l p_{lk}$，将其代入式（6-36）得

$$\oiint_S \varepsilon_{ijk} x_j n_l p_{lk} \mathrm{d}S = 0 \tag{6-37a}$$

根据高斯公式（1-74），将式（6-37a）中的面积分改写为体积分形式，可得

$$\oiint_S \varepsilon_{ijk} x_j n_l p_{lk} \mathrm{d}S = \iiint_V \varepsilon_{ijk} \frac{\partial (x_j p_{lk})}{\partial x_l} \mathrm{d}V = \iiint_V \varepsilon_{ijk} \left(p_{lk} \frac{\partial x_j}{\partial x_l} + x_j \frac{\partial p_{lk}}{\partial x_l} \right) \mathrm{d}V = 0 \tag{6-37b}$$

式（6-37b）中 x_j 对应矢径 $\boldsymbol{r}$，由于 O 点在体积元 V 内，所以 x_j 是一阶无穷小量，而 p_{lk} 是一个已知的有限值，因此对微元体来讲，式（6-37b）中被积函数的第 2 项与第 1 项相比是高阶无穷小量，可忽略不计，再将 $\dfrac{\partial x_j}{\partial x_l} = \delta_{jl}$ 代入，于是式（6-37b）可简化为

$$\iiint_V \varepsilon_{ijk} p_{jk} \mathrm{d}V = 0 \tag{6-37c}$$

由于体积元 V 是任意选取的，故积分号可去掉，可得 $\varepsilon_{ijk} p_{jk} = 0$，同理可得 $\varepsilon_{ikj} p_{kj} = 0$。

当 i, j, k 各不相等时，有 $\varepsilon_{ijk} \neq 0$，由 $\varepsilon_{ijk} = -\varepsilon_{ikj}$ 可知：

$$\varepsilon_{ijk} p_{jk} + \varepsilon_{ikj} p_{kj} = 0，即 \varepsilon_{ijk}(p_{jk} - p_{kj}) = 0 \tag{6-37d}$$

于是

$$p_{jk} = p_{kj} \tag{6-38}$$

这就证明了应力张量 p_{ij} 是二阶对称张量，其只有6个独立的分量，它同时具有对称张量的所有性质，例如：

（1）应力张量有三个互相垂直的主轴方向，在主轴坐标系中，应力张量可写成下列对角线形式：

$$\boldsymbol{P}=\begin{bmatrix} p'_{11} & 0 & 0 \\ 0 & p'_{22} & 0 \\ 0 & 0 & p'_{33} \end{bmatrix} \tag{6-39}$$

式中，p'_{11},p'_{22},p'_{33} 称为**法线方向主应力**。因此在与主轴方向垂直的面上只有法线方向应力，而切线方向应力为零。

（2）应力张量有三个不变量，分别为

$$\begin{cases} I_1 = p_{11}+p_{22}+p_{33} \\ I_2 = p_{11}p_{22}+p_{22}p_{33}+p_{11}p_{33}-p_{23}^2-p_{31}^2-p_{12}^2 \\ I_3 = p_{11}p_{22}p_{33}-2p_{12}p_{23}p_{31}-p_{22}p_{31}^2-p_{33}p_{12}^2-p_{11}p_{23}^2 \end{cases} \tag{6-40}$$

（3）对理想流体或静止流体，切线方向应力为零，则 $p_{ij}=-p\delta_{ij}$。当 $i=j$ 时，三个正应力的大小都是 p，式中负号表示正应力方向为作用面的外法线方向。

4. 静止流体的应力张量

根据流体力学知识，静止流体是不能承受剪切应力的，由此得到结论，在静止流体内部，应力总是与它所在的作用面垂直，即 $\boldsymbol{p}_n$ 的方向与作用面法线方向 $\boldsymbol{n}$ 重合。在直角坐标系中，三个坐标面上的应力 $\boldsymbol{p}_x,\boldsymbol{p}_y,\boldsymbol{p}_z$，其法线方向应力 p_{xx},p_{yy},p_{zz} 不等于零，而其切线方向应力皆为零，即 $p_{xy}=p_{yz}=p_{zx}=0$，由式（6-32）可得

$$p_{nx}=n_x p_{xx},\ p_{ny}=n_y p_{yy},\ p_{nz}=n_z p_{zz} \tag{6-41a}$$

同时考虑到应力矢量 $\boldsymbol{p}_n$ 只有法线方向的分量 p_{nn}，可表示为 $\boldsymbol{p}_n=p_{nn}\boldsymbol{n}$，其分量形式为

$$p_{nx}=p_{nn}n_x,\ p_{ny}=p_{nn}n_y,\ p_{nz}=p_{nn}n_z \tag{6-41b}$$

对比式（6-41a）和式（6-41b）得

$$p_{xx}=p_{yy}=p_{zz}=p_{nn} \tag{6-42}$$

现令 $p_{nn}=-p$，其中负号表示在表面力 $\boldsymbol{p}_n=p_{nn}\boldsymbol{n}=-p\boldsymbol{n}$ 作用下流体受压，故 p 称为压强，于是静止流体的应力张量可表示为

$$\boldsymbol{P}=p_{ij}=-p\begin{bmatrix} 1 & 0 & 0 \\ 0 & 1 & 0 \\ 0 & 0 & 1 \end{bmatrix}=-p\delta_{ij} \tag{6-43}$$

由此可见，在静止流体内，只要用一个标量函数，即压强函数 p，便可以表示任一点上的应力状态。

6.2 黏性流体的本构方程

反映物质宏观物理性质的数学模型称为**本构方程或本构关系**。我们知道，物体的应力与运动学参数之间存在一定关系，在弹性力学中这种关系可以用胡克定律来表示，即弹性固体

中应力与应变成正比。对于流体，由于不同流体间的性质差异较大，这种关系也有不同的类型。对大多数流体而言，例如空气和水，应力与应变变形率成正比，或者说应力张量和变形率张量之间存在着线性关系，这一关系就是黏性流体的本构方程。

黏性流体的本构方程应符合两个基本原则：可表性原则和客观性原则。所谓可表性原则是指应力张量和变形率张量都是张量，因此本构方程应是张量方程，要符合张量的运算法则。例如流体微团的应力张量 p_{ij} 是二阶对称张量，而且变形率张量 s_{ij} 也是二阶对称张量，关系式 $p_{ij}=\alpha s_{ij}$（α 是标量）在任何坐标系中都是二阶对称张量之间的关系，符合可表性原则。客观性原则是指本构方程为物性关系，其与参考坐标系无关。例如有两个观察者，一个在固定的参照系中，一个在相对运动的参照系中，这两个观察者得到的本构方程是相同的，即本构方程的函数关系是不依赖于参照系的刚性运动。换言之，不论参照系做何运动，本构关系始终保持不变，本构方程与状态方程一样，在地球和月球上都是相同的。

黏性流体的本构方程可通过两种方法来获得，一种是基于分子运动的统计力学方法，另一种是将理论力学与实验相结合，即在实验基础上进行数学推导的方法。本书采用第二种方法来建立黏性流体的本构方程。

6.2.1　牛顿流体的本构方程

1. 牛顿流体的特点

黏性作为实际流体的一个重要宏观物理性质，它是可以通过流体的本构方程来反映的。在流体力学中，通常将黏性应力张量 p_{ij} 和变形率张量 s_{ij} 之间具有线性各向同性函数关系的流体定义为**牛顿流体**。例如：常温常压下的空气、水、酒精、稀油等都属于牛顿流体。牛顿流体是一种简单的**非记忆性流体**，即流体质点的应力状态只与当时该点的流体变形状态有关，而与该点的应力历史无关，或者说流体质点的应力状态对流体变形是瞬时响应的。

根据对黏性流体做直线层状运动时的实验观察，牛顿认为黏性切应力与层间速度梯度成正比，提出了两层流体间的牛顿黏性应力公式，即 $\tau=\mu\dfrac{\mathrm{d}v_x}{\mathrm{d}y}$。因在层状运动中 $\dfrac{\partial v_y}{\partial x}=0$，故牛顿黏性应力公式右侧的速度梯度实际上是变形率张量的分量 s_{xy} 的 2 倍，公式左侧的黏性切应力则是应力张量的分量 τ_{xy}，故牛顿黏性应力公式又可以表示为

$$\tau_{xy}=\mu\left(\frac{\partial v_y}{\partial x}+\frac{\partial v_x}{\partial y}\right)=2\mu s_{xy} \tag{6-44}$$

应该指出牛顿黏性应力公式只适合于剪切流动这一简单情形，它给出了一种简单的应力张量分量和变形率张量分量之间的关系，但是实际遇到的流动往往非常复杂，通常采用理论推演的方法，得到一般形式的应力张量 p_{ij} 和变形率张量 s_{ij} 之间的关系。

2. 斯托克斯三假设

1845 年，英国物理学家斯托克斯将牛顿黏性应力公式推广到黏性流体的任意流动情形中，提出了斯托克斯三假设，下面我们就在这三个假设的基础上，推导适用于一般情况的牛顿流体本构方程。

【假设 6-1】　流体是连续的，流体的应力张量 p_{ij} 是变形率张量 s_{ij} 的线性函数。

根据此假设，应力张量可以表示为

$$p_{ij} = as_{ij} + b\delta_{ij} \tag{6-45}$$

式中，s_{ij} 由式（6-4a）表示；δ_{ij} 为二阶单位张量；a、b 为标量常量。

【假设 6-2】 流体是各向同性的，即流体的物理性质与方向无关。

根据此假设，流体的所有性质，如黏性、热传导性等在每点的各个方向上都是相同的，流体的性质不依赖于方向或坐标系的转换。这样无论坐标系如何变换都不会影响应力张量与变形率张量之间的关系。在工程中，可以认为所有气体都具有各向同性性质，且大部分简单液体（如水）也是各向同性的；而含长链分子的浮液或溶液可能呈现出某种方向性，为各向异性流体，其不在本节考虑之列。

【假设 6-3】 由于静止状态只是运动的特例，因此运动流体的应力张量在运动停止后，应趋于静止流体的应力张量。

当流体静止时，黏性切应力 τ_{ij} 等于零，由流体静力学知识可知，此时流体内部任意一点的压强与方向无关，流体中的应力仅有正应力，其大小就是流体的静压强，应力张量可记为

$$\boldsymbol{P} = p_{ij} = -p\delta_{ij} \tag{6-46}$$

式中，负号表示压强的方向总与微元体外法线方向相反。

3. 黏性流体应力分解

1）应力张量的分解

根据假设 6-3 中静止流体应力张量的特点，结合张量运算法则，可以将应力张量分解为各向同性部分 $-\varPi\delta_{ij}$ 和各向异性部分 τ_{ij} 之和的形式，即

$$\boldsymbol{P} = p_{ij} = -\varPi\delta_{ij} + \tau_{ij} \tag{6-47a}$$

写成分量形式为

$$\boldsymbol{P}=\begin{bmatrix} p_{11} & p_{12} & p_{13} \\ p_{21} & p_{22} & p_{23} \\ p_{31} & p_{32} & p_{33} \end{bmatrix}=\begin{bmatrix} -\varPi & 0 & 0 \\ 0 & -\varPi & 0 \\ 0 & 0 & -\varPi \end{bmatrix}+\begin{bmatrix} \tau_{11} & \tau_{12} & \tau_{13} \\ \tau_{21} & \tau_{22} & \tau_{23} \\ \tau_{31} & \tau_{32} & \tau_{33} \end{bmatrix} \tag{6-47b}$$

式（6-47a）中，$-\varPi\delta_{ij}$ 是应力的各向同性部分，其中 $\varPi$ 为标量函数，包括了热力学压强和运动相关部分，是根据纯力学考虑定义出来的运动流体的压力函数。当流体静止时，流体内部不存在黏性应力，此时 $\varPi$ 等于流体的静压强 p，也就是热力学压强；但流体在运动状态下，各向同性应力 $\varPi$ 不等于流体的热力学压强 p。

式（6-47a）中，τ_{ij} 表示应力张量除去各向同性部分后得到的张量，称为**偏应力张量**，当运动消失时它趋于零，可见它能够反映流体偏离静止应力状态的程度。可以证明，偏应力张量与旋转无关，只与变形有关。由于应力张量 p_{ij} 及其各向同性部分均为二阶对称张量，故偏应力张量 τ_{ij} 也是二阶对称张量。

2）各向同性应力张量和变形率张量的线性关系

由于流体在运动状态下，各向同性应力 $\varPi\delta_{ij}$ 不等于流体的热力学压强 p，因此可以把 $-\varPi\delta_{ij}$ 分成两部分，即

$$-\varPi\delta_{ij} = (\pi - p)\delta_{ij} \tag{6-48}$$

式中，p 是流体的静压强，它是流体的状态参数，与流体的变形率没有直接关系；π 与 p 一样也是标量，代表各向同性应力中与流体流动有关的部分。根据斯托克斯假设 6-1 的线性关

系，π 同样应是流体变形率张量 s_{ij} 的线性函数，但由于 π 是标量，而在流体变形率张量 s_{ij} 所表示的二阶张量中，只有它的迹 s_{kk}（对角线上三项之和）是线性标量函数，故必有 $\pi=\lambda s_{kk}$（λ 为反映流体物性的标量），从而可得牛顿流体的各向同性应力张量 $-\varPi\delta_{ij}$ 为

$$-\varPi\delta_{ij}=(-p+\lambda s_{kk})\delta_{ij} \tag{6-49}$$

3）偏应力张量和变形率张量的线性关系

偏应力张量 τ_{ij} 是二阶对称张量，由假设 6-1 可认为 τ_{ij} 是变形率张量 s_{ij} 的线性齐次函数，再结合牛顿黏性应力公式（6-44），可将偏应力张量表示为

$$\tau_{ij}=2\mu s_{ij} \tag{6-50}$$

式中，μ 为流体的动力黏度，由实验确定。

需要注意的是，式（6-50）中认为 τ_{ij} 是变形率张量 s_{ij} 的线性齐次函数，但这种线性齐次关系纯粹是一种假设，它只是牛顿内摩擦定律在逻辑上的推广，其合理性需要从理论与实验符合与否加以验证。因此，该公式并不是严格的数学推导，而是基于实验结论的推演，故该方法称为**演绎法**。

4）牛顿流体的应力张量

将各向同性应力张量关系式（6-49）和偏应力张量关系式（6-50）代入式（6-47a）可得黏性流体应力张量的表达式为

$$p_{ij}=-\varPi\delta_{ij}+\tau_{ij}=(-p+\lambda s_{kk})\delta_{ij}+2\mu s_{ij} \tag{6-51}$$

式（6-51）称为牛顿流体的本构关系。当 $i=j$ 时，存在 $-\frac{1}{3}p_{ii}=p-\left(\lambda+\frac{2}{3}\mu\right)s_{kk}$，可见 λ 与 μ 具有相同的量纲，为了与常用的黏度定义保持一致，引入符号 $\mu'=\lambda+\frac{2}{3}\mu$，则

$$\lambda=\mu'-\frac{2}{3}\mu \tag{6-52}$$

将式（6-52）代入式（6-49），可得到各向同性应力张量 $-\varPi\delta_{ij}$ 为

$$-\varPi\delta_{ij}=-p\delta_{ij}-\frac{2}{3}\mu s_{kk}\delta_{ij}+\mu' s_{kk}\delta_{ij} \tag{6-53}$$

将式（6-52）代入式（6-51），可得到应力张量为

$$p_{ij}=\left[-p+\left(\mu'-\frac{2}{3}\mu\right)s_{kk}\right]\delta_{ij}+2\mu s_{ij} \tag{6-54}$$

式（6-54）是牛顿流体本构方程的最终形式，又称为**广义牛顿公式**。为便于区分，通常将式（6-54）中的动力黏度 μ 又称为第一黏度系数，μ' 称为第二黏度系数。因式中的 $s_{kk}=s_{11}+s_{22}+s_{33}=\partial v_i/\partial x_i=\nabla\cdot\boldsymbol{v}$ 表示流场的散度，同时也是质点的体积膨胀率，因此本构方程表明牛顿流体的质点应力状态由以下三部分组成。

（1）$-p\delta_{ij}$：表示热力学压强。

（2）$\left(\mu'-\frac{2}{3}\mu\right)s_{kk}\delta_{ij}$：表示由体积膨胀率引起的各向同性黏性应力。

（3）$2\mu s_{ij}$：由流体变形率引起的黏性应力，即偏应力张量。其中（1）可通过平衡态关系式确定，（2）、（3）需通过不可逆热力学关系式确定。

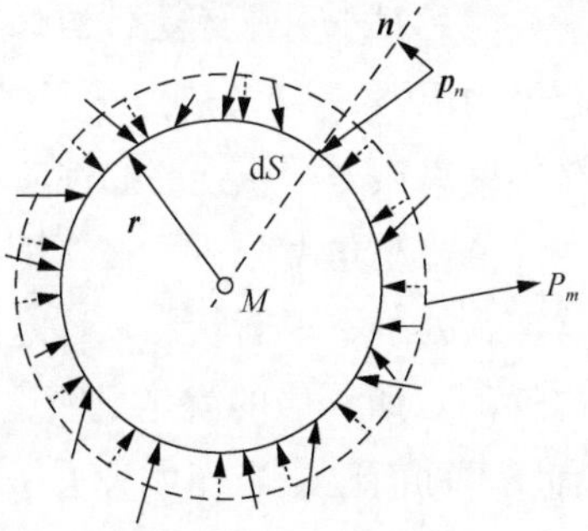

图 6-8　平均压力 P_m

4. 第二黏度系数 μ' 的物理意义

如图 6-8 所示，在空间一固定点 M 上，考虑其周围不同法线方向 $\boldsymbol{n}$ 的所有面上法线方向应力的平均值，也就是以 M 为中心，以 $\boldsymbol{r}$ 为半径的无限小球面 S 上的法线方向应力的平均值，将其定义为 M 点的**平均压力**，用符号 P_m 表示。

根据平均压力的定义，可得

$$P_m=\lim_{r\to 0}\left[-\frac{1}{4\pi r^2}\oiint_S \boldsymbol{n}\cdot\boldsymbol{p}_n\mathrm{d}S\right]=\lim_{r\to 0}\left[-\frac{1}{4\pi r^2}\oiint_S n_i(n_j p_{ij})\mathrm{d}S\right] \tag{6-55}$$

应用高斯公式可得

$$\oiint_S n_i(n_j p_{ij})\mathrm{d}S=\iiint_V \frac{\partial(n_j p_{ij})}{\partial x_i}\mathrm{d}V=\iiint_V\left(p_{ij}\frac{\partial n_j}{\partial x_i}+n_j\frac{\partial p_{ij}}{\partial x_i}\right)\mathrm{d}V \tag{6-56a}$$

式中应力张量 p_{ij} 本应在面积 S 上取值，但当 $\boldsymbol{r}\to 0$ 时体积趋于无限小，p_{ij} 可转移到 M 点取值，即 p_{ij} 取作 M 点的应力张量，它与周围位置无关，是一个常量，因此有 $\dfrac{\partial p_{ij}}{\partial x_i}=0$，且 p_{ij} 可移到积分号外面；同时球面的法线方向单位矢量可表示为 $n_j=\dfrac{x_j}{r}$，于是式（6-56a）可整理为

$$\iiint_V\left(p_{ij}\frac{\partial n_j}{\partial x_i}+n_j\frac{\partial p_{ij}}{\partial x_i}\right)\mathrm{d}V=\iiint_V p_{ij}\frac{\partial n_j}{\partial x_i}\mathrm{d}V=p_{ij}\frac{1}{r}\iiint_V\frac{\partial x_j}{\partial x_i}\mathrm{d}V=p_{ij}\frac{1}{r}\delta_{ij}\iiint_V\mathrm{d}V=\frac{p_{ij}}{r}\delta_{ij}V \tag{6-56b}$$

将式（6-56b）代入式（6-55）并求极限得

$$P_m=\lim_{r\to 0}\left[-\frac{1}{4\pi r^2}\frac{p_{ij}}{r}V\delta_{ij}\right]=\lim_{r\to 0}\left[-\frac{p_{ij}}{4\pi r^3}\frac{4\pi r^3}{3}\delta_{ij}\right]=-\frac{1}{3}p_{ij}\delta_{ij}=-\frac{1}{3}p_{ii} \tag{6-57a}$$

于是有

$$P_m=-\frac{1}{3}(p_{11}+p_{22}+p_{33}) \tag{6-57b}$$

式（6-57b）表明流场中任一点上所有法线方向应力的平均值，等于过此点三个互相垂直的坐标轴方向法线方向应力的算术平均值再取负值，显然这正是应力张量的第一不变量，它是一个不随坐标系改变的不变量。由于平均压力 P_m 是人为规定的平均值，其在本质上并不等于热力学压强。

将广义牛顿公式（6-54）代入式（6-57b）可得

$$P_m=-p+\mu' s_{kk}=-p+\mu'\mathrm{div}\boldsymbol{v} \tag{6-58}$$

式中，$s_{kk}=\nabla\cdot\boldsymbol{v}$ 是流场的散度，也是质点的体积膨胀率。可得出如下结论。

（1）对于不可压缩黏性流体，$s_{kk}=\nabla\cdot\boldsymbol{v}=0$，故 $P_m=-p$，即不可压缩流体在任一点处的法线方向应力平均值等于该点的热力学压强，此时本构关系中的第二黏性系数 μ' 自动不出现。

（2）对于可压缩黏性流体，在运动过程中，流体微团的体积发生了膨胀或压缩，它将引起平均压强 P_m 偏离热力学压强，其偏离值为 $\mu'\mathrm{div}\boldsymbol{v}$，由此可见 μ' 反映的是由体积变化引起的流体偏离热力学压强的黏性应力。因此，第二黏性系数 μ' 又称为膨胀黏性系数。

从微观角度分析，在压缩或膨胀时，气体体积发生变化，气体从一个状态过渡到另一个状态，处于不平衡状态，这是一个不可逆的过程，系统熵增，从而产生由膨胀或压缩引起的内耗，μ' 所对应的就是反映这类内耗大小的黏性系数。真实气体都存在内耗和 μ'，只是大小有所不同而已，当气体失去平衡又恢复到新的平衡所需的时间（即弛豫时间）比宏观运动状态改变所需的时间短时，气体可近似认为处于平衡状态，此时由内耗引起的黏性应力要远小于压强值，可以忽略不计。实际上，除高温、高频声波等极端情况外，对一般情况下的气体运动而言，均可近似地认为 $\mu'=0$，这一结论在分子运动论中已经得到了证明。

在 1880 年，斯托克斯指出“平均压强不仅依赖于热力学压强 p，还与膨胀率 $\mathrm{div}\boldsymbol{v}$ 有关”的说法是不合理的，于是提出了 $\mu'=0$ 的假设，有学者称之为斯托克斯第四假设。将 $\mu'=0$ 代入广义牛顿公式（6-54）中，可得牛顿流体本构方程的简化形式为

$$p_{ij}=-p\delta_{ij}+2\mu\left(s_{ij}-\frac{1}{3}s_{kk}\delta_{ij}\right) \tag{6-59}$$

对于不可压缩流体，$s_{kk}=0$，式（6-59）可以简化为

$$p_{ij}=-p\delta_{ij}+2\mu s_{ij} \tag{6-60}$$

从理论上讲，广义牛顿公式成立的基础是偏应力张量与速度梯度张量呈线性关系，也就是忽略了速度变化的二阶项及二阶以上的高阶项，粗看起来这样的假设只是对速度梯度比较小的缓慢运动才是对的，例如液体流动或低速空气绕物体的流动。但实践表明，广义牛顿公式的适用范围远远超出人们的想象，它对超声速甚至是高超声速也是适用的，只是在物理量变化极端剧烈的激波层内不适用。这是由于根据不可逆热力学理论可知，黏性力关系式只有在准定常/准平衡小偏离状态下才能适用，因分子碰撞的时间及弛豫时间在 10^{-11}s 数量级，而流体宏观运动的时间单位为 s，在这样的宏观时间内，分子碰撞所留下的影响早已消失，已达到准定常或准平衡状态，所以黏性应力可以用局部速度梯度来表示，而不用考虑运动历史所遗留下来的影响，这和后文所讲的雷诺应力存在本质区别。

6.2.2　非牛顿流体的近似本构方程

应力张量和变形率张量不满足牛顿流体本构关系的流体称为**非牛顿流体**。非牛顿流体广泛存在于生活、生产和大自然之中。例如：悬乳液、聚合物溶液、原油、血液等。

对二维流动，可建立非牛顿流体的切线方向应力与速度梯度之间的关系 $\tau=A+B(\mathrm{d}v_x/\mathrm{d}y)^n$，其中 $\mathrm{d}v_x/\mathrm{d}y$ 是速度梯度，A、B 为常数，由不同情况所确定。

在直角坐标系中，表示流体切线方向应力和速度梯度之间关系的实验曲线称为**流变曲线**。常见的非牛顿流体流变曲线如图 6-9

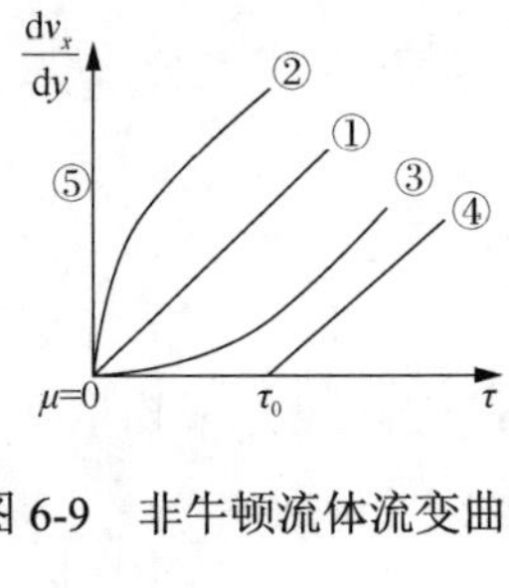

图 6-9　非牛顿流体流变曲线

所示。图中曲线①对应 n=1，表示牛顿流体；曲线②对应 n<1，表示膨胀性流体，该流体黏度随速度梯度的增大而增大，如淀粉糊、乳化液等；曲线③对应 n>1，表示拟塑性流体，该流体黏度随速度梯度的增大而减小，如高分子黏液、纸浆、油漆等；曲线④对应 $n=1, A\neq 0$，表示塑性流体（宾厄姆流体），这种流体只有在克服了某个不发生剪切变形的初始应力之后，其切线方向应力才与速度梯度成正比，如牙膏、凝胶、油墨等；曲线⑤对应坐标轴 y，表示理想流体，μ=0。

目前非牛顿流体在许多领域都有重要应用，已形成独立的学科“非牛顿流体力学”，本书内容只限于研究牛顿流体。

6.3　黏性流体力学基本方程

6.3.1　连续方程

将质量守恒定律应用于运动流体，可推导流体的连续方程，由于方程中不涉及力的作用，因此黏性流体的连续方程和理想流体的连续方程（见 2.2.4 节）是完全一致的，即 $\dfrac{\partial\rho}{\partial t}+\nabla\cdot(\rho\boldsymbol{v})=0$。其中 $\nabla\cdot(\rho\boldsymbol{v})$ 可表示为 $\nabla\cdot(\rho\boldsymbol{v})=\rho\nabla\cdot\boldsymbol{v}+\boldsymbol{v}\cdot\nabla\rho$，再根据随体导数的定义 $\dfrac{\mathrm{d}\rho}{\mathrm{d}t}=\dfrac{\partial\rho}{\partial t}+\boldsymbol{v}\cdot\nabla\rho$，整理连续方程可得

$$\frac{\mathrm{d}\rho}{\mathrm{d}t}+\rho\nabla\cdot\boldsymbol{v}=0 \quad \text{或} \quad \frac{1}{\rho}\frac{\mathrm{d}\rho}{\mathrm{d}t}+\frac{\partial v_i}{\partial x_i}=0 \tag{6-61}$$

式中，$\dfrac{\mathrm{d}\rho}{\mathrm{d}t}$ 为密度的随体导数；$\dfrac{1}{\rho}\dfrac{\mathrm{d}\rho}{\mathrm{d}t}$ 为密度的相对变化率；$\dfrac{\partial v_i}{\partial x_i}$ 为速度的散度，表示体积变化率。

对不可压缩黏性流体，流体密度 ρ 为常数，连续方程简化为 $\dfrac{\partial v_i}{\partial x_i}=0$ 或 $\nabla\cdot\boldsymbol{v}=\mathrm{div}\boldsymbol{v}=0$。该式表明不可压缩黏性流体在流动过程中，速度的散度处处为零，即流体体积既不膨胀也不收缩。

6.3.2　运动方程

对于理想流体，在三个坐标方向上应用牛顿第二定律，可得理想流体的欧拉运动微分方程（见 2.2.5 节）$\dfrac{\partial v_i}{\partial t}+v_j\dfrac{\partial v_i}{\partial x_j}=f_i-\dfrac{1}{\rho}\dfrac{\partial p}{\partial x_i}$。对牛顿流体而言，将 6.2.1 节建立的牛顿流体本构方程（6-59）代入欧拉运动微分方程，用 p_{ij} 替换 $-p\delta_{ij}$，则可将方程中的 $-\dfrac{\partial p}{\partial x_i}$ 项扩展为 $\dfrac{\partial p_{ij}}{\partial x_j}$，可以得到用应力张量表示的黏性流体的运动微分方程：

$$\frac{\partial v_i}{\partial t}+v_j\frac{\partial v_i}{\partial x_j}=f_i+\frac{1}{\rho}\frac{\partial p_{ij}}{\partial x_j} \tag{6-62}$$

将本构方程（6-59）代入式（6-62），可得黏性流体运动微分方程的具体形式为

$$\frac{\partial v_i}{\partial t}+v_j\frac{\partial v_i}{\partial x_j}=f_i+\frac{1}{\rho}\frac{\partial}{\partial x_j}\left[-\left(p+\frac{2}{3}\mu s_{kk}\right)\delta_{ij}+2\mu s_{ij}\right] \tag{6-63}$$

将 $s_{ij}=\frac{1}{2}\left(\frac{\partial v_i}{\partial x_j}+\frac{\partial v_j}{\partial x_i}\right)$ 代入式（6-63），并整理可得

$$\frac{\partial v_i}{\partial t}+v_j\frac{\partial v_i}{\partial x_j}=f_i-\frac{1}{\rho}\frac{\partial p}{\partial x_i}-\frac{1}{\rho}\frac{\partial}{\partial x_i}\left(\frac{2}{3}\mu\frac{\partial v_j}{\partial x_j}\right)+\frac{1}{\rho}\frac{\partial}{\partial x_j}\left[\mu\left(\frac{\partial v_i}{\partial x_j}+\frac{\partial v_j}{\partial x_i}\right)\right] \tag{6-64}$$

式（6-64）称为纳维-斯托克斯（Navier-Stokes，N-S）方程。方程左侧代表单位质量流体的惯性力，可以用随体导数的形式表示为 $\frac{\mathrm{d}v_i}{\mathrm{d}t}$；方程右侧 f_i 代表单位质量流体的质量力，$-\frac{1}{\rho}\frac{\partial p}{\partial x_i}$ 代表单位质量流体的压强梯度力，$-\frac{1}{\rho}\frac{\partial}{\partial x_i}\left(\frac{2}{3}\mu\frac{\partial v_j}{\partial x_j}\right)$ 代表单位质量流体的黏性体积膨胀力，$\frac{1}{\rho}\frac{\partial}{\partial x_j}\left[\mu\left(\frac{\partial v_i}{\partial x_j}+\frac{\partial v_j}{\partial x_i}\right)\right]$ 代表单位质量流体的黏性变形应力，它与流体的动力黏度和变形率张量有关。考虑以下几种特殊情况：

（1）对不可压缩黏性流体，其体积膨胀率 $\frac{\partial v_j}{\partial x_j}=0$，且 $\frac{\partial}{\partial x_j}\left(\frac{\partial v_j}{\partial x_i}\right)=0$，则常黏度牛顿流体的 N-S 方程（6-64）可简化为

$$\frac{\partial v_i}{\partial t}+v_j\frac{\partial v_i}{\partial x_j}=f_i-\frac{1}{\rho}\frac{\partial p}{\partial x_i}+\nu\frac{\partial^2 v_i}{\partial x_j\partial x_j} \tag{6-65}$$

这就是不可压缩黏性流体的运动微分方程，其中 $\nu=\frac{\mu}{\rho}$ 表示流体的运动黏度，通常为常量。

（2）对理想流体，因 $\mu=0$，N-S 方程（6-64）变为欧拉运动微分方程。

（3）若流体静止不动，$\boldsymbol{v}=0$ 代入式（6-65），整理可得

$$\frac{\partial p}{\partial x_i}=\rho f_i \tag{6-66}$$

式（6-66）就是静止流体的欧拉平衡方程。

6.3.3 能量方程

1. 总能量表示能量方程

流体的能量方程来源于热力学第一定律，根据 2.2.6 节内容，控制体的微分形式能量方程可表示为

$$\frac{\partial}{\partial t}\left(u+\frac{1}{2}v_iv_i\right)+v_j\frac{\partial}{\partial x_j}\left(u+\frac{1}{2}v_iv_i\right)=f_iv_i+\frac{1}{\rho}\frac{\partial}{\partial x_j}(p_{ij}v_i)+\frac{1}{\rho}\frac{\partial}{\partial x_j}\left(\lambda\frac{\partial T}{\partial x_j}\right)+\dot{q}_r$$

该方程左侧可以用随体导数的形式表示为$\dfrac{\mathrm{d}}{\mathrm{d}t}\left(u+\dfrac{1}{2}v_iv_i\right)$，于是能量方程变形为

$$\frac{\mathrm{d}}{\mathrm{d}t}\left(u+\frac{1}{2}v_iv_i\right)=f_iv_i+\frac{1}{\rho}\frac{\partial}{\partial x_j}(p_{ij}v_i)+\frac{1}{\rho}\frac{\partial}{\partial x_j}\left(\lambda\frac{\partial T}{\partial x_j}\right)+\dot{q}_r \tag{6-67}$$

式中，$\dfrac{\mathrm{d}}{\mathrm{d}t}\left(u+\dfrac{1}{2}v_iv_i\right)$代表单位质量流体总能量的变化率；$u$ 代表单位质量流体的内能；$\dfrac{1}{2}v_iv_i$ 代表单位质量流体的动能；f_iv_i 代表质量力做功功率；$\dfrac{1}{\rho}\dfrac{\partial}{\partial x_j}(p_{ij}v_i)$ 代表表面力做功功率；$\dfrac{\partial}{\partial x_j}\left(\lambda\dfrac{\partial T}{\partial x_j}\right)$代表单位时间内的净传导热量；$\dot{q}_r$ 代表辐射或其他物理化学原因贡献的能量。

下面重点分析总能量方程中表面力做功功率

$$\frac{\partial}{\partial x_j}(p_{ij}v_i)=v_i\frac{\partial p_{ij}}{\partial x_j}+p_{ij}\frac{\partial v_i}{\partial x_j}=v_i\frac{\partial p_{ij}}{\partial x_j}+p_{ij}s_{ij}=\mathrm{I}+\mathrm{II} \tag{6-68}$$

式中，$\mathrm{I}=v_i\dfrac{\partial p_{ij}}{\partial x_j}$，相当于流体微团以速度 v_i 做刚体运动时，表面力做功功率。这是因为 p_{ij} 为表面力，通过高斯公式变换以后，将它转化成了当量体积力，即将本来按表面分布的表面力从数学上折算成按当量体积分布的力，因此该当量体积力与微团整体速度 v_i 的乘积就是其在整体速度 v_i 下的做功功率。

式（6-68）中的$\mathrm{II}=p_{ij}s_{ij}$，是流体微团做变形运动时的表面力做功功率，即所谓的变形功，该项为标量。将广义牛顿公式（6-54）代入$\mathrm{II}=p_{ij}s_{ij}$ 可得

$$p_{ij}s_{ij}=\left\{\left[-p+\left(\mu'-\frac{2}{3}\mu\right)s_{kk}\right]\delta_{ij}+2\mu s_{ij}\right\}s_{ij}=-ps_{ii}+2\mu\left(s_{ij}s_{ij}-\frac{1}{3}s_{kk}^2\right)+\mu's_{kk}^2 \tag{6-69}$$

由式（6-69）可以看出，应力张量所做的变形功又可以分为三部分：

（1）$-ps_{ii}=-p\mathrm{div}\boldsymbol{v}$ 对应静压力功项，代表体积有相对压缩或膨胀时的静压力做功。

（2）$2\mu s_{ij}s_{ij}-\dfrac{2}{3}\mu s_{kk}^2$ 对应黏性耗散功项，其中 $2\mu s_{ij}s_{ij}$ 表示黏性应力的形变耗散功，$-\dfrac{2}{3}\mu s_{kk}^2$ 表示黏性膨胀耗散功，这两部分耗散功不可逆地将机械能转化成了热能，可认为是流体内部黏性耗散的能量，通常用 ϕ 表示，其具体表达式详见 6.4.3 节介绍。

（3）$\mu's_{kk}^2=\mu'(\mathrm{div}\boldsymbol{v})^2$ 是流体膨胀时黏性所损耗的机械能，该项总是大于 0。但根据斯托克斯提出的 $\mu'=0$ 假设，该项常常可以忽略。

将式（6-68）和式（6-69）代入能量方程（6-67），可得黏性流体的总能量方程为

$$\rho\frac{\mathrm{d}}{\mathrm{d}t}(u+\frac{v_i^2}{2})=\rho f_iv_i+v_i\frac{\partial p_{ij}}{\partial x_j}-ps_{ii}+\phi+\frac{\partial}{\partial x_j}(\lambda\frac{\partial T}{\partial x_j})+\rho\dot{q}_r \tag{6-70}$$

2. *动能方程*

能量方程可以写成多种形式，例如将黏性流体的运动微分方程（6-62）两侧同时点乘 v_i，可以得到动能方程的一般形式，它反映了流体机械能之间的相互转化，即

$$\rho v_i\left(\frac{\partial v_i}{\partial t}+v_j\frac{\partial v_i}{\partial x_j}\right)=\rho v_i f_i+v_i\frac{\partial p_{ij}}{\partial x_j} \tag{6-71}$$

式中，$v_i\dfrac{\partial p_{ij}}{\partial x_j}$ 由式（6-68）整理可得

$$v_i\frac{\partial p_{ij}}{\partial x_j}=\frac{\partial}{\partial x_j}(p_{ij}v_i)-p_{ij}s_{ij} \tag{6-72a}$$

式中，$p_{ij}s_{ij}$可由式（6-69）确定。取μ'=0 得

$$p_{ij}s_{ij}=-ps_{ii}+2\mu s_{ij}s_{ij}-\frac{2}{3}s_{kk}^2=-ps_{kk}+\phi \tag{6-72b}$$

将式（6-72a）和式（6-72b）代入式（6-71），并取单位质量流体的动能$e=\dfrac{v_i^2}{2}$，可得到不可压缩黏性流体的动能方程：

$$\rho\frac{\mathrm{d}e}{\mathrm{d}t}=\rho v_i f_i+\frac{\partial}{\partial x_j}(v_i p_{ij})+ps_{kk}-\phi \tag{6-73}$$

3. 内能方程

用总能量方程（6-70）减去动能方程（6-73）可得控制体的内能方程：

$$\rho\frac{\mathrm{d}u}{\mathrm{d}t}=-ps_{kk}+\phi+\frac{\partial}{\partial x_j}\left(\lambda\frac{\partial T}{\partial x_j}\right)+\rho\dot{q}_r \tag{6-74}$$

可以看出内能方程（6-74）与动能方程（6-73）中，压力功$-ps_{kk}$与黏性耗散功ϕ的符号分别相反。

4. 用焓表示的能量方程

热力学中焓的定义为$h=u+\dfrac{p}{\rho}$，对其取随体导数得

$$\rho\frac{\mathrm{d}h}{\mathrm{d}t}=\rho\frac{\mathrm{d}u}{\mathrm{d}t}+\rho\frac{\mathrm{d}(p/\rho)}{\mathrm{d}t}=\rho\frac{\mathrm{d}u}{\mathrm{d}t}+\rho p\frac{\mathrm{d}}{\mathrm{d}t}\left(\frac{1}{\rho}\right)+\frac{\mathrm{d}p}{\mathrm{d}t} \tag{6-75}$$

由连续方程（6-61）可以导出

$$ps_{kk}=-p\frac{1}{\rho}\frac{\mathrm{d}\rho}{\mathrm{d}t}=p\rho\frac{\mathrm{d}}{\mathrm{d}t}\left(\frac{1}{\rho}\right) \tag{6-76}$$

将内能方程（6-74）和式（6-76）代入式（6-75），消掉$\rho\dfrac{\mathrm{d}u}{\mathrm{d}t}$后，可得到用焓表示的能量方程：

$$\rho\frac{\mathrm{d}h}{\mathrm{d}t}=\frac{\mathrm{d}p}{\mathrm{d}t}+\phi+\frac{\partial}{\partial x_j}\left(\lambda\frac{\partial T}{\partial x_j}\right)+\rho\dot{q}_r \tag{6-77}$$

5. 用温度表示的能量方程

根据 2.1.4 节完全气体的热力学特性，$\mathrm{d}u=c_\upsilon\,\mathrm{d}T,\mathrm{d}h=c_p\mathrm{d}T$，内能方程（6-74）可用温度表示为

$$\rho c_\upsilon\frac{\mathrm{d}T}{\mathrm{d}t}=-ps_{kk}+\phi+\frac{\partial}{\partial x_j}\left(\lambda\frac{\partial T}{\partial x_j}\right)+\rho\dot{q}_r \tag{6-78a}$$

总能量方程用温度表示为

$$\rho c_p \frac{\mathrm{d}T}{\mathrm{d}t} = \frac{\mathrm{d}p}{\mathrm{d}t} + \phi + \frac{\partial}{\partial x_j}\left(\lambda \frac{\partial T}{\partial x_j}\right) + \rho \dot{q}_r \tag{6-78b}$$

6. 用熵表示能量方程

根据熵的定义，再由热力学第一定律可得

$$T\frac{\mathrm{d}s}{\mathrm{d}t} = \frac{\mathrm{d}u}{\mathrm{d}t} + p\frac{\mathrm{d}}{\mathrm{d}t}\left(\frac{1}{\rho}\right) \tag{6-79a}$$

用内能方程（6-74）消去 $\frac{\mathrm{d}u}{\mathrm{d}t}$，并根据式（6-76）用 ps_{kk} 替换 $p\rho\frac{\mathrm{d}}{\mathrm{d}t}\left(\frac{1}{\rho}\right)$，可得用熵表示的能量方程为

$$\rho T\frac{\mathrm{d}s}{\mathrm{d}t} = \phi + \frac{\partial}{\partial x_j}\left(\lambda \frac{\partial T}{\partial x_j}\right) + \rho \dot{q}_r \tag{6-79b}$$

式（6-79b）表明，流体质点熵值的增长率包括黏性耗散的能量、热传导输入的能量以及辐射和化学反应热。由动能方程（6-73）、内能方程（6-74）及熵表示的能量方程（6-79b）可知，黏性耗散使流体的机械能减少，内能和熵值增加。

综上所述，对于不可压缩流体，因状态方程为 $\rho = C$，可建立常物性不可压缩黏性流体的基本方程组，该方程组中包括本构方程、连续方程、运动微分方程以及能量方程，共 6 个方程，而需要求解参数一般为 v_i, p, ρ, T 共 6 个未知数，故方程组封闭。

6.3.4　输运方程的普遍形式

1. 输运方程的通用公式

在流动和传热问题中所需求解的主要变量 ϕ（质量、速度、温度等），其控制方程可以写成以下通用形式：

$$\frac{\partial}{\partial t}(\rho\phi) + \mathrm{div}(\rho \boldsymbol{v}\phi) = \mathrm{div}(\Gamma_\phi \mathrm{grad}\phi) + S_\phi \tag{6-80}$$

张量形式为

$$\frac{\partial}{\partial t}(\rho\phi) + \frac{\partial}{\partial x_j}(\rho\phi v_j) = \frac{\partial}{\partial x_j}\left(\Gamma_\phi \frac{\partial \phi}{\partial x_j}\right) + S_\phi \tag{6-81}$$

式中，ϕ 为通用变量，可表示 v_i, T 等；Γ_ϕ 为广义扩散系数；S_ϕ 为广义源项。这里引入“广义”二字，表示处在 Γ_ϕ 与 S_ϕ 位置上的项，不必是原来物理意义上的量，而是数值计算模型方程中的一种定义，对于不同求解变量，方程的差异除了在边界条件和初始条件以外，就在于 Γ_ϕ 与 S_ϕ 表达式的差异上。例如在式（6-81）中，当 $\phi = 1$ 时，对应连续方程，此时 $\Gamma_\phi = 0, S_\phi = 0$；当 $\phi = v_i$ 时，对应不可压缩黏性流体的运动微分方程，此时 $\Gamma_\phi = \mu/\rho = \nu$ 为运动黏度，反映动量的扩散；当 $\phi = T$ 时，对应能量方程，此时 $\Gamma_\phi = \frac{\lambda}{\rho c_p} = a$ 为热扩散系数（即导温系数）。在式（6-81）中，$\frac{\partial}{\partial t}(\rho\phi)$ 代表时间变化率的非定常项；$\frac{\partial}{\partial x_j}(\rho\phi v_j)$ 代表流体宏观运动的对流项；

$\dfrac{\partial}{\partial x_j}\left(\Gamma_\phi \dfrac{\partial \phi}{\partial x_j}\right)$代表流体微观分子运动引起的扩散项；$S_\phi$代表不能列入以上三项的其他源项。

描述各种物理量在流体中对流与扩散过程即输运过程的方程称为**输运方程**。凡是能用输运方程描述的物理量称为**可输运量**。需要特别指出的是压强 p 不是输运量。采用输运方程描述流体运动的优势在于：①可以通过一个变量ϕ描述其他变量，各方程形式一致；②能从物理过程上反映输运过程的本质，如传热、传质等；③数值计算时，可按统一的形式编程求解（通用程序）。

2. 输运方程的两种表达形式

输运方程所表示的通用控制方程可分为守恒型和非守恒型两种形式。

1）守恒型控制方程

在控制方程中对流项都是采用散度形式表示的，通常将其称为**守恒型控制方程**或控制方程的守恒形式。这里所谓的守恒性是指方程中的散度表示对外的发散，即穿越界面流入或流出的净通量，它本身没有生产也没有消耗，代表物理量从一个位置转移到另一位置，故该项称为**输运项**。在这种方程中，位于散度符号内的是单位时间通过单位面积进入所研究区域的某个物理量的净值，如在连续方程中的ρv_i对应质量流量，在动量方程中的$\rho v_i v_j$对应动量流密度，在能量方程中的$\rho c_p v_i T$对应能量流密度。

2）非守恒型控制方程

非守恒型控制方程中物理量的变化率是以随体导数的形式出现的。以能量方程为例：令$\phi = T, \Gamma_\phi = \dfrac{\lambda}{\rho c_p}$，则式（6-81）变形为

$$\rho \frac{\partial T}{\partial t} + T\frac{\partial \rho}{\partial t} + T\frac{\partial(\rho v_j)}{\partial x_j} = \frac{\partial}{\partial x_j}\left(\frac{\lambda}{c_p}\frac{\partial T}{\partial x_j}\right) + S_T \tag{6-82a}$$

由连续方程$\dfrac{\partial \rho}{\partial t} + \dfrac{\partial(\rho v_i)}{\partial x_i} = 0$，能量方程（6-82a）可以简化为

$$\rho\left(\frac{\partial T}{\partial t} + v_j\frac{\partial T}{\partial x_j}\right) = \frac{\partial}{\partial x_j}\left(\frac{\lambda}{c_p}\frac{\partial T}{\partial x_j}\right) + S_T \tag{6-82b}$$

同理可以得到连续方程和动量方程的非守恒形式：

$$\frac{\partial \rho}{\partial t} + v_i\frac{\partial \rho}{\partial x_i} + \rho\frac{\partial v_i}{\partial x_i} = 0 \tag{6-83}$$

$$\rho\left(\frac{\partial v_i}{\partial t} + v_j\frac{\partial v_i}{\partial v_j}\right) = -\frac{\partial p}{\partial x_i} + \mathrm{div}(\nu\,\mathrm{grad}\,v_i) + S_i \tag{6-84}$$

3）守恒型与非守恒型控制方程的关系

需要说明的是从微元体角度来看，守恒型与非守恒型控制方程是等价的，都是物理量的守恒定律的数学表达形式，但是对有限大小的空间体积进行数值计算时，两种方程则有不同的特性。从数值计算的角度看，守恒型控制方程具有两个优点。

（1）在计算可压缩流体流动时，守恒型控制方程可以使激波计算结果光滑而且稳定，而应用非守恒型控制方程时，激波的计算结果会在激波前后产生解的振荡，从而导致错误的激波位置。所以在空气动力学数值计算中，守恒型控制方程受到更多的重视。

（2）只有守恒型控制方程才能保证对有限大小的控制容积内所研究物理量的守恒定律仍然满足。因此可采用积分方法得到有限容积的守恒型控制方程，而由于非守恒型控制方程中的对流项不表示为散度形式，故无法积分。

3. 对流项与扩散项的区别

在输运方程（6-82）中，对流项中包含宏观速度 v_j，它表示流体从上游到下游的运动，有明显的方向性，因此对流项的宏观运动是单向的；而扩散项是由分子微观运动引起的，由于分子向四面八方扩散，故扩散项是双向的。因此在数值计算时二者差分格式不同：对流项上游影响下游，要用迎风差分，而扩散项是双向影响，要用中心差分。对流项是一阶的、非线性的，扩散项是二阶的、线性的。

6.3.5　方程组定解条件

所有流体的运动都要满足流体运动基本方程组，但是满足同一方程组的流动过程仍然会千差万别，不同过程之间的区别是通过初始条件和边界条件来界定的。反映在数学上，就是只有在给定了初始条件和边界条件之后，才能确定方程组的唯一解，因此初始条件和边界条件统称为**单值性条件**。一个物理问题完整的数学描述应包括：控制方程+初始条件+边界条件。

1. 初始条件（非定常流动）

初始条件给出的是研究对象在过程开始时刻（$t=t_0$ 时刻）的各求解变量的空间分布。对定常流动，由于不存在随时间变化问题，因此不需要给出初始条件。而对非定常流动，一般都要给出流场的初始条件，如：

$$v_i = v_{0i}(x,y,z,t_0),\ p = p_0(x,y,z,t_0), T = T_0(x,y,z,t_0), \rho = \rho_0(x,y,z,t_0) \tag{6-85}$$

2. 边界条件

边界条件指的是在求解区域的边界上，所求解的变量或其导数应该满足的条件。边界条件的形式多种多样，需要具体问题具体分析，下面给出几种常用的边界条件。

1）速度边界条件

（1）无滑移边界条件。

对于不可渗透的固体壁面，黏性流体将黏附在固体壁面上，认为在壁面上无滑移，即在固体边界上流体的速度 $\boldsymbol{v}_f$ 等于固体表面的速度 $\boldsymbol{v}_w$：

$$\boldsymbol{v}_f = \boldsymbol{v}_w \tag{6-86a}$$

当固体表面静止时，壁面上无滑移条件为

$$\boldsymbol{v}_f = 0 \tag{6-86b}$$

（2）滑移边界条件。

对于理想流体，与固体壁面相切的流体速度分量 $v_{f\tau}$ 可以不为零，但沿壁面法线方向的流体速度分量 v_{fn} 为零，即

$$v_{fn} = 0 \tag{6-86c}$$

2）温度边界条件

（1）固壁温度的热平衡条件。

壁面上流体质点的温度与当地壁面温度相同，即

$$T_f = T_w \tag{6-87a}$$

（2）绝热固壁条件。

绝热固壁的热传导等于零，即

$$\left(\frac{\partial T}{\partial n}\right)_w = 0 \tag{6-87b}$$

（3）第三类边界条件，导热与对流问题的区别。

在导热问题中，给出求解区域周围的流体温度及表面传热系数；在对流问题中，给出包围计算区域的固体壁面外侧的温度和表面传热系数。

3）流体分界面上的运动学、动力学、热力学条件

两介质的界面可以是气、液、固三相中任取两不同相的界面，也可以是同一相不同成分的界面。若界面处两介质互不渗透，且不考虑表面张力，则界面两侧参数应相等，即

$$\boldsymbol{v}_+ = \boldsymbol{v}_-, p_+ = p_-, T_+ = T_- \tag{6-88}$$

6.4 黏性流体流动的基本特性

6.4.1 黏性流体流动的有旋性

在 6.1.1 节提到根据速度的旋度是否为零，可以将流体的运动分为有旋流动和无旋流动。对于理想流体，运动可以是无旋的，也可以是有旋的，但黏性流体的运动一定是有旋的。

在流体力学中，可以用 $\boldsymbol{\Omega} = 2\boldsymbol{\omega} = \nabla \times \boldsymbol{v}$，即速度场的旋度作为流体旋涡运动的强度，$\boldsymbol{\Omega}$ 称为**涡量或涡强**。虽然黏性是流体本身的物性，而有旋是流体流动的形式，但二者关系十分密切。现证明当 $\mu \neq 0$ 时，流动必然有旋，即 $\boldsymbol{\omega} \neq 0$ 或 $\boldsymbol{\Omega} \neq 0$。

由不可压黏性流体连续方程 $\dfrac{\partial v_i}{\partial x_i} = 0$ 可得 $\dfrac{\partial^2 v_j}{\partial x_j \partial x_i} = 0$，于是式（6-65）中的黏性力项可整理为

$$\frac{\partial^2 v_i}{\partial x_j \partial x_j} = \frac{\partial}{\partial x_j}\left(\frac{\partial v_i}{\partial x_j}\right) - \frac{\partial}{\partial x_j}\left(\frac{\partial v_j}{\partial x_i}\right) = \frac{\partial}{\partial x_j}\left(\frac{\partial v_i}{\partial x_j} - \frac{\partial v_j}{\partial x_i}\right) = 2\frac{\partial a_{ij}}{\partial x_j} \tag{6-89}$$

式中，a_{ij} 为二阶反对称张量，根据式（6-7）可知 $a_{ij} = -\varepsilon_{ijk}\omega_k = -\dfrac{1}{2}\varepsilon_{ijk}\Omega_k$，将其代入式（6-89）可以得到用涡量表示的 N-S 方程：

$$\frac{\partial v_i}{\partial t} + v_j \frac{\partial v_i}{\partial x_j} = f_i - \frac{1}{\rho}\frac{\partial p}{\partial x_i} - \nu \varepsilon_{ijk} \frac{\partial \Omega_k}{\partial x_j} \tag{6-90}$$

下面用反证法证明。

（1）从物理上看，假设 $\Omega_k = 0$，则由式（6-90）中含黏度的项为零，该方程退化成理想流体的欧拉方程，这样就体现不出黏性效应了，这显然是错误的，故 Ω_k 不能为零。

（2）从数学上看，式（6-90）中的黏性项是一个二阶项，它要满足两个边界条件：一是满足壁面上的不可穿透条件，即要求壁面法线方向速度 v_n 为 0；二是要满足壁面的无滑移条件，即要求壁面上速度矢量为 0。但是，如果 $\Omega_k = 0$，则式（6-90）就会变成一个一阶方程，而一阶方程只能满足壁面不可穿透条件，却无法满足壁面切线方向滑移速度为 0 的条件。换言之，要同时满足 N-S 方程和无滑移条件的无旋流动解不存在，说明黏性流体流动一定是有旋的。

6.4.2　旋涡的扩散性

由于黏性流体运动微分方程（6-90）中含有黏性项，因此黏性流体流动中必然会产生旋涡（有旋），而且该项具有扩散性质，对流动形态的演化具有很大影响。由流体力学理论可知，在不可压缩理想流体势力场中，存在涡量保持定理（开尔文定理）：有旋的流体团始终有旋，无旋的流体团始终保持无旋，即开始无旋则永远无旋，旋涡是不生不灭的。但是当流体存在黏性时，涡量可以通过黏性扩散到无旋区，即旋涡强的地方将向旋涡弱的地方输送旋涡，直到旋涡强度相等为止。因此涡量也是一种可输运量，可以用输运方程来描述，下面推导涡量的输运方程。

将式（6-90）中的对流项转化为 Ω_k 的形式，有

$$v_j \frac{\partial v_i}{\partial x_j} = v_j\left(\frac{\partial v_i}{\partial x_j} - \frac{\partial v_j}{\partial x_i}\right) + v_j \frac{\partial v_j}{\partial x_i} = 2v_j a_{ij} + \frac{\partial}{\partial x_i}\left(\frac{1}{2}v_j^2\right) = -v_j \varepsilon_{ijk}\Omega_k + \frac{\partial}{\partial x_i}\left(\frac{1}{2}v_j^2\right) \tag{6-91}$$

将式（6-91）代入式（6-90），可将 N-S 方程整理为

$$\frac{\partial v_i}{\partial t} = f_i - \frac{\partial}{\partial x_i}\left(\frac{p}{\rho} + \frac{1}{2}v_j^2\right) + v_j \varepsilon_{ijk}\Omega_k - \nu\varepsilon_{ijk}\frac{\partial \Omega_k}{\partial x_j} \tag{6-92a}$$

同时设质量力有势，即质量力存在势函数 π，满足 $f_i = \dfrac{\partial}{\partial x_i}\pi$，将其代入式（6-92a）可得

$$\frac{\partial v_i}{\partial t} = -\frac{\partial}{\partial x_i}\left(-\pi + \frac{p}{\rho} + \frac{1}{2}v_j^2\right) + v_j \varepsilon_{ijk}\Omega_k - \nu\varepsilon_{ijk}\frac{\partial \Omega_k}{\partial x_j} \tag{6-92b}$$

对式（6-92b）两侧取旋度，即两侧均乘以 $\varepsilon_{pqi}\dfrac{\partial}{\partial x_q}$ 并整理得

$$\varepsilon_{pqi}\frac{\partial}{\partial x_q}\left(\frac{\partial v_i}{\partial t}\right) = -\varepsilon_{pqi}\frac{\partial^2}{\partial x_i \partial x_q}\left(-\pi + \frac{p}{\rho} + \frac{1}{2}v_j^2\right) + \varepsilon_{pqi}\varepsilon_{ijk}\left[\frac{\partial}{\partial x_q}(v_j \Omega_k) - \nu\frac{\partial}{\partial x_q}\left(\frac{\partial \Omega_k}{\partial x_j}\right)\right] \tag{6-92c}$$

式（6-92c）中右侧第 1 项的 ε_{pqi} 为反对称张量，$\dfrac{\partial^2}{\partial x_i \partial x_q}$ 为对称张量，二者乘积为 0，方程简化为

$$\varepsilon_{pqi}\frac{\partial}{\partial x_q}\left(\frac{\partial v_i}{\partial t}\right) = \varepsilon_{pqi}\varepsilon_{ijk}\left[\frac{\partial}{\partial x_q}(v_j \Omega_k) - \nu\frac{\partial}{\partial x_q}\left(\frac{\partial \Omega_k}{\partial x_j}\right)\right] \tag{6-92d}$$

用涡量代替速度的旋度，将式（6-92d）展开并整理得

$$\frac{\partial \Omega_p}{\partial t}=(\delta_{pj}\delta_{qk}-\delta_{pk}\delta_{qj})\left[\left(\Omega_k\frac{\partial v_j}{\partial x_q}+v_j\frac{\partial \Omega_k}{\partial x_q}\right)-\nu\frac{\partial}{\partial x_q}\left(\frac{\partial \Omega_k}{\partial x_j}\right)\right]$$
$$=\Omega_k\frac{\partial v_p}{\partial x_k}-\Omega_p\frac{\partial v_q}{\partial x_q}+v_p\frac{\partial \Omega_k}{\partial x_k}-v_q\frac{\partial \Omega_p}{\partial x_q}-\nu\frac{\partial}{\partial x_q}\frac{\partial \Omega_q}{\partial x_p}+\nu\frac{\partial}{\partial x_q}\frac{\partial \Omega_p}{\partial x_q} \tag{6-92e}$$

由旋度的散度为零可知，式（6-92e）右侧第 3 项、第 5 项为零；由不可压缩流体连续性方程 $\frac{\partial v_i}{\partial x_i}=0$，可知式（6-92e）右侧第 2 项为零，整理方程并将各项下标用 i,j 替换得

$$\frac{\partial \Omega_i}{\partial t}+v_j\frac{\partial \Omega_i}{\partial x_j}=\Omega_j\frac{\partial v_i}{\partial x_j}+\nu\frac{\partial}{\partial x_j}\left(\frac{\partial \Omega_i}{\partial x_j}\right) \tag{6-93}$$

式中，$\frac{\partial \Omega_i}{\partial t}$ 为非定常项，反映涡量的当地变化率；$v_j\frac{\partial \Omega_i}{\partial x_j}$ 为对流项，反映涡量随空间的变化率；$\nu\frac{\partial}{\partial x_j}\left(\frac{\partial \Omega_i}{\partial x_j}\right)$ 为扩散项，反映涡的黏性扩散；$\Omega_j\frac{\partial v_i}{\partial x_j}$ 为源项，反映涡的拉伸与弯曲。可以看出式（6-93）与输运方程的通用形式是一致的，称为**涡量输运方程**。

需要说明的是，式（6-93）中的源项 $\Omega_j\frac{\partial v_i}{\partial x_j}$ 可以分为以下两部分。

一部分是 $i=j$ 对应的情况，即 $\Omega_x\frac{\partial v_x}{\partial x},\Omega_y\frac{\partial v_y}{\partial y},\Omega_z\frac{\partial v_z}{\partial z}$ 项。由于 $s_{ii}=\partial v_i/\partial x_i$ 表示线变形速率，其中 $\partial v_i/\partial x_i>0$ 表示拉伸，因此该项表示涡量因拉伸而得到的增长率。从物理上看，该项实质上是动量矩守恒在流体微团旋转运动中的体现。我们知道，涡量是微团旋转运动的量度，当 $i=j$ 时，微团线变形拉伸方向与其旋转轴线方向一致，则垂直于旋转轴线方向的微团尺度将减小，导致其转动惯量变小，为保持微团整体的动量矩守恒，微团的旋转速度应增加，这就是拉伸导致涡量增大的根本原因。

另一部分是 $i\neq j$ 对应的情况，即 $\Omega_x\frac{\partial v_y}{\partial x}$，$\Omega_x\frac{\partial v_z}{\partial x},\Omega_y\frac{\partial v_x}{\partial y},\Omega_y\frac{\partial v_z}{\partial y},\Omega_z\frac{\partial v_x}{\partial z},\Omega_z\frac{\partial v_y}{\partial z}$。由于 $\partial v_i/\partial x_j$（$i\neq j$）可表示角变形速率，如图 6-10 所示，假设 $i\neq j$ 时涡量只有在 x 方向有分量，经过 Δt 时间后，$\partial v_x/\partial y$ 的存在使流体微团的角度旋转了 $\Delta\theta$ 角，相应的涡量也转动了 $\Delta\theta$ 角，于是产生了 x 方向的涡量分量 Ω_x，因此该项表示流体微团的剪切变形引起的涡量变化率。

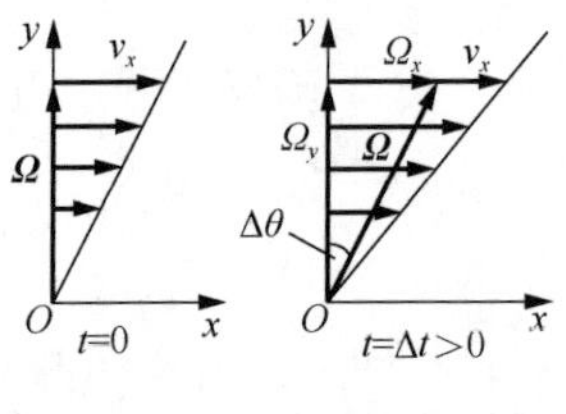

图 6-10　角变形引起的涡量的变化

由此可见，拉伸或弯曲所引起的涡量变化都与黏性无关，都是惯性运动的结果，因此，拉伸和弯曲会使做有旋运动的流体涡量增加。在湍流流动中，这种拉伸和弯曲对形成各种尺度的涡起着非常重要的作用。

对于二维流动问题，涡量方程只有一个分量方程，因此源项为零。例如在 xOy 平面内，涡量输运方程为

$$\frac{\partial \Omega_z}{\partial t}+v_x\frac{\partial \Omega_z}{\partial x}+v_y\frac{\partial \Omega_z}{\partial y}=\nu\frac{\partial^2 \Omega_z}{\partial x^2}+\nu\frac{\partial^2 \Omega_z}{\partial y^2} \tag{6-94}$$

【例 6-1】 不可压缩黏性流体中，如图 6-11 所示，有一强度为 Γ_0 的无限长孤立涡线沿 z 轴延伸，设流体的质量力有势，求涡量与速度的变化规律。

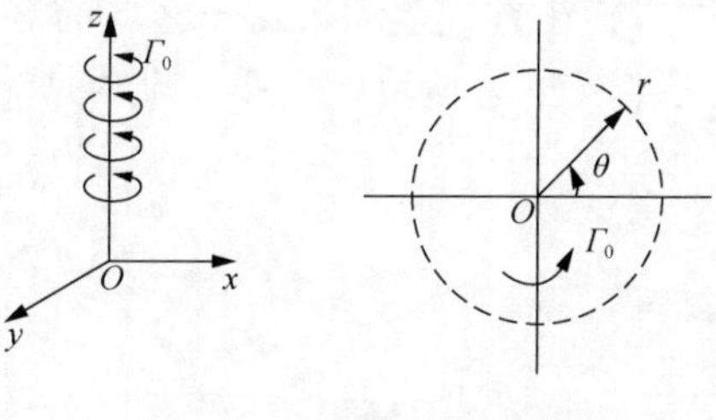

图 6-11　直涡线的涡扩散

解　对于理想流体，$t=0$ 时，$v_r=0,\ v_z=0,\ v_\theta=\dfrac{\Gamma_0}{2\pi r}$，由于流体无黏性，故速度随时间不发生变化，即在理想流体运动中，直涡线的强度保持不变，且涡量不会向周围流体扩散，也不需要外加能量来维持流体微团的定常圆周运动。对于黏性流体，涡量将向周围流体扩散，直涡线的旋涡强度将会衰减，涡量的扩散特性可以通过求解涡量方程而得到。这是一个典型的二维流动问题，涡量输运方程即为式（6-94）。

在圆柱坐标系内，式（6-94）中的对流项可表示为 $(\boldsymbol{v}\cdot\nabla)\boldsymbol{\Omega}=v_r\dfrac{\partial\boldsymbol{\Omega}}{\partial r}+\dfrac{v_\theta}{r}\dfrac{\partial\boldsymbol{\Omega}}{\partial\theta}+v_z\dfrac{\partial\boldsymbol{\Omega}}{\partial z}$。由于 $v_r=0,\ v_z=0$，而涡量沿圆周方向的变化为零，即 $\dfrac{\partial\boldsymbol{\Omega}}{\partial\theta}=0$，于是对流项为 0，涡量输运方程简化为

$$\frac{\partial\Omega}{\partial t}=\frac{\nu}{r}\frac{\partial}{\partial r}\left(r\frac{\partial\Omega}{\partial r}\right)\tag{6-95a}$$

初始条件 $t=0$ 时，$r=0,\ \Omega_0=\Gamma_0, r>0, \Omega=0$；边界条件 $r\to\infty,\ \Omega=0$；解方程（6-95a）得

$$\Omega=\frac{A}{t}\mathrm{e}^{-\frac{r^2}{4\nu t}}\tag{6-95b}$$

式中，A 为待定系数。根据已知条件，半径为 r 的圆周上的速度环量为 Γ_0，则有

$$\Gamma_0=\int_0^r(\Omega\cdot 2\pi r)\mathrm{d}r=\int_0^r\left(\frac{A}{t}\mathrm{e}^{-\frac{r^2}{4\nu t}}\cdot 2\pi r\right)\mathrm{d}r=4\pi\nu A\left(1-\mathrm{e}^{-\frac{r^2}{4\nu t}}\right)\tag{6-95c}$$

将 $t=0, r=0, \Omega_0=\Gamma_0$ 代入式（6-95b）得 $A=\dfrac{\Gamma_0}{4\pi\nu}$，于是得到涡量表达式为 $\Omega=\dfrac{\Gamma_0}{4\pi\nu t}\mathrm{e}^{-\frac{r^2}{4\nu t}}$，故速度环量为

$$\Gamma=\Gamma_0\left(1-\mathrm{e}^{-\frac{r^2}{4\nu t}}\right)\tag{6-95d}$$

速度分布为

$$v_\theta=\frac{\Gamma}{2\pi r}=\frac{\Gamma_0}{2\pi r}\left(1-\mathrm{e}^{-\frac{r^2}{4\nu t}}\right)\tag{6-95e}$$

由图 6-12 可知，在同一时刻，距离中心越近，涡量越大，这反映出涡量由内向外扩散的性质。还可以看出，对于任一固定的空间位置，只在某确定的时刻，该处的涡量达到最大值；

随时间增加，涡量先增大后减小，$t \to \infty$ 时，涡量为零。

由图 6-13 可知，在同一时刻，当半径较小［$r < (2\nu t)^{1/2}$］时，流体周向速度与半径近似成正比关系，流体近似按刚体的旋转方式运动，这一区域的流体常称为涡核。随半径增加［$r > (2\nu t)^{1/2}$］，流体周向速度与半径呈近似反比关系，流动是无旋的，直到 $r \to \infty$ 时，速度为零。

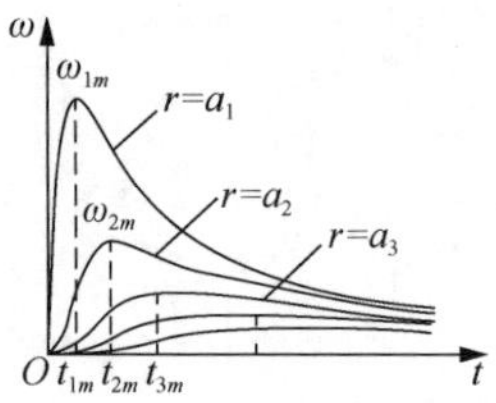

图 6-12　涡量沿空间分布随时间的变化图

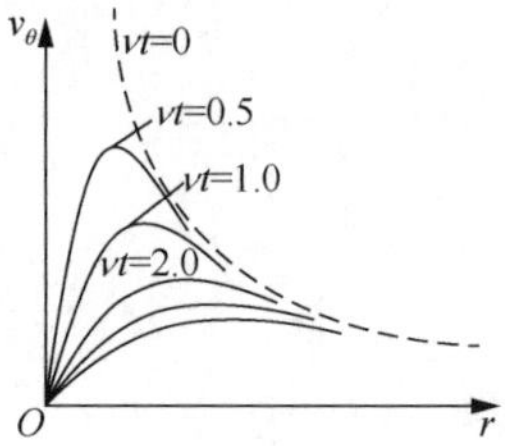

图 6-13　周向速度沿空间分布随时间的变化

这就说明在真实的黏性流体中，直线涡不能保持涡线形状，它将逐步扩散到全场，这也充分说明了黏性流体旋涡的扩散特性。

6.4.3　黏性流体能量的耗散性

黏性流体流动时，质量力和表面力做功，其中一部分转化为机械能，另一部分转化为内能，以热量的形式耗散掉，这部分就是剪切黏性所耗损的机械能，称为**黏性耗散功或耗散函数**，下面对其进行分析。

1. 黏性耗散功

在动能方程（6-73）和内能方程（6-74）中均出现了黏性耗散功，其表达式为

$$\phi = 2\mu s_{ij}s_{ij} - \frac{2}{3}\mu s_{ii}^2 \tag{6-96}$$

将 $i=1, j=1,2,3; i=2, j=1,2,3; i=3, j=1,2,3$ 分别代入式（6-96）可得

$$\begin{aligned}
\phi &= 2\mu(s_{11}^2 + s_{12}^2 + s_{13}^2 + s_{21}^2 + s_{22}^2 + s_{23}^2 + s_{31}^2 + s_{32}^2 + s_{33}^2) - \frac{2}{3}\mu(s_{11} + s_{22} + s_{33})^2 \\
&= 2\mu(2s_{12}^2 + 2s_{31}^2 + 2s_{23}^2) + 2\mu(s_{11}^2 + s_{22}^2 + s_{33}^2) - \frac{2}{3}\mu(s_{11}^2 + s_{22}^2 + s_{33}^2 + 2s_{11}s_{22} + 2s_{11}s_{33} + 2s_{22}s_{33}) \\
&= 4\mu(s_{12}^2 + s_{31}^2 + s_{23}^2) + \frac{2}{3}\mu(2s_{11}^2 + 2s_{22}^2 + 2s_{33}^2 - 2s_{11}s_{22} - 2s_{22}s_{33} - 2s_{11}s_{33}) \\
&= 4\mu(s_{12}^2 + s_{31}^2 + s_{23}^2) + \frac{2}{3}\mu[(s_{11} - s_{22})^2 + (s_{22} - s_{22})^2 + (s_{11} - s_{33})^2]
\end{aligned} \tag{6-97}$$

可以看出，黏性耗散功总是正值，它表示单位体积流体在单位时间内耗散的机械能。对于理想流体有 $\mu = 0, \phi = 0$，无黏性耗散，即机械能不会损耗。

对于黏性流体，$\phi = 0$ 对应两种情况：①流体微团做无变形运动（即刚体运动），此时 $s_{11} = s_{22} = s_{33} = s_{12} = s_{31} = s_{23} = 0$，即对于没有变形率的刚体运动，同样无黏性耗散；②流体微团做各向同性地膨胀或压缩，此时 $s_{11} = s_{22} = s_{33} \neq 0, s_{12} = s_{31} = s_{23} = 0$，流体微团无剪切变形，而仅有各向同性的线变形，例如流体做球对称膨胀运动。因此可以认为流体的黏性耗散主要由流体的剪切变形所引起，ϕ 一般与变形的不对称度成正比，变形速率越大，耗散越多。

除了以上两种情况，黏性流体只要有剪切变形存在，或虽无剪切变形，但各个方向的线变形不一致，就会有机械能不可逆地耗散成热能，即 $\phi>0$，这就是黏性流体能量的耗散性。

2. 黏性耗散功与熵的关系

对无内热源的绝热过程，熵表示的能量方程（6-79b）可简化为 $\rho T\dfrac{\mathrm{d}s}{\mathrm{d}t}=\phi$，这说明耗散函数决定了熵的产生率：当 $\phi=0$ 时，熵增为 0，是可逆的绝热过程，无机械能耗散；当 $\phi>0$ 时，流体发生变形运动，则黏性耗散功为正，这是不可逆过程。

6.5　黏性流体流动基本方程的求解

在 6.3 节中，我们建立了黏性流体动力学基本方程组，虽然该方程组在理论上是封闭的，可以根据定解条件获得任意一具体问题的解。但由于该方程组是对流扩散型的二阶非线性偏微分方程组，从数学角度进行求解的难度极大，到目前为止，还没有求解该方程组的普遍有效方法。通常有三种途径求解该问题，即解析解、近似解和数值解。

6.5.1　黏性流体流动基本方程的求解方法

1. 简单问题的解析解

解析解是应用数学求解方法获得黏性流体流动问题的精确解，即未知函数能够完全由自变量解析地描述，且描述关系中不再包含导数或积分。在一些简单的问题中，N-S 方程中的非线性项等于零，或者可化为非常简单的形式，从而使方程得以简化，获得解析解。例如：两平板间定常层流流动，圆管内不可压缩黏性流体定常层流流动等。

迄今已有的解析解几乎都是对不可压缩常物性流体做出的，这种流体的密度、黏度及热传导系数等物性均为常数。这时不需将能量方程与质量和动量方程耦合求解，可在解得速度、压力后单独求解温度。采用解析解的优势在于：①解析解具有普遍性；②可为检验数值计算的精确性提供依据；③可为发展新的数值方法提供基础理论。

2. 近似解

根据问题特点略去方程中的次要项，得到近似方程，在某些特殊情形下，可得到近似方程的解，这种途径得到的解称为近似解。

常用的近似方法之一是参数摄动法。例如在黏性流体力学中，以 Re 作为摄动参数可以近似求解两类问题：①在小雷诺数问题中，流体流动速度极慢、尺度极小或黏度极大的情况下，可忽略 N-S 方程中惯性项，使方程组得以简化求得近似解；②在大雷诺数问题中，速度较快、尺度较大或黏度很小的情况下，用大雷诺数问题的摄动结果可导出壁面附近的近似黏性流体流动和远离壁面的理想流体流动的组合模型，即著名的普朗特边界层理论模型。

3. 数值解法——计算流体力学

数值求解方法的基本思想是把原来在空间与时间坐标中连续的物理量的场（速度、温度、浓度等），用一系列有限个离散点（节点）上的值的集合来代替，通过一定的原则，建立这些离散点上变量值之间关系的代数方程（离散方程），通过求解所建立起来的代数方程，以获得求解变量的近似值。

近年来，随着计算机的发展，用数值方法直接求解 N-S 方程逐渐成为求解流动问题的一种有效途径，该方法已经发展成为一专门学科——计算流体力学。因篇幅所限，本书仅概括性地介绍几种数值解法的基本思想，各种数值解法的主要区别在于区域的离散方式、方程的离散方式和代数方程的求解方法。

6.5.2　黏性流体平行定常流动中的解析解

对于实际问题，由于只有在少数特定条件下才能求得方程组的精确解，本节仅介绍不可压缩黏性流体在两平行平板间做层流定常流动时的解析解。

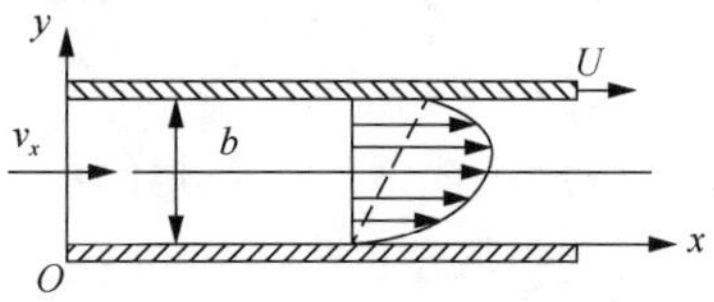

图 6-14　两平行平板间的流动

如图 6-14 所示，水平放置的两块平行平板间充满不可压缩黏性流体，平板的间距为 b，平板长 L，上板以等速度 U 沿 x 方向运动，下板固定不动，流体沿 x 方向的压强降为 $\mathrm{d}p/\mathrm{d}x$，下面求两平板间的速度分布及应力分布。

如图 6-14 所示，建立坐标系，由于速度只在 x 方向存在分量，故有 $v_y = v_z = 0$，只需考虑 x 方向的 N-S 方程：

$$\frac{\partial v_x}{\partial t}+v_x\frac{\partial v_x}{\partial x}+v_y\frac{\partial v_x}{\partial y}+v_z\frac{\partial v_x}{\partial z}=f_x-\frac{1}{\rho}\frac{\partial p}{\partial x}+\nu\left(\frac{\partial^2 v_x}{\partial x^2}+\frac{\partial^2 v_x}{\partial y^2}+\frac{\partial^2 v_x}{\partial z^2}\right) \tag{6-98}$$

由于流动为定常流动 $\frac{\partial v_x}{\partial t}=0$，根据不可压缩流体连续方程可知 $\frac{\partial v_x}{\partial x}=0$，故 $\frac{\partial^2 v_x}{\partial x^2}=0$，而且速度 v_x 仅随 y 变化，即 v_x 是 y 的单值函数，进而可知 $\frac{\partial v_x}{\partial z}=0$。质量力只有重力，其在 x 方向的分量为零，即 $f_x=0$。将各关系式代入式（6-98），同时考虑到 v_x 是 y 的单值函数，压强只沿 x 方向发生变化，故偏导数可以用全导数替换，可得简化后的 N-S 方程：

$$\mu\frac{\mathrm{d}^2 v_x}{\mathrm{d}y^2}=\frac{\mathrm{d}p}{\mathrm{d}x} \tag{6-99}$$

将式（6-99）对 y 积分两次可得方程通解：

$$v_x=\frac{1}{2\mu}\frac{\mathrm{d}p}{\mathrm{d}x}y^2+C_1 y+C_2 \tag{6-100a}$$

边界条件为 $y=0, v_x=0, y=b, v_x=U$，代入式（6-100a）得 $C_1=\frac{U}{b}-\frac{b}{2\mu}\frac{\mathrm{d}p}{\mathrm{d}x}, C_2=0$，于是

$$v_x=\frac{U}{b}y-\frac{1}{2\mu}\frac{\mathrm{d}p}{\mathrm{d}x}(by-y^2) \tag{6-100b}$$

该速度场分布如图 6-14 所示，由速度分布可以看出，速度由两部分线性叠加组成，一部分是压强降驱动的流动，速度呈抛物线分布，另一部分是由上板拖动引起的流动，速度呈线性分布。

若上板保持不动，即 $U=0$，则式（6-100b）简化为

$$v_x=-\frac{1}{2\mu}\frac{\mathrm{d}p}{\mathrm{d}x}(by-y^2) \tag{6-101a}$$

这是上下两板均不动，不可压缩黏性流体由压强差驱动的流动，称为**泊肃叶（Poiseuille）流**，其速度分布剖面为抛物线，如图 6-15 所示。

若沿 x 方向的压强梯度为零，即 $v_x = \dfrac{U}{b}y$，则式（6-100b）简化为

$$v_x = \frac{U}{b}y \tag{6-101b}$$

此时速度随 y 呈线性分布，这种由上板运动拖动而产生的流动称为**库埃特（Couette）流**，如图 6-16 所示。

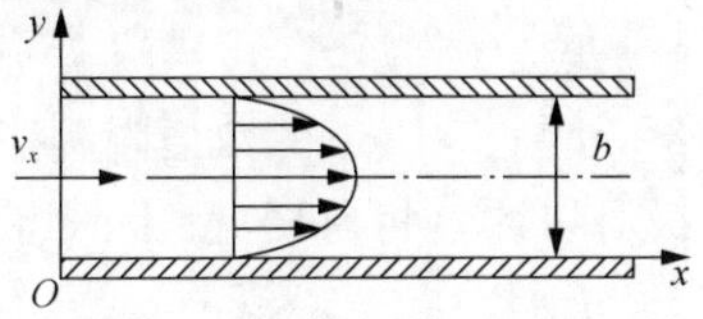

图 6-15　二维泊肃叶流

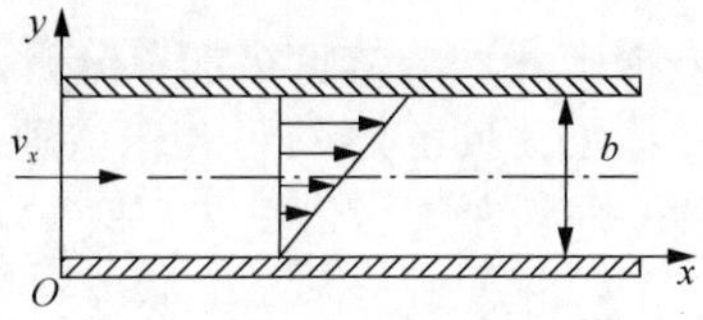

图 6-16　库埃特流

6.5.3　二维薄剪切层流动的近似解

由于黏性流体基本方程的精确解只适用于非常有限的特殊情况，而自然界和工程中许多流动问题都是在大雷诺数下发生的，在这些情况下，目前尚无法得到 N-S 方程的一般解。为了解决实际工程问题，人们不得不采用各种近似方法，其中最为典型的就是普朗特提出的边界层理论。

20 世纪初，著名的流体力学家普朗特首先发现，在黏性流体高雷诺数绕流时，黏性只在贴近物体表面极薄一层内起主导作用，并称这一薄层为附面层或边界层。边界层的主要特点是：边界层的厚度 δ 与物体表面长度 l 相比很小，即 $\delta \ll l$，且厚度 δ 沿着流动方向不断增加；边界层内的速度梯度很大，因此即使流体的黏度很小，黏性切应力也很大；在边界层外，流体的速度梯度很小，黏性切应力很小，所以边界层外的流体可以看成是理想流体。边界层的发现成为近代流体力学发展的基础，该理论在流体力学的发展史上占有重要地位。

前面指出，黏性流体基本方程组的求解是极为困难的，但对于边界层内的流动而言，可以根据边界层的特点对该方程组进行简化。这是因为根据定义可知边界层是一种典型的薄剪切层，因受薄剪切层几何条件的影响，N-S 方程中某些项的量级可能变得很小以至于可以忽略，于是可以使方程得以简化。下面以不可压缩流体二维定常边界层为例，介绍边界层方程的简化过程。

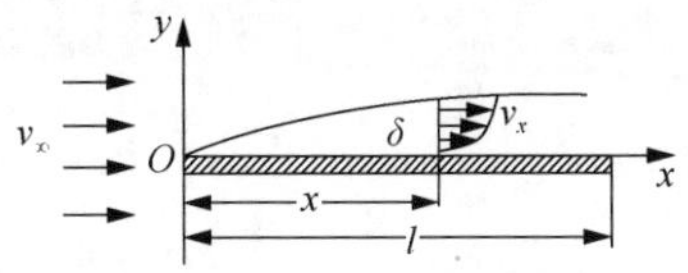

图 6-17　边界层基本方程

如图 6-17 所示，不可压缩黏性流体沿平板二维定常流动，来流速度为 v_∞，平板长度为 l，边界层厚度为 δ，取流体流动方向为 x。为简单起见，忽略质量力，建立边界层的 N-S 方程和连续方程为

$$v_x \frac{\partial v_x}{\partial x} + v_y \frac{\partial v_x}{\partial y} = -\frac{1}{\rho}\frac{\partial p}{\partial x} + \nu\left(\frac{\partial^2 v_x}{\partial x^2} + \frac{\partial^2 v_x}{\partial y^2}\right) \tag{6-102a}$$

$$v_x \frac{\partial v_y}{\partial x} + v_y \frac{\partial v_y}{\partial y} = -\frac{1}{\rho}\frac{\partial p}{\partial y} + \nu\left(\frac{\partial^2 v_y}{\partial x^2} + \frac{\partial^2 v_y}{\partial y^2}\right) \tag{6-102b}$$

$$\frac{\partial v_x}{\partial x}+\frac{\partial v_y}{\partial y}=0 \tag{6-102c}$$

普朗特边界层理论认为在大雷诺数绕流中存在两个流动区域：层外是理想流体区，对应常规尺度 l 和来流速度 v_∞，数量级均取作 1，表示为 $l\sim1, v_\infty\sim1$；层内黏滞区限于物体表面附近很小尺度 δ 区域内，沿流动方向尺度为 l，垂直流动方向的尺度为 δ，由于 $\delta\ll l$，故认为 δ 的数量级与 l 的数量级相比是一个小量 ε，即 $\delta\sim\varepsilon$（$\varepsilon\ll1$）。根据这一思想，采用量级分析法对上述方程中各项的数量级加以分析，进而简化 N-S 方程。

流体在流动方向的速度 v_x 与来流速度 v_∞ 在同一量级，即 $v_x\sim1$；y 的数值限制在边界层厚度之内，故 y 与 δ 在同一量级，可取 $y\sim\varepsilon$；导数的量级可以通过将自变量、因变量数量级代入导数公式得到。由不可压缩黏性流体连续方程得 $\frac{\partial v_x}{\partial x}=-\frac{\partial v_y}{\partial y}$，因等号左边的数量级为 1，表示为 $\frac{\partial v_x}{\partial x}\sim1$，则右侧必然有 $\frac{\partial v_y}{\partial y}\sim1$，由 $y\sim\varepsilon$ 可得 $v_y\sim\varepsilon$。于是方程（6-102a）的各项数量级可表示为

$$\begin{aligned}&v_x\frac{\partial v_x}{\partial x}+v_y\frac{\partial v_x}{\partial y}=-\frac{1}{\rho}\frac{\partial p}{\partial x}+\nu\left(\frac{\partial^2 v_x}{\partial x^2}+\frac{\partial^2 v_x}{\partial y^2}\right)\\&1\quad 1\qquad \varepsilon\quad \frac{1}{\varepsilon}\qquad\quad 1\qquad\quad \varepsilon^2\left(1\qquad \frac{1}{\varepsilon^2}\right)\end{aligned} \tag{6-103a}$$

式（6-103a）右侧第 2 项对应黏性力项，可以看出，由于在边界层内黏性力与惯性力在同一量级，而括号内两项的数量级分别是 $\frac{\partial^2 v_x}{\partial x^2}\sim1, \frac{\partial^2 v_x}{\partial y^2}\sim\frac{1}{\varepsilon^2}$，由此可知垂直于流向的黏性扩散远远大于流动方向的扩散，即 $\frac{\partial^2 v_x}{\partial x^2}$ 可以略去，同时可以推出 $\nu\sim\varepsilon^2$。此外由于压力通常是被定力，由其他力所决定，因此压力项在方程中的数量级应和其他力项的最大量级相一致，方程（6-103a）中压力量级与惯性力量级相同，故 $\frac{1}{\rho}\frac{\partial p}{\partial x}\sim1$。

同理可分析 y 方向的 N-S 方程：

$$\begin{aligned}&v_x\frac{\partial v_y}{\partial x}+v_y\frac{\partial v_y}{\partial y}=-\frac{1}{\rho}\frac{\partial p}{\partial y}+\nu\left(\frac{\partial^2 v_y}{\partial x^2}+\frac{\partial^2 v_y}{\partial y^2}\right)\\&1\quad \frac{1}{\varepsilon}\qquad \varepsilon\quad 1\qquad\quad \varepsilon\qquad\quad \varepsilon^2\left(\varepsilon\qquad \frac{1}{\varepsilon}\right)\end{aligned} \tag{6-103b}$$

将式（6-103a）和式（6-103b）进行数量级比较可知，y 方向的惯性力和黏性力的数量级为 ε，而 x 方向惯性力和黏性力的数量级为 1，因此可认为边界层内的速度分布主要由 x 方向的方程所控制而忽略 y 方向的力，即认为

$$\frac{\partial p}{\partial y}=0 \tag{6-103c}$$

根据以上讨论，将方程中具有 ε 数量级以及更高阶的小量略去，可得到如下方程组：

$$\begin{cases} v_x \dfrac{\partial v_x}{\partial x} + v_y \dfrac{\partial v_x}{\partial y} = -\dfrac{1}{\rho}\dfrac{\partial p}{\partial x} + \nu \dfrac{\partial^2 v_x}{\partial y^2} \\ \dfrac{\partial p}{\partial y} = 0 \\ \dfrac{\partial v_x}{\partial x} + \dfrac{\partial v_y}{\partial y} = 0 \end{cases} \tag{6-104}$$

式（6-104）就是边界层方程组，通常称为**普朗特边界层方程**。该方程可用于求解壁面曲率不大的二维边界层问题，其边界条件为

$$在\ y=0\ 处，\ v_x = v_y = 0；\ 在\ y=\delta\ 处，\ v_x = v_e(x) \tag{6-105}$$

式中，$v_e(x)$ 是边界层外边界上的速度，可通过实验或边界层外的理想流体流动计算得到。

归纳起来，普朗特边界层理论具有以下主要结论：

（1）在边界层内压强不随 y 而变化，即边界层横截面上各点的压强相等，沿物面方向的压强等于边界层外边界上的压强，这样就可以通过理想流体区的压强来确定边界层内的压强，于是压强不再是待求函数，而成为已知的边界条件。

（2）流动方向分子黏性扩散远小于法线扩散，可以忽略。从数学上看，这导致边界层的 N-S 方程由椭圆型方程退化为抛物型方程，而抛物型方程的求解不必像椭圆型方程那样采用上游下游全流场迭代的方法，只需采用由上游向下游空间推进的方法即可。

6.5.4　常用的数值解法

常用数值求解方法包括：有限差分法（finite difference method，FDM），有限容积法（finite volume method，FVM），有限元法（finite element method，FEM），有限分析法（finite analytic method，FAM）等。

1. 有限差分法

有限差分法是最早的、最容易实施的数值方法，又称为建立离散方程的泰勒展开法。其求解思想是将求解域用平行于坐标轴的一系列网格线化分，用网格线交点的集合代表求解域，如图 6-18 所示。在每个节点上，将控制方程中的导数用差分形式表示，建立节点代数方程，每个方程中包含本节点及周围节点上的未知值，求解这些代数方程就可获得所需要的数值解。有限差分法的主要缺点是其对复杂区域的适应性较差，而且数值解的守恒性难以保证。

2. 有限容积法

有限容积法是目前流动与传热计算中应用最广泛的方法，它的基本思想是把计算区域分成一系列控制容积，每一个控制容积都由一个节点作为代表，如图 6-19 所示，通过将守恒型的控制方程按控制容积做积分，来导出离散方程。在方程导出过程中，需要对界面上的被求函数本身及其一阶导数的构成做出假设，这种构成的方式就是有限容积法中的离散格式。

采用有限容积法导出的离散方程具有守恒特性，而且离散方程系数的物理意义明确；采用该方法的运算成本低，模型的精度取决于数学模型是否正确，以及数值计算所用物性数据是否可靠。目前流行的多种商业软件，如 PHOENICS、FLUENT、STAR-CD、KIVA、SMART-FIRE、ICEMCFD 等，均基于有限容积法构建。

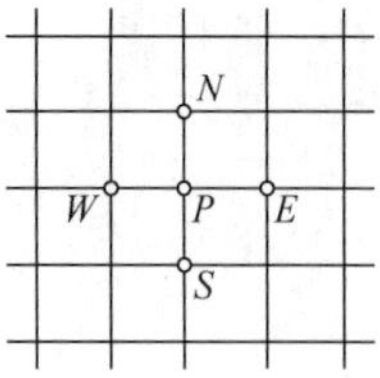

图 6-18　有限差分法网格

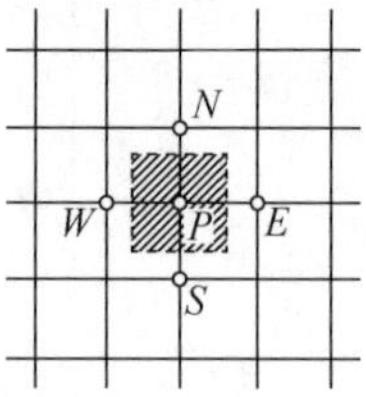

图 6-19　有限容积法网格

3. 有限元法

有限元法的基本思想是把计算区域分成一系列元体，在每个元体上取数个点作为节点，然后通过对控制方程做积分来获得离散方程，如图 6-20 所示。有限元法与有限容积法的差别在于：①有限元法需要选定一个形状函数（如线性函数），并用元体中节点上被求函数值来表示该形状函数；在积分前把该函数代入控制方程中去，在建立离散方程与结果处理时都要用到该形状函数。②在控制方程积分前要乘一个权函数，并要求在整个计算区域上，控制方程余量的加权平均值等于零，从而建立一组关于节点上被求函数的代数方程组。

有限元法的最大优点是对不规则区域的适应性好，但其计算工作量要大于有限容积法，而且在求解流动与传热问题时，在对流项的离散处理及不可压缩黏性流体的原始变量法求解方面，不是十分成熟。

4. 有限分析法

有限分析法的基本思想与有限差分法相似，同样用网格线将区域离散；所不同的是采用一个节点与相邻的四个网格组成计算单元，即每一个计算单元由一个中心节点与周围 8 个邻点组成，如图 6-21 所示。在计算单元中把控制方程的非线性项进行局部线性化，并对单元上未知函数的变化型线做出假设，用单元边界节点的未知变量函数表示型线表达式中的系数与常数项，这样把单元内的求解问题转化为第一类边条下的定解表示，可找出其分析解；然后用这一分析解，得到该单元中心点及边界上 8 个邻点上未知值的代数方程，即为单元中点的离散方程。

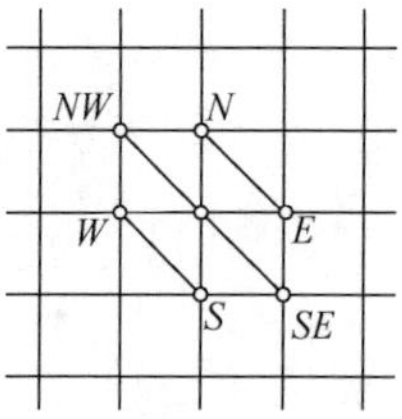

图 6-20　有限元法网格

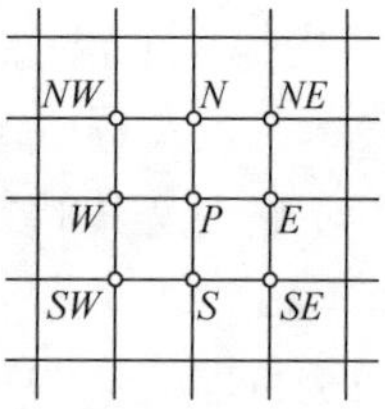

图 6-21　有限分析法网格

思　考　题

1．简述亥姆霍兹速度分解定理的内容及其意义。
2．给出线变形速度、角变形速度、平均旋转角速度表达式。
3．阐明应力张量的表述形式，指明各分量的含义。
4．说明变形率张量的表述形式，分析其物理意义。

5．阐述推导广义牛顿公式的基本思想。

6．根据斯托克斯三假设，推导黏性流体本构方程。

7．证明黏性流体应力张量的对称性。

8．列出输运方程的普遍形式，说明各项物理意义。

9．分析输运方程的对流项与扩散项的区别。

10．输运方程在何情况下可表示连续方程、动量方程及能量方程？

11．试由 N-S 方程推导涡量输运方程。

12．说明能量方程中表面力做功项的含义。

13．简述黏性流体流动的基本特征。

14．边界层有何主要特点，普朗特边界层理论的基本思想是什么？

习　题

[6-1] 给定流体流动的速度场 $\boldsymbol{v}=(t^2+5t)\boldsymbol{i}+(y^2-z^2-1)\boldsymbol{j}+(y^2+2yz)\boldsymbol{k}$，计算点(2,3,4)处，$t=0$ 时：（1）流体的加速度；（2）流体的线变形速度；（3）涡量；（4）确定流动总是无旋的曲面。

[6-2] 已知流场的速度分布为：（1）$v_x=cy, v_y=v_z=0$；（2）$v_x=c, v_y=v_z=0$；（3）$v_x=-cy, v_y=cx, v_z=0$；（4）$v_x=cx, v_y=-cy, v_z=cxy$；（5）$v_x=\dfrac{cy}{x^2+y^2}, v_y=\dfrac{cx}{x^2+y^2}, v_z=0$，其中 c 是常数。试判断是否为无旋流动。

[6-3] 说明如下流动一般总是有旋的：$u=u(x,y), v=0$。在什么情况下，该流动无旋？

[6-4] 不可压缩流体的流动，x 方向的速度分量为 $v_x=ax^2+by$，z 方向的速度分量为零，求 y 方向的速度分量 v_y，其中 a,b 为常数，已知 $y=0$ 时，$v_y=0$。

[6-5] 若直角坐标系和极坐标系之间有如下关系：

$$x^2+y^2=r^2, \frac{y}{x}=\tan\theta, \frac{\partial}{\partial x}=\frac{\partial}{\partial r}\frac{\partial r}{\partial x}+\frac{\partial}{\partial \theta}\frac{\partial \theta}{\partial x}, v_x=v_r\cos\theta-v_\theta\sin\theta, v_y=v_r\sin\theta+v_\theta\cos\theta$$

试由不可压二维直角坐标系的连续方程，导出极坐标的连续方程。

[6-6] 不可压缩牛顿流体的流动，速度分布为 $v_x=4xyz, v_y=z^2, v_z=-2yz^2$，流体的动力黏度 $\mu=1\times10^{-3}\,\mathrm{Pa\cdot s}$，已知点 $A(2,1,1)$处压强为 $p=101300\,\mathrm{Pa}$，求 A 点的各应力分量。

[6-7] 设某流动为 $v_x=2y+3z, v_y=3z+x, v_z=2x+4y$，流体的动力黏度 $\mu=0.008\,\mathrm{Pa\cdot s}$，求其切线方向应力。

[6-8] 在 A 点的应力张量为 $\boldsymbol{P}=\begin{bmatrix}7 & 0 & -2\\ 0 & 5 & 0\\ -2 & 0 & 4\end{bmatrix}$，求：（1）在 A 点与法线单位矢量 $\boldsymbol{n}=\begin{bmatrix}\dfrac{2}{3} & -\dfrac{2}{3} & \dfrac{1}{3}\end{bmatrix}$ 垂直的平面上的应力矢量 $\boldsymbol{p}_n$；（2）应力矢量的法线方向分量；（3）$\boldsymbol{n}$ 与 $\boldsymbol{p}_n$ 之间的夹角。

[6-9] 在两块无限大的平行平板间充满两种互不相混的不可压缩牛顿流体，如图 6-22 所示，上层流体的厚度为 h_2，黏度为 μ_2，下层流体的厚度为 h_1，黏度为 μ_1，上板以速度 U 向

右做匀速直线运动，下板固定不动，全场压强是常数，并不计质量力，求流场的速度及剪切应力分布。

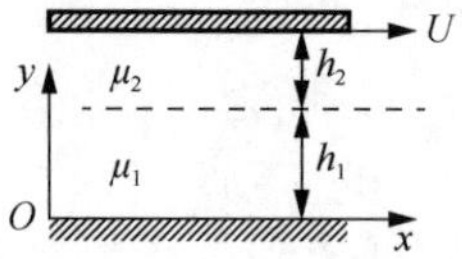

图 6-22　习题[6-9]图

[6-10] 如图 6-23 所示的二维流动，有两平行平板，下板固定，上板以速度 U 移动，沿流向无压差，流体完全由上板因黏性而拖动，设为定常不可压层流流动，不计质量力，速度场为 $v_x = \dfrac{U}{2}\left(\dfrac{y}{h}+1\right), v_y = 0$。（1）求黏性力分布；（2）求单位体积流体所受的表面力在 x 方向的分量；（3）检验 x 方向的动量方程是否成立；（4）求压力沿 y 方向的分布；（5）求动能方程右侧各项，进而确定 $\mathrm{d}\left(\dfrac{1}{2}v_i v_i\right)/\mathrm{d}t$。

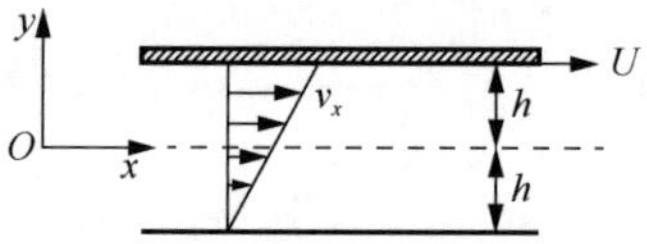

图 6-23　习题[6-10]图

[6-11] 二维层流管道流动，如图 6-15 所示，管内速度分布为 $v_x = v_{\max}\left[1-\left(\dfrac{y}{h}\right)^2\right], v_y = 0$，其中 $v_{\max}$ 为管道中心的速度，它与流向压力梯度有关系 $v_{\max} = -\dfrac{h^2}{2\mu}\dfrac{\mathrm{d}p}{\mathrm{d}x}$，且 $\dfrac{\mathrm{d}p}{\mathrm{d}x}$ 沿流向为常数。（1）求黏性力分布；（2）求单位体积流体所受的表面力在 x 方向的分量；（3）检验 x 方向的动量方程是否成立。

第 7 章　湍流基础

湍流是一种极为普遍的流动现象，自然界和工程实际中的流动绝大部分都是湍流，如飞行器表面的空气流动、动力装置内的流体流动等。迄今为止，人们对湍流的研究已有百余年历史，无论是在湍流本质的认识方面，还是在湍流的实际应用方面都取得了很大的进步。但是由于湍流运动极为复杂，迄今为止还没有形成完整的湍流理论，许多复杂的湍流运动尚未得到准确的统计模型。随着计算流体力学的日益发展，目前湍流理论仍在不断的发展与完善之中，湍流已成为流体力学中较为活跃的学科分支之一。

本章基于近代湍流观念，介绍湍流的基本概念、控制方程、湍流统计理论以及湍流模型，希望能够使读者对湍流流动的物理本质有一个概括性的了解与认识。

7.1　湍流概述

7.1.1　湍流现象

湍流是自然界和工程中十分普遍的现象，例如星云运动、江河急流、烟囱排烟，再如锅炉、反应器、风机、水泵中的流动，以及飞机、汽车外的绕流等现象都是湍流现象，可以说湍流无处不在。湍流一方面会引起机械的阻力骤增、效率下降、能耗加大、噪声加剧、结构振颤、污染加快扩散等消极后果，另一方面也能大大提高燃烧效率和热交换率，加快化学反应的速度，增强轻工、冶金过程物料的混合速度等，在生产活动中发挥着重要作用。因此世界各国的政府、军方、大企业都对湍流研究高度重视，关于湍流的研究已成为世纪性的前沿课题。

虽然百余年间积累下来的关于湍流的理论和文献成千上万、浩如烟海，但迄今人们仍未形成一个确切的湍流定义，仍未能找到一个通用的求解湍流问题的方法。正如诺贝尔物理学奖获得者费曼所讲，湍流是“经典物理学尚未解决的最重要的难题”。究其原因在于湍流研究的中心问题是，质点运动参数在时间和空间上的随机性，导致无法用封闭的数学方程来描述湍流，因此湍流理论成为流体力学中最困难而又引人入胜的领域。

1883 年，英国物理学家雷诺通过著名的雷诺实验，揭示了黏性流体在流动过程中存在两种性质截然不同的流动状态——层流和湍流，并确定了两种流动状态的判别准则及其与能量损失的关系，从此拉开了关于湍流研究的序幕。

雷诺实验装置如图 7-1 所示，水从具有恒定水位的水箱流入等截面直圆管中，在圆管入口的中心处通过一细针孔注入颜色液体，用以观察圆管内的流动状态。实验中，通过调节圆管出口处的阀门使管内流速逐渐增大，以改变流动的雷诺数。

雷诺实验结果显示，开始时中心染色线保持平稳的直线状态，如图 7-2（a）所示，流体质点做规则的直线运动，为层流状态；当流动达到某一雷诺数时，染色线出现波纹，开始振荡，如图 7-2（b）所示，为过渡状态；如果继续开打阀门，染色线从剧烈振荡到破裂，染色液体完全掺混到周围的水流中，如图 7-2（c）所示，为湍流状态。因此，雷诺将湍流定义为一种蜿蜒曲折、起伏不定的流动。

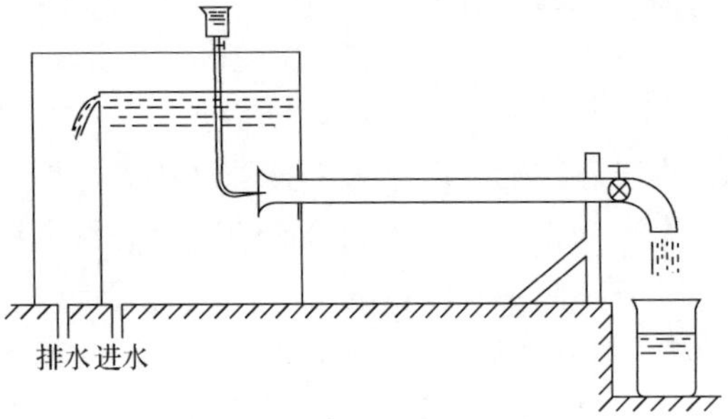

图 7-1　雷诺实验装置

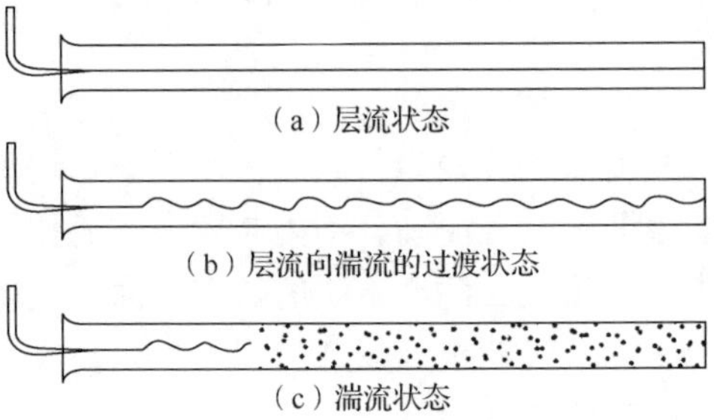

图 7-2　雷诺实验中的流动状态

7.1.2　湍流的发展历程

1922 年，理查森（L. F. Richardson）提出湍流在不同尺度间存在逐级能量传递过程，能量由大涡团传递给小涡团，即湍流动能级联过程。1937 年，泰勒和卡门认为湍流是一种不规则运动，当流体流过固体表面或流体做相对运动时一般都会发生湍流。1939 年，德雷顿（H. L. Dryden）定义湍流是一种不规则的随机运动，随时间做不易被普通测量仪器所察觉的振荡，这种振荡叠加在一种恒定运动之上，其时间平均特性需要进一步研究。1975 年，欣茨（J. O. Hinze）将湍流视作一种流体流动的不规则情况，在这种流动中各种量都被看作是时间和空间坐标的随机变量，故在统计上可表示出各自的平均值。

用现代的理论和方法系统地研究湍流现象始于 19 世纪末。1894 年，雷诺提出的统计平均方法被认为是湍流研究的起点，他提出了脉动场平均动量输运的概念，即雷诺应力。早期的湍流理论用分子运动来比拟湍流脉动。1877 年，布西内斯克把湍流脉动的动量输运归结为一个附加黏性系数，即湍流涡黏度；1925 年，普朗特提出的混合长度理论就是涡黏度的代表性研究成果。然而，从近代湍流认识来看，湍流运动和分子运动的比拟是不正确的。

20 世纪有三位杰出的科学家对湍流理论有重大贡献，被誉为近代湍流理论的奠基人。1921 年，英国的泰勒提出湍流的载体是大大小小的随机涡，他用湍流黏性和湍涡扩散描述湍流的动量输运和标量输运。1941 年，苏联的科尔莫戈罗夫认为湍流是一种多变量的随机过程，他用量纲分析法导出了局部各向同性湍流的普适能谱。1940 年，我国的周培源首次提出湍流脉动方程，奠定了湍流模式理论的基础，随后（1945 年）他提出了两种求解湍流运动的方法，被认为是以雷诺应力方程为出发点的工程湍流模式理论的奠基性工作。这些研究工作为近代湍流研究指明了方向，即应该从不规则湍流脉动的物理性质中来探究湍流运动的规律。

20 世纪 60 年代，人们对湍流的特征有了新的认识。1955 年，Corrsin 在研究湍流尾流的统计特性时，发现了切变湍流中速度脉动的间歇性。1963 年，LoRenz 在研究截断的 N-S 方程时发现，热对流过程中的奇异吸引子是一种具有宽带频谱的不规则运动，由此推论湍流是 N-S 方程在高雷诺数条件下的不规则解。1967 年，Kline 在湍流边界层中发现了重复出现的低速条带运动和猝发现象。1974 年，Brown 在湍流混合层中观察到了拟序的展向涡结构，指出这种拟序结构是湍流脉动产生的关键。湍流拟序结构的发现，纠正了人们对湍流的传统认识，表明湍流并非完全的不规则运动，而是存在一定有序性的不规则运动。在此期间，非线性科学的发展推动了湍流研究，研究表明在确定性的非线性微分方程中可以获得渐进的不规则解，即混沌现象。

20世纪下半叶，湍流统计理论得到很大发展，同时随着计算机技术的迅猛发展，超级计算机已经可以直接求解N-S方程，大量直接数值模拟的结果进一步揭示了各种实际湍流的流动细节，能够定量描述湍流边界层和湍流混合层中的拟序结构；与此同时传统的经验性湍流统计模型及其改进模型也越来越多地被应用到商业软件中。面对科学技术的发展，目前湍流的研究目标是能够提供复杂湍流运动的完善理论和准确模型，这需要我们对复杂湍流的物理机制形成更深入的认识。

7.1.3 湍流的基本特征

结合一个多世纪以来的研究，总结湍流具有以下几个主要特征。

1. 湍流运动的不规则性——随机性

湍流是一种不规则的流动现象，湍流的不规则性在表观上体现为三维涡团的随机运动。从物理结构上看，湍流场由大量不同尺度并相互掺混的涡团叠加而成，即所谓的**湍流涡**(turbulent eddies)，简称涡。这些涡的大小及旋转轴的方向是随机的，虽然具有一定的脉动周期和动能含量，但大大小小的涡叠加到一起，使流体质点的运动具有完全不规则的瞬态变化特征。

湍流的不规则性既是对时间而言，也是对空间而言，二者缺一不可，如果仅具备其中之一，则都不是湍流，例如定常的复杂流动或非定常的刚体运动。正是湍流的不规则性，导致湍流运动无法作为时间、空间坐标的函数进行描述，即采用确定性方法解决湍流问题是不可能的，因此常常用统计平均方法来研究湍流。

湍流涡团的不规则运动与分子的不规则运动具有本质区别，主要体现在以下四个方面。

（1）常温常压下分子是稳定的个体，而涡团具有强瞬态性。如果没有化学反应，分子是独立运动的，不会无故产生或消失，而涡团的运动既存在强烈的旋转，又具有强烈的瞬变性，涡团不断地产生又不断消失，大涡变成小涡，小涡消耗掉再重新产生，这是一个动态的过程。

（2）分子运动通过分子碰撞实现能量交换，而涡团通过级联（cascade）过程实现能量交换。分子运动时发生碰撞，碰撞后分子运动方向改变，按弹性碰撞重新分配能量；而在涡团的级联过程中，大尺度涡拉伸破裂后形成小尺度涡，小尺度涡破裂形成更小尺度的涡，在此期间大尺度的涡不断从主流获得能量，能量通过涡间作用逐级向小尺度涡传播。

（3）分子运动的特征量与边界无关，而涡团运动与边界密切相关。反映分子运动的特征量是分子的自由行程 L 和分子速度 v，这两个特征参数都是与边界条件没有关系的，仅取决于流体的温度。湍流的大尺度涡主要由边界条件所决定，其尺度接近流场尺度且主要受惯性力影响，其脉动周期长、振幅大、频率低，是引起低频脉动的原因；小尺度涡主要由黏性力决定，其尺度只有流场尺度千分之一的量级，其脉动周期短、振幅小、频率高，是引起高频脉动的原因。

（4）分子运动是离散的，但涡团运动是连续的。对分子运动而言，分子自由行程的量级

（10^{-4}mm）要远大于分子直径（10^{-8}mm），因此分子运动是离散的。而湍流涡团的尺度远远大于分子自由行程，例如在内燃机的缸内流场中，最小涡团的尺度在 0.1mm 量级，这仍然远大于分子的自由行程，在这样的尺度上是不可能把流体分子区分出来的，因此连续介质模型是成立的，也就是说无论湍流运动多么复杂，湍流的瞬时运动是可以用 N-S 方程等宏观方程描述的。

2. 湍流涡团的扩散性和能量的耗散性

（1）湍流在任何方向对任何可输运量（如质量、动量和能量等）都具有强烈的扩散性，湍流的扩散性使它能够更有效地将动量、能量及物质浓度等向各个方向扩散、混掺和传输。如果一个流动只有物理量的随机性变化，而没有混掺和扩散，即没有通过周围流体向外传播的速度脉动，则它必定不是湍流，例如：喷气式飞机的凝结尾迹就不是湍流，海洋中的风产生的随机波动也不是湍流。湍流的混掺和扩散在工程中具有重要意义，污染物质的扩散、因动量扩散而产生阻力、机翼在大攻角时边界层分离点向尾部移动等现象均与湍流混掺和扩散紧密相关。

（2）湍流是三维的有旋流动并且伴随着涡团强烈的脉动。湍流通过三维涡团的拉伸和变形，形成各种不同尺度的涡团，这些不同尺度的涡团在湍流运动中起着不同的作用，大尺度涡团从主流中取得能量，再通过级联过程传给小尺度涡，小尺度涡通过流体黏性将能量消耗。因此维持湍流运动必然要消耗一定的能量，这就是湍流的耗散性。湍流需要持续的能量供应以弥补黏性能量损失，只有当二者处于平衡状态时湍流才能达到稳定状态；如果没有能量供应，湍流将会迅速衰减，例如行星大气层中重力波的随机运动只是一种弥散过程而不是湍流。

3. 湍流是大雷诺数（*Re*）现象

湍流的发生过程是极其复杂的，目前还缺少有效的分析方法来预测它的全部过程。在流体力学中，雷诺数是一个无量纲数，表征流体微团所受的惯性力和黏性力之比。当雷诺数较小时，黏性力对流场的影响大于惯性力，流场中的扰动会因黏滞力而衰减，流动稳定为层流流动；反之，若雷诺数较大时，流速的微小变化容易发展、增强而形成不规则的湍流流动。

如图 7-3（a）所示，在静止流体内部取一方形流体微团；当产生剪切运动以后，微团在流向方向就会被拉伸、变形，如图 7-3（b）所示；当雷诺数增大到一定值以后，流动开始从层流向湍流过渡，此时在层流确定解上将产生不能自行衰退的周期性扰动，流体微团内出现波纹，流动变得不稳定，出现 Tolmin-Schlichting（T-S）波，如图 7-3（c）所示；若雷诺数继续增大，当惯性力远远超过了黏性力时，黏性力已无法使微团仍维持为一个整体，于是流体微团变成了细长的条带，这种条带是很不稳定的，迅速破裂成很多涡团，如图 7-3（d）所示；随着雷诺数进一步增大，流动变为湍流，如图 7-3（e）所示。

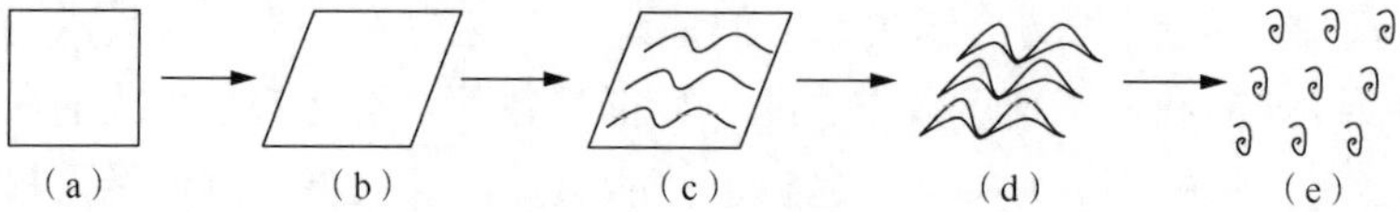

图 7-3　湍流的形成

从平板边界层的发展趋势也可以看出湍流的形成过程，如图 7-4 所示。

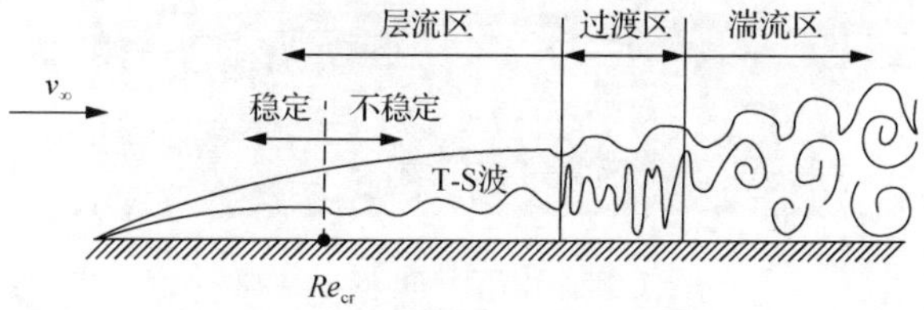

图 7-4　平板边界层湍流的形成

湍流是黏性力与惯性力相互作用的结果，惯性力是发生湍流的内因，扰动是诱发湍流的外因，这里的扰动形态包括温度不均、速度不均、含有杂质等。黏性力与湍流之间具有双重关系：一方面黏性切应力引起了速度的不均匀性，由此造成的速度梯度是产生扰动的主要根源，另一方面在湍流产生以后，流体黏性会耗损湍流动能并对扰动产生阻力。

4. 湍流服从统计规律

湍流是一种不规则运动，因每一个涡团都有各自的运动规律，所以很难对每一个涡团都进行描述，但其统计平均量是规则的，可以从统计学的观点将大量涡团综合起来进行观察和分析，因此可以用统计规律来描述湍流现象，包括统计平均和相关分析两方面内容。

雷诺用时间平均的方法把湍流的不规则部分过滤掉，然后分别研究平均部分和脉动部分，并在此基础上建立了预测湍流平均运动的统计理论。除了时间平均，现代湍流常应用系综平均概念。将一次湍流实验的流场作为一个样本，在相同边界条件下重复无数次实验的样本平均称为**系综平均**。在实际物理实验或数值模拟中，常以足够多的样本平均作为系综平均。由于脉动量的平均值为零，故平均值不能反映脉动量的统计性质上的差别，为了考查脉动量的统计特性及不同脉动量之间的关系，引入统计学中相关概念。

所谓**相关**指的是两个随机的物理量无法用确定的关系来描述，即二者之间没有明确的函数关系，但它们之间确定有一定联系，这时可以从统计的观点来看它们的相关性。通常用相关系数来考查两个物理量之间的相关程度，例如若有两个变量 a、b，当它们的相关系数为 0 时表示两变量无关系，若相关系数为 1 则表示二者完全相关，相关系数的绝对值越大相关性越强。相关又可分为正相关和负相关两种情况：若 a 值增大（减小）b 值也增大（减小），则 a 和 b 为正相关，相关系数在 0～1；若 a 值增大（减小）b 值减小（增大），则 a 和 b 为负相关，相关系数在−1～0。在湍流统计理论中的相关系数通常是不同时间、空间点上的若干脉动量乘积的平均值，其具体公式详见 7.2.3 节介绍。

5. 湍流的拟序结构

20 世纪 50 年代末以来，人们用流动显示和测量方法对切变湍流脉动场进行了大量研究，发现了切变湍流的拟序结构，这成为湍流研究中的重大发现，它改变了以往人们把湍流看成是完全随机运动的传统观念，表明湍流并非完全的不规则运动，而是在小尺度不规则脉动中存在若干大尺度有序结构，这种拟序运动在切变湍流的脉动生成和发展中起着决定性作用。

所谓的**拟序结构**，指的是在湍流脉动场中存在某种序列的大尺度运动，它们的起始时刻和位置是不确定的，但一经触发就以某种确定的序列发展。这种湍流的拟序结构在自由切变湍流和边界层湍流中均可以发现。例如在湍流射流问题中，实验发现射流边界上会产生涡，这些涡在排列上是有规律的，在空间上每隔一段距离就重复出现，具有一定的结构，在时间上也是具有一定周期性地重复出现，并不是完全的随机运动，如图 7-5 所示。

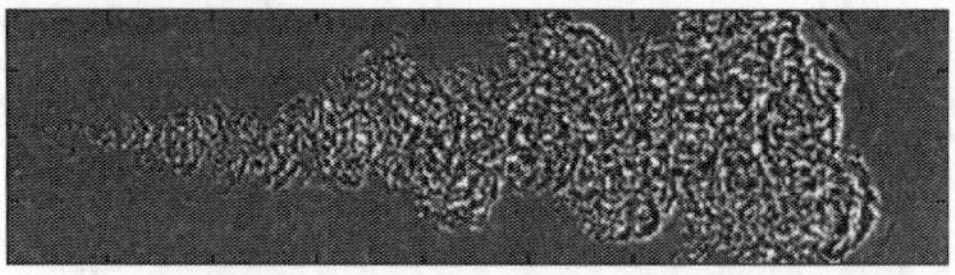

图 7-5　湍流射流的拟序结构

6. 对湍流现象的新认识——混沌与分形

1）湍流是一种混沌现象

近年来，非线性科学的迅速发展推动了湍流研究，其中一个重要概念就是混沌现象。所谓**混沌**指的是在确定性系统里面，由非线性作用引起的貌似随机而实际并非随机的过程。对一个物理系统而言，物理量随时间的变化规律通常是由一个确定的常微分方程组或是差分方程组所决定，这样的系统称为**确定性系统**。在这种系统内，只要给定了初始条件，方程组的解就是唯一确定的。但是在某些给定的控制参数下，方程组的解会出现无序的混乱状态，即所谓的**混沌状态**。这种混沌状态是非线性系统中特有的一种状态，它不同于不受确定性方程约束的完全随机状态，因此有人把混沌现象看作是确定性系统的一种内在的随机性。

在流体力学范围内，湍流可以用 N-S 方程来描述，其结果本应是具有确定性的，但 N-S 方程中的非线性惯性项会导致方程很不稳定。换言之，若初始条件稍有偏差，结果就会失之千里，如此发展下去解就会越来越不稳定，从而产生分叉，出现各种各样的变化，这就是所谓的**洛伦兹效应**，又称为蝴蝶效应。因此湍流也是一种典型的非线性现象，具有混沌现象的特征，可以将湍流看作是一种随机性与确定性相统一的系统。从近代非线性动力学系统的角度看，不可压缩牛顿流体的运动属于含参量（*Re*）的非线性耗散系统，层流是这一系统的确定性解，而湍流是这一系统在确定条件下的非确定性解，即层流和湍流是这一动力系统的两种状态，究竟发生哪种状态，依赖于动力系统中的控制参数 *Re*。

2）湍流和分形（fractal）

传统的欧几里得几何研究的是光滑曲线或物体，是可以求导的，但实际上自然界与工程中的大量过程与现象并不是光滑的，呈现出一种支离破碎的影像。1975 年，美国数学家 B. B. Mandelbrot 提出了分形概念，其具有以非整数维形式充填空间的形态特征，它是非线性系统的几何特性。分形几何的一个重要特征是不同尺度下的自相似性（尺度无关性），其含义是从整体上看，分形几何图形是处处不规则的，但在不同尺度上图形的规则性又是相同的。以海岸线的形状为例，从远距离观察是极不规则的，但从近距离观察，其局部形状又和整体形态相似，它们从整体到局部都是自相似的，这种现象称为不同尺度下的**自相似性**。当然也有一些分形几何图形，它们并不完全是自相似的。

分形几何的另一个特点是关于分数维的定义。我们知道在传统几何里维数的概念很明确，即直线是一维的，平面是二维的，空间是三维的；但在分形几何里，维数已不再是整数而是分数。例如若将海岸线的尺度着眼于最小尺度其就不会再有直线段，因此这种曲线的面积是零而其长度却可以趋于无穷大，故它的维度在 1 和 2 之间。如图 7-6 所示，瑞典数学家科赫（V. Koch）在 1904 年提出的 Koch 曲线就是一种典型的分形曲线，可以看出在有限空间里该曲线是无限长的，它的每次变化面积都会增加，但是总面积是有限的，不会超过初始三角形的外接圆，换言之，在一维下测量任意段长度为无穷大，在二维下测量面积为零，Koch 曲线的维度是 $D=\ln 4/\ln 3$。

湍流涡团具有分形的结构特性，即所谓的多尺度性、多层次性。**多尺度性**是指湍流的涡团从最大尺度到最小尺度可以有无限多重，它的维数也是分数；**多层次性**是指湍流的大涡里有小涡，小涡里有更小的涡，有无穷多层的嵌套，对单个涡团而言具有一定特性，但大量涡叠在一起就变得无规律。从数学上看，湍流的多尺度性、多层次性属于非线性特性，由于在平均过程中抹杀了大量的个性信息，因此通过数学平均得到的公式会出现不封闭的高阶关联项。从物理上看，多尺度多层次结构是流体动能从平均流传到脉动流，最后通过分子黏性变成内能的过程，在湍流表面上的不确定性背后隐藏着能量传递的确定性。

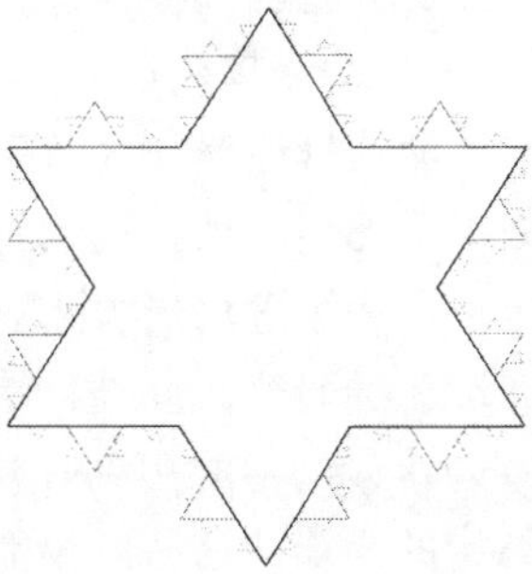

图 7-6　Koch 曲线的维数

综上所述，目前还没有普遍认可的湍流定义，这里仅对湍流作出归纳性定义。认为湍流是一种不规则的流动状态，其流动参数随时间和空间做随机的脉动变化，其本质上是三维非定常流动，且流动空间分布着无数大小和形状各不相同的涡团。简言之，湍流是一种半随机半有序的三维非定常大雷诺数有旋流动。

7.1.4　湍流的分类与研究方法

1. 湍流的分类

湍流按脉动分量的统计特征分为：均匀湍流、各向同性湍流和剪切湍流。

1）均匀湍流

所有湍流统计量的空间导数都等于零的湍流称为**均匀湍流**。均匀湍流又可表述为脉动速度的任意阶统计相关和坐标系的平移无关，即坐标系平移不改变平均值函数。理论上来说，均匀湍流只有在无边界的流场中才可能发生而在实际中很难找到，因为在固体壁面处，流体速度必须满足无滑移边界条件，湍流脉动受到壁面限制，它和远离壁面的脉动必然存在不同的随机特性，因此壁面附近的湍流场不可能是均匀的。

2）各向同性湍流

在任意转动的刚性坐标系中，所有湍流统计量均相等的湍流称为**各向同性湍流**。湍流特征量在流场中各坐标点上是一样的，在各个方向上也是一样的湍流，即坐标系的旋转不改变平均值函数。各向同性湍流只是为了便于理论探讨而提出的一种理想化的湍流模型，脉动速度具有旋转不变性：$\overline{v_1'^2}=\overline{v_2'^2}=\overline{v_3'^2},\overline{v_i'\,v_j'}=0(i\neq j)$。

均匀各向同性湍流可表述为脉动速度的任意阶统计相关和坐标系的平移与转动都无关。

3）剪切湍流

存在速度梯度而有剪切力的湍流称为**剪切湍流**。实际中的湍流大部分属于此类，根据是否存在壁面，剪切湍流又可以分为壁面湍流和自由湍流两类。**壁面湍流**指由壁面作用而产生，而且连续受到壁面影响的湍流，如边界层内的湍流，管道、明渠中的湍流以及绕流问题中的湍流。**自由湍流**指无侧壁存在，湍流发展不受边壁限制的湍流，例如在自由射流问题中，流速不相等的两平行流动间的过渡混合、淹没射流等，再如飞机、船后面的尾迹涡区。

2. 湍流问题的研究方法

1）湍流理论研究

湍流理论是研究有关湍流成因和特性的理论，主要研究两类基本问题：①湍流的起因，即平滑的层流如何过渡到湍流；②充分发展湍流的特性。层流过渡为湍流的主要原因是不稳定性，为了理清层流到湍流过渡的机制，科学家开展了关于流动稳定性理论、分岔理论和混沌理论的研究。此外，湍流统计理论将经典的流体力学和统计方法结合起来研究湍流，是迄今为止最完备的湍流研究理论。研究湍流一般要用到统计平均概念，统计的结果是湍流细微结构的平均，这些结果能够描述流体运动的某些概貌，而这些概貌对实际湍流细节应该是适当敏感的，因此可以认为，几乎所有湍流理论都是统计理论，但一般著作中所讲的统计理论实际上是指引进多点相关后的统计理论。

2）湍流的实验研究

通过测定湍流参数研究湍流现象和运动规律是湍流研究的重要手段。湍流运动中的速度、压强等物理量都是时间和空间位置的不规则函数。在可控实验条件下，利用各种测试仪器和数据处理系统，测量湍流的特征参量或显示流场，不仅可以直接取得真实的技术数据，而且是认识湍流结构、发展湍流新概念新模式的重要方法。

湍流实验方法主要包括流动观察和湍流测量两方面内容。**流动观察**是直接获得湍流的各种流动图案和大尺度涡旋的形成、发展和衰变过程的直观方法。湍流流动显示技术可大致分为光学成像和示迹物成像两类，光学成像利用流场中折射率分布不均匀的特点使光折射，产生代表流场折射率分布的图像，具体方法包括阴影法、纹影法、干涉法等；示迹物成像的空间分辨率很高，能显示复杂流动的微细结构。例如早期的烟风洞、色液法、氢气泡法和微烟丝法等。**湍流测量**的对象一般为均匀各向同性湍流和剪切湍流：对均匀各向同性湍流的实验研究通常是测量在统计上有意义的各脉动参量的方均根值、湍能及其衰变、湍流微尺度、空间两点上的相关函数和一点的时间自相关函数以及对应于这些相关函数的自谱和互谱等。这些参量可以用电模拟方法测量，也可以用电子计算机的随机数据处理法测量。对剪切湍流的实验测量，除了上述参数以外，还要测量雷诺应力、涡黏性系数、湍流与非湍流交界面上的间歇因子以及湍流边界层中湍斑的结构参数等，一般是利用条件采样技术和电子计算机来处理数据。

湍流实验测量技术原则上都是由感受部分和数据处理部分组成的。用于湍流实验的感受部分的传感元件有压电元件、热敏元件、热丝和热膜、等离子束和激光束等。早期的热丝测速计，其测量原理是把热丝置于待测流体介质中，用电加热热丝使其温度高于流体介质温度，由热丝与流体之间热传递的变化引起热丝两端的电压发生变化，从而可以测量流速的平均值和脉动值，该方法的最大缺点是接触式测量对流场有较大的干扰。20 世纪 60 年代发展起来的激光多普勒测速仪，利用流体中悬浮粒子的运动使散射光频率产生偏移，由测出的频率偏移量算出流体运动速度，可实现流场的非接触测量，具有极好的时间分辨率和空间分辨力，可做三维测速，已经成为流速测量的标准技术并得到了广泛应用。20 世纪 80 年代发展起来的粒子图像测速技术，是一种用多次摄像记录流场中粒子的位置，并分析摄得的图像，从而测出流动速度的方法，该方法既具备了单点测量技术的精度和分辨率，又能获得平面流场显示的整体结构和瞬态图像。

3）数值模拟方法——计算流体力学

已有研究表明，连续介质模型在湍流中仍适用，N-S 方程是可以研究湍流的，但因 N-S 方程组是一组非线性偏微分方程组，解析解难觅，其求解的可行之法是采用计算机求其数值解，具体有如下几种方法。

（1）直接数值模拟（direct numerical simulation，DNS）方法。

DNS 方法利用计算机直接求解三维非定常完整的 N-S 方程组，得到瞬时运动的解，再对关键量作平均，得到统计平均量。其优点是解很精确，能得到瞬时场的所有信息，数值分析中的流动条件可控，能够分析各种因素的单独作用或多种因素间的相互作用。其缺点是对空间、时间步长要求较高，计算量大，仅能解决低雷诺数下的简单湍流运动问题，例如槽道或圆管内的湍流问题。

（2）雷诺平均 N-S（Reynolds average Navier Stokes，RANS）方程。

RANS 方程从雷诺平均方程出发对湍流进行雷诺平均数值模拟，由于雷诺平均方程是不封闭的，因此需要构建湍流模型来使方程封闭，目前常用的湍流模型有两类：涡黏性模型（eddy viscosity model，EVM）和雷诺应力模型（Reynolds stress model，RSM）。前者基于布西内斯克的涡黏性假设，把湍流脉动所造成的附加应力同平均应变率关联起来，包括零方程模型、单方程模型、两方程模型等模型；后者对雷诺应力建立方程，如果建立的是二阶脉动项的代数方程，则称为代数方程模型（algebraic equation model），如果建立的方程是二阶脉动项的微分控制方程，则称为微分方程模型（differential equation model）。

（3）大涡模拟（large eddy simulation，LES）方法。

湍流中动量、标量输运主要依靠大尺度脉动实现，大尺度脉动与边界条件密切相关，而小尺度脉动趋于各向同性，其运动具有共性。根据这一特点，可以用控制方程直接计算大尺度量，用湍流模型计算出小尺度量对大尺度量的影响，这就是介于 DNS 和 RANS 之间的 LES 方法。LES 方法对空间分辨率的要求远小于直接数值模拟，规避了 DNS 计算量大的问题，同时又避免了 RANS 抹平脉动细节的不利，可以获得更多的湍流信息，具有广阔的应用前景。

7.2 湍流的统计理论

湍流统计理论主要包括统计平均和相关分析两方面内容。

7.2.1 统计平均

湍流中的各物理量如速度、压强、温度等均是时间和空间的随机函数，因此用处理随机现象的统计方法研究湍流是处理湍流问题的一种基本方法。物理量统计平均的方法主要有三种：时间平均法、空间平均法和系综平均法。本节着重介绍时间平均法和系综平均法。

1. 时间平均法（雷诺平均法）

时间平均法指的是将随机变量速度的瞬时值在一定时间段内进行平均。它是雷诺于 1894 年提出来的，因此又称为**雷诺平均法**，其在直角坐标系中将时间平均值定义为

$$\bar{\phi}(x,y,z)=\lim_{T\to\infty}\frac{1}{T}\int_{t_0}^{t_0+T}\phi(x,y,z,t)\mathrm{d}t \tag{7-1}$$

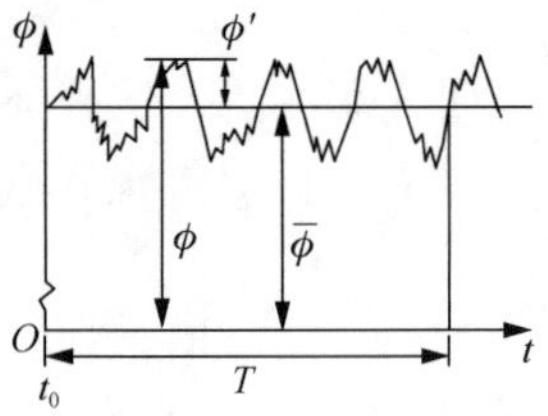

图 7-7　脉动参数与时间平均参数

式中，$\phi(x,y,z,t)$ 代表湍流场中任一物理量，如图 7-7 所示；t_0 对应任意的初始时刻，它不影响平均值的大小；T 为时间周期，理论上应取 $T\to\infty$，在实际处理时一般根据求解精度要求，取足够大的时间段以保证时间平均值为一稳定值，时间平均法可以看作一种过滤过程。

由时间平均值的定义式(7-1)，可以将某一点的瞬时值 ϕ 分为时间平均值 $\bar{\phi}$ 和脉动值 ϕ' 两部分：

$$\phi=\bar{\phi}+\phi' \tag{7-2}$$

可以看出时间平均值的时间平均值为其本身，脉动值的时间平均值为零，存在

$$\overline{\phi'}=\lim_{T\to\infty}\frac{1}{T}\int_{t_0}^{t_0+T}\phi'\mathrm{d}t \tag{7-3}$$

时间平均运算的基本法则为

$$\begin{cases}\phi=\bar{\phi}+\phi',\ \psi=\bar{\psi}+\psi',\ \varphi=\bar{\varphi}+\varphi' \\ \overline{\bar{\phi}+\phi'}=\bar{\phi},\ \overline{\phi+\varphi}=\bar{\phi}+\bar{\varphi};\ \overline{a\phi}=a\bar{\phi} \\ \overline{\int\phi\mathrm{d}s}=\int\bar{\phi}\mathrm{d}s \\ \overline{\dfrac{\partial\phi}{\partial x_i}}=\dfrac{\partial\bar{\phi}}{\partial x_i},\ \overline{\dfrac{\partial\phi}{\partial t}}=\dfrac{\partial\bar{\phi}}{\partial t},\ \overline{\dfrac{\partial^2\phi}{\partial x_i^2}}=\dfrac{\partial^2\bar{\phi}}{\partial x_i^2} \\ \overline{\phi'}=(\bar{\phi})'=0,\ \bar{\bar{\phi}}=\bar{\phi} \\ \overline{\dfrac{\partial\phi'}{\partial x_i}}=0,\ \overline{\dfrac{\partial\phi'}{\partial t}}=0,\ \overline{\dfrac{\partial^2\phi'}{\partial t^2}}=0 \\ \overline{\phi\psi}=\overline{(\bar{\phi}+\phi')(\bar{\psi}+\psi')}=\bar{\phi}\bar{\psi}+\overline{\bar{\phi}\psi'}+\overline{\phi'\bar{\psi}}+\overline{\phi'\psi'}=\bar{\phi}\bar{\psi}+\overline{\phi'\psi'} \\ \overline{\phi\varphi\psi}=\bar{\phi}\bar{\varphi}\bar{\psi}+\bar{\phi}\,\overline{\varphi'\psi'}+\bar{\varphi}\,\overline{\phi'\psi'}+\bar{\psi}\,\overline{\phi'\varphi'}+\overline{\phi'\varphi'\psi'}\end{cases} \tag{7-4}$$

式中，ϕ,φ,ψ 为任意物理参数；t 为时间；a 为常数。可以看出，时间平均运算可视为一种线性算子，即两数和的平均等于平均的和；积（微）分的平均等于平均后积（微）分，因此方程中线性项平均以后，形式上是不会有变化的，不会产生影响。但是方程中的非线性项在平均以后会多出一些项，也就是说在时间平均后会产生新的未知数，例如 $\overline{\phi\psi}$ 平均后变成了三项，而 $\overline{\phi\varphi\psi}$ 平均后变成了五项，这部分内容与湍流时间平均方程密切相关，详见 7.3.2 节介绍。

2. 系综平均法

现代湍流应用系综平均概念，将一次湍流实验的流场作为一个样本，在相同边界条件下重复进行多次实验，任取其中足够多次的测量值做算数平均，所得的函数值具有确定性，即在物理实验或数值模拟中以足够的样本平均作为**系综平均**。以流速为例，可定义速度的系综平均为

$$<v>=\lim_{N\to\infty}\frac{1}{N}\sum_{i=1}^{N}v_i \tag{7-5}$$

式中，N 是足够多的统计样本数；v_i 是第 i 次实验测得的流速值。例如在水位恒定的管口出流问题中的测量速度，如图 7-8 所示，若测量总数为 N，该过程为定常过程，则可用式（7-5）计算系综平均速度。如果流动是非定常的，即水箱中的水位是逐渐降低的，则测量点 A 的速

度将会随时间逐渐降低，那么 A 点的系综平均速度就需要分时段进行测量。即每隔 Δt 时间测一次 v_A 值，在 $n\Delta t$ 时间内共测量 n 个 v_A 值。同样重复 N 次实验，就可以在每一瞬间都得到 N 个 v_A 值，再按照式（7-5）分别计算其系综平均值。如果 Δt 足够短、n 足够大，则可得到速度随时间的变换曲线，如图 7-9 所示。由此可见，系综平均法对定常流动和非定常流动都是适用的，与时间平均法相比更具普遍性。

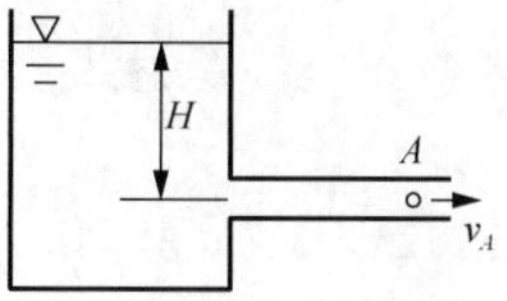

图 7-8　定常流动中的系综平均

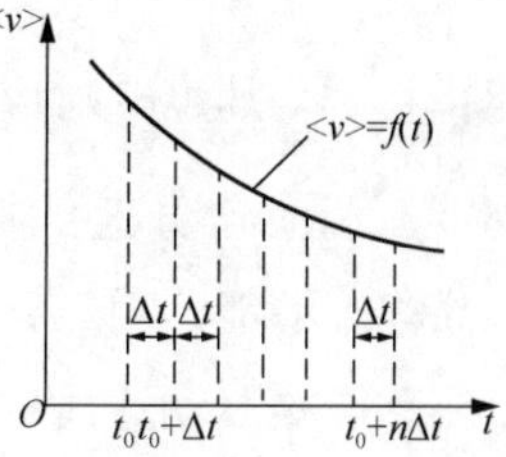

图 7-9　非定常流动中的系综平均

在湍流的统计理论中，所谓的平均一般都指系综平均。严格说来，时间平均法对非定常流动而言是不适用的，该方法是有局限性的。但是从数学上可以证明：对于**统计定常湍流**，即长时间平均结果与起始时刻无关的湍流，其物理量的时间平均值和系综平均值是相等的。因此在统计定常的湍流中，可以用长时间平均代替系综平均。而对于非定常湍流，若湍流边界层的来流是周期性流动，采用长时间平均法将使周期性变化和不规则湍流一起被过滤掉，从而导致失真。对统计非定常湍流可取 $\bar{\varphi}(\boldsymbol{r})=\dfrac{1}{T}\int_t^{t+T}\varphi(\boldsymbol{r},t)\mathrm{d}t$，这里周期 T 相对湍流的随机脉动周期要足够大，而对流场各时间平均量的缓慢变化而言应足够小。

7.2.2　相关分析

因脉动量的平均值等于零，故平均值不能反映脉动量的统计性质上的差别，为了考查脉动量的统计特性及不同脉动量之间的统计关系，引入相关的概念。

在统计学中，将脉动量乘积的平均值定义为**相关**，又称为关联或相关矩。同一脉动量 n 次乘积的平均值称为 **n 阶自相关**，不同脉动量的 n 次乘积的平均值称为 **n 阶互相关**。

相关的物理意义代表不同时间、空间点的脉动量统计上的联系程度，这个相关程度通常用相关值除以各个脉动量的均方根值所得到的无量纲数来衡量，通常将其定义为**相关系数**。例如在空间两点 a,b 处的脉动速度分别为 v'_{ia} 和 v'_{ib}，则两点脉动速度的相关矩为 $\overline{v'_{ia}v'_{ib}}$，其对应的相关系数为 $\overline{v'_{ia}v'_{ib}}/\sqrt{\overline{v'^2_{ia}}\,\overline{v'^2_{ib}}}$。

显然相关系数的值始终小于或等于 1，若两个脉动量的相关系数等于零，则说明这两个脉动量是完全无关的独立量，称它们统计上不相关或**统计独立**；若两个脉动量的相关系数为 1，则表示二者**完全相关**。相关定义中乘积所包含的因子数称为**阶**，如 $\overline{v'_i}$ 为一阶矩，$\overline{v'^2_i}$ 为二阶矩，式（7-4）中的 $\overline{\phi\psi}$ 为二阶项，$\overline{\phi\varphi\psi}$ 为三阶项。通常把大于一阶的称为高阶矩，可以看出脉动速度的一阶矩为零。下面介绍几个湍流中常用的相关参数。

1. 湍动能

湍流的动能按照不同的速度可分成三类，即瞬时流平均动能、平均流动能和湍流脉动动能。根据雷诺平均的定义，湍流瞬时速度可表示为$v_i = \overline{v}_i + v_i'$，其中$\overline{v}_i$是平均流速度，$v_i'$是湍流脉动速度。

瞬时流平均动能：瞬时流动能为$\frac{1}{2}v_i^2$，取平均后可得单位质量流体瞬时流平均动能$\overline{\frac{1}{2}v_i^2} = \frac{1}{2}\overline{v_i^2}$。

平均流动能：将平均速度$\overline{v}_i$对应的动能定义为单位质量流体的平均流动能$\frac{1}{2}\overline{v}_i^2$。

湍流脉动动能：湍流脉动速度v_i'表示的动能为$v_i'v_i'/2$，对其取平均可得单位质量流体的湍流脉动动能，简称湍动能，用k表示，即$k = \overline{v_i'v_i'}/2$。

可以看出，湍动能是脉动速度的二阶自相关，可以用$\sqrt{2k}$来反映脉动速度尺度。根据各速度之间的关系，很容易证明三种动能之间的关系，即“瞬时流平均动能=平均流动能+湍动能”，存在

$$\frac{1}{2}\overline{v_i^2} = \frac{1}{2}\overline{(\overline{v}_i + v_i')^2} = \frac{1}{2}\overline{v}_i\overline{v}_i + \overline{\overline{v}_i v_i'} + \frac{1}{2}\overline{v_i'v_i'} = \frac{1}{2}\overline{v}_i^2 + \frac{1}{2}\overline{v_i'v_i'} \tag{7-6}$$

可见，湍动能k把脉动具有的动能从质点的平均动能中分离出来。

2. 湍流度

湍流中经常用脉动速度的均方根值来反映湍流脉动速度的大小，即

$$\sqrt{\overline{v_i'v_i'}} = \sqrt{\frac{1}{3}\left(\overline{v_1'v_1'}+\overline{v_2'v_2'}+\overline{v_3'v_3'}\right)} \tag{7-7}$$

可以看出，$\overline{v_i'v_i'}$就是三个方向的脉动速度相关矩的平均值。由于脉动速度往往与平均速度的大小有关，故将脉动速度均方根与平均速度的绝对值之比定义为湍流度，用e表示：

$$e = \frac{\sqrt{\overline{v_i'v_i'}}}{|\overline{v}_i|} \tag{7-8}$$

7.2.3　相关函数与湍流尺度

1. 相关函数

湍流场中任一点的运动都会受到其他流体微团运动的影响，这种影响可以通过脉动压力场传播到很远的地方，这就涉及两点相关的问题，其实质是长度尺度问题。

假设同一时刻，在空间有两点(x_0, y_0, z_0)和$(x_0 + x, y_0 + y, z_0 + z)$，用矢量表示为$\boldsymbol{x}_0$和$\boldsymbol{x}_0 + \boldsymbol{r}$，将这两点脉动量之积的平均值定义为这两脉动量之间的二阶空间相关函数，记作$\overline{u'_{(\boldsymbol{x}_0)}u'_{(\boldsymbol{x}_0+\boldsymbol{r})}}$，它通常是$\boldsymbol{x}_0$和$\boldsymbol{x}_0 + \boldsymbol{r}$的函数，其对应的相关系数为

$$f(\boldsymbol{x}_0, \boldsymbol{x}_0 + \boldsymbol{r}) = \frac{\overline{u'_{(\boldsymbol{x}_0)}u'_{(\boldsymbol{x}_0+\boldsymbol{r})}}}{\sqrt{\overline{u'^2_{(\boldsymbol{x}_0)}}}\sqrt{\overline{u'^2_{(\boldsymbol{x}_0+\boldsymbol{r})}}}} \tag{7-9}$$

由于对所有点进行大量测量的工作量巨大，工程中一般只研究沿某一坐标轴方向的两点的相关，例如当$\boldsymbol{r}$=$(r_1,0,0)$时，如图 7-10（a）所示。

若式（7-9）对应沿x坐标方向相距为x的两点处的相关系数，即

$$f(x_0, x_0+x)=\frac{\overline{u'_{(x_0)}u'_{(x_0+x)}}}{\sqrt{\overline{u'^2_{(x_0)}}}\sqrt{\overline{u'^2_{(x_0+x)}}}} \tag{7-10}$$

式（7-10）称为**横向相关系数**。通常三个方向的速度分量的相关曲线是不一样的，且同一速度分量沿三个方向的相关曲线一般也不相同。如图 7-10（b）所示，如果沿 y 方向的脉动速度分量用 v' 表示，则将沿 y 方向的速度分量的相关曲线 $g(x)$ 称为**纵向相关系数**，即

$$g(x_0, x_0+x)=\frac{\overline{v'_{(x_0)}v'_{(x_0+x)}}}{\sqrt{\overline{v'^2_{(x_0)}}}\sqrt{\overline{v'^2_{(x_0+x)}}}} \tag{7-11}$$

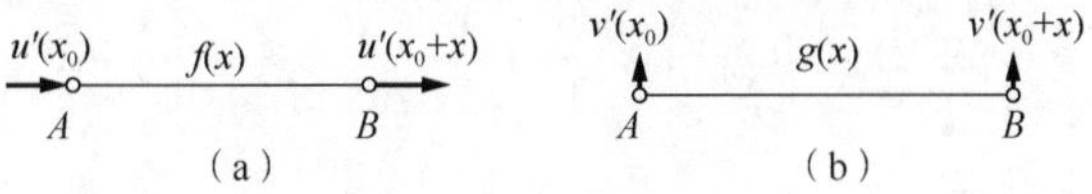

图 7-10　两点的空间相关

2. 湍流长度尺度

1）湍流积分尺度

由于湍流是由大大小小的涡团叠加所形成的，湍流的尺度实质上取决于涡团的尺度，下面讨论涡团尺度与相关系数之间的关系。

如图 7-11 所示，设平板壁面边界层内的涡团中有距离较近的 A、B 两点，它们经常处于同一涡团的同一侧，因而速度方向经常相同，故两点为正相关。反之，若两点距离较远，如 A、C 两点处于两涡之间，它们分别由不同的涡团控制其速度方向，再如 A、D 两点处于同一涡团的两侧，而速度方向相反，这两种情况均形成负相关。

可以认为对相距为 r 的两点而言，尺度小于 r 的涡团不会对两点的相关产生影响，因此可以将相距为 r 的两点的相关系数作为涡团长度尺度的量度。如图 7-12 所示，若流场内涡团尺度很大（虚线所示），则 A,B 处于同一涡团，它们之间具有相同的运动规律，二者相关性好且相关系数较大（$f(x)$ 大）；若涡团尺度很小（实线所示），则 A,B 易处于两个不同涡团中，有不同的运动规律，二者相关性差且相关系数较小。例如当 $x=0$ 时，$f(x)=1$，A,B 是完全相关，两点处于同一点上；当 $x\to\infty$ 时，$f(x)\to 0$ 两点完全不相关。于是可以用 A,B 两点的相关系数 $f(x)$ 来定义流场的平均尺度，即积分尺度。

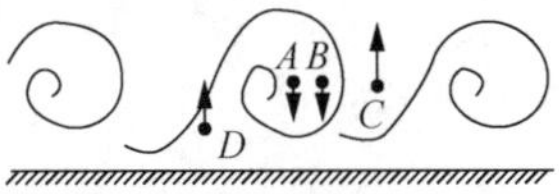

图 7-11　边界层内的涡团

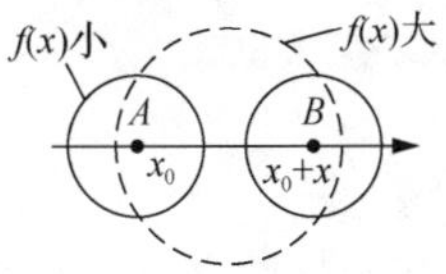

图 7-12　涡团的积分尺度

由此可见，涡团尺度与相关系数关系密切，可以用相关系数的定积分来综合表示涡团尺度，即

$$L_f=\int_0^{\infty} f(x)\mathrm{d}x \tag{7-12}$$

将 L_f 定义为湍流积分尺度。以脉动速度和积分尺度为特征的雷诺数称为**积分尺度雷诺数**，即 $Re_{L_f}=uL_f/\nu$，其中 u 是湍流脉动速度的均方根，也可以用湍动能的平方根表示；ν 是

流体的运动黏度。通常我们说高雷诺数湍流指的就是 $Re_{L_f} \gg 1$。

图 7-13 给出了相关系数与积分尺度的关系，将图中阴影面积 A_1 折算成 A_2 后，得到的矩形长度 L_f 即积分尺度。可以看出，如果相关系数越大，即 $f(x)$ 曲线越高，对应的矩形面积就越大，则 L_f 就越大，代表涡团尺度较大。

2）长度微尺度——泰勒微尺度

上文中的积分尺度是针对 A,B 两点存在一定距离的情况，涡团的尺度也比较大。对于湍流中的小涡团，就需要分析 A,B 两点十分靠近时的微尺度。

对微小涡团，当 B 趋近于 A 时，将函数在 $x \to 0$ 处对 $u'_{(x_0)}$ 作泰勒展开，得

$$u'(x_0+x) = u'(x_0) + x\frac{\partial u'}{\partial x} + \frac{x^2}{2!}\frac{\partial^2 u'}{\partial x^2} + \frac{x^3}{3!}\frac{\partial^3 u'}{\partial x^3} + \cdots \tag{7-13}$$

脉动速度的相关为

$$\overline{u'_{x_0}u'_{(x_0+x)}} = \overline{u'^2_{(x_0)}} - x\left(\overline{u'\frac{\partial u'}{\partial x}}\right)_{x_0} + \frac{x^2}{2!}\left(\overline{u'\frac{\partial^2 u'}{\partial x^2}}\right)_{x_0} - \frac{x^3}{3!}\left(\overline{u'\frac{\partial^3 u'}{\partial x^3}}\right)_{x_0} + \cdots \tag{7-14}$$

对均匀各向同性湍流，可以证明偶数阶相关矩可表示为 $\overline{u'\dfrac{\partial^{2n} u'}{\partial x^{2n}}} = (-1)^n \overline{\left(\dfrac{\partial^n u'}{\partial x^n}\right)^2}$，且奇数阶相关矩存在 $\overline{u'\dfrac{\partial^{2n+1} u'}{\partial x^{2n+1}}} = 0$，将此关系代入式（7-14）中可得

$$f(x) = 1 - x^2/\lambda_f^2 \tag{7-15}$$

式中，$\dfrac{1}{\lambda_f^2} = \dfrac{1}{2\overline{u'^2}}\overline{\left(\dfrac{\partial u'}{\partial x}\right)^2}\Bigg|_{x\to 0}$ 是由相关曲线定义的一种特征尺度。

将式（7-15）对 x 求二阶导数得

$$\lambda_f^2 = -2\Bigg/\left(\frac{\partial^2 f}{\partial x^2}\right)_{x\to 0} = |r|^2 \tag{7-16}$$

式中，$|r|$ 为曲线 $f(x)$ 在 $x=0$ 处的曲率半径。对曲线 $f(x)$ 而言，在 $x=0$ 处做一条抛物线与曲线相切，则该抛物线称为曲线 $f(x)$ 的**密切抛物线**，λ_f 表示 $f(x)$ 的密切抛物线在 $x=0$ 处的截距，如图 7-14 所示。

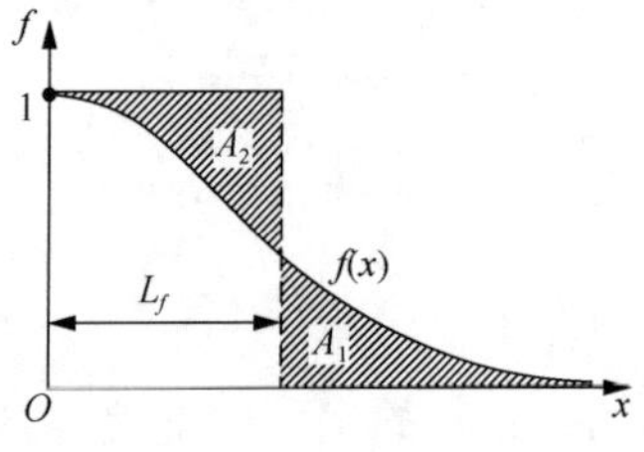

图 7-13　长度积分尺度

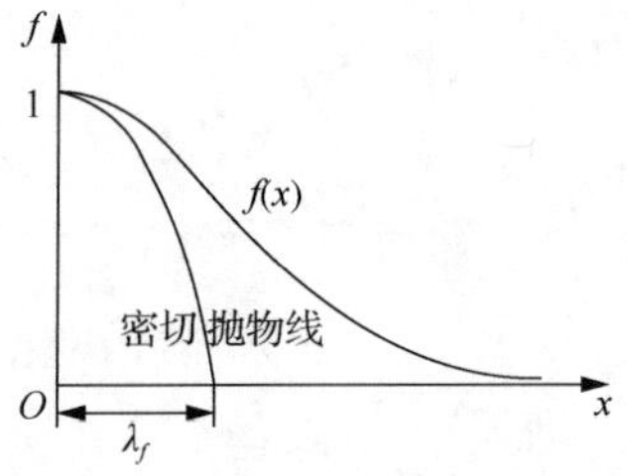

图 7-14　二元速度相关函数与泰勒微尺度的关系

通过量纲分析可知 λ_f 具有长度量纲，它能够反映 A 点周围流场的脉动特性，因 A 点周围的脉动特性主要由小涡团引起而与大涡无关，所以可用 λ_f 表征小涡尺度，即泰勒微尺度。

3）科尔莫戈罗夫尺度

湍流中湍流动能以级联方式逐级由大涡传递给小涡，小涡通过分子黏性把湍流动能耗散成热能，当一个涡刚好能把从上一级涡传递给它的能量全部耗散成热时，涡团就是湍流中的最小尺度，称为**耗散区尺度**，通常用 l_k 表示。它是 1941 年科尔莫戈罗夫（Kolmogorov）通过量纲分析法确定的，因此也称为**科尔莫戈罗夫尺度**，关于耗散区尺度的数量级将在 7.4.3 节介绍。

图 7-15 给出了内燃机进气射流在缸内形成的湍流涡团结构。图中气流从进气门进入缸内以后产生一个强射流，从而在气缸里面形成一个宏观的涡，此时湍流积分尺度 L_f 与气缸直径在同一量级，而在气流平均速度 100m/s 量级时，科尔莫戈罗夫尺度 l_k 在 0.1mm 量级。

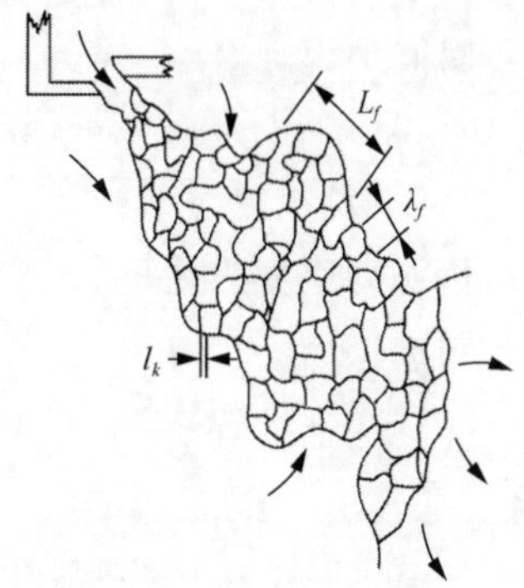

图 7-15 内燃机缸内湍流长度尺度

3. 湍流时间尺度

湍流可以看作是一种做复杂不规则运动的非线性动力系统，这一系统在相隔很长时间以后，初始状态的特征几乎完全消失，也就是说相隔很长时间以后，随机变量和它的初始值几乎是独立的，因而是不相关的。既然涡团在时间上是瞬态变化的，那么涡团就会不断地产生、分裂、变小，直至消失，换言之，涡团是有一定寿命的。湍流涡团的平均寿命就对应它的平均时间尺度，因此可以采用和长度尺度相类似的方法定义湍流时间尺度。

同一空间位置上，同一脉动量在不同时间的量之间的相关称为**时间相关或自相关函数**，记作 $\overline{u'_{(t_0)}u'_{(t_0+t)}}$，其中 t 为延迟时间。自相关函数对应的无量纲自相关系数又称为欧拉时间相关系数，可表示为

$$R_E(t_0,t_0+t)=\frac{\overline{u'_{(t_0)}u'_{(t_0+t)}}}{\sqrt{\overline{u'^2_{(t_0)}}}\sqrt{\overline{u'^2_{(t_0+t)}}}} \tag{7-17}$$

式（7-17）表征两个脉动量在不同时刻的联系程度，自相关系数的绝对值越小，表示这两个时刻上随机变量 u 在统计上的联系越弱，如果 $R_E(t_0,t_0+t)=0$，则表示 $u'_{(t_0)}$ 和 $u'_{(t_0+t)}$ 在相隔时间 t 上互不相关。一般来说，两个脉动量在时间上间隔足够长以后就互不相关，即有 $f(t_0,\infty)=0$。

7.3 不可压缩黏性流体湍流基本方程

湍流实验研究表明，虽然湍流结构十分复杂，但它仍遵循连续介质的一般动力学规律。雷诺提出采用时间平均法研究湍流流动，他认为湍流中任何物理量虽然随时间空间变化，但任一瞬时的运动都符合连续介质运动，可以用黏性流体的基本方程来描述，因此基本方程中任一瞬时物理量都可以用时间平均量和脉动量之和表示，并可以对整个方程进行时间平均计算。

雷诺从不可压缩黏性流体连续方程和动量方程出发，推导出湍流平均运动的连续方程和动量方程。后来，人们引入时间平均值概念，推导出湍流平均运动的能量方程和湍动能方程，

从而得到不可压缩黏性流体的湍流模式理论的基本方程。

7.3.1 不可压缩黏性流体连续方程

在直角坐标系中，将 $v_i = \overline{v}_i + v_i'$ 代入不可压缩黏性流体瞬时流的连续方程得

$$\frac{\partial v_i}{\partial x_i} = \frac{\partial(\overline{v}_i + v_i')}{\partial x_i} = \frac{\partial \overline{v}_i}{\partial x_i} + \frac{\partial v_i'}{\partial x_i} = 0 \tag{7-18}$$

进行时间平均可得

$$\overline{\frac{\partial v_i}{\partial x_i}} = \frac{\overline{\partial(\overline{v}_i + v_i')}}{\partial x_i} = \frac{\overline{\partial \overline{v}_i}}{\partial x_i} + \frac{\partial \overline{v'}_i}{\partial x_i} = 0 \tag{7-19}$$

因脉动速度的时间平均值为零，即 $\overline{v_i'} = 0$，故不可压缩黏性流体湍流的时间平均流动连续方程可表达为

$$\frac{\partial \overline{v_i}}{\partial x_i} = 0 \tag{7-20}$$

由式（7-18）～式（7-20）可得到不可压缩黏性流体湍流的脉动运动的连续方程：

$$\frac{\partial v_i'}{\partial x_i} = 0 \tag{7-21}$$

即脉动流速度也满足同样形式的连续方程。

7.3.2 不可压缩黏性流体运动方程

1895 年，雷诺采用将湍流瞬时速度、瞬时压力进行时间平均的方法，从不可压黏性流体的运动微分方程导出湍流平均流场的基本方程，即雷诺平均方程，它奠定了湍流的理论基础。

1. 不可压黏性流体的运动微分方程

将 $p = \overline{p} + p'$, $v_i = \overline{v}_i + v_i'$ 代入不可压黏性流体的运动微分方程（6-65）得

$$\frac{\partial}{\partial t}(\overline{v}_i + v_i') + (\overline{v}_j + v_j')\frac{\partial(\overline{v}_i + v_i')}{\partial x_j} = f_i - \frac{1}{\rho}\frac{\partial(\overline{p} + p')}{\partial x_i} + \nu\frac{\partial^2(\overline{v}_i + v_i')}{\partial x_j \partial x_j} \tag{7-22}$$

按照时间平均法则对式（7-22）取时间平均，并考虑不可压缩流体 $\rho =$ 常数，忽略质量力的脉动，即 $f_i' = 0$, $f_i = \overline{f}_i$，得

$$\frac{\partial \overline{v}_i}{\partial t} + \overline{v}_j\frac{\partial \overline{v}_i}{\partial x_j} + \overline{v_j'\frac{\partial v_i'}{\partial x_j}} = \overline{f}_i - \frac{1}{\rho}\frac{\partial \overline{p}}{\partial x_i} + \nu\frac{\partial^2 \overline{v}_i}{\partial x_j \partial x_j} \tag{7-23}$$

式（7-23）左侧第 3 项为 $\overline{v_j'\frac{\partial v_i'}{\partial x_j}} = \frac{\overline{\partial(v_i'v_j')}}{\partial x_j} - \overline{v_i'\frac{\partial v_j'}{\partial x_j}}$，由连续方程知 $\frac{\overline{\partial v_j'}}{\partial x_j} = 0$，故存在

$$\overline{v_j'\frac{\partial v_i'}{\partial x_j}} = \frac{\overline{\partial(v_i'v_j')}}{\partial x_j} \tag{7-24}$$

将式（7-24）代入式（7-23），并整理可得

$$\frac{\partial \overline{v}_i}{\partial t} + \overline{v}_j\frac{\partial \overline{v}_i}{\partial x_j} = \overline{f}_i - \frac{1}{\rho}\frac{\partial \overline{p}}{\partial x_i} + \frac{\partial}{\partial x_j}\left(\nu\frac{\partial \overline{v}_i}{\partial x_j} - \overline{v_i'v_j'}\right) \tag{7-25}$$

式（7-25）就是时间平均的 N-S 方程，该方程是由雷诺首先提出的，通常称为**雷诺平均方程**。

对比式（6-65）与式（7-25）可以发现，雷诺平均方程在形式上与 N-S 方程极其相似，除了采用平均量代替瞬时量之外，仅多出一项 $-\dfrac{\partial(\overline{v_i'v_j'})}{\partial x_j}$，该项具有应力作用的形式，代表湍流脉动对时间平均流动的影响。在湍流理论中，通常将附加应力 $-\rho\overline{v_i'v_j'}$ 称为雷诺应力。对不可压缩流体湍流而言，因密度 ρ 是常数，故方程中常常省略密度，为了书写简单起见，也常常直接将 $-\overline{v_i'v_j'}$ 称为雷诺应力，即 $R_{ij}=-\overline{v_i'v_j'}$。当 $i\neq j$ 时，雷诺应力为切线方向应力；当 $i=j$ 时，雷诺应力为正应力，可以证明雷诺应力是二阶对称张量，它有 6 个独立分量，是一个新的未知量。

考虑到不可压缩黏性流体存在 $\dfrac{\partial}{\partial x_j}\left(\dfrac{\partial v_j}{\partial x_i}\right)=0$，将雷诺平均方程（7-25）的右侧进行整理可得

$$\overline{f_i}+\frac{1}{\rho}\left[-\frac{\partial\overline{p}}{\partial x_i}+\mu\frac{\partial}{\partial x_j}\left(\frac{\partial\overline{v_i}}{\partial x_j}\right)-\rho\frac{\partial}{\partial x_j}(\overline{v_i'v_j'})\right]=\overline{f_i}+\frac{1}{\rho}\left[-\frac{\partial\overline{p}}{\partial x_j}\delta_{ij}+2\mu\frac{\partial}{\partial x_j}(\overline{s_{ij}})-\rho\frac{\partial}{\partial x_j}(\overline{v_i'v_j'})\right] \tag{7-26}$$

若定义总应力为

$$T_{ij}=-\overline{p}\delta_{ij}+2\mu\overline{s}_{ij}-\rho\overline{v_i'v_j'} \tag{7-27}$$

则雷诺平均方程（7-25）变形为

$$\frac{\partial\overline{v_i}}{\partial t}+\frac{\partial(\overline{v_i}\,\overline{v_j})}{\partial x_j}=\overline{f}_i+\frac{\partial}{\partial x_j}\left(\frac{T_{ij}}{\rho}\right) \tag{7-28}$$

这里总应力项包括三部分：一是静压力，二是黏性应力，三是雷诺应力。

至此，我们得到的时间平均流基本方程组包括 1 个连续方程、3 个雷诺平均方程，涉及的未知量包括 3 个时间平均速度分量、1 个时间平均压强，以及 6 个雷诺应力（$-\overline{v_i'v_j'}$ 中只有 6 个独立分量）。可以看出，由于雷诺应力的出现，平均运动的未知量个数远远超过了方程的个数，因而雷诺平均方程是不封闭的，只有补充了雷诺应力的方程以后才能使雷诺平均方程封闭，并用它预测平均运动的速度场，这就是湍流统计理论需要解决的核心问题——雷诺应力的封闭问题。

将 N-S 方程与雷诺平均方程相减，可以得到脉动量的控制方程，通常称为脉动运动方程，此处不做详细推导，同雷诺平均方程一样，该方程也是不封闭的。

2. *雷诺应力的物理意义*

在定常湍流流场中，以 M 为顶点取一微元六面体 dxdydz 为控制体，如图 7-16 所示，在 M 点对应的 x 方向瞬时速度分量为 v_x，则在 x 方向单位时间流过单位面积的质量为 ρv_x，在 x 方向的动量通量为 ρv_x^2，对不可压缩黏性流体 $\rho=C$，不计密度脉动，则动量通量时间平均值为

$$\rho\overline{v_x^2}=\rho\overline{(\overline{v}_x+v_x')^2}=\rho(\overline{\overline{v}_x^2+2\overline{v}_xv_x'+v_x'v_x'})=\rho\overline{v}_x^2+\rho\overline{v_x'v_x'} \tag{7-29}$$

式中，左侧 $\rho\overline{v_x^2}$ 表示单位时间内，通过垂直于 x 方向的微元面 dydz 上单位面积的动量通量的平均值；右侧第 1 项 $\rho\overline{v}_x^2$ 是由 x 方向上的时间平均速度所致的动量通量，右侧第 2 项 $\rho\overline{v_x'v_x'}$ 是由于 x 方向上的脉动速度所致的动量通量。

式（7-29）表明在定常湍流中，流体通过某控制面的瞬时动量的平均值，既包含湍流平均运动的动量，又包含湍流脉动运动的动量。根据动量定理，面积 dydz 上有动量传递则必有

力的作用，可以看出式（7-29）中各项均具有应力的量纲，从而证明了在湍流情况下沿 x 方向应力的时间平均值，等于时间平均运动的应力加上脉动运动引起的附加应力。对面积 dydz 来说，附加应力与面积垂直，为法线方向应力，称之为**附加湍流正应力**。

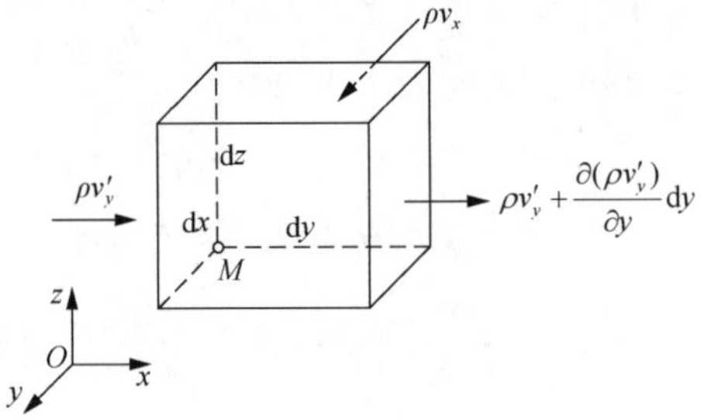

图 7-16　湍流雷诺应力分析

在 M 点处，沿 y 方向上的脉动速度为 v_y'，则在单位时间内通过微元面 dxdz 上的单位面积流入的质量为 $\rho v_y'$，因这部分流体本身具有 x 方向的速度 $v_x = \overline{v}_x + v_x'$，故随之传递的 x 方向的动量为 $\rho v_y' v_x$，其时间平均值为

$$\rho\overline{v_y' v_x} = \rho\overline{v_y'(\overline{v}_x + v_x')} = \rho\overline{v_y'\overline{v}_x} + \rho\overline{v_y' v_x'} \tag{7-30a}$$

根据时间平均法则可知 $\rho\overline{v_y'\overline{v}_x}=0$，因此

$$\rho\overline{v_x v_y'} = \rho\overline{v_x' v_y'} \tag{7-30b}$$

式（7-30b）表明在单位时间内，通过垂直于 y 方向的微元面 dxdz 的单位面积所传递的 x 方向的动量为 $\rho\overline{v_x' v_y'}$，因而该单位面积就会受到一个沿 x 方向的大小为 $\rho\overline{v_x' v_y'}$ 的作用力。从流动的角度来看，当流体质点从高速流层跳跃到低速流层时，它并未立刻失去原有的速度，其超出当地时间平均速度的部分即为脉动速度，故由脉动引起的动量传递使低速层加速。反之，如果脉动由低速层向高速层发生，则高速层被减速。因此这两层流体在 x 方向上会受到切线方向应力的作用，该切线方向应力同样是由流体微团的脉动造成的，称为**附加湍流切应力**。

湍流正应力和湍流切应力统称雷诺应力。从数学上看，$\overline{v_i' v_j'}$ 表示湍流脉动速度各分量彼此的相关，这种相关是同一点同一时刻、不同方向湍流脉动量的相关，其数值等于湍流脉动引起的动量通量的平均值；从物理上看，可理解为流体质点速度脉动所引起的周围流体作用在质点上的附加作用力，或者说这种附加作用力是由许多不同尺度的涡团相互掺混所引起的。

从上述讨论可见，雷诺应力与黏性应力存在着本质上的差别。①从产生的机制来看，分子黏性应力对应分子热运动引起的界面两侧的动量交换，而雷诺应力是由湍流涡团运动（即湍流脉动）引起的界面两侧的动量交换。所以雷诺应力并不是严格意义上的表面应力，它是对真实的脉动运动进行平均处理时，将脉动引起的动量交换折算成想象的平均运动界面上的作用力，即对平均运动而言，雷诺应力具有表面力的效果，在解决工程问题时可将其作为表面力对待。从这个意义上说，湍流平均运动的微元体除了受到压力作用以外，还受到其他两种表面力，即分子黏性应力和雷诺应力作用。②从数量级上看，在多数情况下和绝大部分流动空间内，雷诺应力比分子黏性应力大得多，例如当 Re=10^5 时，雷诺应力和黏性应力之比大约在 10^2 量级，在这种情况下，分子黏性可以忽略。③分子运动的特征长度是分子热运动的平均自由行程，它远小于流动的宏观尺度，而湍流脉动的最小特征尺度仍属于宏观运动尺度范围。

7.3.3 雷诺应力输运方程

20 世纪 40 年代，周培源最早提出通过对雷诺应力 $-\overline{v_i'v_j'}$ 列输运方程可以使雷诺平均方程封闭。雷诺应力输运方程推导的出发点是瞬态的 N-S 方程和时间平均雷诺平均方程，有两种推导方法，具体如下。

第一种方法的步骤是：①分别写出关于瞬时速度分量 v_i 和 v_j 的 N-S 方程；②以 v_i 乘以 v_j 的 N-S 方程，以 v_j 乘以 v_i 的 N-S 方程，然后两方程相加，得到 v_iv_j 的方程；③对上述方程进行雷诺时间平均，得到 $\overline{v_iv_j}$ 的方程；④以 $\overline{v}_i$ 乘以 $\overline{v}_j$ 的雷诺平均方程，以 $\overline{v}_j$ 乘以 $\overline{v}_i$ 的雷诺平均方程，然后两式相加得到 $\overline{v}_i\ \overline{v}_j$ 的方程；⑤用 $\overline{v_iv_j}$ 的方程减去 $\overline{v}_i\ \overline{v}_j$ 的方程，得到 $\overline{v_i'v_j'}$ 的方程。

另一种方法的步骤是：①用瞬时速度 v_i 的 N-S 方程减去 $\overline{v}_i$ 的雷诺平均方程，得到 v_i' 的方程，用瞬时速度 v_j 的 N-S 方程减去 $\overline{v}_j$ 的雷诺平均方程，得到 v_j' 的方程；②用 v_i' 乘以 v_j' 的方程，用 v_j' 乘以 v_i' 的方程，然后两式相加得到 $v_i'v_j'$ 的方程；③对上述方程取时间平均，便得到 $\overline{v_i'v_j'}$ 的方程。

最终建立的雷诺应力方程的通用形式表示为

$$
\begin{aligned}
\frac{\mathrm{d}\overline{v_i'v_j'}}{\mathrm{d}t} = \underbrace{\frac{\partial \overline{v_i'v_j'}}{\partial t} + \overline{v}_k \frac{\partial \overline{v_i'v_j'}}{\partial x_k}}_{C_{ij}} = -\frac{\partial}{\partial x_k}\left(\underbrace{\frac{\delta_{jk}}{\rho}\overline{v_i'p'} + \frac{\delta_{ik}}{\rho}\overline{v_j'p'} + \overline{v_i'v_j'v_k'}}_{D_{ij}} - \underbrace{\nu \frac{\partial \overline{v_i'v_j'}}{\partial x_k}}_{F_{ij}} \right) \\
\underbrace{-\left(\overline{v_i'v_k'}\frac{\partial \overline{v}_j}{\partial x_k} + \overline{v_j'v_k'}\frac{\partial \overline{v}_i}{\partial x_k} \right)}_{P_{ij}} \underbrace{- 2\nu \overline{\frac{\partial v_i'}{\partial x_k}\frac{\partial v_j'}{\partial x_k}}}_{E_{ij}} + \underbrace{\overline{\frac{p'}{\rho}\left(\frac{\partial v_i'}{\partial x_j} + \frac{\partial v_j'}{\partial x_i} \right)}}_{\phi_{ij}}
\end{aligned}
\tag{7-31}
$$

式中，C_{ij} 表示雷诺应力的增长率；D_{ij} 是散度形式，表示雷诺应力扩散项；F_{ij} 为黏性扩散项；P_{ij} 为切线方向应力生成项，它表示平均切变场与雷诺应力相互作用对雷诺应力或湍动能增长率的贡献；ϕ_{ij} 为压力应变项，是压力脉动和剪切变形率的相关，又称为再分配项，其对湍动能的增长率没有贡献，它只是在雷诺应力的各分量之间起调节作用；E_{ij} 为黏性耗散项，该项总为负值，它总是使湍动能衰减。实际上，对于雷诺应力方程，令 $i=j$ 并求和，就可以得到湍动能方程，完整的雷诺应力方程需考虑旋转和浮升力的影响，此处不做详解。

雷诺应力方程虽然给出了雷诺应力的微分方程，但同时也引入了一些新的未知函数，如 $\overline{v_i'v_j'v_k'}$，因此它是不封闭的。对三阶相关矩 $\overline{v_i'v_j'v_k'}$ 可以用类似方法建立其微分方程，但同时会引入速度的四阶项，而且未知量数目的增加要比方程数增加得多，因此无法建立关于湍流时间平均流的精确封闭方程。这样就出现了如何封闭方程的问题，需通过某种方法建立起高阶项与低阶项或平均量之间的关系，这就是建立湍流模型的问题。这种构建近似的封闭方程组的方法称为湍流模式理论。例如雷诺应力方程模型就是采用二阶封闭法，按照速度梯度模拟的概念，用二阶相关来模拟三阶相关，并相应地用其他方法来模拟与压强脉动有关的关联项，从而封闭方程组。

7.4 湍流能量的输运和耗散

研究湍流中能量的转化，即湍流能量如何传递、扩散及耗散的过程，是探讨湍流内部机理及其发展与衰减规律的重要内容。湍流能量的转化和雷诺应力的生成、输运和耗散有着密切联系，本节将通过讨论湍流平均运动的动能方程来说明湍流能量的输运与耗散。

7.4.1 时均流动能方程

将时间平均流的雷诺平均方程（7-28）各项乘以时间平均速度 $\overline{v}_i$，可得时间平均流的能量方程：

$$\overline{v}_i \frac{\partial \overline{v}_i}{\partial t} + \overline{v}_i \frac{\partial(\overline{v}_i \overline{v}_j)}{\partial x_j} = \overline{v}_i \overline{f}_i + \overline{v}_i \frac{\partial}{\partial x_j}\left(\frac{T_{ij}}{\rho}\right) \tag{7-32}$$

式中，$\overline{v}_i$ 为变量。整理可得

$$\frac{\partial}{\partial t}\left(\frac{\overline{v}_i^2}{2}\right) + \overline{v}_j \frac{\partial}{\partial x_j}\left(\frac{\overline{v}_i^2}{2}\right) = \overline{v}_i \overline{f}_i + \frac{1}{\rho}\frac{\partial}{\partial x_j}(T_{ij}\overline{v}_i) - \frac{1}{\rho} T_{ij}\overline{s}_{ij} \tag{7-33}$$

式中，$\dfrac{\partial}{\partial x_j}(T_{ij}\overline{v}_i)$ 为湍动能输运项，该项以散度形式出现，故具有守恒性，表示由 T_{ij} 引起的平均流动能的输运；$-T_{ij}\overline{s}_{ij}$ 为变形功，不具有守恒性，表示应力对流体变形所做的功。需要说明的是，式（7-33）中的变形功实际上应为 $T_{ij}\dfrac{\partial \overline{v}_i}{\partial x_j}$，我们知道 $\dfrac{\partial \overline{v}_i}{\partial x_j}$ 包括对称张量 $\overline{s}_{ij}$ 和反对称张量 $\overline{a}_{ij}$ 两部分，由 T_{ij} 是对称张量可知 T_{ij} 与 $\overline{a}_{ij}$ 的乘积为零，故此处可以用 $\overline{s}_{ij}$ 代替 $\dfrac{\partial \overline{v}_i}{\partial x_j}$。

将应力关系 $T_{ij} = -\overline{p}\delta_{ij} + 2\mu\overline{s}_{ij} - \rho\overline{v_i'v_j'}$ 代入式（7-33）可得时间平均流动能方程：

$$\underbrace{\frac{\partial}{\partial t}\left(\frac{\overline{v}_i^2}{2}\right)}_{\mathrm{I}} + \underbrace{\overline{v}_j \frac{\partial}{\partial x_j}\left(\frac{\overline{v}_i^2}{2}\right)}_{\mathrm{II}} = \overline{v}_i \overline{f}_i + \frac{\partial}{\partial x_j}\left(\underbrace{-\frac{\overline{p}}{\rho}\overline{v}_i\delta_{ij}}_{\mathrm{III}} - \underbrace{\overline{v_i'v_j'}\,\overline{v}_i}_{\mathrm{IV}} + \underbrace{2\nu\overline{s}_{ij}\overline{v}_i}_{\mathrm{V}}\right) + \frac{\overline{p}}{\rho}\overline{s}_{ii} - \underbrace{2\nu\overline{s}_{ij}\overline{s}_{ij}}_{\mathrm{VI}} + \underbrace{\overline{v_i'v_j'}\,\overline{s}_{ij}}_{\mathrm{VII}} \tag{7-34}$$

式中，$\overline{v}_i \overline{f}_i$ 表示质量力对平均运动的做功，若不考虑质量力则该项为零。对不可压缩流体，因 $s_{ii}=0$，故 $\overline{s}_{ii}=0$。方程中各项的物理意义如下：

（1）第 I 项是单位质量流体的时间平均流动能的当地变化率，由时间平均流动的非定常性引起；第 II 项是单位质量流体的时间平均流动能的迁移变化率，由平均流动的空间不均匀性引起；第 I 项与第 II 项之和即 $\dfrac{\mathrm{d}}{\mathrm{d}t}\left(\dfrac{\overline{v}_i^2}{2}\right)$ 代表时间平均流动能变化率。

（2）第 III 项是平均静压力引起的时间平均流动能的输运；第 IV 项是雷诺应力引起的时间平均流动能的输运，或称为雷诺应力做功的扩散项；第 V 项是黏性力引起的时间平均流动能输运，即时间平均黏性应力做功而传递能量的扩散项。第 III 项、第 IV 项与第 V 项之和代表应力对时间平均运动的做功，统称为输运项，该项以散度形式出现，具有守恒性。

（3）第 VI 项是黏性力对变形运动所做的功，称为**黏性耗散功**，该项始终为负值，表明黏

性应力的变形功总是消耗时间平均流的能量，将它转化为热能在分子运动中耗散掉。

（4）第 VII 项是雷诺应力对变形运动所做的功，称为**湍动能生成项**，它将时间平均流动能转为湍动能。当$i \neq j$时，$-\overline{v_i'v_j'}$为湍流切应力，一般与$\overline{s}_{ij}$符号相同，此时湍动能生成项为负值，表示时间平均流的能量损失；当$i = j$时，$\overline{v_i'v_j'}$为湍流正应力，湍动能生成项的符号取决于$\overline{s}_{ij}$，可正可负。在一般情况下，因切应力做功占主导地位，故总的来讲，该项是从时间平均流动中取走能量，使时间平均流能量损失，但这部分能量损失与黏性耗散功不同，它不是变为热能在流动中耗散掉，而是把时间平均流中的能量转化为脉动能量，因而称为湍动能生成项。

7.4.2 瞬时流动能方程

湍流瞬时流满足 N-S 方程且方程各项代表的是作用于单位质量流体上的力，因此用 N-S 方程各项乘以瞬时流速度，便可得单位质量流体在单位时间内的各种能量，下面按此方法推导瞬时流动能方程。为便于讨论，不考虑质量力项，将 N-S 方程（6-65）乘以v_i，可得

$$v_i\frac{\partial v_i}{\partial t}+v_iv_j\frac{\partial v_i}{\partial x_j}=-\frac{1}{\rho}v_i\frac{\partial p}{\partial x_i}+\nu v_i\frac{\partial}{\partial x_j}(\frac{\partial v_i}{\partial x_j}) \tag{7-35}$$

对于不可压缩流体，由连续方程$\frac{\partial v_j}{\partial x_j}=0$，可知$\frac{\partial(v_iv_j)}{\partial x_j}=v_i\frac{\partial v_j}{\partial x_j}+v_j\frac{\partial v_i}{\partial x_j}=v_j\frac{\partial v_i}{\partial x_j}$，因此可得式（7-35）左侧的第 2 项为

$$v_iv_j\frac{\partial v_i}{\partial x_j}=v_i\frac{\partial(v_iv_j)}{\partial x_j}=\frac{\partial(v_iv_iv_j)}{\partial x_j}-v_iv_j\frac{\partial v_i}{\partial x_j}=\frac{\partial(v_iv_iv_j)}{\partial x_j}-v_i\frac{\partial(v_iv_j)}{\partial x_j}$$

整理可解出

$$v_iv_j\frac{\partial v_i}{\partial x_j}=v_i\frac{\partial(v_iv_j)}{\partial x_j}=\frac{\partial}{\partial x_j}(\frac{1}{2}v_iv_iv_j) \tag{7-36a}$$

式（7-35）右侧的第 1 项为

$$-\frac{1}{\rho}v_i\frac{\partial p}{\partial x_i}=-\frac{1}{\rho}v_i\frac{\partial(p\delta_{ij})}{\partial x_j}=-\frac{1}{\rho}\left[\frac{\partial(pv_i\delta_{ij})}{\partial x_j}-p\delta_{ij}\frac{\partial v_i}{\partial x_j}\right]=-\frac{1}{\rho}\left[\frac{\partial(pv_i\delta_{ij})}{\partial x_j}-ps_{ii}\right] \tag{7-36b}$$

考虑到不可压缩流体存在$\frac{\partial}{\partial x_j}\left(\frac{\partial v_j}{\partial x_i}\right)=0$，式（7-36b）右侧第 2 项可整理为

$$\nu v_i\frac{\partial}{\partial x_j}\left(\frac{\partial v_i}{\partial x_j}\right)=\nu v_i\frac{\partial}{\partial x_j}\left(\frac{\partial v_i}{\partial x_j}+\frac{\partial v_j}{\partial x_i}\right)=\frac{\partial}{\partial x_j}(2\nu v_is_{ij})-2\nu s_{ij}s_{ij} \tag{7-36c}$$

将式（7-36a）、式（7-36b）和式（7-36c）代入式（7-35），得

$$\frac{\partial}{\partial t}\left(\frac{1}{2}v_iv_i\right)+\frac{\partial}{\partial x_j}\left(\frac{1}{2}v_iv_iv_j\right)=\frac{\partial}{\partial x_j}\left(-\frac{p}{\rho}v_i\delta_{ij}+2\nu v_is_{ij}\right)-2\nu s_{ij}s_{ij} \tag{7-37}$$

这就是不可压缩黏性流体瞬时流的能量方程。

对式（7-37）取平均，可得瞬时流平均动能方程：

$$\frac{\partial}{\partial t}\left(\frac{1}{2}\overline{v}_i\overline{v}_i\right)+\frac{\partial}{\partial t}\left(\frac{1}{2}\overline{v_i'v_i'}\right)+\frac{\partial}{\partial x_j}\left(\frac{1}{2}\overline{v}_i\overline{v}_i\overline{v}_j\right)+\frac{\partial}{\partial x_j}\left(\frac{1}{2}\overline{v}_j\overline{v_i'v_i'}\right)+\frac{\partial}{\partial x_j}\left(\frac{1}{2}\overline{v}_i\overline{v_i'v_j'}\right)+\frac{\partial}{\partial x_j}\left(\frac{1}{2}\overline{v}_i\overline{v_i'v_j'}\right)$$

$$+\frac{\partial}{\partial x_j}\left(\frac{1}{2}\overline{v_i'v_i'v_j'}\right)=\frac{\partial}{\partial x_j}\left(-\overline{v}_i\frac{\overline{p}}{\rho}\delta_{ij}-\overline{v_i'\frac{p'}{\rho}}\delta_{ij}\right)+\frac{\partial}{\partial x_j}(2\nu\overline{v}_i\overline{s}_{ij}+2\nu\overline{v_i's_{ij}'})-2\nu\overline{s}_{ij}\overline{s}_{ij}-2\nu\overline{s_{ij}'s_{ij}'} \tag{7-38}$$

7.4.3　湍流脉动动能方程

1. 湍动能（k）方程

根据式（7-6）中三种动能之间的关系，由瞬时流平均动能方程（7-38）和时间平均流动能方程（7-34）之差，并令湍动能 $k=\frac{1}{2}\overline{v_i'v_i'}$，可得 k 的方程：

$$\underbrace{\frac{\partial k}{\partial t}}_{\mathrm{I}}+\underbrace{\overline{v}_j\frac{\partial k}{\partial x_j}}_{\mathrm{II}}=\frac{\partial}{\partial x_j}(\underbrace{-\overline{v_i'\frac{p'}{\rho}}\delta_{ij}}_{\mathrm{III}}\underbrace{-\frac{1}{2}\overline{v_j'v_i'v_i'}}_{\mathrm{IV}}+\underbrace{2\nu\overline{v_i's_{ij}'}}_{\mathrm{V}})\underbrace{-\overline{v_i'v_j'}\overline{s}_{ij}}_{\mathrm{VI}}\underbrace{-2\nu\overline{s_{ij}'s_{ij}'}}_{\mathrm{VII}} \tag{7-39}$$

（1）第 I 项与第 II 项之和表示湍动能变化率，包括湍动能的当地变化率 I 和时间平均流产生的迁移变化率 II。

（2）第 III 项、第 IV 项与第 V 项之和表示输运项，反映脉动应力对脉动运动做功。其中第 III 项表示脉动压力引起的湍动能的传递，即脉动压力所做功率的空间输运；第 IV 项表示脉动速度引起的湍动能的扩散传递，是脉动速度 v_j' 携带的脉动雷诺应力 $v_i'v_i'$ 的平均输运项；第 V 项表示湍流黏性扩散项，该项也可以表示为 $\frac{\partial}{\partial x_j}\left(\nu\frac{\partial k}{\partial x_j}\right)$ 形式，反映分子黏性引起的湍动能的传递。

（3）第 VI 项是湍动能生成项，该项与式（7-34）中的第 VII 项仅差一负号，也常写为 $P_k=-\overline{v_i'v_j'}\overline{s}_{ij}$，表示雷诺应力通过平均运动的变形率向脉动运动输入的能量，$P_k>0$ 表示平均运动向脉动运动输入能量，反之 $P_k>0$ 将使湍动能减少。当平均运动的 $\overline{s}_{ij}$ 为正时，$-\overline{v_i'v_j'}$ 常常为负，因此 P_k 一般为正，使湍动能增加。

（4）第 VII 项是湍动能的黏性耗散项，表示分子黏性的作用使湍动能耗散而变成热能的部分，也可以理解为脉动黏性力对脉动应变率的做功，它使湍动能减小。在湍流统计理论中，将单位质量流体在分子黏性作用下，由湍流动能转化为分子热运动动能（热能）的速率，定义为**湍动能耗散率**，用 ε 表示，即

$$\varepsilon=2\nu\overline{s_{ij}'s_{ij}'}=\nu\overline{\frac{\partial v_i'}{\partial x_j}\frac{\partial v_i'}{\partial x_j}} \tag{7-40}$$

在平均变形率等于零的均匀湍流场中，由于所有统计量的空间导数均为零，加之平均变形率等于零，即 $\partial\overline{v}_i/\partial x_j=0$，故湍动能生成项 $P_k=-\overline{v_i'v_j'}\overline{s}_{ij}=0$，此时湍动能方程（7-39）可简化为 $\partial k/\partial t=-\varepsilon<0$。由于湍动能耗散率 ε 恒为正数，故湍动能 k 总是减少的，这意味着，若没有时间平均流不断地为湍流提供能量，湍流将不断衰减。

2. 湍动能耗散率

对于定常缓变湍流，式（7-39）中湍动能的变化率以及扩散率都很小，可以忽略不计，方程简化为 $\overline{v_i'v_j'}\overline{s}_{ij}=-2\nu\overline{s_{ij}'s_{ij}'}$，即湍动能的生成率等于湍动能的耗散率，我们称这种湍流为平衡湍流。具有平衡性质的湍流是一种比较简单的湍流，称为**简单切变湍流**。

湍流动能的生成项和耗散项之间的平衡对维持湍流非常重要。湍动能耗散率 ε 是各种脉动成分耗散的平均值，从式（7-40）可以看出，脉动速度梯度 $|\partial v_i'/\partial x_j|$ 越大则平均湍动能耗

散率就越多，从量级估计有$|\partial v_i' / \partial x_j| \sim \sqrt{2k} / l$，其中$\sqrt{2k}$是脉动速度的量级，$l$是脉动的空间尺度。可见，耗散过程主要发生在流场小尺度范围的涡团内，或者说大部分湍动能在小尺度脉动中耗散。

下面采用量纲分析法导出耗散区湍流脉动的量级关系。根据ε定义可知，在耗散区湍动能耗散率刚好等于从上一级大涡接收的动能，故决定最小涡尺度l_k和湍流脉动速度尺度v的特征量只有流体的运动黏度ν以及湍动能耗散率ε，若取长度量纲为L，时间量纲为T，则各量的量纲分别为

$$[l_k]=L,[v]=LT^{-1},[\nu]=L^2T^{-1},[\varepsilon]=L^2T^{-3} \tag{7-41a}$$

由量纲关系可确定耗散区尺度和脉动速度的数量级为

$$l_k \sim (\nu^3/\varepsilon)^{\frac{1}{4}}, v \sim (\varepsilon\nu)^{\frac{1}{4}} \tag{7-41b}$$

将以耗散区尺度和脉动速度为特征量的雷诺数称为耗散雷诺数，则由式（7-41b）的关系可导出$Re_{l_k}=vl_k/\nu \sim 1$。由于雷诺数表征的是流体的惯性力和分子黏性力之比，雷诺数的量级为 1，说明黏性主宰着耗散流动，换言之，在耗散尺度范围内的湍流脉动是由分子黏性力主宰的。

将式（7-41b）中的两式合并，消掉运动黏度ν，可以得到湍动能耗散的量级关系为

$$\varepsilon \sim v^3/l_k \tag{7-41c}$$

为了分析湍流耗散率ε和湍流脉动积分尺度l的关系，引入布西内斯克关于湍流运动黏性系数ν_t的假设（详见 7.5.1 节）。在简单的平衡湍流中（$P_k=\varepsilon$），通过量纲分析可以将ν_t表示为湍流脉动速度和脉动尺度的乘积的形式，即$\nu_t \sim l\sqrt{2k}$，根据布西内斯克假设，可得$-\overline{v_i'v_j'} \sim \sqrt{2k}l\,\overline{s}_{ij}$，进一步由局部平衡关系可知$-\overline{v_i'v_j'}\;\overline{s}_{ij} \cong \nu\overline{\dfrac{\partial v_i'}{\partial x_j}\dfrac{\partial v_i'}{\partial x_j}}$，按照湍动能的级联特点，湍动能耗散等于大尺度脉动传递的能量，因此湍动能耗散率ε可以用湍动能和脉动积分长度尺度估计为

$$\varepsilon \propto k^{3/2}/l \tag{7-42}$$

7.4.4 湍流流动中能量平衡与转换关系

研究湍动能输运方程的各项平衡关系是湍流理论的一项重要内容。我们知道，湍动能方程（7-39）与时间平均流动能方程（7-34）的形式类同，二者都可以写成“动能变化率=输运项+湍动能生成项+黏性耗散项”的形式，故可以通过对比方程各项来分析湍流动能的输运和平衡。

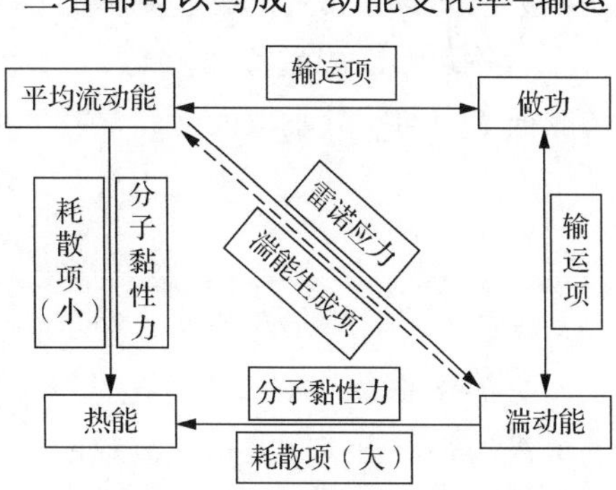

图 7-17 湍流能量的平衡与转换

如图 7-17 所示，平均流动能有三个分项，分别是：①平均流的平均应力对平均运动所做的功为输运项，由于动能和功是可以相互转化的，故该项箭头方向为双向的；②雷诺应力对变形运动所做的功为湍动能生成项，该项把平均流动能转变成湍动能，这里平均流动能向湍动能转化是主导方向，只有在极少情况下，才会出现湍流逆转现象，即从湍动能转化成平均流动

能，因此在图中用虚线箭头表示；③平均流动能耗散项，该项通过分子黏性把平均流动能耗散成热能，是单方向的，由于平均流大部分为宏观运动，所以平均流动能耗散项占总耗散的份额很小。

湍动能也由三部分组成：①脉动应力做功为输运项，其与湍动能之间可以相互转换，是双向转换的；②湍动能生成项，由平均流动能通过雷诺应力转化成湍动能；③湍动能耗散项，通过分子黏性把湍动能转化成热能。

在图 7-17 中的两个耗散项里面，占绝对优势的是湍动能的耗散，因为湍动能的耗散是和变形率张量直接相关的，而变形率张量 s_{ij} 是和长度尺度成反比的，所以大量的耗散是发生在小尺度涡里面，也就是说，平均流动能先经过雷诺应力转化成湍动能，然后湍动能在小尺度涡内通过分子黏性力转成热能。

7.4.5 均匀各向同性湍流的湍动能传递和耗散

人们认为湍流运动是由大量不同尺度的涡运动叠加而成的，在数学上，这种叠加可以通过傅里叶分析来描述。所谓的傅里叶分析是数学的一个分支领域，它研究如何将一个函数或者信号表达为基本波形叠加的形式。根据傅里叶分析的思想，一个在空间或时间做随机变化的物理过程，可分解成许许多多具有不同波长或频率的简谐波叠加的形式，包含在各个谐波分量内的能量之和就等于此物理过程的总能量，对湍流运动也可尝试这种方法。

1. 均匀各向同性湍流的能谱

为了便于分析各种不同尺度的涡对湍动能生成、传输和耗散的贡献，现引入谱分析法。所谓的谱分析法是利用傅里叶变换把能量按照频率或波数的分布函数与相关矩取得联系，从而知道其中一个量，就可以通过计算求出另一个量。均匀各向同性湍流是空间上的平稳过程，并且在相关矩很大时，各阶相关函数都等于零，因此可以在足够大的空间内对它进行研究。

作为一种不规则的随机函数，脉动速度可以展开为傅里叶积分形式：

$$v_i'(x_1,x_2,x_3,t)=\iiint v_i'(k_1,k_2,k_3,t)\exp[\mathrm{i}(k_1x_1+k_2x_2+k_3x_3)]\mathrm{d}k_1\mathrm{d}k_2\mathrm{d}k_3 \tag{7-43}$$

式中，i 为虚数单位；$v_i'(k_1,k_2,k_3)$ 称为脉动速度 v_i' 的波数谱；k_1,k_2,k_3 分别为坐标 x_1,x_2,x_3 方向的波数，$\boldsymbol{k}(k_1,k_2,k_3)$ 为波数矢量，利用谱分析法可以将湍流脉动中不同尺度的成分用波数分解出来。这里波数和波长成反比，小波数相当于长波，代表大尺度脉动，而大波数相当于短波，对应小尺度脉动。在谱分析中，物理量在 x_1,x_2,x_3 坐标系中的分布称为物理空间分布，而在波数空间的分布称为谱空间分布。

由各向同性湍流特性可证明，湍流脉动在谱空间的统计量也具有各向同性性质，例如湍动能在谱空间各分量上的分布是相同的，将它作统计平均可得

$$E(t)=\overline{v_i'v_i'}=\int E(k,t)\mathrm{d}k \tag{7-44}$$

式中，$k=\sqrt{k_1^2+k_2^2+k_3^2}$ 是波数矢量的模，它只是表示波数的大小，而不反映波数的方向；$E(k,t)$ 表示湍动能在波数上的分布，称为湍动能的能谱函数，简称**能谱**，如图 7-18 所示。

图 7-18 中纵坐标 $E(k,t)$ 是湍动能能谱，横坐标为波数，表示单位长度里所含波的数量，可反映涡的平均尺度大小，波数越大则波长越小，故图中左侧是大涡而右侧是小涡。能谱的量纲是动能与长度的乘积，可表示为 $[E(k)]=L^3T^{-2}$，波数表示不同脉动成分的尺度，因此能谱表示不同的脉动在湍动能中的贡献。从图 7-18 可以看出，湍流能谱可近似分成三种涡区。

最小波数对应的是最大尺度涡，湍动能能谱与时间几乎无关，该涡区称为大涡区或恒性涡区。在该涡区内，最大尺度涡直接从平均流中抽取能量，把平均流动能变成湍流动能，这部分动能传递给分裂后的二次涡。该涡区能量占总湍动能的 20%左右，涡尺度与平均流场同量级，因尺度大而变化缓慢，统计上看起来很稳定，该区受边界和平均流场影响大，体现出各向异性的特点。

对于实际的流动，二次涡数量很大，承担了大部分湍流动能，称为**含能区或载能涡区**。在该区内，虽然涡团尺度变小，但因数量众多而占主要的能量份额。图 7-18 中，k_e 表示最大能谱值所对应的波数，由此可以定义一个长度 $L_e=1/k_e$，表示载能涡的平均大小。含能区通过惯性输运将能量传给更小的涡区，而湍动能的耗散几乎可以忽略，也就是说含能尺度范围内，惯性主宰湍流运动。

由于耗散是与涡团尺度成反比的，涡团尺度越小则耗散越大。图 7-18 中，k_d 表示最大耗散所对应的波数，由此可以定义长度 $L_d=1/k_d$，它与最小涡尺度 L_k 同数量级。小涡团小涡一方面通过惯性作用从大涡团得到动能，另一方面又通过黏性作用把动能耗散成热能，这样各级涡团间能量输运与耗散在宏观上达成平衡，最后形成相对稳定的流动状态，因此称为统计平衡区或平衡区。平衡区不受外界影响，一般为各向同性，平衡区又可以分为惯性输运起主要作用的惯性子区和黏性耗散起主要作用的耗散区。

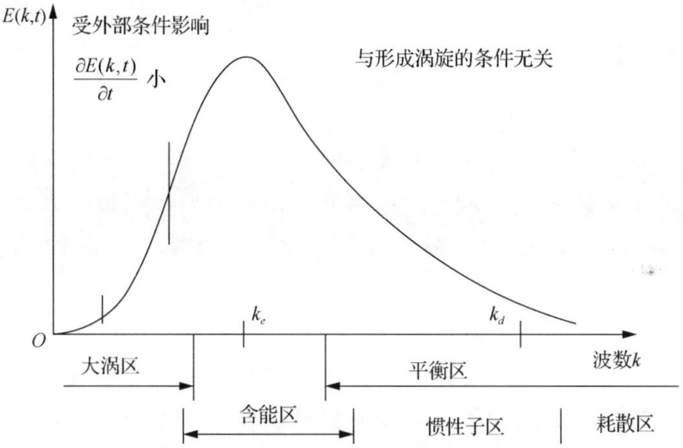

图 7-18　湍流能谱

2. 湍动能的传递和耗散

在湍流流场中，湍动能的输运是在分子黏性扩散、惯性和压强的联合作用下实现的。在黏性作用下，湍流的脉动速度会逐渐衰减，而且涡团的尺度越小衰减越快，于是在耗散过程中大尺度脉动成分占更多份额。最大涡团方向与平均流应变率张量的主轴大体一致，平均流速度梯度对涡团的拉伸使其变形甚至破裂，由于惯性在速度脉动的各个尺度间进行能量输运，它将能量从大尺度涡传递给小尺度涡，如图 7-19 所示，湍动能传递从左侧向右侧发展。

每一级涡都有其特征雷诺数，当该雷诺数高于其对应的临界雷诺数以后，表示涡团从大涡接受的能量超过了其能量耗散，于是发生分裂而将其动能输送到更小的涡中，这样在黏性和惯性的联合作用下，动能从大涡向小涡逐级传递。但小尺度涡变小并非没有限度，随着涡团尺度变小，其转速变大，脉动应变加强，黏性力迅速增大，从而导致黏性对涡量和湍流的耗散也变强，当这种耗散和使涡量增加的惯性拉伸作用相平衡时，涡团尺度将达到极限，不再减小，湍动能在最小尺度下通过分子黏性耗散为热能。

可以看出，在湍动能的传递和耗散过程中，惯性力与黏性力之间存在着互相制约的关系，惯性作用从左到右令大涡变为小涡，而黏性作用就是抵抗这种变化，使涡团维持在一定尺度，最终的结果是两种作用相互平衡。在能量传输过程中，压强在各个脉动分量间起调节作用，如果物理空间中初始脉动场的动能在各个分量间分配不均匀，压强梯度将使它们逐渐均分，或者说使湍流场向各向同性化方向发展。

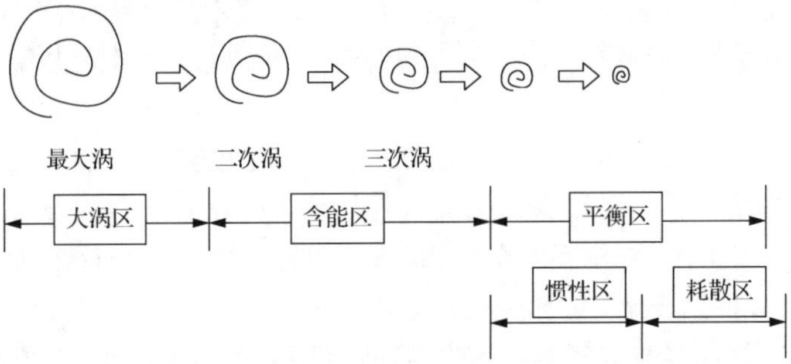

图 7-19　湍动能的传递和耗散

7.5　湍流模式理论

所谓的**湍流模式理论**就是根据理论和经验对雷诺平均方程中的雷诺应力项建立表达式或方程，然后对雷诺应力方程的某些项提出尽可能合理的模型和假设，以此使方程组封闭的求解理论。简言之，就是把一些无法求解的量转化成可以求解量的函数形式，从而使方程组封闭。

湍流模式理论的基本思想最早可追溯到 19 世纪，1877 年布西内斯克（J. V. Boussinesq）提出了用涡黏度系数来建立雷诺应力和平均速度之间的关系。20 世纪 40 年代出现了诸多半经验理论，包括普朗特混合长度理论、泰勒涡量输运理论、卡门相似理论等。这些理论基于一些实验已证明的假设，建立雷诺应力与流场中时间平均量之间的关系，以解决湍流基本方程封闭性问题。由于只考虑了平均运动方程这样一阶湍流统计量的动力学方程，因此这些理论属于一阶封闭模式或零方程模型。随后又出现了单方程模型、双方程模型、雷诺应力模型等。20 世纪 60 年代以后，随着计算机技术的飞速发展和计算方法的日益完善，湍流模式理论得到了广泛的研究和应用，各类模式大量涌现。直至现阶段，湍流模式理论仍是解决工程问题的有效方法，具有很强的实用性。

7.5.1　一阶封闭模式

一阶封闭模式是直接建立雷诺应力与平均速度之间的代数关系，因其并未引入高阶统计量的微分方程，所以又称为**零方程模式或代数模式**。

1. 布西内斯克（Boussinesq）涡团黏性模型

1887 年，布西内斯克基于比拟的思想，将湍流涡团的脉动比拟为分子运动，认为湍流脉动产生的雷诺应力与分子运动产生的黏性应力具有相似的形式，提出了涡团黏性模型的假设。考虑到对于二维剪切流，黏性切应力与平均速度梯度之间的关系为

$$\tau=\mu\frac{\partial U}{\partial y}=\rho\nu\frac{\partial U}{\partial y} \tag{7-45a}$$

与之类比，布西内斯克假设雷诺应力与时间平均流速度梯度之间的关系为

$$-\rho\overline{u'v'}=\mu_t\frac{\partial U}{\partial y}=\rho\nu_t\frac{\partial U}{\partial y} \tag{7-45b}$$

式中，U 为时间平均速度；μ_t 为湍流动力黏性系数，在恒温下可视为常数；ν_t 为湍流运动黏性系数。对于不可压缩黏性流体的三维流动，6.2.1 节提到牛顿流体偏应力张量与变形率张量之间关系为 $\tau_{ij}=2\mu s_{ij}$。将式（7-45b）推广为类似的形式：

$$-\overline{v_i'v_j'}=2\nu_t\overline{s_{ij}}-\frac{2}{3}k\delta_{ij} \tag{7-46}$$

式中，$\overline{s_{ij}}=\frac{1}{2}\left(\frac{\partial\overline{v_i}}{\partial x_j}+\frac{\partial\overline{v_j}}{\partial x_i}\right)$；$k=\frac{1}{2}\overline{v_i'^2}$ 为湍动能。在式（7-46）中之所以出现 $-\frac{2}{3}k\delta_{ij}$ 项，是为了满足不可压缩黏性流体的连续方程。即当 $i=j$ 时，$\overline{s_{ii}}=0,\delta_{ii}=3$，方程左侧等于单位质量流体湍动能的 2 倍，若无 $-\frac{2}{3}k\delta_{ij}$ 项，则湍动能为零，与实际情况不符。

对比式（7-45a）和式（7-45b）可以看出，湍流动力黏性系数 μ_t 与流体的动力黏度 μ 相对应。实际上，二者有着本质的区别：动力黏度 μ 是流体的一种物理性质，其值只取决于流体的性质，而与流动状况无关；而湍流动力黏性系数反映的是湍流脉动的特性，取决于时间平均速度场及边界条件。例如在管道或槽道中的湍流，在固壁处有 $\rho\overline{u_i'u_j'}=0$，即 $\mu_t=0$，黏性底层内黏性应力占主导，即 $\mu\gg\mu_t$；而在充分发展湍流区，雷诺应力占主导，即 $\mu_t\gg\mu$，因此在湍流中常常可以忽略分子黏度；在过渡区黏性切应力与雷诺应力在同一量级，则 $\mu_t\sim\mu$ 也在同一量级。

湍流涡团黏性模型给出雷诺应力和时间平均速度场之间的关系，把时间平均方程的不封闭性由雷诺应力转移到湍流动力黏性系数上，这样问题的关键就在于确定湍流动力黏性系数。考虑到湍流黏性是湍流涡团对平均流的输运作用，为了确定湍流动力黏性系数，首先要确定哪些表征湍流的量对湍流输运有重要影响；然后设法把这些量与湍流动力黏性系数关联起来建立方程，根据决定湍流动力黏性系数所需求解方程的个数，可将涡团黏性模型划分为零方程模型、一方程模型、两方程模型等。

2. 普朗特混合长度模型

1925 年，普朗特将湍流扩散与分子扩散相类比，引进了一个与分子平均自由行程相当的长度 l_m，认为在 l_m 距离内，流体微团不和其他微团相碰撞而保持本身的动量不变，在经过了 l_m 距离以后和新位置的流体微团相混合，动量才会突然改变，并与新位置上原有流体微团所具有的动量一致。如图 7-20 所示的简单二维平行流动，假设流体微团在 a 点处的时间平均速度为 U，长度 l_m 为小量。

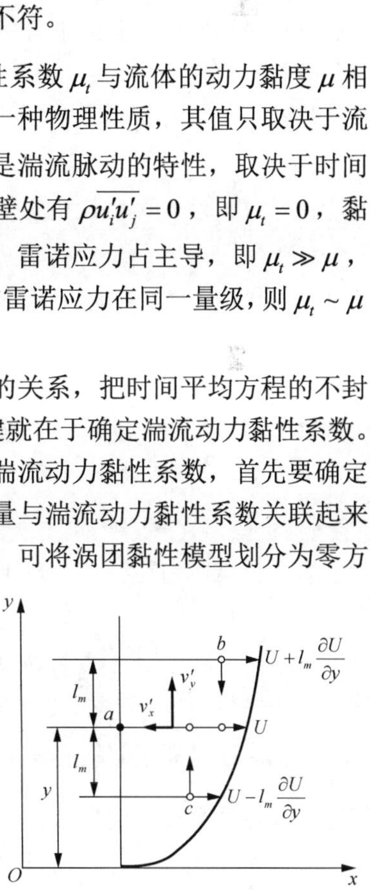

图 7-20 普朗特混合长度理论

对U在y处作泰勒展开并略去高阶小项，可得流体微团在$y+l_m$处的速度为$U+l_m\dfrac{\partial U}{\partial y}$，当微团从$y+l_m$层脉动到$y$层时，其速度要大于周围流体微团的速度，会使$y$层流体速度产生一个正的脉动，相应的速度差为

$$\Delta U_1=U(y+l_m)-U(y)=l_m\frac{\partial U}{\partial y} \tag{7-47a}$$

同理，在$y-l_m$层的速度为$U-l_m\dfrac{\partial U}{\partial y}$，若流体微团保持$x$方向的动量分量不变，则它从$y-l_m$层脉动到$y$层时，其速度要低于周围流体微团的速度，会使$y$层流体速度产生一个负的脉动，相应的速度差为

$$\Delta U_2=U(y-l_m)-U(y)=-l_m\frac{\partial U}{\partial y} \tag{7-47b}$$

普朗特混合长度理论假设在y层处，由流体微团横向运动所引起的x方向湍流脉动速度v'_x的大小为

$$|v'_x|=\frac{1}{2}(|\Delta U_1|+|\Delta U_2|)=l_m\left|\frac{\partial U}{\partial y}\right| \tag{7-48a}$$

当流体微团从上层或下层进入y层时，它们以相对速度v'_x相互接近或离开，由流体连续方程可知，它们空出来的空间位置必定由其相邻的流体微团来补充，于是引起流体的纵向脉动速度v'_y，二者相互联系，因此脉动速度v'_x和v'_y必在同一量级上，有$|v'_x|\sim|v'_y|$，可设

$$|v'_y|=c|v'_x| \tag{7-48b}$$

式中，c为比例常数。由于横向脉动速度和纵向脉动速度的符号相反，即

$$\overline{v'_xv'_y}=-\overline{|v'_x||v'_y|} \tag{7-48c}$$

将式（7-48a）、式（7-48b）代入式（7-48c），可得

$$\overline{v'_xv'_y}=-cl_m^2\left(\frac{\partial U}{\partial y}\right)^2 \tag{7-49}$$

将式（7-49）中的常数c归并到尚未确定的长度l_m中，则雷诺应力可写为

$$-\rho\overline{v'_xv'_y}=\rho l_m^2\left(\frac{\partial U}{\partial y}\right)^2 \tag{7-50a}$$

为了表明雷诺应力的符号，式（7-50a）通常写为

$$-\rho\overline{v'_xv'_y}=\rho l_m^2\left|\frac{\partial U}{\partial y}\right|\frac{\partial U}{\partial y} \tag{7-50b}$$

通常称长度l_m为混合长度，一般来讲混合长度不是常数，可由实验或经验模型确定。

根据布西内斯克假设$\tau_t=\mu_t\dfrac{\partial U}{\partial y}$，将式（7-50b）与之对比，得湍流动力黏性系数$\mu_t$和湍流运动黏性系数$\nu_t$分别为

$$\mu_t=\rho l_m^2\left|\frac{\partial U}{\partial y}\right| \quad 和 \quad \nu_t=l_m^2\left|\frac{\partial U}{\partial y}\right| \tag{7-51}$$

混合长度仍然是一个未知量，普朗特混合长度理论并没有给出如何确定l_m的方法，但与

湍流动力黏性系数相比，l_m 对平均速度的依赖性较弱，它基本是当地状态的函数。下面介绍一种在湍流边界层中常用的 l_m 和 ν_t 表达式，即克莱巴诺夫（Klebanoff）模型。

该模型假定 l_m 与从固壁算起的法线方向距离 y 成正比，即

$$l_m=\begin{cases}\kappa y,\ \nu_t=\kappa y v^*, & \delta_l<y\leqslant y_c\\ \alpha_1\delta,\ \nu_t=\alpha_2\delta v^*\gamma,\ y_c<y\end{cases} \tag{7-52}$$

式中，y 为垂直于壁面的距离；κ 为卡门常数，由实验确定，对于平行流，一般 $\kappa=0.4\sim0.41$；δ 为湍流速度边界层厚度；δ_l 为黏性底层厚度；$y_c=40\nu/v^*$，v^* 为摩擦速度，$v^*=\sqrt{\tau_w/\rho}$，τ_w 为湍流切应力；γ 为间隙因子；α_1 和 α_2 为实验常数，取 $\alpha_1=0.075\sim0.09$，$\alpha_2=0.06\sim0.075$。

普朗特混合长度模型是目前应用较为广泛的一个湍流模型，其优点是直观、简单、无须附加湍流特征量的微分方程，适合简单流动。由于 l_m 与特征长度之间是简单的几何关系，l_m 并不是一个真实的物理概念，只是具有长度量纲的可调整参数，其值可由实验确定，但是只有在简单流动中才能给出 l_m 的规律，对复杂湍流则无法给出，例如拐弯或台阶后方的回流流动。

普朗特混合长度模型把湍流脉动运动类比分子热运动，但二者实际上存在着本质的差别，因此该模型虽然在工程应用上发挥了很大作用，但对湍流实质的认识并没有太大的帮助。

3. 泰勒涡量输运模型

普朗特混合长度理论认为，在某混合长度内流体微团的动量不发生变化。1932 年，泰勒采用与普朗特混合长度理论相同的思路，提出了涡量传递理论。但泰勒认为流体微团在脉动过程中，动量必然发生变化，而在某一掺混长度 l_Ω 下，保持不变的是涡量。

例如：对于一个沿 x 方向的二维平行流动，在脉动速度 v_y' 的作用下，具有 $\Omega_z=\dfrac{\partial v_y}{\partial x}-\dfrac{\partial v_x}{\partial y}$ 涡量的流体微团被传到 l_Ω 距离处，认为在 l_Ω 距离以内其涡量保持不变，而到达距离后才和周围流体迅速混合，由于两个流层的涡量不等，混合导致产生涡量的脉动。考虑到涡量的输运，令 $\phi=\rho\Omega_z$，则

$$\bar{\phi}=\rho\bar{\Omega}_z=-\rho\left(\frac{\partial\bar{v}_y}{\partial x}-\frac{\partial\bar{v}_x}{\partial y}\right)=-\rho\frac{\partial\bar{v}_x}{\partial y},\Omega_z'=-l_\Omega\frac{\partial\bar{\Omega}_2}{\partial y}=-l_\Omega\frac{\partial^2\bar{v}_x}{\partial y^2} \tag{7-53a}$$

从连续方程和二维平行流条件可导出雷诺应力的梯度为

$$\frac{\partial(-\rho\overline{v_x'v_y'})}{\partial y}=-\rho\overline{v_y'\Omega_z'}=\rho\overline{v_y'l_\Omega}\frac{\partial^2\bar{v}_x}{\partial y^2} \tag{7-53b}$$

设 $v_y'\sim l_\Omega\dfrac{\partial\bar{v}_x}{\partial y}$，则有

$$\frac{\partial(-\rho\overline{v_x'v_y'})}{\partial y}=\rho l_\Omega^2\left|\frac{\partial\bar{v}_x}{\partial y}\right|\frac{\partial^2\bar{v}_x}{\partial y^2} \tag{7-53c}$$

把 l_Ω 作为常数，对式（7-53c）积分得

$$-\rho\overline{v_x'v_y'}=\frac{1}{2}\rho l_\Omega^2\left(\frac{\partial^2\bar{v}_x}{\partial y^2}\right)^2 \tag{7-53d}$$

这就是泰勒涡量输运模型，可见与上述普朗特混合长度模型比较，二者的形式相同，两个特征长度具有的关系是 $l_\Omega=\sqrt{2}l_m$。

4. 卡门相似理论

1930 年卡门提出了湍流局部相似理论，用来估算混合长度 l_m 与空间坐标的关系。卡门假设在自由湍流中，湍流流场是时间平均速度场和脉动速度场的叠加，除紧靠固壁附近要考虑流体黏性作用外，其他地方不考虑黏性，因此在湍流核心区湍流结构与黏性无关；流场中所有点湍流脉动都是几何相似的，或者说流场中各点的脉动速度对同一速度尺度和时间尺度而言，只存在比例系数的差异，即具有自模性。因此只需要一个时间和速度尺度就能确定湍流结构，长度尺度可以用平均速度的一阶和二阶导数等局部量表示，对于二维平行湍流则有

$$l_m = \kappa\left(\frac{\partial U}{\partial y}\right)\Bigg/\left(\frac{\partial^2 U}{\partial y^2}\right) \tag{7-54}$$

式中，κ 为卡门常数。式（7-54）表明混合长度只取决于当地速度分布的局部情况，而与流速的绝对数值无关。

卡门相似理论具有很大的局限性，例如在速度剖面的拐点处，即 $\partial^2 U/\partial y^2 = 0$ 的位置，若 $\partial U/\partial y \neq 0$，则会出现 $l_m \to \infty$，这显然与实际情况不符。但该理论在描述壁面附近的混合长度时还是相对合理的，实验结果表明：湍流边界层局部区域内的速度与离壁距离存在对数关系，即 $U \sim \ln y$，将其代入式（7-54），所得结果就与式（7-52）中的第一个表达式结果相同。

以上模型为一阶封闭模型，其主要优点是使用方便，但是这种模型属于当地平衡型模型，也就是将湍流看成是处于局部平衡状态，即湍动能的产生和耗散在每点上都是平衡的，并不考虑各点间的能量输运，也不考虑各点来流的历史作用，因此只有当方程中的各输运项很小时才能得到较理想的结果。而对湍动扩散、对流输运或历史作用有重要影响的湍流，该理论不适用。从实际应用来看，对于有一定压力梯度的二维边界层，该模型结果较好，但对于表面曲率很大或压力梯度很大的情况，以及自由湍流剪切层，其结果并不理想，仍存在很大的局限性。

7.5.2　不可压缩黏性流体的一方程模型

一阶封闭模型的局限性启发人们想到湍流黏度（雷诺应力）应当与湍流本身的某些特征量有关。于是在湍流涡团黏性模型的假设前提下，考虑到在分子输运过程中运动黏度主要取决于分子热运动的均方根速度与平均自由行程，与之相类比，可认为在湍流输运过程中湍流运动黏性系数主要取决于湍流脉动动能 k 和湍流长度尺度 l。基于这一思想，普朗特和科尔莫戈罗夫分别提出了湍流运动黏性系数的公式：

$$\nu_t = C_\mu k^{1/2} l \tag{7-55}$$

式中，l 为湍流长度尺度，其值一般不等于混合长度 l_m；按照最初设想，这里 C_μ 应为常数，后来人们又对 C_μ 进行了一系列修正，引入了考虑壁面曲率、低雷诺数、自由射流湍流等情况，使模型的应用性更为广泛；$k = \dfrac{1}{2}\overline{v_i' v_i'}$ 为湍流脉动动能，即湍动能。对不可压缩黏性流体，湍动能 k 可以通过 7.4.3 节建立的湍动能方程（7-39）解出。

为了对湍动能进行模化，普朗特等假定湍动能的输运和平均动量输运具有线性梯度形式，对湍动能方程中的扩散项和耗散项提出了如下假设。

湍动能的扩散项：

$$-\overline{v_i'\frac{p'}{\rho}}\delta_{ij}-\frac{1}{2}\overline{v_j'v_i'v_i'}+2\nu\overline{v_i's_{ij}'}=\left(\frac{\nu_t}{\sigma_k}+\nu\right)\frac{\partial k}{\partial x_j} \tag{7-56a}$$

湍动能的生成项：

$$-\overline{v_i'v_j'}\overline{s}_{ij}=2\nu_t\overline{s}_{ij}\frac{\partial\overline{v}_i}{\partial x_j}=P_k \tag{7-56b}$$

湍动能耗散率的耗散项：

$$-2\nu\overline{s_{ij}'s_{ij}'}=-C_D k^{3/2}/l \tag{7-56c}$$

式中，P_k为湍动能生成项，不需要做模型；σ_k,C_D,l均为经验常数。将这些假设代入式（7-39），对未知的扩散项、生成项、耗散项等逐一进行模化，可得湍动能k的模型方程：

$$\frac{\partial k}{\partial t}+\overline{v}_j\frac{\partial k}{\partial x_j}=\frac{\partial}{\partial x_j}\left[\left(\frac{\nu_t}{\sigma_k}+\nu\right)\frac{\partial k}{\partial x_j}\right]+P_k-C_D k^{\frac{3}{2}}/l \tag{7-57a}$$

式中，$\nu_t=C_\mu k^{1/2}l$为湍流运动黏性系数，经验系数$C_\mu=0.09$；σ_k为湍动能k的普朗特数，取经验常数$\sigma_k=1.0$；$C_D k^{\frac{3}{2}}/l$为湍动能耗散率，C_D为经验常数，一般取值为0.08～0.38；l为湍流脉动的长度尺度，一般不等于混合长度l_m；P_k为湍动能生成项。

与式（7-55）等价的另一种形式是取$\nu_t=C_\mu' k^2/\varepsilon$，其中$\varepsilon$为湍动能耗散率，即$\varepsilon=C_D k^{\frac{3}{2}}/l$，这就是科尔莫戈罗夫的观点。将这些关系代入式（7-57a），可以将湍动能k的模型方程整理为

$$\frac{\partial k}{\partial t}+\overline{v}_j\frac{\partial k}{\partial x_j}=\frac{\partial}{\partial x_j}\left(C_\mu'\frac{k^2}{\varepsilon}\frac{\partial k}{\partial x_j}+\nu\frac{\partial k}{\partial x_j}\right)+P_k-\varepsilon \tag{7-57b}$$

k方程模型考虑了湍动能的迁移、扩散以及湍流速度尺度的历史影响，因而比一阶封闭模型更为合理。但模型需要给出l的规律，对简单流动问题，l可效仿l_m的方法求解，认为它仍是当地流动状态的函数，但对复杂湍流却无法确定l。此外，当均匀速度的梯度为0，$\partial\overline{u}/\partial y=0$时，$\mu_t$也为零，这也是它的弱点。因此$k$方程模型并未在工程中广泛应用，仅作为一种过渡性理论出现。在一方程模型范围内同样也有很多模型，这里不做详细介绍。

7.5.3　不可压缩黏性流体的两方程模型

在一方程模型中，湍流长度尺度 l 是由经验公式给出的。由湍流结构可知，湍流由各种不同尺度的涡团组成，大涡是脉动能量的主要携带者，而小涡为耗散涡，由于各种涡的输运及它们之间的相互作用，涡团尺度l在流场中也存在对流扩散、生成及耗散的过程，因此长度l也是一个变量，也可以推出形如k方程的l输运方程，即

$$\frac{\partial l}{\partial t}+\overline{u}_j\frac{\partial l}{\partial x_j}=\frac{\partial}{\partial x_j}\left(\frac{\mu_t}{\sigma_t}\frac{\partial l}{\partial x_j}\right)+S_l \tag{7-58}$$

但直接确定l方程的具体形式非常困难，因此有学者总结出了一个广义的第二参量$z=k^m l^n$作为新增方程的自变量。而对于如何选择m,n，不同学者提出了不同的方案，从而建立了以不同参数z为自变量的控制微分方程，来使方程组封闭。例如：k-l模型中取$z=l$；在k-kl模型中取$z=kl$；在k-ω模型中取$z=\omega=k^{1/2}/l$；在k-ε模型中取$z=\varepsilon=k^{3/2}/l$。这种除了湍动能k方程之外，再增加一个确定湍流特征长度l的微分方程的模型，即两方程模型。目前工程

中应用最为广泛的两方程模型是 k - ε 模型，其中 ε 表示湍动能的耗散率。下面来介绍 k - ε 模型。

在 7.4.3 节中，我们给出了各向同性均匀湍流的湍动能耗散率的表达式为

$$\varepsilon = \nu \overline{\frac{\partial v_i'}{\partial x_j}\frac{\partial v_i'}{\partial x_j}} = 2\nu \overline{s_{ij}' s_{ij}'} \tag{7-59}$$

为建立不可压缩流体的湍流耗散率方程，首先对不可压缩流体的 N-S 方程两侧分别求偏导 $\frac{\partial}{\partial x_k}$，再令方程两侧分别乘以因子 $\overline{\frac{\partial v_i'}{\partial x_k}}$ 后取平均，假设湍流耗散率为各向同性，可得湍动能耗散率 ε 的方程：

$$\underbrace{\frac{\partial \varepsilon}{\partial t}}_{\text{I}} + \underbrace{\overline{v}_j \frac{\partial \varepsilon}{\partial x_j}}_{\text{II}} = \underbrace{-\frac{\partial}{\partial x_j}\left(\overline{v_j'\varepsilon'} + 2\nu \overline{\frac{\partial v_j'}{\partial x_k}\frac{\partial p'}{\partial x_k}}\right)}_{\text{III}} + \underbrace{\frac{\partial}{\partial x_j}\left(\nu \frac{\partial \varepsilon}{\partial x_j}\right)}_{\text{IV}} \underbrace{-2\nu \overline{\frac{\partial v_i'}{\partial x_j}\frac{\partial v_j'}{\partial x_k}\frac{\partial v_i'}{\partial x_j}}}_{\text{V}} \underbrace{-2\nu \overline{\left(\frac{\partial^2 v_i'}{\partial x_j \partial x_k}\right)^2}}_{\text{VI}} \tag{7-60}$$

式中，第 I 项为湍动能耗散的非定常项；第 II 项为湍动能耗散对流项；第 III 项为湍动能耗散的扩散项；第 IV 项为湍动能耗散的分子扩散项；第 V 项为湍动能耗散的生成项；第 VI 项为湍动能耗散的消失项，或称为耗散的“耗散项”，它使湍动能耗散值减少。可以看出，湍动能耗散率的输运也包含了生成、扩散和消失的过程。

湍动能耗散机制十分复杂，对它的方程做逐项模化是极为困难的。目前采用的模型是依据类比方法，其基本思想是先对方程中各项的量级进行比较，略去高阶小项，确定模化重点，再对大量级项进行模化处理，认为湍动能耗散的生成、扩散及耗散项与湍动能方程中的对应项有类似的机制和公式，具体引入以下公式。

湍动能耗散率的扩散项：

$$-\left(\overline{v_j'\varepsilon'} + 2\nu \overline{\frac{\partial v_j'}{\partial x_k}\frac{\partial p'}{\partial x_k}}\right) = \frac{\nu_t}{\sigma_\varepsilon}\frac{\partial \varepsilon}{\partial x_j} \tag{7-61a}$$

湍动能耗散率的耗散项：

$$-2\nu \overline{\left(\frac{\partial^2 v_i'}{\partial x_j \partial x_k}\right)^2} = -C_{\varepsilon 2}\frac{\varepsilon^2}{k} \tag{7-61b}$$

湍动能耗散率的生成项：

$$-2\nu \overline{\frac{\partial v_i'}{\partial x_j}\frac{\partial v_j'}{\partial x_k}\frac{\partial v_i'}{\partial x_j}} = C_{\varepsilon 1}\frac{\varepsilon}{k}2\nu_t \overline{s}_{ij}\frac{\partial \overline{v}_i}{\partial x_j} = C_{\varepsilon 1}\frac{\varepsilon}{k}P_k \tag{7-61c}$$

式中，σ_ε 为湍动能耗散率扩散的普朗特常数；$\nu_t = C_\mu k^2/\varepsilon$；$P_k = -\overline{v_i'v_j'}\overline{s}_{ij} = 2\nu_t \overline{s}_{ij}\frac{\partial \overline{v}_i}{\partial x_j}$ 是湍动能生成项；$C_{\varepsilon 1}, C_{\varepsilon 2}$ 为实验常数，最终建立湍动能耗散率 ε 的模型方程为

$$\frac{\partial \varepsilon}{\partial t} + \overline{v}_j \frac{\partial \varepsilon}{\partial x_j} = \frac{\partial}{\partial x_j}\left[\left(\nu + \frac{\nu_t}{\sigma_\varepsilon}\right)\frac{\partial \varepsilon}{\partial x_j}\right] + C_{\varepsilon 1}\frac{\varepsilon}{k}P_k - C_{\varepsilon 2}\frac{\varepsilon^2}{k} \tag{7-62}$$

式（7-57）和式（7-62）构成了不可压缩流体标准 k - ε 模型，两常数 $C_{\varepsilon 1}, C_{\varepsilon 2}$ 一般通过特定过程的分析与测量来确定，目前常用的经验系数为 $C_{\varepsilon 1} = 1.44, C_{\varepsilon 2} = 1.92, \sigma_\varepsilon = 1.3, C_\mu = 0.09$。

在两方程模型中，k 方程和 ε 方程的模化途径是不同的：k 方程中的非封闭项通过引入模

型进行模化，但耗散项ε并不引入模型而是给出关于ε的微分方程，经过量级分析略去方程中的小项，再通过量纲分析和类比等方法，对ε方程中的非封闭项引进模型。由于ε方程中的模拟项较多，故方程精度较低，常需要修正。

大量研究结果表明，k-ε模型在模拟无浮力的平面射流、平壁边界层、管流、无旋或弱旋流动等方面是较为成功的，但在强旋流动、曲面边界层、低雷诺数流动、圆射流等方面的模拟误差较大。这是因为标准k-ε模型的系数是由简单湍流得到的，对复杂湍流这些系数不再适用。此外，k-ε模型基于布西内斯克方程假设认为湍流黏性是各向同性的标量，而实际上湍流黏性与分子黏性是不同的，μ_t不是一种流体性质而是随流动变化的，复杂湍流的涡黏性是各向异性且与管道的形状及流动性质有关。因此对于不同的湍流，学者提出了各种k-ε模型的改进形式，如圆柱自由射流修正、浮升力作用的修正、旋转流动的修正等，其中较为典型的如下。

1. 重整化群k-ε模型

重整化群k-ε模型的思想是对非定常 N-S 做高斯统计展开，从理论上导出高雷诺数的k-ε模型，其所导出的k和ε的方程同标准k-ε方程形式完全一样，只是系数的取值不是源自实验数据而是由理论分析得出。

重整化群k-ε模型与标准k-ε模型相比，其最大的特点是在ε方程的系数C_1计算中，增加了反映主流时间平均应变率的$\bar{s}_{ij}$项（即黏性项），故模型对瞬变流和流线弯曲的影响反应较好，精度更高；但重整化群k-ε模型仅适用于充分发展湍流，即高雷诺数湍流。

2. 可实现k-ε模型

可实现k-ε模型特点是不再将湍流动力黏性系数计算中的系数C_μ视为常数，而是引入了一个反映C_μ与应变率之间关系的公式，为耗散率增加了新的传输方程。该模型的k方程与标准k-ε模型的k方程一致，同时采用壁面函数法处理壁面附近的计算，对于平板和圆射流发散比率的预测较为精确。该模型适用于旋转流场，强逆压梯度的边界层流动、流动分离、二次流等，特别是对射流曲率变化大的情况，模拟结果较好。

3. 非线性k-ε模型

非线性k-ε模型又称为各向异性k-ε模型，它考虑了湍流脉动所造成的湍流正应力各向异性的问题，对雷诺应力的本构方程进行了修正，在布西内斯克提出的线性项上增加了由速度梯度乘积构成的非线性项。该模型在矩形通道内充分发展湍流和掠后台阶流的预测效果较好。

4. 多尺度k-ε模型

多尺度模型中比较常用的是两尺度模型，该模型将湍流中的涡团分为尺度较大的载能涡和尺度较小的耗能涡两类。前者从主流中获得能量、产生湍动能，而后者则耗散湍动能。这样，湍动能能谱可大致分为产生区和转换区两部分，对两区分别建立k,ε的方程，产生区的ε代表从载能涡向耗能涡转移的速率，而转移区的ε代表湍动能耗散成热能的速率，大尺度涡湍动能的转移率就是小尺度涡的产生率。该模型在壁面射流、尾迹与边界层流动间的相互作用，以及同轴旋转射流、外掠后台阶肋片的绕流模拟中，得到了较为理想的结果。

综上所述，涡黏性模型有两个基本点：一是布西内斯克假设的湍流应力公式，二是认为湍流输运可以用湍流动能和长度尺度来表示。但由于湍流应力公式把湍流应力与平均流场挂钩，因此不能描述平均流场速度梯度为零，而湍流应力不为零的流动问题，而且湍流动能k和长度尺度l都是标量，它们构成的湍流黏性系数无法体现湍流输运的各向异性特征，因为实际中即便是简单的湍流边界层流动中，湍流脉动也是在某一主导方向上最强，而在其他方向较弱，也是各向异性的，因此湍流黏性系数实质上应该是张量而不是标量。以上两方面的弱点使k-ε模型在分析强旋流、大曲率流受外力场作用较强的流动中，难以得到与实验数据一致的结果，于是人们尝试新的模拟途径。

7.5.4　雷诺应力模型

雷诺应力模型抛弃了湍流涡黏性假设和ν_t的概念，直接建立以单位质量流体雷诺应力$\overline{v_i'v_j'}$为因变量的微分方程，并通过模化使之封闭。雷诺应力是二阶相关量，因此雷诺应力模型又可称为二阶矩封闭模型。

1. 微分方程模型

对常黏性系数的不可压缩黏性流体，7.3.3 节给出了完整的雷诺应力$-\overline{v_i'v_j'}$的微分方程(7-31)，对该方程进行模化的原则为：①考虑各项物理意义；②用量纲分析法给出湍流特征时间尺度$\tau \sim k/\varepsilon$，长度尺度$l \sim k^{3/2}/\varepsilon$；③高阶关联项只涉及低一阶关联量沿断面的分布，因此前者对平均流的影响比后者小，可做梯度模拟；④模化后不能出现不合理现象，如$\overline{v_i'v_j'}$为负值；⑤大尺度涡承担动能输运，小尺度涡只承担黏性耗散，因此后者的各向异性效应是次要的。雷诺应力方程的建模过程极为复杂，以下仅给出经模化后的雷诺应力方程：

$$\frac{\mathrm{d}\overline{v_i'v_j'}}{\mathrm{d}t} = \frac{\partial}{\partial x_l}\left(C_k \frac{k^2}{\varepsilon}\frac{\partial \overline{v_i'v_j'}}{\partial x_l} + \nu \frac{\partial \overline{v_i'v_j'}}{\partial x_l}\right) + P_{ij} - \frac{2}{3}\delta_{ij}\varepsilon - C_1\frac{\varepsilon}{k}\left(\overline{v_i'v_j'} - \frac{2}{3}\delta_{ij}k\right) - C_2\left(P_{ij} - \frac{2}{3}\delta_{ij}P_k\right) \tag{7-63}$$

式中，

$$P_{ij} = -\overline{v_i'v_k'}\frac{\partial \overline{v}_j}{\partial x_k} - \overline{v_j'v_k'}\frac{\partial \overline{v}_i}{\partial x_k}\text{；}\quad P_k = -\overline{v_i'v_l'}\frac{\partial \overline{v}_i}{\partial x_l} \tag{7-64}$$

对于三维流动，雷诺应力模型构建的时间平均流控制方程组包括 1 个连续方程（7-21）、3 个雷诺平均方程（7-25）、1 个湍动能k方程（7-57）、1 个湍动能耗散率ε方程（7-62）、6 个雷诺应力方程(7-63)，共 12 个微分方程，未知数包括$\overline{u}$，$\overline{v}$，$\overline{\omega}$，$\overline{p}$，$\overline{v_1'v_1'}$，$\overline{v_2'v_2'}$，$\overline{v_3'v_3'}$，$\overline{v_1'v_2'}$，$\overline{v_1'v_3'}$，$\overline{v_2'v_3'}$，k，ε共 12 个，因此方程组是封闭的，但与k-ε模型相比多了 6 个微分方程，很难求解。

2. 代数方程模型

采用微分方程模型求解雷诺应力方程、湍动能方程、耗散率方程等偏微分方程，计算量非常大，这主要是雷诺应力的方程都是偏微分方程所致。通过观察可以发现，$\overline{v_i'v_j'}$实际上只发生在对流项和扩散项中，如果能在某些特定条件下，将对流项和扩散项消掉，则原方程就变成了代数方程，从而大大减少计算量，这就是代数方程模型。

在实际流场中，有两种情况可以考虑消掉对流项和扩散项：一种情况是在高剪切流场，此时流场中雷诺应力的生成项很大，而对流项和扩散项相对较小，可以忽略；另一种情况是雷诺应力生成项和耗散项基本相互抵消，即所谓的局部平衡的湍流，而对流项和扩散项大体相当。

根据这种思路可以得到与式（7-63）相对应的忽略了对流项和耗散项的代数应力方程：

$$(1-C_2)P_{ij} - C_1\frac{\varepsilon}{k}\left(\overline{v_i'v_j'} - \frac{2}{3}\delta_{ij}k\right) - \frac{2}{3}\delta_{ij}(\varepsilon - P_k) = 0 \tag{7-65}$$

1972 年，罗迪（Rodi）提出了另一种代数模型，它不是完全忽略对流项和扩散项，而是假设 $\overline{v_i'v_j'}$ 与湍动能 k 成正比，即 $\overline{v_i'v_j'} = Ck$ （C 为常数），因此将方程（7-63）转化为

$$\frac{\overline{v_i'v_j'}}{k}(P_k - \varepsilon) = P_{ij} - \frac{2}{3}\delta_{ij}\varepsilon - C_1\frac{\varepsilon}{k}\left(\overline{v_i'v_j'} - \frac{2}{3}\delta_{ij}k\right) - C_2\left(P_{ij} - \frac{2}{3}\delta_{ij}P_k\right) \tag{7-66}$$

用以上代数应力方程代替雷诺应力方程，同样可以使方程组封闭。

对比微分方程模型与代数方程模型两种模型可知，微分方程模型需求解 6 个雷诺应力微分方程，代数方程模型则需求解 6 个代数方程，除此之外，两模型中的其他方程都是相同的。

7.5.5 各种湍流模型的对比

综上所述，雷诺平均模型不需要计算各种尺度的湍流脉动，只计算平均流动，因此对空间的分辨率要求较低，整体计算量较小。在诸多雷诺平均模型中，雷诺应力微分方程模型是精确度最高的，其普适性和预测能力均优于其他模型，但其计算所需的时间也最多。

代数方程模型比微分方程模型要简单得多，而计算所得到的结果与微分方程模型不相上下，不过在应用该模型时要注意适用条件，即必须满足对流项和扩散项所要求的条件。

两方程模型在工程上应用最广，它所花费的计算时间比代数方程模型少，计算结果也略差，但在诸如三维流场存在二次流的问题中，该模型不适用。

一阶封闭模型预报能力较差，方程中出现的常数往往和实际流场有关，因此缺少普适性，为了获得较好的计算结果，方程中出现的某些参数要根据实验数据进行修正，而实验数据的可靠性和精度将直接影响最后的计算结果。因此用过于简单的湍流模型模拟复杂的流场，其结果是不可靠的。

总之，对于复杂的模型，计算结果精度较高但计算量大，所需的计算时间较长，而对于简单的模型，其精度要低一些，优点是计算量相对较小，所需的计算时间较短。因此在现有的计算条件限制下，权衡利弊，合理选择湍流模型是十分必要的。

7.6 湍流大涡模拟

7.6.1 大涡模拟的基本思想

湍流流动是由大大小小不同尺度的涡团组成的，大尺度的旋涡对湍流能量和雷诺应力的产生起主要作用，大涡的行为强烈地依赖于边界条件，它随流动类型而异。小涡主要是耗散湍动能，在高雷诺数下小涡近似于均匀各向同性，受边界条件的影响较小。应该说，雷诺平均的处理方法不能真实反映湍流流动的上述特点，因为时间平均后的雷诺应力项中包含了所有大涡引起的脉动，因此很难用一种通用的湍流模型去描写强烈依赖于边界条件和流动类型的大涡行为。

LES 是一种对湍流脉动进行空间过滤的方法，该方法通过某种滤波函数将湍流运动分解成大尺度运动和小尺度运动。在模拟时放弃了对全部尺度范围上的涡运动模拟，仅对决定质量、动量、能量输运的大尺度量，通过求解运动微分方程的方法直接模拟，而小尺度运动对大尺度运动的影响则用一定的模型来模拟，这就是大涡模拟的基本思想。

在 7.4.1 节提到的 DNS、LES 和 RANS 三个层次上的数值模拟方法对流场分辨率的要求存在本质区别：①DNS 需要模拟所有尺度的涡，因此网格尺度至少要小于耗散区尺度。②RANS 求解平均量方程，构建所有尺度下雷诺应力的模型，关注的是湍流中大部分的输运特性，忽略分子黏性耗散。因此网格尺度在含能尺度范围。③LES 要求尽可能地直接求解重要的涡，直到小涡的模型对整体结果不产生决定性的影响；LES 的网格尺度应该达到惯性子区尺度，这是由于惯性子区以下尺度的脉动才可能有局部普适性规律。

大涡模拟要完成两项工作：①过滤（filtering）。将比滤波宽度小的涡滤掉，从而推导出描写大涡的控制方程。②建立模型。在描述大涡运动的控制方程中引入附加应力项，来反映被滤掉的小涡对大涡运动的影响。这一附加应力项被称为亚格子应力或亚网格应力，建立描述亚格子应力的模型就是**亚格子模型**（sub-grid scale model，SGS）。下面先介绍过滤方法，再讨论大尺度运动的控制方程和小尺度脉动的封闭方法。

7.6.2 过滤

大涡模拟采用过滤方法消除湍流中的小尺度脉动。过滤运算既可以在物理空间进行，也可以在谱空间进行。在物理空间中，过滤是一种数学运算，它相当于在一定区间内按某种方式对函数进行加权平均。例如，将脉动速度在边长为 Δ 的立方体中作体积平均，边长 Δ 称为过滤尺度，经过体积平均后，小于 Δ 尺度的脉动速度被略掉，这一过程即为过滤。

假设 $f(x_i)$ 是任意瞬时的流动变量，它包含了所有尺度的函数，可定义 $f(x_i)$ 的大尺度分量为 $\tilde{f}(x_i)$。与雷诺时间平均法类似，流动变量 $f(x_i)$ 可以分解为大尺度（或可解尺度）分量与相应的小尺度（或不可解尺度）分量之和的形式：

$$f(x_i)=\tilde{f}(x_i)+f''(x_i) \tag{7-67}$$

为了与雷诺平均相区分，式中的上标“~”表示大尺度分量，上标“″”表示小尺度分量。

式（7-67）中的大尺度分量 $\tilde{f}(x_i)$ 可以通过以下的加权积分来表示：

$$\tilde{f}(x_i)=\iiint G\left(x_i-x_i'\right)f(x_i')\mathrm{d}V' \tag{7-68}$$

式中，$G(x_i)$ 称为过滤函数，或简称为过滤器，积分即为过滤运算；$\mathrm{d}V'$ 表示体积元，故该积分为体积分。

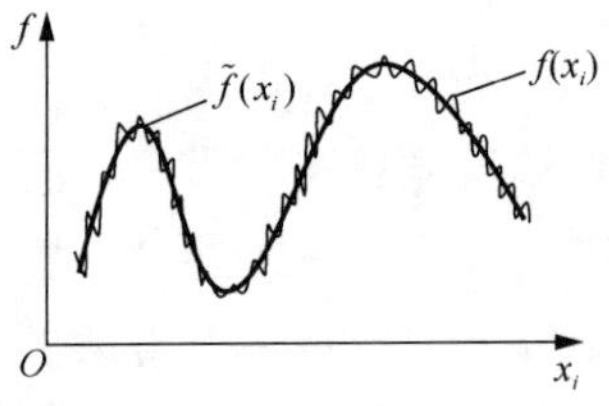

图 7-21　过滤前后的图形对比

过滤尺度包含在过滤函数中，用 Δ 表示。均匀过滤器中过滤尺度是常数，如果不同方向的过滤尺度都相同，则称为各向同性过滤器，此时 Δ 是标量常数。在各向同性过滤器中，过滤计算和求导运算可以互换。图 7-21 定性展示了流动变量 $f(x_i)$ 在过滤前后的图形对比。可以看出，过滤后流动变量的幅值和波数明显小于过滤前的瞬时变量。

需要注意的是，式（7-67）与雷诺平均关系式（7-2）有本质的区别，式（7-2）对应的时间平均值是针对定常湍流而言的，但即便是在统计定常湍流中，过滤后的 $\tilde{f}(x_i)$ 也不是定常的，它仍包括了大涡的脉动，而 $f''(x_i)$ 只包含小涡的脉动，$\tilde{f}(x_i)$ 和 $f''(x_i)$ 包含尺度的分界线由过滤函数中包含的参数 Δx 决定。若 Δx 足够小，则 $\tilde{f}(x_i)$ 将包含全部尺度的脉动。

为了便于理解过滤器的数学性质并简化概念，下面介绍几种简单的均匀过滤器。

1. 各向同性的盒式过滤器

取过滤函数为

$$G(|x_i - x_i'|) = \begin{cases} \dfrac{1}{\Delta x_1 \Delta x_2 \Delta x_3}, & |x_i - x_i'| \leqslant \dfrac{\Delta x_i}{2}, \quad i = 1,2,3 \\ 0, & |x_i - x_i'| > \dfrac{\Delta x_i}{2}, \quad i = 1,2,3 \end{cases} \tag{7-69}$$

式中，x_i 为任意网格节点的坐标；Δx_i 为第 i 方向的网格尺度。大尺度分量 $\tilde{f}(x_i)$ 实际上就是在以 Δx_i 为中心的长方体单元（box）上的体积平均值，故这种过滤方法又称为盒式过滤，该方法是物理空间中最简单的各向同性过滤器，也是实际问题中常用的一种过滤方法。在一维情况下，盒式过滤器的图形如图 7-22（a）所示。

2. 高斯过滤器

将过滤函数取作高斯函数，称为高斯过滤器。各向同性三维高斯过滤器的数学表达式为

$$G(|x_i - x_i'|) = \sum_{i=1}^{3} \left(\frac{6}{\pi \varDelta^3} \right)^{1/2} \exp\left[-\frac{6(x_i - x_i')^2}{\varDelta^2} \right] \tag{7-70}$$

过滤器宽度不必与计算所用的网格间距相联系，原则上计算网格的尺度应该小于过滤器宽度。虽然高斯过滤器性能较好，但计算麻烦。一维情况下，高斯过滤器的图形如图 7-22（b）所示。

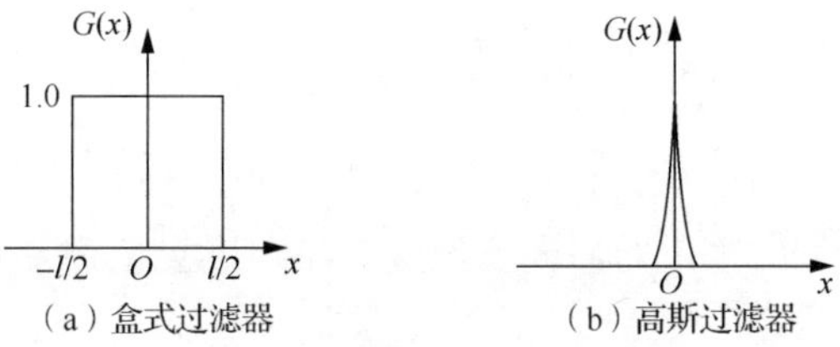

图 7-22 物理空间的过滤器

3. 谱空间的低通过滤器

根据过滤公式，物理空间的各向同性滤波函数可以用傅里叶积分变换到谱空间的过滤函数。因此过滤过程既可以在物理空间进行，也可以在谱空间进行，而且在谱空间的过滤更容易理解，就是令高波数的脉动等于零，相当于对脉动信号做低通滤波，低通滤波的最大波数称为截断波数，用 k_c 表示。如果物理空间的湍流脉动在谱空间的分量为 $\widehat{f}(k)$，则在过滤后 $k > k_c$ 的高波数部分等于零。在谱空间过滤后的脉动用 $\widehat{f}^<(k)$ 表示，则有

$$\widehat{f}^<(k) = G(k)\widehat{f}(k) \tag{7-71}$$

在谱空间中，各向同性的低通过滤函数的表达式为

$$G(k) = \begin{cases} 1, & k < |k_c| \\ 0, & k > |k_c| \end{cases} \tag{7-72}$$

利用傅里叶变化，将谱空间的低通过滤器转换成物理空间的表达式：

$$G(x - x') = \frac{\sin(\pi |x - x'| / \varDelta)}{\pi |x - x'| / \varDelta} \tag{7-73}$$

式中，$\varDelta$ 相当于物理空间的截断尺度，它和截断波数之间的关系为 $k_c = \pi / \varDelta$。一维谱空间低通的过滤器图像如图 7-23 所示。

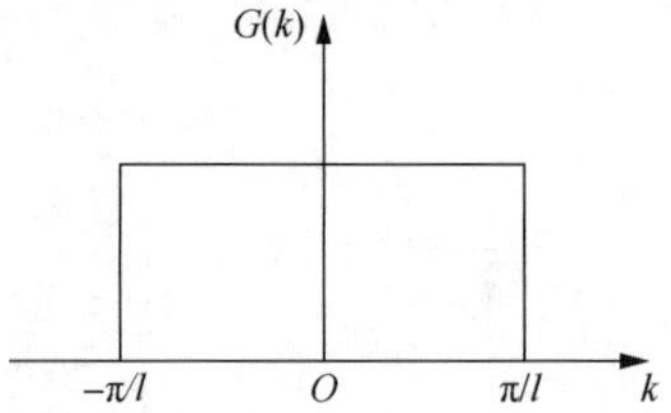

图 7-23　一维谱空间低通过滤器

应该注意，虽然谱空间的低通过滤器变换到物理空间后，与盒式过滤器十分相似，但其在 $\Delta>\pi/k_c$ 的盒子以外，过滤函数仍是有微小振荡的，这种情况在研究大涡模拟的亚格子模型时应该考虑。也就是说，在谱空间过滤得到的亚格子应力，不能简单地等同于物理空间过滤得到的亚格子应力。

7.6.3　大涡模拟控制方程

对不可压缩流体的连续方程与 N-S 方程进行上述过滤运算，并假定过滤过程和求导数过程可以互换，可得到大涡模拟控制方程如下：

$$\frac{\partial \tilde{v}_i}{\partial x_i}=0 \tag{7-74}$$

$$\frac{\partial \tilde{v}_i}{\partial t}+\frac{\partial \widetilde{v_i v_j}}{\partial x_j}=-\frac{1}{\rho}\frac{\partial \tilde{p}}{\partial x_i}+\nu\frac{\partial^2 \tilde{v}_i}{\partial x_j \partial x_j} \tag{7-75}$$

令 $\widetilde{v_i v_j}=(\tilde{v}_i+v_i'')(\tilde{v}_j+v_j'')=\widetilde{\tilde{v}_i\tilde{v}_j}+\widetilde{\tilde{v}_i v_j''}+\widetilde{v_j v_i''}+\widetilde{v_i'' v_j''}$，其中右侧第 1 项 $\widetilde{\tilde{v}_i\tilde{v}_j}$ 完全依赖于流场的大尺度速度，可以在求解方程中计算出来，而后面三项包含小尺度量，需要建立模型，将后三项之和称为亚格子雷诺应力，即

$$R_{ij}=\widetilde{\tilde{v}_i v_j''}+\widetilde{v_j v_i''}+\widetilde{v_i'' v_j''} \tag{7-76}$$

通常把亚格子雷诺应力张量 R_{ij} 分解成一个对角线张量与一个迹为零的张量之和的形式：

$$R_{ij}=\left(R_{ij}-\frac{1}{3}\delta_{ij}R_{kk}\right)+\frac{1}{3}\delta_{ij}R_{kk}=\tau_{ij}+\frac{1}{3}\delta_{ij}R_{kk} \tag{7-77}$$

将对角线张量与压力项合并，可以定义修正的压力项：

$$\tilde{P}=\frac{\tilde{p}}{\rho}+\frac{1}{3}R_{kk} \tag{7-78}$$

于是过滤后的 N-S 方程整理为

$$\frac{\partial \tilde{v}_i}{\partial t}+\frac{\partial \tilde{v}_i\tilde{v}_j}{\partial x_j}=-\frac{1}{\rho}\frac{\partial \tilde{P}}{\partial x_i}+\nu\frac{\partial^2 \tilde{v}_i}{\partial x_j \partial x_j}+\frac{\partial \tau_{ij}}{\partial x_j} \tag{7-79}$$

式（7-79）与雷诺平均方程有类似的形式，方程右侧的亚格子应力项是由非线性项产生的，与雷诺应力相似，它是过滤掉的小尺度脉动和大尺度脉动间的动量输运。要想实现大涡模拟计算，需要构造亚格子应力的封闭模式，即构建亚格子模型。

按照构建雷诺应力输运方程的思路，我们也可以推导出亚格子应力所遵循的动力学方程，但考虑到该方程过于复杂，而且采用大涡模拟方法并不需要求解亚格子运动，因此本节不做详细介绍。

7.6.4 亚格子应力模型

大涡模拟中所用的亚格子模型基本上都是沿袭湍流平均模型理论中的基本思想。最常用的亚格子应力模型是涡黏性模型，该模型假设亚格子应力和分子黏性应力的形式相近，即

$$\tau_{ij} = \nu_t \tilde{s}_{ij} \tag{7-80}$$

本节介绍涡黏性模型中的 Smagoringky 模型，该模型是雷诺平均模型中的混合长度模型在大涡模拟中的推广，根据 7.5.1 节混合长度理论中的湍流运动黏性系数公式（7-51）可知 $\nu_t \propto l_m^2 |\frac{\partial U}{\partial y}|$。在二维平均流场中有 $\left(\frac{\partial U}{\partial y}\right)^2 = 2\overline{s}_{ij}\overline{s}_{ij}$，现将混合长度模型在三维平均流中加以推广，可得亚格子湍流运动黏性系数为 $\nu_t \propto l_m^2 (2\tilde{s}_{ij}\tilde{s}_{ij})^{1/2}$。再将混合长度替换为过滤尺度 $\varDelta$，将平均运算改为过滤运算，并引入模型常数后，可将亚格子湍流运动黏性系数写成以下形式：

$$\nu_t = (C_s \Delta)^2 (2\tilde{s}_{ij}\tilde{s}_{ij})^{1/2} \tag{7-81}$$

式中，C_s 为无量纲常数，对各向同性湍流可以确定，$C_s = \frac{1}{\pi}\left(\frac{3C_k}{2}\right)^{-3/4} = 0.18$，其中 C_k=0.14 为科尔莫戈罗夫常数。

将亚格子湍流运动黏性系数代入式（7-81），可得亚格子应力的表达式：

$$\tau_{ij} = (c_s \varDelta)^2 \tilde{s}_{ij} (2\tilde{s}_{ij}\tilde{s}_{ij})^{1/2} \tag{7-82}$$

根据经典的局部各向同性湍流理论，惯性子区中的能量传递处于局部平衡状态，具体来说，可以假设亚格子耗散 $2\widetilde{\nu_t \tilde{s}_{ij}\tilde{s}_{ij}}$ 等于可解尺度湍流向亚格子尺度湍流传递的能量 $2\widetilde{\tau_{ij}\tilde{s}_{ij}}$，即

$$\tilde{\varepsilon} = 2\widetilde{\tau_{ij}\tilde{s}_{ij}} = 2\widetilde{\nu_t \tilde{s}_{ij}\tilde{s}_{ij}} \tag{7-83}$$

在均匀湍流中，采用平均亚格子湍流运动黏性系数 $\tilde{\nu}_t$，并假设 $\widetilde{2\nu_t \tilde{s}_{ij}\tilde{s}_{ij}} = \tilde{\nu}_t \widetilde{2\tilde{s}_{ij}\tilde{s}_{ij}}$，于是亚格子耗散率可表示为

$$\tilde{\varepsilon} = \widetilde{2\tau_{ij}\tilde{s}_{ij}} = \tilde{\nu}_t (\widetilde{2\tilde{s}_{ij}\tilde{s}_{ij}}) \tag{7-84}$$

Smagoringky 模型在工程中的大涡数值模拟计算中表现出很好的适应性，但其主要问题是耗散过大，尤其在近壁区和层流向湍流的过渡阶段。例如在近壁区，由于湍流脉动等于零，亚格子应力也应该等于零，但由式（7-82）计算的壁面亚格子应力却等于有限值，这显然与物理实际不符。此外，在层流到湍流过渡的初级阶段，湍动能耗散率很小，但由式（7-84）计算的湍动能耗散却和充分发展湍流几乎一样，因此 Smagoringky 模型无法预测湍流的转捩。

除了 Smagoringky 模型，常用的亚格子模型还包括尺度相似模型和混合模型、动力模型谱空间涡黏模型等，在此不做详细介绍。

7.6.5 边界条件

通过亚格子模型确定了亚格子应力，将其代入大涡模拟控制方程，可使方程封闭，接下来对控制方程进行数值求解，需要补充初始条件和边界条件。

众所周知，湍流是一种不规则的随机运动，用实验方法确定初始时刻湍流场和湍流边界的全部细节信息是极其困难的，因此绝大部分的初始条件和边界条件都是在实验提供的平均

速度、湍流强度分布等信息基础上，用计算机虚构出来的。但是从理论上看，描述湍流的 N-S 方程和大涡模拟控制方程是随机偏微分方程，它们和确定性偏微分方程的初始条件和边界条件有本质性差别。严格说来，初始湍流场和湍流边界应该是控制方程不规则解的一部分，而在方程求解出来之前是无法给出确定的初始条件和边界条件的。因此在大涡模拟和直接数值模拟中，只能近似地给出恰当的初始条件和边界条件，即这些条件应不违反控制方程及其物理约束条件，例如，不可压缩流动的初始速度场的散度必须为零。

1. 初始条件

湍流的初始流场包括三方面信息，一是平均速度分布应该满足连续方程；二是随机的脉动速度场应满足散度为零的条件，而且要满足规定的湍流度分布和能谱分布；三是对剪切湍流需加入大尺度结构，以防止亚格子模型耗散过多的湍动能而使湍流趋向层流。

1）均匀湍流

均匀湍流的初始场也是统计均匀的，可以通过计算机发送随机数的方法构造初始脉动场，同时要求它满足连续方程，又具有给定的能谱。其总体步骤为：①在物理空间对于每一个分量，给每一个节点分配一个计算机产生的随机数。在湍流度分布非均匀的情形下，可以乘以一个均方根分布的条形函数，以得到所希望的空间分布，这样产生的散度并不为零，也不具有所希望的谱。②求该矢量场的旋度，就可得到散度为零的速度场。③求速度场的傅里叶变换，对每一个傅里叶分量按所希望的谱分布指定振幅，再求逆变换，便可以得到所希望的初始场。

2）剪切湍流

对于剪切湍流，理想的初始条件是从层流状态开始，加上适当的扰动，让流动自然发展到湍流，但采用大涡模拟方法计算自然转捩过程十分困难。

对于混合层或其他自由切变湍流，由于具有较强的线性不稳定性，扰动始终能够增长，用层流加不稳定扰动模态作初始场，比较容易用大涡模拟的方法模拟湍流的发生和发展全过程。

在复杂湍流的大涡模拟中，难以给定初始速度场，这时可以从初始速度场等于零开始计算，当流动达到充分发展湍流状态以后再继续计算，直到得到足够的样本数，然后进行统计平均。

2. 边界条件

1）固体壁面

固体壁面采用无滑移边界条件。在垂直于壁面方向用一非均匀网格，或者在该方向采用多项式展开，这等价于在非均匀网格上的傅里叶级数展开。

2）周期条件

如果湍流脉动在某个方向上是统计均匀的，可以在这一方向的两端边界面上采用周期性边界条件，即规定在两个相对边界面上点的流体状态完全相同，这样就避免了需要在边界面上规定高度随机运动的细节。周期边界在数值上比较容易实现，对于空间均匀湍流，在三个方向上都可以采用周期边界；对于渐变的非均匀湍流，如边界层、混合层内的流动，也经常采用周期边界作为近似边界条件。

在使用周期边界时需要注意两点，一是计算域的长度要足够长，以保证包含足够的大尺度涡，二是必须有足够的网格数，以分辨惯性子区的脉动。

3）渐近条件

对于湍流边界层或其他薄湍流切变层，湍流脉动集中在薄层内；对于一般的三维物体绕流问题，湍流脉动集中在物体表面附近和尾流中。因此在远离薄剪切层和物体表面的区域，

速度场趋于无旋的均匀场，因此对不可压缩流体可以采用

$$\lim_{y\to\infty} u = U_\infty, v = w = 0 \tag{7-85}$$

数值方法只能计算有限区域内的流动，渐近条件只能采用近似形式。一种常用的方法是，在离开薄层或物体横向一定距离的平面上设置一虚拟边界 $y=H$ ，给出

$$u|_{y=H} = U_\infty, v|_{y=H} = w|_{y=H} = 0 \tag{7-86}$$

这种边界的计算精度取决于虚拟边界与薄层或壁面的距离 H。

另一种方法是在垂直于物体表面方向，用坐标变换把无限区域转变成有限区域，再进行边界设定。例如作指数变换，令

$$\eta = 1 - \exp(-my) \tag{7-87}$$

式中，m 是正数。式（7-87）将物理平面的无限域 $[0,\infty)$ 变换到计算平面上的有限域 $[0,1]$；然后在有限域内数值求解大涡模拟方程。如果 $y=0$ 是壁面，则在指数变换时，在 $y=0$ 附近自动加密网格，而在 $Ox\eta z$ 坐标系里，原来的渐近边界条件可转换为

$$u = U_\infty, v = w = 0, \eta = 1 \tag{7-88}$$

需要注意的是在指数变换时，若 $y\to\infty$，则 $\mathrm{d}\eta/\mathrm{d}y\to 0$，具有奇异性，计算不易收敛。

4）进口条件

进口边界属于开边界条件。对于流向均匀湍流，如直槽湍流，可在垂直于流动的进口面上采用周期条件。对于简单的空间发展湍流，如流向衰减的格栅湍流、准平行的平面混合层等，可近似采用流向均匀边界，流向也采用周期条件。

对于空间发展的湍流，如湍流边界层和复杂的空间湍流，需要给出进口条件。一种方法是扩大计算区域，将进口截面向上游移动，进口截面上给定时间上随机的速度分布，应用上述边界条件做时间推进时，在下游相当长距离后，发展到真实的湍流状态，这段长度大约是进口平均位移厚度的50倍，因此计算耗时很大。对于复杂湍流绕流问题，常常在入口边界前附加一段充分发展的平行湍流，例如在后台阶绕流问题中，在入口前附加一段直槽湍流，将直槽湍流出口瞬时速度作为后台阶绕流入口的速度场，这种方法，流向长度大约需要增加到入口高度的20倍。

5）出口条件

出口边界也属于开边界条件，对于流向均匀的湍流场，出口也可以采用周期条件。对于流向发展的湍流，出口条件需要单独给出，类似进口条件，可以把数值出口边界后移到出口下游一定距离处，或是从物理出口边界向下游延伸一段距离，例如出口截面长度的5～8倍，在物理出口边界到计算出口边界之间称为嵌边区，在嵌边区内令流体湍流黏性系数远远大于真实黏性系数。当流动进入高黏度的嵌边区后，湍流脉动很快衰减，而变为层流，于是计算出口边界可以给定准确的层流边界条件。

各种进出口边界条件都是近似的，需要在实际模拟中测试与验证。

目前，大涡模拟的最主要的困难并不在于计算机的限制，而在于大涡模拟方法本身尚不健全，例如现有的亚格子模型仍不完善，尤其是近壁区域内的模型，以及如何正确地给出进出口边界条件等，都是目前亟待解决的问题。

思　考　题

1．说明湍流的定义及其主要特征。

2．阐明湍流涡团不规则运动与分子不规则运动的区别。

3．简述湍流尺度的分类，画出示意图。

4．给出雷诺平均方程，说明各项的物理意义。

5．给出湍流黏性系数模型中雷诺应力的表达式，解释其物理意义。

6．雷诺应力与黏性应力的本质区别是什么？

7．写出湍动能方程，解释各项的物理意义。

8．湍流动能分为哪三种，三者之间是什么关系？

9．平均流动能、湍动能的转换与平衡分析。

10．湍流涡团结构、级联过程怎么发生的？

11．给出混合长度理论中湍流黏性系数的表达式，简要说明该模型的局限性。

12．简述大涡模拟模型的基本思想。

习　　题

[7-1] 对于下列瞬时速度，求平均速度 $\overline{v}_i$、脉动速度 v_i' 和脉动速度平方的平均 $\overline{v_i'v_i'}$。（1）$\overline{v}_i+v_i'=a+b\sin(\omega t)$；（2）$\overline{v}_i+v_i'=a+b\sin^2(\omega t)$；（3）$\overline{v}_i+v_i'=at+b\sin(\omega t)$。（$\int\sin^2(ax)\mathrm{d}x=\dfrac{x}{2}-\dfrac{1}{4a}\sin(2ax)$；$\int\sin^4(ax)\mathrm{d}x=\dfrac{3x}{8}-\dfrac{3}{16a}\sin(2ax)-\dfrac{1}{4a}\sin^3(ax)\cos(ax)$；$\int x\sin(ax)\mathrm{d}x=\dfrac{1}{a^2}\sin(ax)-\dfrac{1}{a}x\cos(ax)$）

[7-2] 设脉动量 $v_1'=a\sin(\omega_1 t), v_2'=b\sin[\omega_2(\tau+t)]$，讨论下述情况下，两脉动量的相关性。（1）$\omega_1\neq\omega_2$；（2）$\omega_1=\omega_2$。

[7-3] 所谓的纯剪切流是指所有的变量只和 y 有关，且只有 U 是唯一非零的平均速度，试在定常条件下建立纯剪切流的平均动能方程。

[7-4] 在低速风洞栅网后的主流区，可近似认为平均流速度 $\overline{v}_i$ 是均匀分布的，试分析该区湍流能量的变化关系。

习 题 答 案

第 1 章

[1-1] $\begin{cases} x\sqrt{y} = 2 \\ 5 - z = 2x \end{cases}$。

[1-2] $x^{1+t} = Cy$。

[1-3] $\text{grad}\,\psi = -12\boldsymbol{i} + 15\boldsymbol{j} - 24\boldsymbol{k}$, $\left.\dfrac{\partial \psi}{\partial l}\right|_M = 10$。

[1-6]（1）$\boldsymbol{F} = \nabla\left(\dfrac{m}{r}\right) = -\dfrac{m}{r^2}\left(\dfrac{x}{r}, \dfrac{y}{r}, \dfrac{z}{r}\right)$；（2）$\text{div}\boldsymbol{F} = 0$。

第 2 章

[2-2]（1）$W = 1800\text{J}$；（2）$W_u = 8700\text{J}$；（3）$W_{u,e} = 10500\text{J}$。

[2-3]（1）$W = 5.54 \times 10^4\text{J}$；（2）$W = 0.15 \times 10^5\text{J}$。

[2-4] 65.9 ℃。

[2-5] $\Delta U = -499\text{kJ}$。

[2-6] 需要，补充热量 $Q = -2.14\text{kW}$。

[2-7]（1）$\Delta s_{定压} > \Delta s_{定容} > \Delta s_{定温}$；（2）$\Delta s_{定压} > \Delta s_{定容} > \Delta s_{定温}$。

[2-8]（1）$\Delta Q = 112000\text{J}$；（2）$v = 22.36\text{m/s}$。

[2-9] $\mu = 0.004\text{Pa}\cdot\text{s}$。

[2-10] $\mu = 0.1321\text{Pa}\cdot\text{s}$。

[2-11] $\mu = 0.952\text{Pa}\cdot\text{s}$。

[2-12] $M = \dfrac{\pi\mu\omega d^4}{32\delta}$。

[2-13] $P = 50\text{W}$。

第 3 章

[3-1] $v = 397\text{m/s}, Ma = 1.167, t = 1.51\text{s}$。

[3-2] $a_0 = 343.2\text{m/s}, a = 323.14\text{m/s}, v = 258.51\text{m/s}, p = 3.218 \times 10^5\text{Pa}$。

[3-3] $\Delta p = 2.217 \times 10^5\text{Pa}$。

[3-4] $Ma_1 = 1.987$。

[3-6] $p_2 = 2.92 \times 10^6\text{Pa}, T_2 = 1670.7\text{K}, Ma_2 = 0.416$。

[3-7]（1）0.403；（2）$3.15 \times 10^5\text{Pa}, 356.2\text{K}$；（3）$1.654 \times 10^5\text{Pa}, 296.83\text{K}, 5.88 \times 10^{-3}\text{m}^2$；（4）3.94kg/s。

[3-8] $p_e = 0.168\times10^5\text{Pa}$ 。

[3-9] $p_* = 146.93\text{kPa}, p_0 = 278.27\text{kPa}$ 。

[3-10]（1） $v_1 = 108.37\text{m/s}$ ；（2） $p_0 = 6.075\times10^5\text{Pa}, T_0 = 443.84\text{K}$ ；（3） $v_2 = 552.65\text{m/s}$ ；（4） $A_2 = 1.082\times10^{-3}\text{m}^2$ 。

[3-12] $p_2 / p_1 = 0.505$ 。

[3-13] $\delta = -19^\circ$ 。

[3-14] $Ma_2 = 0.513, p_2 = 2.14\times10^5\text{Pa}, T_2 = 637.75\text{K}, v_2 = 259.59\text{m/s}$ 。

[3-15] $v_2 = 378.4\text{m/s}$ 。

[3-16] $t = 400\text{s}$ 。

[3-17] $Ma = 0.353, \dot{m} = 0.0994\text{kg/s}$; $Ma = 0.5, \dot{m} = 0.143\text{kg/s}$; $Ma = 2.0, \dot{m} = 0.19\text{kg/s}$ ； $Ma = 2.0$, $\dot{m} = 0.952\text{kg/s}$ ； $A_{s1} = 6.0\times10^{-4}\text{m}^2$ 。

[3-18] $Ma_e = 0.15, T_e = 497.8\text{K}, p_1 = 2.26\times10^5\text{Pa}$ 。

[3-19]（1） $L = 5.273\text{m}$ ；（2） $p_1 = 1.918\times10^5\text{Pa}, T_1 = 285.8\text{K}, v_1 = 169.4\text{m/s}, v_2 = 289.9\text{m/s}$, $p_{02} / p_{01} = 0.753$ 。

[3-20]（1） $L_{\max} = 49.19d$ ；（2） $Ma_1' = 0.45$ 。

[3-21]（1） $Ma_1 = 0.492$ ；（2） $Ma_e = 1, T_e = 243.24\text{K}, p_e = 3.29\times10^4\text{Pa}$ ；（3） $F = 1475\text{N}$ 。

[3-22]（1） $L_s = 2.75\text{m}$ ；（2） $L_{总} = 30.087\text{m}$ ；（3） $p_{0e} = 6.303\times10^5\text{Pa}$ ；（4） $p_e = 4.135\times10^5\text{Pa}$ 。

[3-23] $\Delta p = 4.8\times10^4\text{Pa}$ 。

[3-24] $Q = 164.9\text{kJ/kg}$ 。

[3-25] $F = 2247\text{N}$ 。

第 4 章

[4-2] $Ma_\infty = 0.876, p = 88345\text{Pa}, T = 276.6\text{K}$ 。

[4-3] $C_p' = -0.375$ 。

[4-4] $C_p = -0.2608$ 。

[4-5] $F_D = 0, F_L = \dfrac{\gamma}{2}\dfrac{p_\infty Ma_\infty^2 l}{\sqrt{Ma_\infty^2 - 1}}\left(\dfrac{2\pi h}{l}\right)^2$ 。

[4-6]

	4	5	6
x/m	0.1859	0.1436	0.2231
y/m	0.2884	0.2555	0.2822
V_x/(m/s)	2571	2606	2595
V_y/(m/s)	250.9	245.9	179.9
T/K	1063	1017	1038
p/Pa	11980	9184	10380

第5章

[5-1]（1） $v_2=-5\text{m/s},p_2=0.979\times10^5\text{Pa},T_2=281.3\text{K},v_3=0,p_3=0.9592\times10^5\text{Pa},T_3=279.7\text{K}$；（2）迹线斜率为 $(\mathrm{d}t/\mathrm{d}x)_1=\infty,(\mathrm{d}t/\mathrm{d}x)_2=-0.2\text{s/m},(\mathrm{d}t/\mathrm{d}x)_3=\infty$；（3）波的斜率为 $(\mathrm{d}t/\mathrm{d}x)_{AB}=0.002963\text{s/m},(\mathrm{d}t/\mathrm{d}x)_{BC}=-0.00293\text{s/m}$。

[5-2]（1） $v_2=5\text{m/s},p_2=1.021\times10^5\text{Pa},T_2=284.68\text{K},v_3=0,p_3=1.042\times10^5\text{Pa},T_3=286.38\text{K}$；（2）迹线斜率为 $(\mathrm{d}t/\mathrm{d}x)_1=\infty,(\mathrm{d}t/\mathrm{d}x)_2=0.2\text{s/m},(\mathrm{d}t/\mathrm{d}x)_3=\infty$；（3）波的斜率为 $(\mathrm{d}t/\mathrm{d}x)_{AB}=0.002966\text{s/m}$, $(\mathrm{d}t/\mathrm{d}x)_{BC}=-0.003001\text{s/m}$。

[5-3]（1） $p_3=10^5\text{Pa},T_3=135℃,v_3=139\text{m/s}$；（2）迹线斜率为 $(\mathrm{d}t/\mathrm{d}x)_1=0.008\text{s/m},(\mathrm{d}t/\mathrm{d}x)_2=0.007575\text{s/m},(\mathrm{d}t/\mathrm{d}x)_3=0.007194\text{s/m}$；（3）波的斜率为 $(\mathrm{d}t/\mathrm{d}x)_{AB}=0.001934\text{s/m},(\mathrm{d}t/\mathrm{d}x)_{BC}=-0.003789\text{s/m}$。

[5-4]（1） $v_3=118\text{m/s},T_3=135℃,p_3=10^5\text{Pa}$；（2）迹线斜率为 $(\mathrm{d}t/\mathrm{d}x)_2=0.008\text{s/m},(\mathrm{d}t/\mathrm{d}x)_1=0.007576\text{s/m}$, $(\mathrm{d}t/\mathrm{d}x)_3=0.008453\text{s/m}$；（3）波的斜率为 $(\mathrm{d}t/\mathrm{d}x)_{AB}=0.0019\text{s/m},(\mathrm{d}t/\mathrm{d}x)_{BC}=0.001329\text{s/m}$。

[5-5]（1） $v_4=52\text{m/s},T_4=289.6\text{K},p_4=1.152\times10^5\text{Pa}$；（2）波的斜率为 $(\mathrm{d}t/\mathrm{d}x)_{AC}=0.02544\text{s/m}$, $(\mathrm{d}t/\mathrm{d}x)_{BC}=-0.03412\text{s/m}$, $(\mathrm{d}t/\mathrm{d}x)_{CD}=0.02571\text{s/m},(\mathrm{d}t/\mathrm{d}x)_{CE}=-0.00348\text{s/m}$；（3）迹线斜率为 $(\mathrm{d}t/\mathrm{d}x)_1=0.02\text{s/m},(\mathrm{d}t/\mathrm{d}x)_2=0.02173\text{s/m},(\mathrm{d}t/\mathrm{d}x)_3=0.01785\text{s/m},(\mathrm{d}t/\mathrm{d}x)_4=0.01922\text{s/m}$。

[5-6]（1） $v_4=52.03\text{m/s},T_4=296.4\text{K},p_4=1.25\times10^5\text{Pa}$；（2）波的斜率为 $(\mathrm{d}t/\mathrm{d}x)_{AC}=0.0254\text{s/m}$, $(\mathrm{d}t/\mathrm{d}x)_{BC}=-0.03412\text{s/m}$, $(\mathrm{d}t/\mathrm{d}x)_{CD}=0.02564\text{s/m},(\mathrm{d}t/\mathrm{d}x)_{CE}=-0.00346\text{s/m}$；（3）迹线斜率为 $(\mathrm{d}t/\mathrm{d}x)_1=0.02\text{s/m},(\mathrm{d}t/\mathrm{d}x)_2=0.01786\text{s/m},(\mathrm{d}t/\mathrm{d}x)_3=0.02173\text{s/m},(\mathrm{d}t/\mathrm{d}x)_4=0.01922\text{s/m}$。

[5-7]（1） $v_4=58\text{m/s},a_4=343.9\text{m/s},T_4=294.4\text{K},p_4=1.2198\times10^5\text{Pa}$；（2）迹线斜率为 $(\mathrm{d}t/\mathrm{d}x)_1=0.02\text{s/m},(\mathrm{d}t/\mathrm{d}x)_2=0.01786\text{s/m},(\mathrm{d}t/\mathrm{d}x)_3=0.01923\text{s/m},(\mathrm{d}t/\mathrm{d}x)_4=0.01724\text{s/m}$。

第6章

[6-1]（1） $\dfrac{\mathrm{d}\boldsymbol{v}}{\mathrm{d}t}=5\boldsymbol{i}+44\boldsymbol{j}+236\boldsymbol{k}$；（2）0;（3） $-4\boldsymbol{i}$；（4） $y=0$。

[6-2]（1）有旋；（2）无旋；（3）有旋；（4）有旋；（5）有旋。

[6-3] $\dfrac{\partial u}{\partial y}\neq0$ 有旋， $\dfrac{\partial u}{\partial y}=0$ 无旋。

[6-4] $v_y=-2axy$。

[6-5] $\dfrac{\partial v_x}{\partial x}+\dfrac{\partial v_y}{\partial x}=\dfrac{1}{r}\dfrac{\partial(rv_r)}{\partial r}+\dfrac{1}{r}\dfrac{\partial v_\theta}{\partial\theta}=0$。

[6-6] $p_{xx}=-p+8\mu yz=-10299.992\text{Pa},p_{yy}=-p+2\mu(0)=-10300\text{Pa},p_{zz}=-p+2\mu(-4yz)=-10300.008\text{Pa},\tau_{xy}=\mu(0+4xz)=8\times10^{-3}\text{Pa},\tau_{yz}=\mu(-2z^2+2z)=0,\tau_{xz}=\mu(0+4xy)=8\times10^{-3}\text{Pa}$。

[6-7] $p_{xy}=p_{yx}=0.024\text{Pa},p_{xz}=p_{zx}=0.04\text{Pa},p_{yz}=p_{zy}=0.056\text{Pa}$。

[6-8]（1） $\begin{bmatrix}4 & -\dfrac{10}{3} & 0\end{bmatrix}$；（2） $\dfrac{44}{9}$；（3）20.1°。

[6-9] $v_x = \frac{U\mu_2 y}{\mu_2 h_1 + \mu_1 h_2}, 0 \leqslant y \leqslant h_1$； $v_x = \frac{U(\mu_1 y + \mu_2 h_1 - \mu_1 h_1)}{\mu_2 h_1 + \mu_1 h_2}, h_1 \leqslant y \leqslant h_2$； $\tau = \frac{U\mu_1\mu_2}{\mu_2 h_1 + \mu_1 h_2}$，$0 \leqslant y \leqslant h_2 + h_1$。

[6-10]（1）$\sigma_{xx} = 0, \sigma_{yy} = 0, \tau_{xy} = \tau_{yx} = \frac{\mu U}{2h}$；（2）$-\frac{\mathrm{d}p}{\mathrm{d}x} + \frac{\partial \sigma_{xx}}{\partial x} + \frac{\partial \tau_{yx}}{\partial y} = 0$；（3）成立；（4）$\frac{\partial p}{\partial x} = \frac{\partial \sigma_{yy}}{\partial y} + \frac{\partial \tau_{yx}}{\partial x} - \rho v_x \frac{\partial v_x}{\partial x} - \rho v_y \frac{\partial v_y}{\partial x} = 0$；（5）$s_{11} = \frac{\partial v_x}{\partial x} = 0, s_{22} = \frac{\partial v_y}{\partial y} = 0, s_{12} = s_{21} = \frac{U}{4h}$，输运项为 $2\nu \frac{\partial s_{ij} u_j}{\partial x_j} = \nu \frac{U^2}{4h^2}, 2\nu \frac{\partial (p u_i)}{\partial x_j} = 0$，耗散项为 $2\nu(s_{12}s_{12} + s_{21}s_{21}) = \nu \frac{U^2}{4h^2}, \mathrm{d}\left(\frac{1}{2}v_i v_i\right) / \mathrm{d}t = 0$。

[6-11]（1）$\sigma_{xx} = 0, \sigma_{yy} = 0, \tau_{xy} = \tau_{yx} = -2\frac{\mu y}{h^2} U_{\max}$；（2）$-\frac{\mathrm{d}p}{\mathrm{d}x} + \frac{\partial \sigma_{xx}}{\partial x} + \frac{\partial \tau_{yx}}{\partial y} = 0$；（3）成立。

第 7 章

[7-1]（1）$\overline{v}_i = a, v_i' = b\sin(\omega t), \overline{v_i' v_i'} = \frac{b^2}{2}$；（2）$\overline{v}_i = a + \frac{b}{2}, v_i' = b\sin^2(\omega t) - b/2, \overline{v_i' v_i'} = \frac{b^2}{8}$；（3）$\overline{v}_i = \frac{a}{2}T, v_i' = at + b\sin(\omega t) - aT/2, \overline{v_i' v_i'} = \frac{1}{12}a^2T^2 + \frac{b^2}{2} - \frac{2ab}{\omega}\cos(\omega t)$。

[7-2]（1）当 $\omega_1 \neq \omega_2$ 时，$\overline{v_1' v_2'} \to 0$；（2）当 $\omega_1 = \omega_2 = \omega$ 时，$\overline{v_1' v_2'} = \frac{ab}{2}\cos(\omega\tau)$。

[7-3] $0 = \frac{\partial}{\partial x_j}(T_{ij}\overline{v}_i) - T_{ij}\overline{s}_{ij}$ 或 $0 = \frac{\partial}{\partial y}(T_{12}U) - T_{12}\frac{\partial U}{\partial y}$。

[7-4] $\overline{v}_i \frac{\partial}{\partial x}\left(\frac{1}{2}\overline{v_i' v_i'}\right) = -\varepsilon$，表明湍动能因黏性耗散而不断衰减。

参 考 文 献

陈长值，2008．工程流体力学[M]．武汉：华中科技大学出版社．

陈浮，宋彦萍，陈焕龙，等，2013．气体动力学基础[M]．哈尔滨：哈尔滨工业大学出版社．

陈懋章，2002．黏性流体力学基础[M]．北京：高等教育出版社．

丁祖荣，2018．流体力学[M]．3 版．北京：高等教育出版社．

孔珑，1991．可压缩流体动力学[M]．北京：水利电力出版社．

林建忠，阮晓东，陈邦国，等，2013．流体力学[M]．2 版．北京：清华大学出版社．

刘沛清，2020．湍流模式理论[M]．北京：科学出版社．

潘锦珊，1995．气体动力学基础[M]．北京：国防工业出版社．

沈维道，蒋智敏，童钧耕，2000．工程热力学[M]．3 版．北京：高等教育出版社．

沈维道，蒋智敏，童钧耕，2007．工程热力学[M]．4 版．北京：高等教育出版社．

是勋刚，1992．湍流[M]．天津：天津大学出版社．

陶文全，2001．数值传热学[M]．2 版．西安：西安交通大学出版社．

童秉纲，孔祥言，邓国华，1990．气体动力学[M]．北京：高等教育出版社．

童秉纲，孔祥言，邓国华，2011．气体动力学[M]．2 版．北京：高等教育出版社．

王新月，胡春波，张堃元，等，2006．气体动力学基础[M]．西安：西北工业大学出版社．

吴望一，1982．流体力学[M]．北京：北京大学出版社．

谢树艺，2012．矢量分析与场论[M]．4 版．北京：高等教育出版社．

张兆顺，2002．湍流[M]．北京：国防工业出版社．

张兆顺，崔桂香，2006．流体力学[M]．2 版．北京：清华大学出版社．

张兆顺，崔桂香，许春晓，2008．湍流大涡模拟的理论和应用[M]．北京：清华大学出版社．

张兆顺，崔桂香，许春晓，等，2017．湍流理论与模拟[M]．北京：清华大学出版社．

章梓雄，董曾南，2011．黏性流体力学[M]．北京：清华大学出版社．

周光炯，2011．流体力学[M]．北京：高等教育出版社．

附　　录

表 A-1　完全气体等熵流动函数表

Ma	λ	p/p_0	ρ/ρ_0	T/T_0	A/A_*	$\frac{p}{p_0}\frac{A}{A_*}$
0.00	0.00000	1.00000	1.00000	1.00000	∞	∞
0.01	0.01096	0.99993	0.99995	0.99998	57.87400	57.87000
0.02	0.02191	0.99972	0.99980	0.99992	28.94200	28.93400
0.03	0.03286	0.99937	0.99955	0.99982	19.30000	19.28800
0.04	0.04381	0.99888	0.99920	0.99968	14.48200	14.46500
0.05	0.05476	0.99825	0.99875	0.99950	11.59150	11.57100
0.06	0.65700	0.99748	0.99820	0.99928	9.66590	9.64160
0.07	0.07664	0.99658	0.99755	0.99902	8.29150	8.26310
0.08	0.08758	0.99553	0.99680	0.99872	7.26160	7.22920
0.09	0.09851	0.99435	0.99596	0.99838	6.46130	6.42480
0.10	0.10943	0.99303	0.99502	0.99800	5.82180	5.78130
0.11	0.12035	0.99157	0.99398	0.99758	5.29920	5.25460
0.12	0.13126	0.98998	0.99284	0.99714	4.86430	4.81560
0.13	0.14216	0.98826	0.99160	0.99664	4.49680	4.44410
0.14	0.15306	0.98640	0.99027	0.99610	4.18240	4.12550
0.15	0.16395	0.98441	0.98884	0.99552	3.91030	3.84940
0.16	0.17483	0.98228	0.98731	0.99490	3.67270	3.60770
0.17	0.18569	0.98003	0.98569	0.99425	3.46350	3.39430
0.18	0.19654	0.97765	0.98398	0.99356	3.27790	3.20470
0.19	0.20738	0.97514	0.98217	0.99283	3.11220	3.03490
0.20	0.21822	0.97250	0.98027	0.99206	2.96350	2.88200
0.21	0.22904	0.96973	0.97828	0.99125	2.82390	2.74370
0.22	0.23984	0.96685	0.97621	0.99041	2.70760	2.61780
0.23	0.25063	0.96383	0.97403	0.98953	2.59680	2.50290
0.24	0.26141	0.96070	0.97177	0.98861	2.49560	2.39750
0.25	0.27216	0.95745	0.96942	0.98765	2.40270	2.30050
0.26	0.28291	0.95408	0.96699	0.98666	2.31730	2.21090
0.27	0.29364	0.95060	0.96446	0.98563	2.23850	2.12790
0.28	0.30435	0.94700	0.96185	0.98456	2.16560	2.05080

续表

Ma	λ	p/p_0	ρ/ρ_0	T/T_0	A/A_*	$\frac{p}{p_0}\frac{A}{A_*}$
0.29	0.31504	0.94700	0.96185	0.98346	2.09790	1.97900
0.30	0.32572	0.93947	0.95638	0.98232	2.03510	1.97900
0.31	0.33638	0.93554	0.95352	0.98114	1.97650	1.84910
0.32	0.34701	0.93150	0.95058	0.97993	1.92180	1.79020
0.33	0.35762	0.92736	0.94756	0.97868	1.87070	1.73490
0.34	0.36821	0.92312	0.94446	0.97740	1.82290	1.68270
0.35	0.37879	0.91877	0.94128	0.97608	1.77800	1.63350
0.36	0.38935	0.91433	0.93803	0.97473	1.73580	1.58710
0.37	0.39988	0.90979	0.93740	0.97335	1.69610	1.54310
0.38	0.41039	0.90516	0.93126	0.97193	1.65870	1.50140
0.39	0.42087	0.90044	0.92782	0.97048	1.62340	1.46180
0.40	0.43133	0.89562	0.92428	0.96899	1.59010	1.42420
0.41	0.44177	0.89071	0.92066	0.96747	1.55870	1.38830
0.42	0.45218	0.88572	0.91697	0.96592	1.52890	1.35430
0.43	0.46256	0.88065	0.91322	0.96434	1.50070	1.32160
0.44	0.47292	0.87550	0.90940	0.96272	1.47400	1.29050
0.45	0.48326	0.87027	0.90552	0.96108	1.44870	1.26070
0.46	0.49357	0.86496	0.90157	0.95940	1.42460	1.23220
0.47	0.50385	0.85958	0.89756	0.95769	1.40180	1.20500
0.48	0.51410	0.85413	0.89349	0.95595	1.38010	1.17880
0.49	0.52432	0.84861	0.88936	0.95418	1.35940	1.15370
0.50	0.53452	0.84302	0.88517	0.95238	1.33980	1.12950
0.51	0.54469	0.83737	0.88092	0.95055	1.32120	1.10630
0.52	0.55482	0.83166	0.87662	0.94869	1.30340	1.08400
0.53	0.56493	0.82589	0.87227	0.94681	1.28640	1.06250
0.54	0.57501	0.82005	0.86788	0.94489	1.27030	1.04170
0.55	0.58506	0.81416	0.86342	0.94295	1.25500	1.02170
0.56	0.59508	0.80822	0.85892	0.94098	1.24030	1.00240
0.57	0.60506	0.80224	0.85437	0.93898	1.22630	0.98381
0.58	0.61500	0.79621	0.84977	0.93696	1.21300	0.96580
0.59	0.62491	0.79012	0.84513	0.93491	1.20030	0.94840
0.60	0.63480	0.78400	0.84045	0.93284	1.18820	0.93155
0.61	0.64466	0.77840	0.83573	0.93074	1.17660	0.91525
0.62	0.65448	0.77164	0.83096	0.92861	1.16560	0.89946
0.63	0.66427	0.76540	0.82616	0.92646	1.15510	0.88416
0.64	0.67402	0.75913	0.82132	0.92428	1.14510	0.86932
0.65	0.68374	0.75283	0.81644	0.92208	1.13560	0.85493
0.66	0.69342	0.74650	0.81153	0.91986	1.12650	0.84096

续表

Ma	λ	p/p_0	ρ/ρ_0	T/T_0	A/A_*	$\frac{p}{p_0}\frac{A}{A_*}$
0.67	0.70307	0.74014	0.80659	0.91762	1.11780	0.82739
0.68	0.71268	0.73376	0.80162	0.91535	1.10960	0.81422
0.69	0.72225	0.72735	0.79662	0.91306	1.10180	0.80141
0.70	0.73179	0.72092	0.79158	0.91075	1.09437	0.78896
0.71	0.74129	0.71448	0.78652	0.90842	1.08729	0.77685
0.72	0.75076	0.70802	0.78143	0.90606	1.08057	0.76507
0.73	0.76019	0.70155	0.77632	0.90368	1.07419	0.76360
0.74	0.76958	0.69507	0.77119	0.90129	1.06814	0.74243
0.75	0.77893	0.68857	0.76603	0.89888	1.06242	0.73155
0.76	0.78825	0.68207	0.76086	0.89644	1.05700	0.72095
0.77	0.79753	0.67556	0.75567	0.89399	1.05188	0.71061
0.78	0.80677	0.66905	0.75046	0.89152	1.04705	0.70053
0.79	0.81597	0.66254	0.74524	0.88903	1.04250	0.69070
0.80	0.82514	0.65602	0.74000	0.88652	1.03823	0.68110
0.81	0.83426	0.64951	0.73474	0.88400	1.03422	0.67173
0.82	0.84334	0.64300	0.72947	0.88146	1.03046	0.66259
0.83	0.85239	0.63650	0.72419	0.87890	1.02696	0.65365
0.84	0.86140	0.63000	0.71890	0.87633	1.02370	0.64493
0.85	0.87037	0.62351	0.71361	0.87374	1.02067	0.63640
0.86	0.87929	0.61703	0.70831	0.87114	1.01787	0.62806
0.87	0.88817	0.61057	0.70300	0.86852	1.01530	0.61991
0.88	0.89702	0.60412	0.69769	0.86589	1.01294	0.61193
0.89	0.90583	0.59768	0.69237	0.86324	1.01080	0.60413
0.90	0.91460	0.59126	0.68704	0.86058	1.00886	0.59650
0.91	0.92333	0.58486	0.68171	0.85791	1.00713	0.58903
0.92	0.93201	0.57848	0.67639	0.85523	1.00560	0.58171
0.93	0.94065	0.57212	0.67107	0.85253	1.00426	0.57455
0.94	0.94925	0.56578	0.66575	0.84982	1.00311	0.56753
0.95	0.95781	0.55946	0.66044	0.84710	1.00214	0.56066
0.96	0.96633	0.55317	0.65513	0.84437	1.00136	0.55392
0.97	0.97481	0.54691	0.64982	0.84162	1.00076	0.54732
0.98	0.98325	0.54067	0.64452	0.83887	1.00033	0.54085
0.99	0.99165	0.53446	0.63923	0.83611	1.00008	0.53451
1.00	1.00000	0.52828	0.63394	0.83333	1.00000	0.52828
1.01	1.00831	0.52213	0.62866	0.83055	1.00008	0.52218
1.02	1.01658	0.51602	0.62339	0.82776	1.00033	0.51619
1.03	1.02481	0.50994	0.61813	0.82496	1.00074	0.51031
1.04	1.03300	0.50389	0.61288	0.82215	1.00130	0.50454

续表

Ma	λ	p/p_0	ρ/ρ_0	T/T_0	A/A_*	$\frac{p}{p_0}\frac{A}{A_*}$
1.05	1.04114	0.49787	0.60765	0.81933	1.00202	0.49888
1.06	1.04924	0.49189	0.60243	0.81651	1.00290	0.49332
1.07	1.05730	0.48595	0.59722	0.81368	1.00394	0.48787
1.08	1.06532	0.48005	0.59203	0.81084	1.00512	0.48250
1.09	1.07330	0.47418	0.58685	0.80800	1.00645	0.47724
1.10	1.08124	0.46835	0.58169	0.80515	1.00793	0.47207
1.11	1.08914	0.46256	0.57655	0.80230	1.00955	0.46698
1.12	1.09699	0.45682	0.57143	0.79944	1.01131	0.46199
1.13	1.10480	0.45112	0.56632	0.79657	1.01322	0.45708
1.14	1.11256	0.44545	0.56123	0.79370	1.01527	0.45225
1.15	1.12030	0.43983	0.55616	0.79083	1.01746	0.44751
1.16	1.12800	0.43425	0.55112	0.78795	1.01978	0.44284
1.17	1.13560	0.42872	0.54609	0.78507	1.02224	0.43825
1.18	1.14320	0.42323	0.54108	0.78218	1.02484	0.46674
1.19	1.15080	0.41778	0.53610	0.77929	1.02757	0.42930
1.20	1.15830	0.41238	0.53114	0.77640	1.03044	0.42493
1.21	1.16580	0.40702	0.52620	0.77350	1.03344	0.42063
1.22	1.17320	0.40171	0.52129	0.77061	1.03657	0.41640
1.23	1.18060	0.39645	0.51640	0.76771	1.03983	0.41224
1.24	1.18790	0.39123	0.51154	0.76481	1.04323	0.40814
1.25	1.19520	0.38606	0.50670	0.76190	1.04676	0.40411
1.26	1.20250	0.38094	0.50189	0.75900	1.05041	0.40014
1.27	1.20970	0.37586	0.49710	0.75610	1.05419	0.39622
1.28	1.21690	0.37083	0.49234	0.75319	1.05810	0.39237
1.29	1.22400	0.36585	0.48761	0.75029	1.06214	0.38858
1.30	1.23110	0.36092	0.48291	0.74738	1.06631	0.38484
1.31	1.23820	0.35603	0.47823	0.74448	1.07060	0.38116
1.32	1.24520	0.35119	0.47358	0.74158	1.07502	0.37754
1.33	1.25220	0.34640	0.46895	0.73867	1.07957	0.37396
1.34	1.25910	0.34166	0.46436	0.73577	1.08424	0.37044
1.35	1.26600	0.33697	0.45980	0.73287	1.08904	0.36397
1.36	1.27290	0.33233	0.45527	0.72997	1.09397	0.36355
1.37	1.27970	0.32774	0.45076	0.72707	1.09902	0.36018
1.38	1.28650	0.32319	0.44628	0.72418	1.10420	0.35686
1.39	1.29320	0.31869	0.44183	0.72128	1.10950	0.35359
1.40	1.29990	0.31424	0.43742	0.71839	1.11490	0.35036
1.41	1.30650	0.30984	0.43304	0.71550	1.12050	0.34717
1.42	1.31310	0.30549	0.42869	0.71261	1.12620	0.34403

续表

Ma	λ	p/p_0	ρ/ρ_0	T/T_0	A/A_*	$\frac{p}{p_0}\frac{A}{A_*}$
1.43	1.31970	0.30119	0.42436	0.70973	1.13200	0.34093
1.44	1.32620	0.29693	0.42007	0.70685	1.13790	0.33788
1.45	1.33270	0.29272	0.41581	0.70397	1.14400	0.33486
1.46	1.33920	0.28856	0.41158	0.70110	1.15020	0.33189
1.47	1.34560	0.28445	0.40738	0.69823	1.15650	0.32896
1.48	1.35200	0.28039	0.40322	0.69537	1.16290	0.32606
1.49	1.35830	0.27637	0.39909	0.69251	1.16950	0.32321
1.50	1.36460	0.27240	0.39498	0.68965	1.17620	0.32039
1.51	1.37080	0.26848	0.39091	0.68680	1.18300	0.31761
1.52	1.37700	0.26461	0.38687	0.68396	1.18990	0.31487
1.53	1.38320	0.26078	0.38287	0.68112	1.19700	0.31216
1.54	1.38940	0.25700	0.37890	0.67828	1.20420	0.30949
1.55	1.39550	0.25326	0.37496	0.67545	1.21150	0.30685
1.56	1.40160	0.24957	0.37105	0.67262	1.21900	0.30424
1.57	1.40760	0.24593	0.36717	0.66980	1.22660	0.30167
1.58	1.41350	0.24233	0.36332	0.66699	1.23430	0.29913
1.59	1.41950	0.23878	0.35951	0.66418	1.24220	0.29662
1.60	1.42540	0.23527	0.35573	0.66138	1.25020	0.29414
1.61	1.43130	0.23181	0.35198	0.65858	1.25830	0.29170
1.62	1.43710	0.22839	0.34326	0.65579	1.26660	0.28928
1.63	1.44290	0.22301	0.34458	0.65301	1.27500	0.28690
1.64	1.44870	0.22168	0.34093	0.65023	1.28350	0.28454
1.65	1.45440	0.21839	0.33731	0.64746	1.29220	0.28211
1.66	1.46010	0.21515	0.33372	0.64470	1.30100	0.27991
1.67	1.46570	0.21195	0.33016	0.64194	1.30990	0.27764
1.68	1.47130	0.20879	0.32664	0.63919	1.31900	0.27540
1.69	1.47690	0.20567	0.32315	0.63645	1.32820	0.27318
1.70	1.48250	0.20259	0.31969	0.63372	1.33760	0.27099
1.71	1.48800	0.19955	0.31626	0.63099	1.34710	0.26883
1.72	1.49350	0.19656	0.31286	0.62827	1.35670	0.26669
1.73	1.49890	0.19361	0.30950	0.62556	1.36650	0.26457
1.74	1.50430	0.19070	0.30617	0.62286	1.37640	0.26248
1.75	1.50970	0.18782	0.30287	0.62016	1.38650	0.26042
1.76	1.51500	0.18499	0.29959	0.61747	1.39670	0.25837
1.77	1.52030	0.18220	0.29635	0.61479	1.40710	0.25636
1.78	1.52560	0.17944	0.29314	0.61211	1.41760	0.25436
1.79	1.53080	0.17672	0.28997	0.60945	1.42820	0.25239
1.80	1.53600	0.17404	0.28682	0.60680	1.43900	0.25044

续表

Ma	λ	p/p_0	ρ/ρ_0	T/T_0	A/A_*	$\frac{p}{p_0}\frac{A}{A_*}$
1.81	1.54120	0.17140	0.28370	0.60415	1.44990	0.24851
1.82	1.54630	0.16879	0.28061	0.60151	1.46100	0.24661
1.83	1.55140	0.16622	0.27756	0.59388	1.47230	0.24472
1.84	1.55640	0.16369	0.27453	0.59626	1.48370	0.24286
1.85	1.56140	0.16120	0.27153	0.59365	1.49520	0.24102
1.86	1.56640	0.15874	0.26857	0.59105	1.50690	0.23920
1.87	1.57140	0.15631	0.26563	0.58845	1.51880	0.23730
1.88	1.57630	0.15392	0.26272	0.58586	1.53080	0.23561
1.89	1.58120	0.15156	0.25984	0.58329	1.54290	0.23385
1.90	1.58610	0.14924	0.25699	0.58072	1.55520	0.23211
1.91	1.59090	0.14695	0.25417	0.57816	1.56770	0.23038
1.92	1.59570	0.14469	0.25138	0.57561	1.58040	0.22868
1.93	1.60050	0.14247	0.24862	0.57307	1.59320	0.22699
1.94	1.60520	0.14028	0.24588	0.57054	1.60620	0.22532
1.95	1.60990	0.13813	0.24317	0.56802	1.61930	0.22367
1.96	1.61460	0.13600	0.24049	0.56551	1.63260	0.22203
1.97	1.61930	0.13390	0.23784	0.56301	1.64610	0.22042
1.98	1.62390	0.13184	0.23522	0.56051	1.65970	0.21882
1.99	1.62850	0.12981	0.23262	0.55803	1.67350	0.21724
2.00	1.63300	0.12780	0.23005	0.55556	1.68750	0.21567
2.01	1.63750	0.12583	0.22751	0.55310	1.70170	0.21412
2.02	1.64200	0.12389	0.22499	0.55064	1.71600	0.21259
2.03	1.64650	0.12198	0.22250	0.54819	1.73050	0.21109
2.04	1.65090	0.12009	0.22004	0.54576	1.74520	0.20957
2.05	1.65530	0.11823	0.21760	0.54333	1.76000	0.20808
2.06	1.65970	0.11640	0.21519	0.54091	1.77300	0.20661
2.07	1.66400	0.11460	0.21281	0.53850	1.79020	0.20516
2.08	1.66830	0.11282	0.21045	0.53611	1.80560	0.20371
2.09	1.67260	0.11107	0.20811	0.53373	1.82120	0.20228
2.10	1.67690	0.10935	0.20580	0.53135	1.83690	0.20088
2.11	1.68110	0.10766	0.20352	0.52898	1.85290	0.19948
2.12	1.68530	0.10599	0.20126	0.52663	1.86900	0.19809
2.13	1.68950	0.10434	0.19902	0.52428	1.88530	0.19671
2.14	1.69360	0.10272	0.19681	0.52194	1.90180	0.19537
2.15	1.69770	0.10113	0.19463	0.51962	1.91850	0.19402
2.16	1.70180	0.09956	0.19247	0.51730	1.93540	0.19270
2.17	1.70590	0.09802	0.19033	0.51499	1.95250	0.19138
2.18	1.70990	0.09650	0.18821	0.51269	1.96980	0.19008

续表

Ma	λ	p/p_0	ρ/ρ_0	T/T_0	A/A_*	$\frac{p}{p_0}\frac{A}{A_*}$
2.19	1.71390	0.09500	0.18612	0.51041	1.98730	0.18879
2.20	1.71790	0.09352	0.18405	0.50813	2.00500	0.18751
2.21	1.72190	0.09207	0.18200	0.50586	2.02290	0.18625
2.22	1.72580	0.09064	0.17998	0.50361	2.04090	0.18499
2.23	1.72970	0.08923	0.17798	0.50136	2.05920	0.18374
2.24	1.73360	0.08784	0.17600	0.49912	2.07770	0.18252
2.25	1.73740	0.08648	0.17404	0.49689	2.09640	0.18130
2.26	1.74120	0.08514	0.17211	0.49468	2.11540	0.18010
2.27	1.74500	0.08382	0.17020	0.49247	2.13450	0.17891
2.28	1.74880	0.08252	0.16830	0.49027	2.15380	0.17772
2.29	1.75260	0.08123	0.16643	0.48809	2.17340	0.17655
2.30	1.75630	0.07997	0.16458	0.48591	2.19310	0.17539
2.31	1.76000	0.07873	0.16275	0.48374	2.21310	0.17424
2.32	1.76370	0.07751	0.16095	0.48158	2.23330	0.17310
2.33	1.76730	0.07631	0.15916	0.47944	2.25370	0.17198
2.34	1.77090	0.07513	0.15739	0.47730	2.27440	0.17086
2.35	1.77450	0.07396	0.15564	0.47517	2.29530	0.16976
2.36	1.77810	0.07281	0.15391	0.47305	2.31640	0.16866
2.37	1.78170	0.07168	0.15220	0.47095	2.33770	0.16757
2.38	1.78520	0.07057	0.15052	0.46885	2.35930	0.16649
2.39	1.78870	0.06948	0.14885	0.46676	2.38110	0.16544
2.40	1.79220	0.06840	0.14720	0.46468	2.40310	0.16437
2.41	1.79570	0.06734	0.14557	0.46262	2.42540	0.16333
2.42	1.79910	0.06630	0.14395	0.46056	2.44790	0.16229
2.43	1.80250	0.06527	0.14235	0.45851	2.47060	0.16126
2.44	1.80590	0.06426	0.14078	0.45647	2.49360	0.16024
2.45	1.80930	0.06327	0.13922	0.45444	2.51680	0.15924
2.46	1.81260	0.06229	0.13768	0.45242	2.54030	0.15823
2.47	1.81590	0.06133	0.13616	0.45041	2.56400	0.15725
2.48	1.81920	0.06038	0.13465	0.44841	2.58800	0.15626
2.49	1.82250	0.05945	0.13316	0.44642	2.61220	0.15530
2.50	1.82580	0.05853	0.13169	0.44440	2.63670	0.15432
2.51	1.82900	0.05763	0.13023	0.44247	2.66150	0.15338
2.52	1.83220	0.05674	0.12879	0.44051	2.68650	0.15242
2.53	1.83540	0.05586	0.12737	0.43856	2.71170	0.15148
2.54	1.83860	0.05500	0.12597	0.43662	2.73720	0.15055
2.55	1.84170	0.05415	0.12458	0.43469	2.76300	0.14962
2.56	1.84480	0.05332	0.12321	0.43277	2.78910	0.14871

续表

Ma	λ	p/p_0	ρ/ρ_0	T/T_0	A/A_*	$\frac{p}{p_0}\frac{A}{A_*}$
2.57	1.84790	0.05250	0.12185	0.43085	2.81540	0.14781
2.58	1.85100	0.05169	0.12051	0.42894	2.84200	0.14691
2.59	1.85410	0.05090	0.11418	0.42705	2.86890	0.14603
2.60	1.85720	0.05012	0.11787	0.42517	2.89600	0.14513
2.61	1.86020	0.04935	0.11658	0.42330	2.92340	0.14427
2.62	1.86320	0.04859	0.11530	0.42143	2.95110	0.14339
2.63	1.86620	0.04784	0.11403	0.41957	2.97910	0.14252
2.64	1.86920	0.04711	0.11278	0.41772	3.00740	0.14168
2.65	1.87210	0.04639	0.11154	0.41589	3.03590	0.14084
2.66	1.87500	0.04568	0.11032	0.41406	3.06470	0.13999
2.67	1.87790	0.04498	0.10911	0.41224	3.09380	0.13916
2.68	1.88080	0.04429	0.10792	0.41043	3.12330	0.13834
2.69	1.88370	0.04361	0.10674	0.40863	3.15300	0.13750
2.70	1.88650	0.04295	0.10557	0.40684	3.18300	0.13671
2.71	1.88940	0.04230	0.10442	0.40505	3.21330	0.13592
2.72	1.89220	0.04166	0.10328	0.40327	3.24400	0.16511
2.73	1.89500	0.04102	0.10215	0.40151	3.27490	0.13434
2.74	1.89780	0.04039	0.10104	0.39976	3.30610	0.13354
2.75	1.90050	0.03977	0.09994	0.39801	3.33760	0.13274
2.76	1.90320	0.03917	0.09885	0.39627	3.36950	0.13199
2.77	1.90600	0.03858	0.09777	0.39454	3.40170	0.13124
2.78	1.90870	0.03800	0.09671	0.39282	3.43420	0.13047
2.79	1.91140	0.03742	0.09566	0.39111	3.46700	0.12974
2.80	1.91400	0.03685	0.09462	0.38941	3.50010	0.12897
2.81	1.91670	0.03629	0.09360	0.38771	3.53360	0.12823
2.82	1.91930	0.03574	0.09259	0.38603	3.56740	0.12750
2.83	1.92200	0.03520	0.09158	0.38435	3.60150	0.12677
2.84	1.92460	0.03467	0.09059	0.38268	3.63590	0.12605
2.85	1.92710	0.03415	0.08962	0.38102	3.67070	0.12535
2.86	1.92970	0.03363	0.08865	0.37937	3.70580	0.12463
2.87	1.93220	0.03312	0.08769	0.37773	3.74130	0.12391
2.88	1.93480	0.03262	0.08674	0.37610	3.77710	0.12323
2.89	1.93730	0.03213	0.08581	0.37448	3.81330	0.12248
2.90	1.93980	0.03165	0.08489	0.37286	3.84980	0.12185
2.91	1.94230	0.03118	0.08398	0.37125	3.88660	0.12118
2.92	1.94480	0.03071	0.08308	0.36965	3.92380	0.12049
2.93	1.94720	0.03025	0.08218	0.36806	3.96140	0.11983
2.94	1.94970	0.02980	0.08130	0.36648	3.99930	0.11916

续表

Ma	λ	p/p_0	ρ/ρ_0	T/T_0	A/A_*	$\frac{p}{p_0}\frac{A}{A_*}$
2.95	1.95210	0.02935	0.08043	0.36490	4.03760	0.11850
2.96	1.95450	0.02891	0.07957	0.36333	4.07630	0.11785
2.97	1.95690	0.02848	0.07872	0.36177	4.11530	0.10222
2.98	1.95930	0.02805	0.07788	0.36022	4.15470	0.11655
2.99	1.96160	0.02764	0.07705	0.35868	4.19440	0.11593
3.00	1.96400	0.02722	0.07623	0.35714	4.23460	0.11528
3.10	1.98660	0.02345	0.06852	0.34223	4.65730	0.10921
3.20	2.00790	0.02023	0.06165	0.32808	5.12100	0.10359
3.30	2.02790	0.01748	0.05554	0.31466	5.62870	0.098371
3.40	2.04660	0.01512	0.05009	0.30193	6.18370	0.093526
3.50	2.06420	0.01311	0.04523	0.28986	6.78960	0.089018
3.60	2.08080	0.01138	0.04089	0.27840	7.45010	0.084818
3.70	2.09640	0.00990	0.03702	0.26752	8.16910	0.080897
3.80	2.11110	0.00863	0.03355	0.25720	8.95060	0.077234
3.90	2.12500	0.00753	0.03044	0.24740	9.79900	0.073806
4.00	2.13810	0.00658	0.02766	0.23810	10.71900	0.070595
4.10	2.15050	0.00577	0.02516	0.22925	11.71500	0.067582
4.20	2.16220	0.00506	0.02292	0.22085	12.79200	0.064752
4.30	2.17320	0.00445	0.02090	0.21286	13.95500	0.062091
4.40	2.18370	0.00392	0.01909	0.20525	15.21000	0.059587
4.50	2.19360	0.00346	0.01745	0.19802	16.56200	0.057227
4.60	2.20300	0.00305	0.01597	0.19113	18.01800	0.055000
4.70	2.21190	0.00270	0.01463	0.18457	19.58300	0.052898
4.80	2.22040	0.00240	0.01343	0.17832	21.26400	0.050911
4.90	2.22840	0.00213	0.01233	0.17235	23.06700	0.049031
5.00	2.23610	0.00189	0.01134	0.16667	25.00000	0.047251
6.00	2.29530	0.000633	0.00519	0.12195	53.18000	0.033682
7.00	2.33330	0.000242	0.00261	0.09259	104.14300	0.025156
8.00	2.35910	0.000102	0.00141	0.07246	190.10900	0.019473
9.00	2.37720	0.0000474	0.000815	0.05814	327.18900	0.015504
10.00	2.39040	0.0000236	0.000495	0.04762	535.93800	0.012628
∞	2.44950	0	0	0	∞	∞

表 A-2 完全气体正激波前后参数表（γ=1.4）

Ma_1	Ma_2	p_2/p_1	v_1/v_2 和 ρ_1/ρ_2	T_2/T_1	A_{1*}/A_{2*} 和 p_{02}/p_{01}	p_{02}/p_1
1.00	1.00000	1.00000	1.00000	1.00000	1.00000	1.8929
1.01	0.99013	1.02345	1.01669	1.00665	0.99999	1.9152
1.02	0.98052	1.04713	1.03344	1.01325	0.99998	1.9379
1.03	0.97115	1.07105	1.05024	1.01981	0.99997	1.9610
1.04	0.96202	1.09520	1.06709	1.02634	0.99994	1.9845
1.05	0.95312	1.11960	1.08398	1.03284	0.99987	2.0083
1.06	0.94444	1.14420	1.10092	1.03931	0.99976	2.0325
1.07	0.93598	1.16900	1.11790	1.04575	0.99962	2.0570
1.08	0.92772	1.19410	1.13492	1.05217	0.99944	2.0819
1.09	0.91965	1.21940	1.15199	1.05856	0.99921	2.1072
1.10	0.91177	1.24500	1.16910	1.06494	0.99892	2.1328
1.11	0.90408	1.27080	1.18620	1.07130	0.99858	2.1588
1.12	0.89656	1.29680	1.20340	1.07764	0.99820	2.1851
1.13	0.88922	1.32300	1.22060	1.08396	0.99776	2.2118
1.14	0.88204	1.34950	1.23780	1.09027	0.99726	2.2388
1.15	0.87502	1.37620	1.25500	1.09657	0.99669	2.2661
1.16	0.86816	1.40320	1.27230	1.10287	0.99605	2.2937
1.17	0.86145	1.43040	1.28960	1.10916	0.99534	2.3217
1.18	0.85488	1.45780	1.30690	1.11544	0.99455	2.3499
1.19	0.84846	1.48540	1.32430	1.12172	0.99371	2.3786
1.20	0.84217	1.51330	1.34160	1.12800	0.99280	2.4075
1.21	0.83601	1.54140	1.35900	1.13430	0.99180	2.4367
1.22	0.82998	1.56980	1.37640	1.14050	0.99073	2.4662
1.23	0.82408	1.59840	1.39380	1.14680	0.98957	2.4961
1.24	0.81830	1.62720	1.41120	1.15310	0.98835	2.5263
1.25	0.81264	1.65620	1.42860	1.15940	0.98706	2.5568
1.26	0.80709	1.68550	1.44600	1.16570	0.98568	2.5876
1.27	0.80165	1.71500	1.46340	1.17200	0.98422	2.6187
1.28	0.79631	1.74480	1.48080	1.17820	0.98268	2.6500
1.29	0.79108	1.77480	1.49830	1.18460	0.98106	2.6816
1.30	0.78596	1.80500	1.51570	1.19090	0.97935	2.7135
1.31	0.78093	1.83540	1.53310	1.19720	0.97758	2.7457
1.32	0.77600	1.86610	1.55050	1.20350	0.97574	2.7783
1.33	0.77116	1.89700	1.56800	1.20990	0.97382	2.8112
1.34	0.76641	1.92820	1.58540	1.21620	0.97181	2.8444
1.35	0.76175	1.95960	1.60280	1.22260	0.96972	2.8778
1.36	0.75718	1.99120	1.62020	1.22000	0.96756	2.9115
1.37	0.75269	2.02300	1.63760	1.23540	0.96534	2.9455
1.38	0.74828	2.05510	1.65500	1.24180	0.96304	2.9798

续表

Ma_1	Ma_2	p_2/p_1	v_1/v_2 和 ρ_1/ρ_2	T_2/T_1	A_{1*}/A_{2*} 和 p_{02}/p_{01}	p_{02}/p_1
1.39	0.74396	2.08740	1.67230	1.24820	0.96065	3.0144
1.40	0.73971	2.12000	1.68960	1.25470	0.95819	3.0493
1.41	0.73554	2.15280	1.70700	1.26120	0.95566	3.0844
1.42	0.73144	2.18580	1.72430	1.26760	0.95306	3.1198
1.43	0.72741	2.21900	1.74160	1.27420	0.95039	3.1555
1.44	0.72345	2.25250	1.75890	1.23070	0.94765	3.1915
1.45	0.71956	2.28620	1.77610	1.28720	0.94483	3.2278
1.46	0.71574	2.32020	1.79340	1.29380	0.94196	3.2643
1.47	0.71198	2.35440	1.81060	1.30040	0.93901	3.3011
1.48	0.70829	2.38880	1.82780	1.30700	0.93600	3.3382
1.49	0.70466	2.42340	1.84490	1.31360	0.92392	3.3756
1.50	0.70109	2.45830	1.86210	1.32020	0.92978	3.4133
1.51	0.69758	2.49340	1.87920	1.32690	0.92658	3.4512
1.52	0.69413	2.52880	1.89620	1.33360	0.92331	3.4894
1.53	0.69073	2.56440	1.91330	1.34030	0.91999	3.5279
1.54	0.68739	2.60030	1.93030	1.34700	0.91662	3.5667
1.55	0.6841	2.63630	1.94730	1.35380	0.91319	3.6058
1.56	0.68086	2.67250	1.96430	1.36060	0.90970	3.6451
1.57	0.67768	2.70900	1.98120	1.36740	0.90615	3.6847
1.58	0.67455	2.74580	1.99810	1.37420	0.90255	3.7245
1.59	0.67147	2.78280	2.01490	1.38110	0.89889	3.7645
1.60	0.66844	2.82010	2.03170	1.38800	0.89520	3.8049
1.61	0.66545	2.85750	2.04850	1.39490	0.89144	3.8456
1.62	0.66251	2.89510	2.06520	1.40180	0.88764	3.8866
1.63	0.65962	2.93300	2.08200	1.40880	0.88380	3.9278
1.64	0.65677	2.97120	2.09860	1.41580	0.87992	3.9693
1.65	0.65396	3.00960	2.11520	1.42280	0.87598	4.0111
1.66	0.65119	3.04820	2.13180	1.42980	0.87201	4.0531
1.67	0.64847	3.08700	2.14840	1.43690	0.86800	4.0954
1.68	0.64579	3.12610	2.16490	1.44400	0.86396	4.1379
1.69	0.64315	3.16540	2.18130	1.45120	0.85987	4.1807
1.70	0.64055	3.20500	2.19770	1.45830	0.85573	4.2238
1.71	0.63798	3.24480	2.21410	1.46550	0.85155	4.2672
1.72	0.63545	3.28480	2.23040	1.47270	0.84735	4.3108
1.73	0.63296	3.32500	2.24670	1.48000	0.84312	4.3547
1.74	0.63051	3.36550	2.26290	1.48730	0.83886	4.3989
1.75	0.62809	3.40620	2.27910	1.49460	0.83456	4.4433
1.76	0.62570	3.44720	2.29520	1.50160	0.83024	4.4880
1.77	0.62335	3.48840	2.31130	1.50930	0.82589	4.5330
1.78	0.62104	3.52980	2.32730	1.51670	0.82152	4.5783
1.79	0.61875	3.57140	2.34330	1.52410	0.81711	4.6238
1.80	0.61650	3.61330	2.35920	1.53160	0.81268	4.6695

续表

Ma_1	Ma_2	p_2/p_1	v_1/v_2 和 ρ_1/ρ_2	T_2/T_1	A_{1*}/A_{2*} 和 p_{02}/p_{01}	p_{02}/p_1
1.81	0.61428	3.65540	2.37510	1.53910	0.80823	4.7155
1.82	0.61209	3.69780	2.39090	1.54660	0.80376	4.7618
1.83	0.60993	3.74040	2.40670	1.55420	0.79926	4.8083
1.84	0.60780	3.78320	2.42240	1.56170	0.79474	4.8551
1.85	0.60570	3.82620	2.43810	1.56940	0.79021	4.9022
1.86	0.60363	3.86950	2.45370	1.57700	0.78567	4.9498
1.87	0.60159	3.91300	2.46930	1.58470	0.78112	4.9974
1.88	0.59957	3.95680	2.48480	1.59240	0.77656	5.0453
1.89	0.59758	4.00080	2.50030	1.60010	0.77197	5.0934
1.90	0.59562	4.04500	2.51570	1.60790	0.76735	5.1417
1.91	0.59368	4.08940	2.53100	1.61570	0.76273	5.1904
1.92	0.59177	4.13410	2.54630	1.62360	0.75812	5.2394
1.93	0.58988	4.17900	2.56150	1.63140	0.75347	5.2886
1.94	0.58802	4.22420	2.57670	1.63940	0.74883	5.3381
1.95	0.58618	4.26960	2.59190	1.64730	0.74418	5.3878
1.96	0.58437	4.31520	2.60700	1.65530	0.73954	5.4378
1.97	0.58258	4.36100	2.62200	1.66330	0.73487	5.4880
1.98	0.58081	4.40710	2.63690	1.67130	0.73021	5.5385
1.99	0.57907	4.45340	2.65180	1.67940	0.72554	5.5894
2.00	0.57735	4.50000	2.66660	1.68750	0.72088	5.6405
2.01	0.57565	4.54680	2.68140	1.69560	0.71619	5.6918
2.02	0.57397	4.59380	2.69620	1.70380	0.71152	5.7434
2.03	0.57231	4.64110	2.71090	1.71200	0.70686	5.7952
2.04	0.57068	4.68860	2.72550	1.72030	0.70218	5.3473
2.05	0.56907	4.73630	2.74000	1.72860	0.69752	5.8997
2.06	0.56747	4.78420	2.75450	1.73690	0.69234	5.9523
2.07	0.56589	4.83240	2.76900	1.74520	0.68817	6.0052
2.08	0.56433	4.88080	2.78340	1.75360	0.68351	6.0584
2.09	0.56280	4.92950	2.79770	1.76200	0.67886	6.1118
2.10	0.56128	4.97840	2.81160	1.77040	0.67422	6.1655
2.11	0.55978	5.02750	2.82610	1.77890	0.66957	6.2194
2.12	0.55830	5.07680	2.84020	1.78740	0.66492	6.2736
2.13	0.55683	5.12640	2.85430	1.79600	0.66029	6.3280
2.14	0.55538	5.17620	2.86830	1.80460	0.65567	6.3827
2.15	0.55395	5.22620	2.88230	1.81320	0.65105	6.4377
2.16	0.55254	5.27650	2.89620	1.82190	0.64644	6.4929
2.17	0.55114	5.32700	2.91000	1.83060	0.64185	6.5484
2.18	0.54976	5.37780	2.92380	1.83930	0.63728	6.6042
2.19	0.54841	5.42880	2.93760	1.84810	0.63270	6.6602
2.20	0.54706	5.48000	2.95120	1.85690	0.62812	6.7163
2.21	0.54572	5.53140	2.96480	1.86570	0.62358	6.7730
2.22	0.54440	5.58310	2.97830	1.87460	0.61905	6.8299

续表

Ma_1	Ma_2	p_2/p_1	v_1/v_2 和 ρ_1/ρ_2	T_2/T_1	A_{1*}/A_{2*} 和 p_{02}/p_{01}	p_{02}/p_1
2.23	0.54310	5.63500	2.99180	1.88350	0.61453	6.8869
2.24	0.54182	5.68720	3.00520	1.89240	0.61002	6.9442
2.25	0.54055	5.73960	3.01860	1.90140	0.60554	7.0018
2.26	0.53929	5.79220	3.03190	1.91040	0.60106	7.0597
2.27	0.53805	5.84510	3.04520	1.91940	0.59659	7.1178
2.28	0.53683	5.89820	3.05840	1.92850	0.59214	7.1762
2.29	0.53561	5.95150	3.07150	1.93760	0.58772	7.2348
2.30	0.53441	6.00500	3.08460	1.94680	0.58331	7.2937
2.31	0.53322	6.05880	3.09760	1.95600	0.57891	7.3529
2.32	0.53205	6.11280	3.11050	1.96520	0.57452	7.4123
2.33	0.53089	6.16700	3.12340	1.97450	0.57015	7.4720
2.34	0.52974	6.22150	3.13620	1.98380	0.56580	7.5319
2.35	0.52861	6.27620	3.14900	1.99310	0.56148	7.5920
2.36	0.52749	6.33120	3.16170	2.00250	0.55717	7.6524
2.37	0.52638	6.38640	3.17430	2.01190	0.55288	7.7131
2.38	0.52528	6.44180	3.18690	2.02130	0.54862	7.7741
2.39	0.52419	6.49740	3.19940	2.03080	0.54438	7.8354
2.40	0.52312	6.55330	3.21190	2.04030	0.54015	7.8969
2.41	0.52206	6.60940	3.22430	2.04990	0.53594	7.9587
2.42	0.52100	6.66580	3.23660	2.05950	0.53175	8.0207
2.43	0.51996	6.72240	3.24890	2.06910	0.52758	8.0830
2.44	0.51894	6.77920	3.26110	2.07880	0.52344	8.1455
2.45	0.51792	6.83620	3.27330	2.08850	0.51932	8.2083
2.46	0.51691	6.89350	3.28540	2.09820	0.51521	8.2714
2.47	0.51592	6.95100	3.29750	2.10800	0.51112	8.3347
2.48	0.51493	7.00880	3.30950	2.11780	0.50706	8.3983
2.49	0.51395	7.06680	3.32140	2.12760	0.50303	8.4622
2.50	0.51299	7.12500	3.33330	2.13750	0.49902	8.5262
2.51	0.51204	7.18340	3.34510	2.14740	0.49502	8.5904
2.52	0.51109	7.24210	3.35690	2.15740	0.49104	8.6549
2.53	0.51015	7.30100	3.36860	2.16740	0.48709	8.7198
2.54	0.50923	7.36020	3.38020	2.17740	0.48317	8.7850
2.55	0.50831	7.41960	3.39180	2.18750	0.47927	8.8505
2.56	0.50740	7.47920	3.40340	2.19760	0.47540	8.9162
2.57	0.50651	7.53910	3.41490	2.20770	0.47155	8.9821
2.58	0.50562	7.59920	3.42630	2.21790	0.46772	9.0482
2.59	0.50474	7.65950	3.43760	2.22810	0.46391	9.1146
2.60	0.50387	7.72000	3.44890	2.23830	0.46012	9.1813
2.61	0.50301	7.78080	3.46020	2.24860	0.45636	9.2481
2.62	0.50216	7.84180	3.47140	2.25890	0.45262	9.3154
2.63	0.50132	7.90300	3.48250	2.26930	0.44891	9.3829
2.64	0.50048	7.96450	3.49360	2.27970	0.44522	9.4507

续表

Ma_1	Ma_2	p_2/p_1	v_1/v_2 和 ρ_1/ρ_2	T_2/T_1	A_{1*}/A_{2*} 和 p_{02}/p_{01}	p_{02}/p_1
2.65	0.49965	8.02620	3.50470	2.29010	0.44155	9.5187
2.66	0.49883	8.08820	3.51570	2.30060	0.43791	9.5869
2.67	0.49802	8.15040	3.52660	2.31110	0.43429	9.6553
2.68	0.49722	8.21280	3.53740	2.32170	0.43070	9.7241
2.69	0.49642	8.27540	3.54820	2.33230	0.42713	9.7932
2.70	0.49563	8.33830	3.55900	2.34290	0.42359	9.8625
2.71	0.49485	8.40140	3.56970	2.35360	0.42007	9.9320
2.72	0.49408	8.46480	3.58030	2.36430	0.41657	10.0017
2.73	0.49332	8.52840	3.59090	2.37500	0.41310	10.0718
2.74	0.49256	8.59220	3.60140	2.38580	0.40965	10.1421
2.75	0.49181	8.65620	3.61190	2.39660	0.40622	10.2120
2.76	0.49107	8.72050	3.62240	2.40740	0.40282	10.2830
2.77	0.49033	8.78500	3.63280	2.41830	0.39915	10.3540
2.78	0.48960	8.84970	3.64310	2.42920	0.39610	10.4260
2.79	0.48888	8.91470	3.65330	2.44020	0.39276	10.4980
2.80	0.48817	8.98000	3.66350	2.45120	0.38946	10.5690
2.81	0.48746	9.04540	3.67370	2.46220	0.38618	10.6410
2.82	0.48676	9.11110	3.68380	2.47330	0.38293	10.7140
2.83	0.48607	9.17700	3.69390	2.48440	0.37970	10.7870
2.84	0.48538	9.24320	3.70390	2.49550	0.37649	10.8600
2.85	0.48470	9.30960	3.71390	2.50670	0.37330	10.9330
2.86	0.48402	9.37620	3.72380	2.51790	0.37013	11.0060
2.87	0.48334	9.44310	3.73360	2.52920	0.36700	11.0800
2.88	0.48268	9.51020	3.74340	2.54050	0.36389	11.1540
2.89	0.48203	9.57750	3.75320	2.55180	0.36080	11.2280
2.90	0.48138	9.64500	3.76290	2.56320	0.35773	11.3020
2.91	0.48074	9.71270	3.77250	2.57460	0.35469	11.3770
2.92	0.48010	9.78080	3.78210	2.58600	0.35167	11.4520
2.93	0.47946	9.84910	3.79170	2.59750	0.34867	11.5270
2.94	0.47883	9.91760	3.80120	2.60900	0.34570	11.6030
2.95	0.47821	9.98630	3.81060	2.62060	0.34275	11.6790
2.96	0.47760	10.05500	3.82000	2.63220	0.33982	11.7550
2.97	0.47699	10.12400	3.82940	2.64380	0.33692	11.8310
2.98	0.47638	10.19400	3.83870	2.65550	0.33404	11.9070
2.99	0.47578	10.26300	3.84790	2.66720	0.33118	11.9840
3.00	0.47519	10.33300	3.85710	2.67900	0.32834	12.0610
3.50	0.45115	14.12500	4.26080	3.31500	0.21295	16.2420
4.00	0.43496	18.50000	4.57140	4.04690	0.13876	21.0680
4.50	0.42355	23.45800	4.81190	4.87510	0.09170	26.5390
5.00	0.41523	29.00000	5.00000	5.80000	0.06172	32.6540
6.00	0.40416	41.83300	5.26830	7.94060	0.02965	46.8150

续表

Ma_1	Ma_2	p_2/p_1	v_1/v_2 和 ρ_1/ρ_2	T_2/T_1	A_{1*}/A_{2*} 和 p_{02}/p_{01}	p_{02}/p_1
7.00	0.39736	57.00000	5.44440	10.46900	0.01535	63.5520
8.00	0.39289	74.50000	5.56520	13.38700	0.00849	82.8650
9.00	0.38980	94.33300	5.65120	16.69300	0.00496	104.7530
10.00	0.38757	116.50000	5.71430	20.38800	0.00304	129.2170